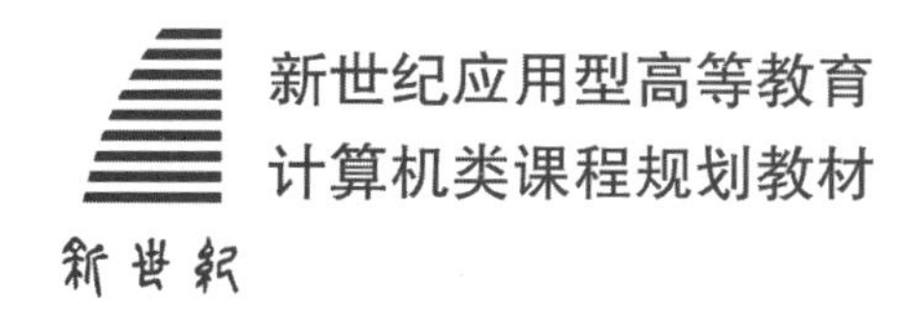

DASHUJU CHULI YU FENXI

大数据处理与分析

主　编　曾庆田　吕雪岭
副主编　国忠金　王　莹　姜　山
参　编　鞠杰芳　韩　悦

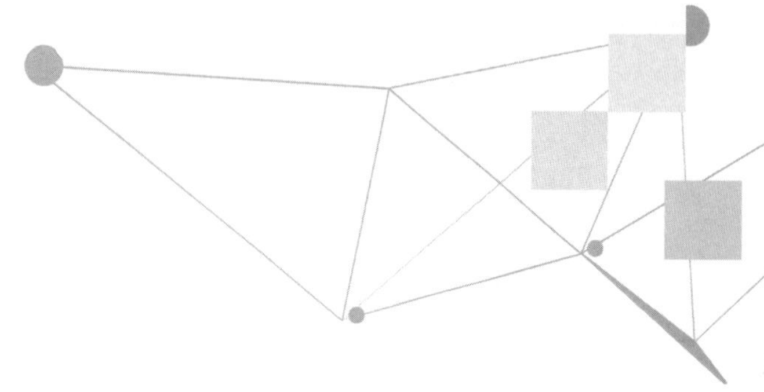

大连理工大学出版社

图书在版编目(CIP)数据

大数据处理与分析 / 曾庆田，吕雪岭主编. -- 大连：大连理工大学出版社，2023.8(2023.8 重印)
新世纪应用型高等教育计算机类课程规划教材
ISBN 978-7-5685-3903-6

Ⅰ. ①大… Ⅱ. ①曾… ②吕… Ⅲ. ①数据处理—高等学校—教材 Ⅳ. ①TP274

中国版本图书馆 CIP 数据核字(2022)第 152605 号

大连理工大学出版社出版
地址:大连市软件园路 80 号 邮政编码:116023
发行:0411-84708842 邮购:0411-84708943 传真:0411-84701466
E-mail:dutp@dutp.cn URL:https://www.dutp.cn
大连图腾彩色印刷有限公司印刷　　大连理工大学出版社发行

幅面尺寸:185mm×260mm　　印张:16.5　　字数:402 千字
2023 年 8 月第 1 版　　2023 年 8 月第 2 次印刷

责任编辑:孙兴乐　　责任校对:贾如南
封面设计:对岸书影

ISBN 978-7-5685-3903-6　　定　价:46.80 元

前言

Preface

《大数据处理与分析》是新世纪应用型高等教育教材编审委员会组编的计算机类课程规划教材。

随着互联网和计算机技术的不断发展，大数据的应用已经融入大众的生活，大数据的时代已经到来。本教材的编者一直从事大数据处理方面的教学、研发工作，感受到学生学习大数据处理与分析的强烈愿望，也深感大数据产业一线急需大数据实用型人才，因此有针对性地编写了本教材。

本教材以大数据、人工智能行业就业需求量非常大的“大数据处理与分析”岗位为基础，依托“智速云大数据分析平台”讲解数据的分析与处理过程，以满足不同性质的研发和管理流程中对大量数据分析和决策的要求。本教材共14章，主要内容包括大数据时代、大数据处理与分析概述、智速云大数据分析平台概述、数据ETL、智速云大数据分析平台的操作、分类分析、对比分析、描述性分析、复杂数据分析、数据挖掘、财务行业数据分析、销售行业数据分析、医疗行业数据分析、贷款行业数据分析。本教材内容系统全面，侧重实战能力培养，涵盖了数据处理与分析中如饼图、树形图、瀑布图、折线图、条形图、热图、平行坐标图、基本表和交叉表等多种展现形式，通用性强，易学易懂。同时，对处理分析后的数据进行进一步挖掘，找出数据规律，训练数据模型，对将来需要的数据进行预测。

本教材可作为本科院校、高等职业院校大数据处理与分析相关课程的教材，也可作为大数据技术相关从业人员的参考书。

本教材由山东科技大学曾庆田、水发数字产业(上海)有限公司吕雪岭任主编，泰山学院国忠金、长春电子科技学院王莹、泰山学院姜山任副主编，水发数字产业(上海)有限公司鞠杰芳、山东联科云计算股份有限公司韩悦参与了编写。具体编写分工如下：第1章由曾庆田编写，第2章由吕雪岭编写，第3章由国忠金编写，第4章由王莹编写，第5章由曾庆田编写，第6章由吕雪岭编写，第7章由曾庆田、国忠金编写，第8章由姜山编写，第9章由王莹、姜山编写，第10章由

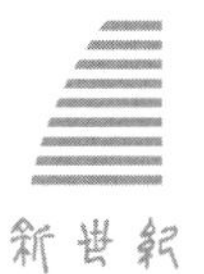

国忠金编写，第 11 章由曾庆田写，第 12 章由吕雪岭编写，第 13 章由吕雪岭、韩悦编写，第 14 章由王莹、鞠杰芳编写。

在编写本教材的过程中，编者参考、引用和改编了国内外出版物中的相关资料以及网络资源，在此表示深深的谢意！相关著作权人看到本教材后，请与出版社联系，出版社将按照相关法律的规定支付稿酬。

限于水平，书中仍有疏漏和不妥之处，敬请专家和读者批评指正，以使教材日臻完善。

编　者

2023 年 8 月

所有意见和建议请发往：dutpbk@163.com
欢迎访问高教数字化服务平台：https://www.dutp.cn/hep/
联系电话：0411-84708445　84708462

目录

Contents

第1章 大数据时代

1.1 大数据的概念

1.1.1 大数据的定义

大数据研究专家维克托·迈尔-舍恩伯格博士曾讲过“世界的本质是数据，认识大数据之前，世界原本就是一个数据时代；认识大数据之后，世界却不可避免地分为大数据时代、小数据时代。”

什么是大数据呢？它似乎指的是信息量巨大的数据，虽然这样的描述确实符合“大数据”的字面含义，但它并没有解释清楚大数据到底是什么。“大数据”概念的形成，有三个标志性事件：

(1)2008 年 9 月，美国《自然》(Nature)杂志专刊——The next google，第一次正式提出“大数据”概念。

(2)2011 年 2 月 1 日，《科学》杂志专刊，通过社会调查，第一次综合分析了大数据对人们生活造成的影响及人类面临的“数据困境”。

(3)2011 年 5 月，麦肯锡研究院发布报告——Big data：The next frontier for innovation、competition and productivity，第一次给大数据做出相对清晰的定义：“大数据是指大小超出了常规数据库工具获取、存储、管理和分析能力的数据集”。

自此后,“大数据”一词越来越引起人们的关注。但是,在学术研究领域和产业界中,大数据并没有一个标准的定义。

通常来说,大数据是指数据量超过一定大小,无法用常规的软件工具在规定的时间内进行抓取、管理和处理的数据集合。

高速发展的信息时代,新一轮科技革命和变革正在加速推进,技术创新日益成为重塑经济发展模式和促进经济增长的重要驱动力量,而大数据无疑是核心推动力。然而,大数据也是一把双刃剑。一方面,海量数据的迅速增长为社会发展提供了更多宝贵的数据资源。网络和数据库中所记载的各种大量数据,是现实生产劳动的真实反映。人们可以利用这些数据分析问题、解决问题,并且形成新的理论和技术。伴随着数据处理能力的提升,运算与存储成本的井喷,以及越来越多的设备中嵌入各种传感技术,使得数据的收集、存储与分析正处于一个近乎无限上升的趋势。另一方面,大数据前所未有的运算能力也给人们带来挑战,不可控的持续爆炸式增长的大数据正向人们的数据中心基础设施和数据处理及分析的各个环节发起严峻的挑战,也给法律、伦理及社会规范发起了挑战,考验人们能否在大数据世界中保护隐私和其他价值观。大数据时代的战略意义不仅在于掌握庞大的数据信息,还在于发现和理解信息内容及信息与信息之间的关系。

1.1.2 大数据时代的特征

随着移动互联网、云计算、人工智能、物联网的快速发展,视频监控、智能终端、应用商店的快速普及,全球数据量出现爆炸式增长。数据也在迁移转化地影响着人们的生活。

在技术领域,以往更多依靠模型的方法,现在可以借用规模庞大的数据,用基于统计的方法,使得语音识别、机器翻译等技术在大数据时代取得新进展。

大数据时代的基本特征:

(1)数据量大(Volume)

以互联网为基础,数据量级已从 TB 发展到 DB,可称海量、巨量乃至超量。

1 Byte =8 bit

1 KB = 1024 Bytes = 2^{10} Bytes

1 MB = 1024 KB = 2^{20} Bytes

1 GB = 1024 MB =2^{30} Bytes

1 TB = 1024 GB = 2^{40} Bytes

1 PB = 1024 TB = 2^{50} Bytes

1 EB = 1024 PB = 2^{60} Bytes

1 ZB = 1024 EB = 2^{70} Bytes

1 YB = 1024 ZB = 2^{80} Bytes

1 BB = 1024 YB = 2^{90} Bytes

1 NB = 1024 NB = 2^{100} Bytes

1 DB = 1024 DB = 2^{110} Bytes

(2)数据类型繁多(Variety)

随着网络日志、音频、视频、图片、地理位置信息等数据类型的增加,多种类型的数据对数据处理能力提出了更高要求。

(3)数据价值密度低(Value)

大数据非常复杂,有结构化的,也有非结构化的,增长速度飞快,单条数据的价值密度极低。以视频监控为例,连续不断的监控流中,有重大价值的可能仅为一两秒的数据流,360°全方位视频监控"死角"处,可能会挖掘出更有价值的图像信息。

(4)高速性(Velocity)

在高速网络时代,数据增长速度快、处理速度快、时效性也高,通过计算机处理器和服务器创建实时数据流已成为流行趋势。比如搜索引擎要求几分钟前的新闻能够被用户查询到,个性化推荐算法可能要求实时完成推荐。这是大数据区别于传统数据挖掘的显著特征。

大数据的四个特征为我们进行数据分析指明了方向,每个维度在发掘大数据价值的过程中都有着内在价值。然而,大数据的复杂性并非只体现在这四个维度上,还有其他因素在起作用,这些因素存在于大数据所推动的一系列过程中。在这一系列过程中,需要结合不同的技术和分析方法才能充分揭示数据源的价值,进而用数据指导行为,促进业务的发展。

以下诸多支撑大数据的技术或概念早已有之,但现在已归至大数据范畴之下。

传统商业智能(Traditional Business Intelligence)。商业智能涵盖了多种数据采集、存储、分析、访问的技术及应用。传统的商业智能对来自数据库、应用程序和其他可访问数据源提供的详细商业数据进行深度分析,通过运用基于事实的决策支持系统,给用户提供可操作性的建议,辅助企业用户做出更好的商业决策。在某些领域中,商业智能不仅能够提供历史和实时视图,还可以支持企业预测未来蓝图。

数据挖掘 (Data Mining)。数据挖掘是人们对数据进行多角度的分析并从中提炼有价值的信息的过程。数据挖掘的对象通常是静态数据和归档数据,数据挖掘技术侧重于数据建模以及知识发现,其目的通常是预测趋势而绝非纯粹为了描述现状——这是从大数据集中发现新模式的理想过程。

统计应用 (Statistical Application)。统计应用通常是基于统计学原理利用算法来处理数据,一般用于民意调查、人口普查以及其他统计数据集。为了更好地估计、测试或预测分析,可以使用统计软件分析收集到的样本观测值来推断总体特征。调查问卷和实验报告这类经验数据都是用于数据分析的主要数据来源。

预测分析 (Predictive Analysis)。预测分析是统计应用的一个分支,人们基于从各个数据库得到的发展趋势及其他相关信息,分析数据集进行预测。预测分析在金融和科学领域显得尤为重要,因为加入对外部影响因素的分析,更容易形成高质量的预测结论。预测分析的一个主要目标是为业务流程、市场销售和生产制造等规避风险并寻求机遇。

数据建模 (Data Modeling)。数据建模是分析方法论概念的应用之一,运用算法可在不同的数据集中分析不同的假设情境。理想的情况下,对不同信息集的建模运算算法将产

生不同的模型结果，进而揭示出数据集的变化以及这些变化会产生怎样的影响。数据建模与数据可视化密不可分，二者结合所揭示的信息能够为企业的某些特定商业活动提供帮助。

1.1.3 大数据与云计算、物联网的关系

大数据、云计算和物联网代表了IT领域新的技术发展趋势，三者既有区别又有联系。云计算最初主要包含了两类内容：一类是以谷歌公司的GFS和MapReduce为代表的大规模分布式并行计算技术；另一类是以亚马逊公司的虚拟机和对象存储为代表的“按需租用”的商业模式。但是，随着大数据概念的提出，云计算中的分布式计算技术开始更多地被列入大数据技术，而人们提到云计算时，更多指的是底层基础IT资源的整合优化，以及以服务的方式提供IT资源的商业模式（如IaaS、PaaS、SaaS）。从云计算和大数据概念的诞生到现在，二者之间的关系非常微妙，既密不可分，又千差万别。因此，我们不能把云计算和大数据割裂开来作为截然不同的两类技术来看待。此外，物联网也是和云计算、大数据相伴相生的技术。

第一，大数据、云计算和物联网的区别。大数据侧重于对海量数据的存储、处理与分析，从海量数据中发现价值，服务于生产和生活；云计算旨在整合和优化各种IT资源，并通过网络以服务的方式提供给用户；物联网的发展目标是实现“物物相连”，应用创新是物联网发展的核心。

第二，大数据、云计算和物联网的联系。从整体上看，大数据、云计算和物联网这三者是相辅相成的。大数据根植于云计算，大数据分析的很多技术都来自云计算，云计算的分布式数据存储和管理系统（包括分布式文件系统和分布式数据库系统）提供了数据的存储和管理能力。分布式并行处理框架MapReduce提供了海量数据分析能力。没有这些云计算技术作为支撑，大数据分析就无从谈起。反之，大数据为云计算提供了“用武之地”，没有大数据这个“练兵场”，云计算技术再先进，也不能发挥它的应用价值。物联网的传感器源源不断产生的大量数据，构成了大数据的重要数据来源，没有物联网的飞速发展，就不会带来数据产生方式的变革，即由人工产生阶段转向自动产生阶段，大数据时代也不会这么快就到来。同时，物联网需要借助云计算和大数据技术，实现物联网大数据的存储、分析和处理。

可以说，云计算、大数据和物联网三者已经彼此渗透、相互融合，在很多应用场合都可以同时看到三者的身影。在未来，三者会继续相互促进、相互影响，更好地服务于社会生产和生活的各个领域。

1.2 大数据的发展前景

在全球经济、技术一体化的今天，中国IT行业已经开启了大数据的起航之旅，行业大数据已经在经济领域发挥重要作用。未来，行业大数据将呈现以下三种发展趋势。

(1)大数据将成为重要的营销工具

与传统的市场研究方法不同,行业大数据的市场研究方法不再局限于抽样调查,而是基于全样本空间。

(2)在运营管理领域发挥越来越重要的作用

例如,在金融行业,大数据能够解决金融领域海量数据的存储、查询优化及声音、影像等非结构化数据的处理。金融系统可以通过大数据分析平台,导入客户社交网络、电子商务、终端媒体产生的数据,从而构建客户视图。依托大数据平台可以进行客户行为跟踪、分析,进而获取用户的消费习惯、风险收益偏好等。针对用户这些特性,银行等金融部门能够实施风险及营销管理。

(3)在产品开发领域发挥越来越重要的作用

例如,在医疗行业,病历、影像、远程医疗等都会产生大量的数据并形成电子病历及健康档案。基于这些海量数据,医院能够精确地分析病人的体征、治疗费用和疗效数据,可避免过度及副作用较为明显的治疗。

1.3 大数据的应用

1.3.1 消防大数据

随着物联网、云计算、大数据等技术的发展,智慧城市在各地兴建起来,而智慧消防作为智慧城市的一部分,至关重要。

LankLoud 技术团队就目前消防管理存在的问题和难点进行总结:

1. 消防管理部门人员有限,缺乏有效的监督和管理

消防栓没有有效的监管措施,只能依靠水司稽查人员巡检,无法将全部消防栓监管到位,导致问题层出不穷。

2. 市政消防栓遭破坏程度大

由于道路改造施工、车辆撞击、临时施工、园林绿化、垃圾场埋压等各种原因,致使市政消防栓遭到破坏,关键时刻严重影响消防灭火救援的顺利开展。

消防栓是灭火救援的重要消防设施,必须保证消防栓的正常工作。为此,LankLoud 设计开发了基于物联网的水务消防用水监测系统。如图 1-1 所示。

通过物联网的传感器感知消防栓及周边环境,通过网络层将信息传递给应用层(主机或指令中心),应用层根据所得信息进行一系列指令,达到实时监控的目的,进而对消防栓进行信息管理。如图 1-2 所示。

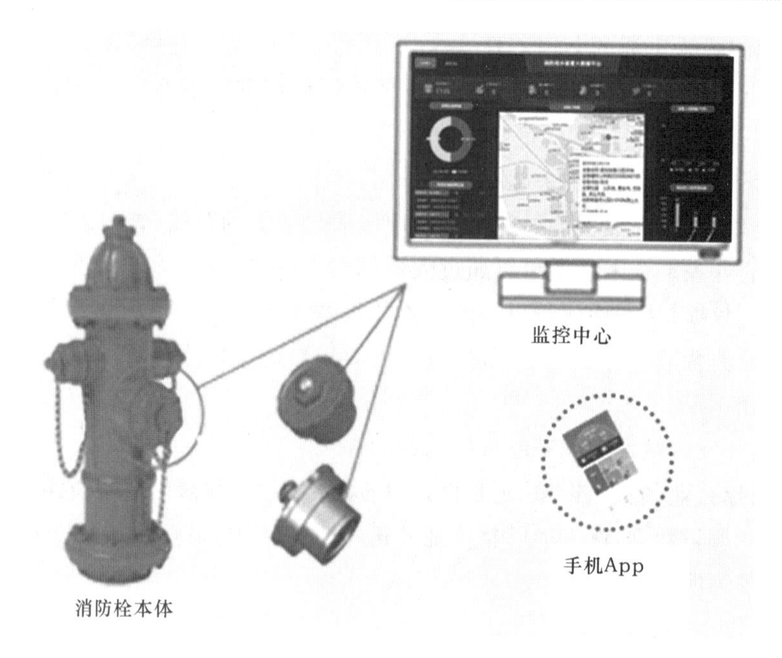

图 1-1　基于物联网的水务消防用水监测系统

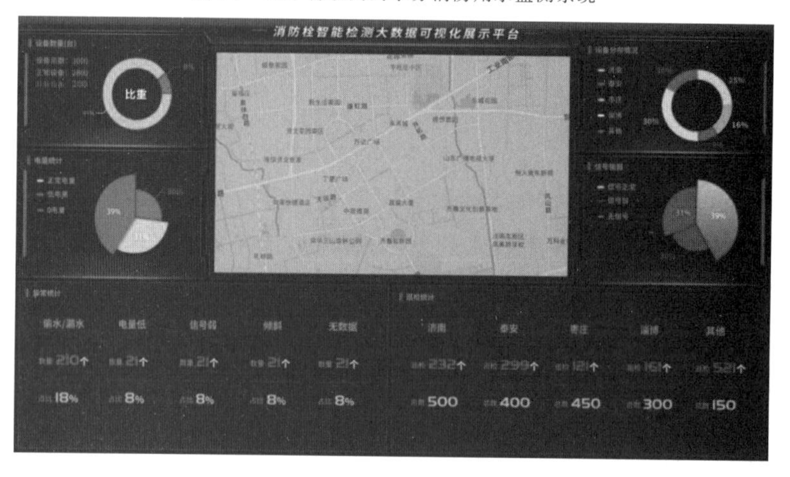

图 1-2　消防栓智能检测大数据可视化展示平台

1.3.2　医疗大数据

我国医疗体系存在的突出问题就是优质医疗资源集中分布在大城市、大医院，一些小医院、社区医院和乡镇医院的医疗资源配置明显偏弱。医疗大数据能够通过打造健康档案区域医疗信息平台，利用先进的物联网技术和大数据技术，实现患者、医护人员、医疗服务提供商、保险公司等之间的无缝、协同、智能互联，让患者体验一站式的医疗、护理和保险服务。一方面，社区医院和乡镇医院可以无缝连接到市区中心医院，实时获取专家建议、安排转诊或接受培训。另一方面，一些远程医疗器械可以实现远程医疗监护。

医疗大数据的核心是以患者为中心，给予患者全面、专业、个性化的医疗体验。实现

了不同医疗机构之间的信息共享，在任何医院就医时，只要输入患者身份证号码，就可以立即获得患者的所有信息，包括既往病史、检查结果、治疗记录等，不需要转诊时做重复检查。

为了保证国家医疗大数据战略的顺利实施，解决当前数据收集及处理的断档问题，LankLoud按照国家政策要求为各地的妇幼保健开发了优生优育管理平台。通过平台可收集孕妇的健康档案，使孕妇足不出户即可查看体检报告。如图1-3所示。

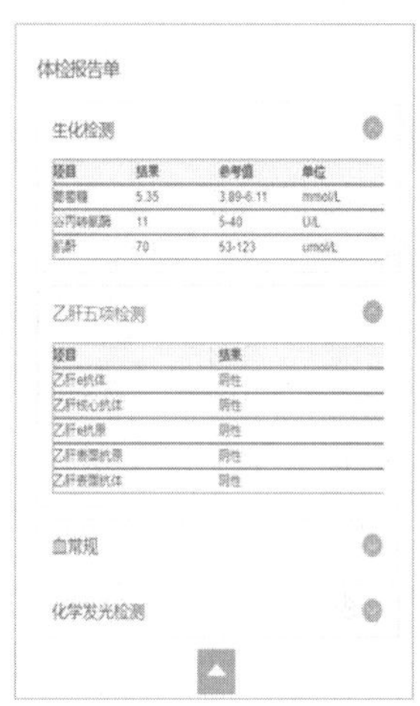

图1-3　优生优育管理平台

此外，大数据彻底颠覆了传统的流行疾病预测方式，使人类在公共卫生管理领域迈上了一个全新的台阶。以搜索数据和地理位置信息为基础，分析不同时空人口流动性、移动模式和参数，进一步结合病原学、人口统计学、地理、气象和人群移动迁徙、地域之间等因素和信息，可以建立流行病时空传播模型，确定流行病在各流行区域间传播的时空路线和规律，得到更加准确的态势评估、预测。

大数据在新冠肺炎疫情的追踪、溯源与预警、辅助医疗救治、助力资源合理配置及辅助决策中得到广泛应用，成为科技“战疫”的先锋。一方面，可以通过基于大数据的人工智能及其他医学相关技术，辅助或加速确诊病例的判断与救治；另一方面，为了减轻医务人员负担，避免人员交叉感染，越来越多基于大数据的智能机器人在抗疫前线被应用。这些机器人在医院承担为隔离病人配送餐饮、生活用品、医疗物资等任务，清洁消毒一体机器人还可以对医院内的环境实现自主定位，提前规避密集人流，高效完成清扫任务。同时，大数据还可以识别高风险人群，助力基因检测、疫苗研发等重要的医疗科研工作，提升科研效率。

1.3.3 教育大数据

推动教育资源共建共享，汇集优质教育资源，开展教育教学管理和人才培养的大数据分析，优化教学策略、教学方式、教学过程和教学评价，推广“微课”“翻转课堂”“混合教学”“电子书包”等新型教学模式，促进教育模式创新与变革，实现教育现代化，大数据技术是教育变革必不可少的重要引擎。

为响应教育部《教育信息化 2.0 行动计划》，推进智慧校园建设，加强智能教室建设，普及数字图书馆、创客空间、录播教室、数字实验室、虚拟仿真实训中心、校园电视台建设，推动智慧后勤、智慧安防、智慧场馆建设，建立起基于物联网的校园感知环境，全面构建支持泛在化学习的智慧校园环境，LankLoud 研发了教育平台——云校园。

云校园由教学平台、教务平台、综合素质评价系统三部分组成。教学平台从课堂教学出发，课中同步互动、课后延伸的创新教学应用系统，整合互动式多媒体电子书、实时反馈应用系统、同步广播教学系统、学习历程分析系统、素材分享专区、课程讨论专区、教师管理专区以及云端联络簿，是教师教学、学生学习的好帮手。教务平台通过计算机网络实现了虚拟的校园协同工作。除包括个人事务、公共事务、行政办公、互动交流、物品管理、工作流程等功能模块外，在线排课、学籍信息管理、成绩管理及分析、宿舍管理等信息也可以在教务平台处理完成。综合素质评价系统通过对学校内产生的数据进行收集、统计、分析、展示，为学生的未来发展、培养方向提供数据支持，对教师进行更全面、多维度的考核、评价，校长实时掌握学校一手数据。

云校园可帮助学校管理者提高管理效率和管理水平，帮助教师提高工作效率和教学水平，帮助学生提高学习效率和成绩，帮助家长了解孩子在校学习情况。如图 1-4 所示。

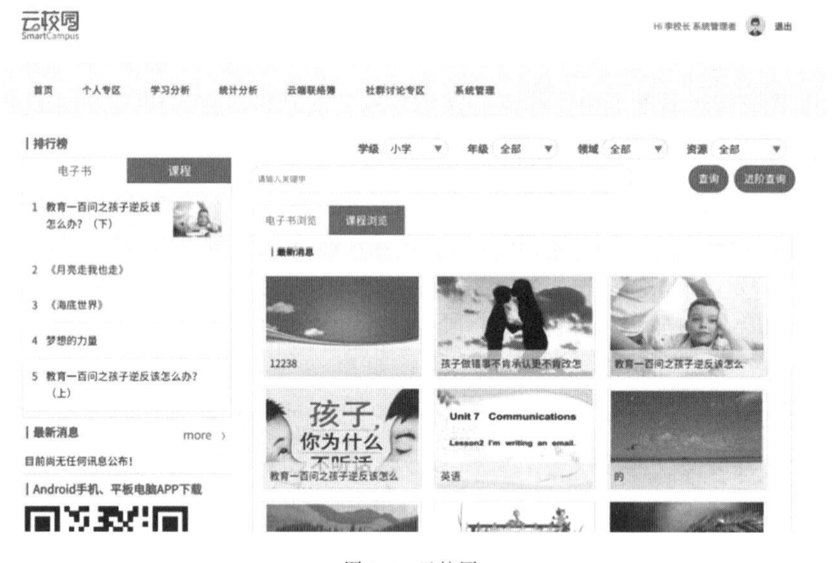

图 1-4　云校园

1.3.4 智慧社区大数据

新型智慧城市建设是未来城市的新形态，综合利用物联网、云计算、大数据、人工智能等互联网技术，及时汇聚、调度和处理全网城市数据资源，及时分析城市运行状态、调配城市公共资源、修正城市运行缺陷，最终实现利用城市数据资源优化城市公共资源，实现城市的有效管理服务，是智慧城市的目标。

智慧社区是智慧城市的业务单元，建设好智慧社区体系，就建好了城市的智慧主干，依托智慧社区大数据平台，统筹推进镇域数字驾驶舱、基层治理综合管理平台、智慧小区管理平台、智慧社区 App、智能前端及指挥中心建设，探索“感知”+“智能”+“治理”+“服务”的基层治理新模式，打造全面感知、安全监管、经营分析、智能预警、协同联动和多维可视的一体化镇域治理体系，是智慧社区建设的总体目标。

为建设智慧社区并解决社区安全监管及经营分析监控等方面问题，LankLoud 研发了智慧社区大数据平台，社区领导可以通过此数据分析平台非常直观地了解所管辖的社区内部重点人和事的实施状态及整个社区的行政考核指标和经营考核指标的实时情况分析，以便及时地做出对应的措施。

LankLoud 智慧社区大数据平台流程架构如图 1-5 所示。

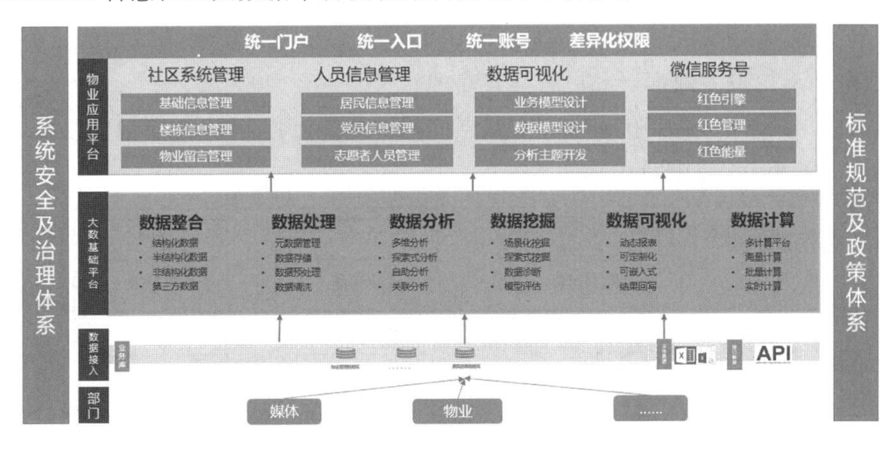

图 1-5　LankLoud 智慧社区大数据平台流程架构

LankLoud 智慧社区大数据平台于 2019 年应用于武汉鼎新物业，项目概况如图 1-6 所示。

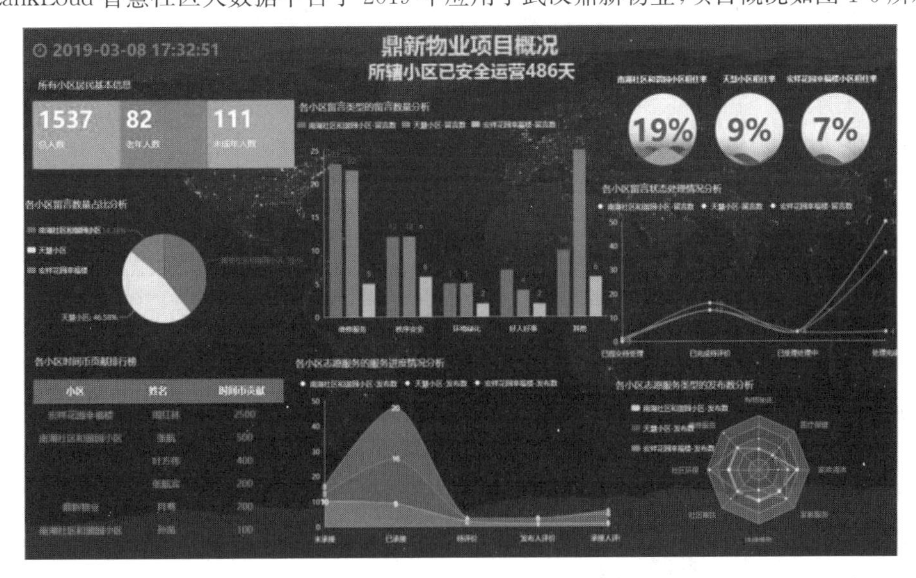

图 1-6　项目概况

1.4 大数据的关键技术

当人们谈到大数据时，往往并非仅指数据本身，而是数据和大数据技术这二者的综合。大数据技术的意义并不在于人们掌握了多少庞大的数据，而是当数据集已经发展到相当大的规模，常规的信息技术已无法有效地处理、适应数据集合的增长和演化时，就需将这些已经被掌握的数据信息运用大数据技术进行一些专业化处理。

所谓大数据技术，是指伴随着大数据的采集、存储、分析和结果呈现的相关技术，使用非传统的工具来对大量的结构化、半结构化和非结构化数据进行处理，从而获得分析和预测结果的一系列数据处理和分析技术。如果将大数据比作一种产业，那么，这种大数据产业实现利润的关键，就在于要提高对大数据的一些加工能力，通过这种加工的能力进而实现大数据的价值。事实上，人们研究大数据，就是要利用大数据的研究而实现其一定的价值，尤其是一些商企部门，对挖掘大数据研究更有其实在的意义。

讨论大数据技术时，需要首先了解大数据的基本处理流程，主要包括数据采集、存储、分析和结果呈现等环节。如图 1-7 所示。

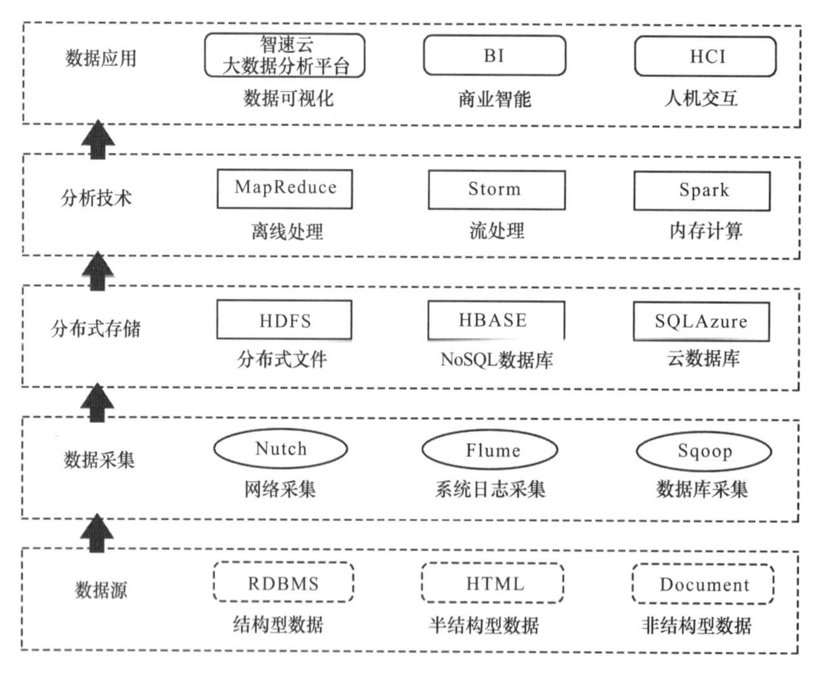

图 1-7　大数据的基本处理流程

数据无处不在，互联网网站、政务系统、零售系统、办公系统、自动化生产系统，监控摄像头、传感器等，每时每刻都在产生数据。这些分散在各处的数据，需要采用相应的设备或软件进行采集。采集到的数据通常无法直接用于后续的数据分析，因为对于来源众多、类型多样的数据而言，数据缺失和语义模糊等问题是不可避免的，因而必须采取相应措施有效解决这些问题，这就需要一个被称为“数据预处理”的过程，把数据变成一个可用的状态。数据经过预处理以后，会被存放到文件系统或数据库系统中进行存储与管理，然后采用数据挖掘工

具对数据进行处理与分析，最后采用可视化工具为用户呈现结果。在整个数据处理过程中，还必须注意数据安全和隐私保护问题。

因此，从数据分析全流程的角度，大数据技术主要包括数据采集与预处理、数据存储与管理、数据处理与分析、数据安全与隐私保护等几个层面的内容，具体见表1-1。

表1-1 大数据技术层面的内容

大数据技术层面	功能
数据采集与预处理	利用ETL工具将分布在异构数据源中的数据，如关系数据、平面数据文件等，抽取到临时中间层后进行清洗、转化、集成，最后加载到数据仓库或数据集中，成为联机分析处理、数据挖掘的基础；也可以利用日志采集工具（如Flume、Kafka等）把实时采集的数据作为流计算系统的输入，进行实时处理分析
数据存储与管理	利用分布式文件系统HDFS、数据仓库、关系数据库、NoSQL数据库、云数据库等，实现对结构化、半结构化和非结构化海量数据的存储和管理
数据处理与分析	利用分布式并行编程模型和计算框架，结合机器学习和数据挖掘算法，实现对海量数据的处理和分析；对分析结果进行可视化呈现，帮助人们更好地理解数据、分析数据
数据安全与隐私保护	在从大数据中挖掘潜在的巨大商业价值和学术价值的同时，构建数据安全体系和隐私数据保护体系，有效保护数据安全和个人隐私

需要指出的是，大数据技术是许多技术的一个集合体，这些技术也并非全部都是新生事物，诸如关系数据库、数据仓库、数据采集、ETL、OLAP、数据挖掘、数据隐私和安全、数据可视化等是已经发展多年的技术，在大数据时代得到不断补充、完善、提高后又有了新的升华，也可以视为大数据技术的一个组成部分。

1.5 大数据的处理模式

大数据处理的问题复杂多样，单一的处理模式是无法满足不同类型的计算需求的，目前主要的处理模式可以分为批处理模式和流处理模式两种。批处理是先存储后处理，而流处理则是直接处理。具体见表1-2。

表1-2 大数据处理模式及其代表产品

处理模式	解决问题	代表产品
批处理模式	针对大规模数据的批量处理	MapReduce、Spark等
流处理模式	针对流数据的实时计算	Flink、Storm、S4、Flume、Streams、Fuma、DStream、Super Mario等

1. 批处理模式

批处理计算主要解决针对大规模数据的批量处理，也是日常数据分析工作中常见的一类数据处理需求。Google公司在2004年提出的MapReduce编程模型是最具代表性的批处理模式。

MapReduce的核心思想是“分而治之”。所谓“分而治之”就是把一个复杂的问题，按照一定的“分解”方法分为等价的规模较小的若干部分，然后逐个解决，分别找出各部分的结果，把各部分的结果组成整个问题的结果，这种思想来源于日常生活与工作时的经验，同样也适合技术领域。

MapReduce作为一种分布式计算模型，主要用于解决海量数据的计算问题。使用MapReduce分析海量数据时，每个MapReduce程序被初始化为一个工作任务，每个工作任务可以分为Map和Reduce两个阶段，具体介绍如下：

Map阶段：负责将任务分解，即把复杂的任务分解成若干个简单的任务来并行处理，但前提是这些任务没有必然的依赖关系，可以单独执行。

Reduce阶段：负责将任务合并，即把Map阶段的结果进行全局汇总。

Spark是一个针对超大数据集合的低延迟的集群分布式计算系统，比MapReduce快许多。Spark启用了内存分布数据集，除了能够提供交互式查询外，还可以优化迭代工作负载。在MapReduce中，数据流从一个稳定的来源进行一系列加工处理后，流出到一个稳定的文件系统，如HDFS。而Spark使用内存替代HDFS或本地磁盘来存储中间结果，因此Spark要比MapReduce的速度快。

2. 流处理模式

流数据也是大数据分析中的重要数据类型。流数据或数据流是指在时间分布和数量上无限的一系列动态数据集合体，数据的价值随着时间的流逝而降低，因此必须采用实时计算的方式给出秒级响应。流计算可以实时处理来自不同数据源的、连续到达的流数据，经过实时分析处理，给出有价值的分析结果。目前业内已涌现出许多的流计算框架与平台，第一类是商业级的流计算平台，包括IBM InfoSphere Streams和IBM StreamBase等；第二类是开源流计算框架，包括TwitterStorm、Yahoo！S4（Simple Scalable Streaming System）、Spark Streaming、Flink等；第三类是公司为支持自身业务开发的流计算框架，如百度开发了实时流数据计算系统DStream。

流处理模式的基本理念是，数据的价值会随着时间的流逝而不断减小。因此，尽可能快地对最新的数据做出分析并给出结果是所有流处理模式的主要目标。需要采用流处理模式的大数据应用场景主要有网页单击数的实时统计、传感器网络、金融中的高频交易等。

流处理模式将数据视为流，将源源不断的数据组成数据流，当新的数据到来时就立刻处理并返回所需的结果。

数据的实时处理是一个很有挑战性的工作，数据流本身具有持续到达、速度快、规模巨大等特点，因此，通常不会对所有的数据进行永久化存储。同时，由于数据环境处在不断的变化之中，系统很难准确掌握整个数据的全貌。由于响应时间的要求，流处理的过程基本在内存中完成，其处理方式更多地依赖于在内存中设计巧妙的概要数据结构。内存容量是限制流处理模式的一个主要瓶颈。

1.6 本章小结

本章从大数据的定义，大数据时代的特征，大数据与云计算、物联网的关系，大数据的发展前景，大数据的应用，大数据的关键技术，大数据的处理模式等方面介绍大数据的时代的特征及面临的机遇。大数据的发展前景从营销、运营管理和产品开发领域的发展趋势进行介绍。大数据的应用从消防领域、医疗领域、教育领域和智慧社区四个方面进行介绍。大数据的关键技术涵盖了数据的采集、存储、分析和结果呈现。大数据的处理模式主要介绍了批处理和流处理两种。

1.7 习题

一、单选题

1. 大数据的起源是(　　)。

A. 金融　　B. 电信　　C. 互联网　　D. 公共管理

2. 在大数据时代,下列说法正确的是(　　)。

A. 收集数据很简单

B. 数据是最核心的部分

C. 对数据的分析技术和技能是最重要的

D. 数据非常重要,一定要很好地保护起来,防止泄露

3. 以下哪个不是大数据的特征(　　)。

A. 价值密度低　　B. 数据类型繁多　　C. 访问时间短　　D. 处理速度快

4. 大数据的发展,使信息技术变革的重点从关注技术转向关注(　　)。

A. 信息　　B. 文字　　C. 数字　　D. 算法

5. 大数据技术是由(　　)首先提出的。

A. 微软　　B. 百度　　C. 谷歌　　D. 阿里巴巴

二、多选题

1. 当前大数据技术的基础包括(　　)。

A. 分布式文件系统　　B. 分布式并行计算　　C. 关系型数据库　　D. 分布式数据库

2. 大数据的价值体现在(　　)。

A. 大数据给思维方式带来了冲击

B. 大数据为政策制定提供科学论据

C. 大数据助力智慧城市提升公共服务水平

D. 大数据的发力点在于预测

3. 当前,大数据产业发展的特点是(　　)。

A. 规模较大　　B. 增速缓慢

C. 增速很快　　D. 多产业交叉融合

4. 下列关于基于大数据的营销模式和传统营销模式的说法中,错误的是(　　)。

A. 传统营销模式比基于大数据的营销模式投入更小

B. 传统营销模式比基于大数据的营销模式针对性更强

C. 传统营销模式比基于大数据的营销模式转化率低

D. 基于大数据的营销模式比传统营销模式实时性更强

5. 大数据与三个重大的思维转变有关，这三个转变是什么？（　　）

A. 要分析与某事物相关的所有数据，而不是依靠分析少量的数据样本

B. 我们乐于接受数据的纷繁复杂，而不再追求精确性

C. 在数字化时代，数据处理变得更加容易、更加快速，人们能够在瞬间处理成千上万的数据

D. 我们的思想发生了转变，不再探求难以捉摸的因果关系，转而关注事物的相关关系

6. 关于大数据的内涵，以下理解正确的是（　　）

A. 大数据就是很大的数据

B. 大数据在不同领域有不同的状况

C. 大数据里面蕴藏着大知识、大智慧、大价值和大发展

D. 大数据还是一种思维方式和新的管理、治理路径

三、判断题

1. 对于大数据而言，最基本、最重要的要求就是减少错误、保证质量。因此，大数据收集的信息量要尽量精确。（　　）

2. 传统关系型数据库可以支撑这 4 个 V(Velocity、Volume、Variety、Value)+1 个 E 的要求。（　　）

3. 只要得到了合理的利用，而不单纯只是为了“数据”而“数据”，大数据就会变成强大的武器。（　　）

4. 大数据分析最重要的应用领域之一就是预测性分析。（　　）

5. “大数据”是需要新处理模式才能具有更强的决策力、洞察力和流程优化能力的海量、高增长率和多样化的信息资产。（　　）

四、简答题

1. 什么是大数据？

2. 为什么国家要将大数据上升为国家战略？

3. 工业大数据与互联网大数据有区别吗？有哪些区别？

第2章 大数据处理与分析概述

2.1 数据准备

数据是数据处理与分析的基础和研究对象，没有数据，数据分析也无从谈起，所以获取数据是数据分析的重要环节。

在信息时代，人们日常生产和活动都会产生各种各样的数据。根据数据产生的方式，数据可来源于以下方面。

1. 企业数据库

每个公司都有自己的业务数据库，存放公司的生产数据、库存数据、订单数据；电子商务数据、互联网访问数据；银行账户交易数据、POS机数据、信用卡刷卡数据，等等。这些数据通常是保存在服务器上的数据库系统中，一般为结构化数据，适合于进行商业智能数据分析和处理。

2. 用户行为数据

在互联网时代，人们日常活动也会产生大量的数据，包括电子邮件、文档、图片、音频、视频，以及通过微信、博客、脸书等社交媒体产生的数据。这些数据大多数为非结构性数据，需要用文本分析功能进行分析。

3. 传感器数据

随着物联网(IOT，Internet of Things)的推广和普及，智能设备大多安装有传感器，会产生海量数据。分析处理来自传感器的数据，可以用于构建分析模型，实现连续监测预测性行为，提供有效的干预指令等。

4. 调查统计数据

观察记录、调查统计也会产生大量数据，例如天气记录数据、世界银行有关各国指标的统计数据等。这些数据一般以数据集或网页的形式存在，可直接在官网下载数据集进行分析处理，也可以通过网络爬虫爬取网页信息，然后进行分析处理。

由于数据来源的不同，获取数据的方式也有所不同。通常情况下可以通过以下几种方式获取数据：

(1)直接使用企业内部数据或通过 ETL 抽取整合数据

对企业内部产生的数据，通常可以通过数据库接口(API)直接使用，或通过 ETL 抽取转换加载后使用。这样可使企业内部的不同数据进行整合，从而进行更深入的处理和分析。

(2)下载或购买数据集

(3)通过网络爬虫抓取网页数据

在法律许可的情况下，可以通过网络爬虫爬取需要的数据，并分析处理。

(4)通过 API 接口获取网页数据

网络 API 接口是网站或应用程序提供的信息交互接口，通过这些接口可以获取各种信息，例如天气信息、地理位置信息等。

除可采用上述方式获取数据外，我们也可以使用一些由政府部门或非营利性机构采集的并通过官网发布的供数据分析工程师自由使用的数据集。这些数据集通常以文本格式提供，主要包括 Excel、CSV、tsv、json 等格式。

2.2 大数据预处理

大数据预处理是指在对数据进行数据分析、数据挖掘前，先对原始数据进行必要的清洗、集成、转换、离散和归约等一系列的处理工作，以达到数据分析所要求的最低规范和标准。

数据质量涉及许多因素，包括准确性、完整性、一致性、时效性、可信性和可解释性。然而数据分析的对象是从现实世界采集到的大量的各种各样的数据，由于现实生产和实际生活以及科学研究的多样性、不确定性、复杂性等，导致获取的原始数据比较散乱，一般情况下，它们是不符合数据分析所要求的规范和标准的，主要具有以下特征：

(1)不完整性：指的是数据记录中可能会出现有些数据属性的值丢失或不确定的情况，还有可能缺失必要的数据。这是由于系统设计时存在的缺陷或者使用过程中一些人为因素所造成的，如有些数据缺失只是因为输入时认为是不重要的；相关数据没有记录可能是由于理解错误，或者因为设备故障与其他记录不一致的数据可能已经删除但历史记录或修改的数据可能被忽略，等等。

(2)不正确或含噪声：指的是数据具有不正确的属性值，包含错误或存在偏离期望的离群值。产生的原因很多，例如收集数据的设备可能出现故障；人或计算机的错误可能在数据输入时出现；数据传输中也可能出现错误；用户可能故意强制输入字段，输入不正确的值(例如生日默认选择初始值 1 月 1 日)，这称为被掩盖的缺失数据；不正确的数据也可能是由命名约定或所用的数据代码不一致或输入字段(如时间)的格式不一致而导致的；实际使用的

系统中,还可能存在大量的模糊信息,有些数据甚至还具有一定的随机性。

(3)不一致性:原始数据是从各个实际应用系统中获取的,由于各应用系统的数据缺乏统一标准,数据结构也有较大的差异,因此各系统间的数据存在输入的不一致性,往往不能直接拿来使用。同时来自不同的应用系统中的数据由于合并后还普遍存在数据的重复和信息的冗余现象。

因此,可以说存在不完整的、含噪声的和不一致的数据是现实世界大型数据库或数据仓库的共同特点。一些比较成熟的算法对其处理的数据集合一般都有一定的要求,比如数据完整性好、数据的冗余性小、属性之间的相关性小。然而,实际系统中的数据一般都不能直接满足数据分析的要求,因此进行数据预处理是必要的。

数据预处理的主要任务包括数据清洗、数据转换、数据脱敏、数据集成和数据归约。

数据清洗是指针对原始数据填补遗漏的数据值、平滑有噪声数据、识别或除去异常值,以及解决不一致问题。数据清洗是数据准备过程中最花费时间、最重要的一步。经过数据清洗,可以有效地减少学习过程中可能出现相互矛盾的情况。

数据转换是采用线性或非线性的数学变换方法将多维数据压缩成较少维数的数据,消除它们在时间、空间、属性及精度等特征表现方面的差异。这类方法虽然对原始数据都有一定的损害,但其结果往往具有更大的实用性。

数据脱敏处理是在不影响数据分析结果准确性的前提下,对原始数据进行一定的变换操作,对其中的个人或组织的敏感数据进行转换或删除等操作,降低信息的敏感性,避免相关主体的信息安全隐患和个人隐私问题。敏感信息是与数据的业务特性相关的,通常根据业务要求和应用场景来实现数据分类。比如保险行业数据,需要注意对保险公司代码和保险号、保额等信息的屏蔽;对银行贷款数据来说,客户的资产统计信息、授信额度编号、对客户的内部评级结果等都是被保护的数据。

数据集成是指把多个数据源中的数据整合并存储到一个一致的数据库中。这一过程中需要着重解决三个问题:模式匹配、数据冗余、数据值冲突检测与处理。由于来自多个数据集合的数据在命名上存在差异,因此等价的实体常具有不同的名称。对来自多个实体的不同数据进行匹配是处理数据集成的首要问题。

数据归约是指在不影响数据完整性和数据分析结果正确性的前提下,通过减少数据规模的方式达到减少数据量,进而提高数据分析的效果与效率。也就是说,在归约后的数据集上进行数据分析或数据挖掘将更有效,并且相较于使用原有数据集,所获得的结果基本相同。

数据归约的选择优化遵循以下标准:

(1)用于数据归约的时间不应当超过或抵消在归约后的数据上挖掘节省的时间。

(2)归约后得到的数据比原数据小得多,但可以产生相同或几乎相同的分析结果。

数据归约的意义在于:

(1)降低无效、错误数据对建模的影响,提高建模的准确性。

(2)少量且具代表性的数据将大幅缩减数据挖掘所需的时间。

(3)简化数据描述,提高数据挖掘处理精度。

(4)降低存储数据的成本。

2.3 大数据分析与可视化

2.3.1 数据分析的背景

以前，人们得不到想要的数据，是因为数据库中没有相关的数据，然而，现在人们依旧得不到想要的数据，主要原因就是数据库里面的数据太多了，缺乏一些可以快速地从数据库中获取利于决策的有价值数据的操作方法。世界知名的数据仓库专家阿尔夫·金博尔说过：我们花了多年的时间将数据放入数据库，如今是该将它们拿出来的时候了。

数据分析可以从海量数据中获得潜藏的有价值的信息，帮助企业或个人预测未来的趋势和行为，使得商务和生产活动具有前瞻性。例如，创业者可以通过数据分析来优化产品，营销人员可以通过数据分析改进营销策略，产品经理可以通过数据分析洞察用户习惯，金融从业者可以通过数据分析规避投资风险，程序员可以通过数据分析进一步挖掘出数据价值。总之，数据分析可以使用数据来提高对现实事物进行分析和识别的能力。

在大数据时代，数据处理技术得到了突飞猛进的发展，我们拥有了发现及挖掘隐藏在海量数据背后的信息，并且将这些信息转化为知识及智慧，数据开始了从量变到质变的转化过程。

2.3.2 什么是数据分析

数据分析的数学基础在20世纪早期就已确立，但直到计算机的出现才使得实际操作成为可能，并使数据分析得以推广。

数据分析，是指使用适当的统计分析方法，如聚类分析、相关分析等，对收集来的大量数据进行分析，从中提取有用信息并形成结论，加以详细研究和概括总结的过程。

数据分析的目的在于，将隐藏在一大批看似杂乱无章的数据信息中的有用数据集提炼出来，以找出所研究对象的内在规律。在统计学领域中，数据分析可以划分为如下三类：

（1）描述性数据分析：从一组数据中摘要并且描述这份数据的集中和离散情形。

（2）探索性数据分析：从海量数据中找出规律，并产生分析模型和研究假设。

（3）验证性数据分析：验证科研假设测试所需的条件是否达到，以保证验证性分析的可靠性。

但是数据分析不同于数据挖掘，数据挖掘一般是指从大量的数据中通过算法搜索隐藏在其中有价值的信息的过程。数据挖掘侧重于解决四类问题：分类、聚类、关联和预测（定量，定性），其重点在于寻找未知的模式与规律。

总体来说，数据分析与数据挖掘的本质都是一样的，是从数据中发现关于业务的有价值的信息，只不过分工不同。如果对数据挖掘比较感兴趣，可以在掌握一定的数据分析知识后，查找相关的资料进行学习。

2.3.3 什么是数据可视化

人类对图形、图像等可视化符号的处理效率要比对数字、文本的处理效率高很多。有研究表明，绝大部分的视觉信号处理过程通常发生在人脑的潜意识阶段。例如，人们在观看包含自己的集体照时，通常潜意识会第一时间寻找照片中的自己，然后才会寻找其他感兴趣的目标。

在计算机视觉领域，数据可视化是对数据的一种形象直观的解释，实现从不同维度观察数据，从而得到更有价值的信息。数据可视化将抽象的、复杂的、不易理解的数据转化为人眼可识别的图形、图像、符号、颜色、纹理等，这些转化后的数据通常具备较高的识别效率，能够有效地传达出数据本身所包含的有用信息。

数据可视化的目的，是对数据进行可视化处理。比起枯燥乏味的数值，人类能够更好、更快地认识大小、位置、形状、颜色深浅等物体的外在直观表现。经过可视化之后的数据能够加深人对数据的理解和记忆。

通常情况下，表格和图形是展现数据的最好的方式。常用的数据图表包括条形图、柱状图、饼图、折线图、散点图、雷达图等。根据需求，数据分析师可以将分析完成的数据进一步整理成相应的图表如漏斗图、矩阵图、金字塔图等，因为图形能够更直观、有效地将数据分析师的结论和观点表达出来，所以人们更乐于接受用图形展现数据的方式。

2.3.4 撰写数据分析报告

数据分析完成之后，需要将数据分析的结果展现出来并形成数据分析报告，在报告中需要把数据分析的起因、过程、结论和建议完整地展现出来，以供企业决策者参考。数据分析报告能够评估企业运营的质量效果，承载数据分析的研究成果，提供科学严谨的决策依据，阐述决策难题的解决之道。

一份完整的数据分析报告的编写，应该遵循一定的前提和原则，系统地反映存在的问题及原因，从而进一步找出解决问题的方法。数据分析报告的写作原则可以总结为以下几点。

(1)主题突出

主题是数据分析报告的核心。报告中数据的选择、问题的描述和分解、使用的分析方法以及分析结论等，都要紧扣主题。

(2)结构严谨

数据分析报告的撰写一定要具有严谨性，基础数据必须真实、完整，分析的过程必须科学、合理、全面，分析结果要可靠，内容要实事求是。

(3)观点与材料统一

数据分析报告中的观点代表着报告编写者对问题的看法和结论，也代表编写者对问题的一种基本理解、立场。数据分析报告中的材料要与主题息息相关，并且观点和材料要统一，从论据到论点的论证要合乎逻辑，从事实出发。

(4)语言规范、简洁

数据报告的编写要使用行业专业术语与书面规范用语，标准统一，前后一致，避免产生歧义。

(5)要具有创新性

创新对于数据分析报告而言有两点作用:一是将新的分析方法和研究模型适时地引进,在确保数据真实的基础上,提高数据分析的多样性;二是要提倡创新性思维,但提出的优化建议在考虑企业实际情况的基础上,要有一定的前瞻性、操作性、预见性。

数据分析报告的编写主要包括以下 4 个步骤:确定研究方案、处理数据、编写初稿、修改以及定稿。

(1)确定研究方案

确定研究主题和对象后,根据数据分析目的,研究数据分析过程所需数据以及研究方法,安排报告的层次结构。

(2)处理数据

报告中的主要元素是数据,没有数据的报告是没有说服力的。报告中各种分析都要以数据作为依据,反映问题要用数据做定量分析,提供决策要用数据来证明其可行性与效益。

因此,数据的选择以及处理与分析是数据分析报告编写很重要的环节。

(3)编写初稿

确定了研究方案和所需数据之后,接下来就可以进行报告的编写了。编写报告要有层次、有格式,根据研究发展顺序,结合文字与图表,使分析结果更加清晰形象地展现出来。

(4)修改以及定稿

初稿编写完成后,需要对报告进行修改,注意其语言的描述是否恰当,分析观点是否正确,完善报告之后,就可以打印输出报告了。

数据分析报告实质上是一种沟通与交流方式,主要目的是将分析结果、可行性建议以其他有价值的信息方式传递给阅读者,所以一份优秀的数据分析报告应该具有以下特点:结构清晰且主次分明,具有一定的逻辑性。一般可以按照发现问题、总结问题原因和解决问题这样的流程来描述。在分析报告中,每一个问题都必须有明确的结论,一个分析对应一个结论,结论应该基于严谨的数据分析,不能主观臆测。

数据分析报告应该做到通俗易懂。在数据分析报告中不要使用太多的专业名词,使用图表和简洁的语言来描述,让报告阅读者能轻松理解。

2.4 数据处理与分析的工具

2.4.1 智速云大数据分析平台

智速云大数据分析平台是新一代的大数据分析软件,能够对多种类型数据进行快速分析和处理,可以满足不同性质的管理和研发流程中对大量数据的分析和决策要求。其最大的特点是通过多种动态的图形和筛选条件,快速对大量的数据进行分析和处理,能够生成包括柱状图、曲线图、饼图、散点图、组合图、地图、树形图、热图、箱形图、汇总表和交叉表等多种展现形式,且所有的图形都能提供众多的数据分析维度,支持多种客户端界面和 Web 界面的访问和显示。如图 2-1 所示。

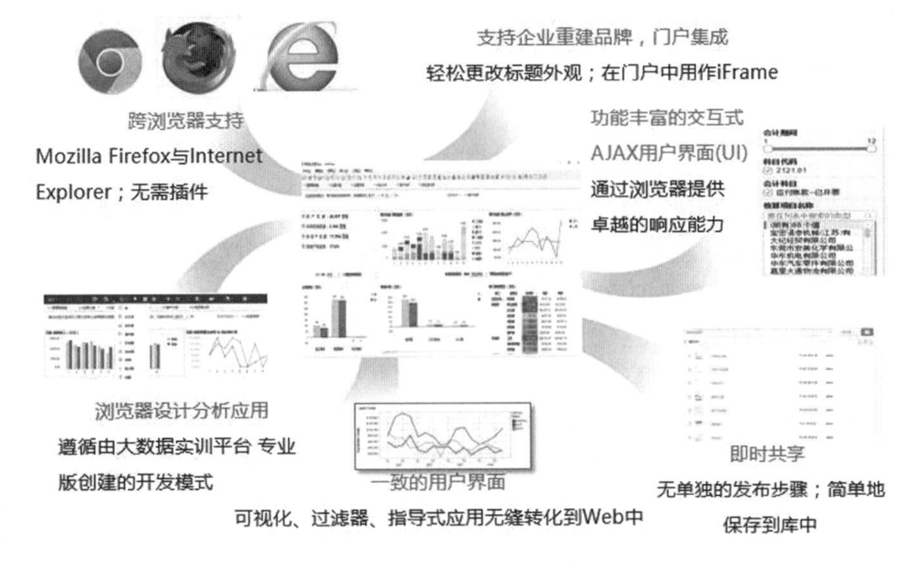

图 2-1 智速云大数据分析平台界面

2.4.2 Tableau

与智速云大数据分析平台相似，Tableau 也不会强迫用户编写自定义代码，其控制台也可以自己配置。Tableau 包括个人计算机所安装的桌面端软件 Desktop 和企业内部共享数据的服务器端 Server 两种形式。它能够根据业务需求对报表进行迁移和开发，从而让业务分析人员独立自助、间单快捷、以界面拖拽式的操作方式对业务数据进行联机分析处理、即时查询等。

2.4.3 阿里 DataV

DataV 是阿里云一款数据可视化应用搭建工具，旨让更多的人看到数据可视化的魅力，帮助非专业的工程师通过图形化的界面轻松搭建专业水准的可视化应用，满足会议展览、业务监控、风险预警、地理信息分析等多种业务的展示需求。

DataV 支持接入阿里云分析型数据库、关系型数据库、本地静态数据(CSV)文件和在线 API 等。此外，它还支持动态请求，将游戏级三维渲染能力引入地理场景，借助 GPU 实现海量数据渲染，提供低成本、可复用的三维数据可视化方案；适用于智慧城市、智慧交通、安全监控、商业智能等场景。

2.4.4 Excel

Excel 是 Microsoft Office 软件中的一款电子表格软件。Excel 的特点是采用表格方式管理数据，所有数据、信息都以二维表格形式(工作表)管理，单元格中数据间的相互关系一目了然，从而使数据的处理和管理更直观、更方便、更易于理解。

Excel 可生成诸如规划、财务等数据分析模型，并支持通过编写公式来处理数据和通过各类图表来显示数据。在 Excel 2016 及后续版本中，其内置了 Power Query 插件、管理数

据模型、预测工作表、Power Privot、Power View 和 Power Map 等数据查询分析工具。

相较而言，Excel 更适合于小数据量的数据分析与可视化。

2.4.5 帆软 FineBI

帆软 FineBI 是帆软软件有限公司推出的一款商业智能产品，它可以通过最终业务由用户自主分析企业已有的信息化数据，帮助企业发现并解决存在的问题，协助企业及时调整策略做出更好的决策，增强企业的可持续竞争性。

帆软 FineBI 具有以下特点：完善的数据管理策略、支持丰富的数据源连接、以可视化的形式帮助企业进行多样数据管理、极大地提升数据整合的便利性和效率；可连接多种数据源，支持 30 种以上的大数据平台和 SQL 数据源，支持 Excel、TXT 等文件数据集，支持多维数据库、程序数据集等各种数据源；可视化管理数据，用户可以方便地以可视化形式对数据进行管理，简单易操作。

2.4.6 Microsoft Power BI

Power BI 是微软旗下的一款基于云的商业数据分析和共享工具，可以连接多种数据源、简化数据准备并提供即席(Ad Hoc)查询。Power BI 简单且快速，能够从 Excel 电子表格或本地数据库创建快速见解，能把复杂的数据转化成简洁的视图。同时，Power BI 也可让用户进行丰富的建模和实时分析，以及自定义开发。因此，它既可作为用户个人的报表和可视化工具，也可作为项目组、部门或整个企业背后的分析和决策引擎。

2.4.7 ECharts

ECharts(Enterprise Charts)是商业级数据图表，一个纯 JavaScript 的图表库，可以在 PC 和移动设备上流畅运行，兼容当前绝大部分浏览器，底层依赖轻量级的 Canvas 类库 ZRender，提供直观、生动、可交互、可高度个性化定制的数据可视化图表。创新的数据视图、值域漫游等特性大大增强了用户体验，赋予用户对数据进行挖掘、整合的能力。

ECharts 支持折线图(区域图)、柱状图、散点图(气泡图)、K 线图、饼图(环形图)、雷达图、和弦图、力导向布局图、地图、仪表盘、漏斗图、事件河流图 12 类图表，同时提供标题、详情气泡、图例、值域、数据区域、时间轴、工具箱 7 个可交互组件，支持多图表、组件的联动和混搭。

2.5 本章小结

本章主要讲解数据的准备、数据预处理、数据的分析与可视化和常用的数据处理与可视化工具的使用。数据获取的来源，数据在数据处理与分析的重要性及常用的公开数据集。数据预处理包括数据的清洗、集成、离散和归约。大数据的分析与可视化包括数据分析与可视化产生的背景、概念及数据分析报告的重要性。数据处理与分析工具包括 7 款常用的工具，每种工具都有自己的特点。

2.6 习题

一、单选题

1. 数据可视化萌芽于什么时间(　　)。

A. 17 世纪　　B. 15 世纪　　C. 18 世纪　　D. 16 世纪

2. 可视化分析的运行过程可看作是(　　)的循环过程。

A. 数据→知识→数据　　B. 知识→知识→知识

C. 数据→数据→数据　　D. 知识→数据→数据

3. 下面哪种不属于数据预处理的方法(　　)。

A. 变量代换　　B. 离散化　　C. 聚集　　D. 估计遗漏值

4. 数据预处理的主要任务包括数据清洗、数据转换、数据脱敏、(　　)和数据归约。

A. 数据分析　　B. 数据爬虫　　C. 数据集成　　D. 数据分离

5. (　　)是指使用适当的统计分析方法,如聚类分析、相关分析等,对收集来的大量数据进行分析,从中提取有用信息并形成结论,加以详细研究和概括总结的过程。

A. 数据可视化　　B. 数据分析　　C. 数据集成　　D. 数据预处理

二、多选题

1. 下面属于数据集的一般特性的有(　　)。

A. 连续性　　B. 维度　　C. 稀疏性　　D. 分辨率

2. 以下不属于可视化的作用的是(　　)。

A. 数据采集　　B. 传播交流　　C. 信息记录　　D. 数据分析

3. 噪声数据的产生原因主要有(　　)。

A. 数据采集设备有问题

B. 在数据录入过程中发生了人为或计算机错误

C. 数据传输过程中发生错误

D. 由于命名规则或数据代码不同而引起的不一致

4. 建立大数据需要设计一个什么样的大型系统(　　)。

A. 能够把应用放到合适的平台上　　B. 能够开发出相应应用

C. 能够处理数据　　D. 能够存储数据

5. 下面属于数据处理与分析的工具为(　　)。

A. 智速云大数据分析平台　　B. Tableau

C. 阿里 DataV　　D. Microsoft Power BI

三、判断题

1. 数据可视化的原则是细节优先。　　(　　)

2. 数据取样时,除了要求抽样时严把质量关外,还要求抽样数据在足够范围内必须有代表性。　　(　　)

3. 数据是数据处理与分析的基础和研究对象,数据一般来源于企业数据库、用户行为数据、传感器数据等。　　(　　)

4.大数据分析是指在对数据进行数据分析、数据挖掘前,先对原始数据进行必要的清洗、集成、转换、离散和归约等一系列的工作。 (　　)

5.数据分析完成之后,需要将数据分析的结果展现出来并形成数据分析报告,在报告中需要把数据分析的起因、过程、结论和建议完整地展现出来。 (　　)

四、简答题

1.简述数据处理在数据分析中的作用。

2.为何要做数据的预处理?

3.数据可视化的作用是什么?

4.编写数据分析报告应该注意什么?

5.常用的数据处理与分析工具的区别在哪里?

第3章 智速云大数据分析平台

3.1 平台概况

3.1.1 平台简介

智速云大数据分析平台是一款数据分析和可视化平台，使用者不需要精通复杂的编码和统计学原理，只需要把数据直接拖放到工作区中，通过一些简单的设置就可以得到想要的可视化图形。这无疑对日渐追求高效率和成本控制的企业来说具有巨大的吸引力，特别适合工作中需要绘制大量报表、经常进行数据分析或制作图表的人使用。它不仅能实现数据分析、报表制作，还能完成基本的统计预测和趋势预测。

在简单、易用的同时，分析平台极其高效，数据引擎的速度极快，处理上亿行数据只需几秒就可以得到结果，用其绘制报表的速度也比程序员制作传统报表快很多。

智速云大数据分析平台还具有完美的数据整合能力，可以将两个数据源整合在同一层，甚至可以将一个数据源筛选为另一个数据源，并在数据源中突出显示，这种强大的数据整合能力具有很好的实用性。分析平台还有一项独具特色的数据可视化技术——嵌入地图，使用者可以用经过自动地理编码的地图呈现数据，这对于企业进行产品市场定位、制定营销策略等有非常大的帮助。

3.1.2 技术优势

智速云大数据分析平台采用流行的大数据架构，实现对大规模数据的整合处理，开放的API接口，方便与外部系统进行快速集成。

内存采用列式存储技术，LZO压缩算法(C语言)、缓存算法(页面置换算法)和LRU(Least Recently Used，最近最少使用)算法，在内存模式下，分析平台从数据库、文件或系统读取所有原始数据保存到内存当中。然后它将数据排序为固定的格式，做快速和高效的可视化所需的计算。

自主开发统计引擎，基于R、S+统计语言中常用统计挖掘算法，降低统计建模的复杂性，满足大部分客户的需求，不需要专业的开发工具，只需几个小时就可以开发自己的统计模型。

(1)R语言，执行高级假设分析和复杂的分析

(2)与S+的深入统计能力相结合

• 提供先进的预测分析，使大数据实训平台最终用户能够充分利用S+先进的模型检测、优化、分类和预测。

(3)支持数据仓库，也支持基于列式存储的内存分析技术

• 可以使用文件式存储(Hadoop)，支持数据仓库，满足大量客户的需求。

• 数据装载于内存中，实时响应用户的分析需求，计算速度快。

(4)系统具备良好的适应性与可扩展性

• 开放的API接口，方便与外部系统进行快速集成。

(5)系统具备跨平台性

• 服务器既可支持Windows平台，也可支持其他UNIX环境。

(6)移动智能设备及云端的支持

• 支持IOS系统及Android系统设备。

• 支持分布式内存技术，如Hadoop等，适合云端部署。

3.1.3 功能特点

智速云大数据分析平台是数据可视化/数据探索分析的领先产品，既可以使用文件式存储(Hadoop)，又支持数据仓库，同时可将数据装载于内存中，实时响应用户的分析需求，计算速度快，满足大量客户的需求。其功能特点如下。

1. 简单易用

智速云大数据分析平台其最重要的一个特征就是：普通商业用户，而非专业的开发人员就可以使用拖放式的用户界面迅速创建图表，解决问题。

只要会用Excel的用户就可以轻松驾驭智速云大数据分析平台，但简单易用并不意味着功能的有限，使用智速云大数据分析平台，用户可以分析海量数据，创建出各种图表，并具有美观性和交互性。

2. 极速高效

在智速云大数据分析平台中，用户访问数据只需指向数据源，确定要用的数据表和它们之间的关系，然后单击“确定”按钮进行导入就可以了。通过拖放的方式可以改变分析内容，单击突出显示，即可识别趋势。添加一个过滤器，就可以变换角度来分析数据。

智速云大数据分析平台的可视化操作方式意味着用户思考的并不是如何来使用软件，而是他们的问题和数据。

3. 丰富的图形展示

智速云大数据分析平台还有一个重要的特点就是可以迅速地创建出美观、交互、恰当的视图或报告，如热图、箱线图等。如图 3-1 所示。

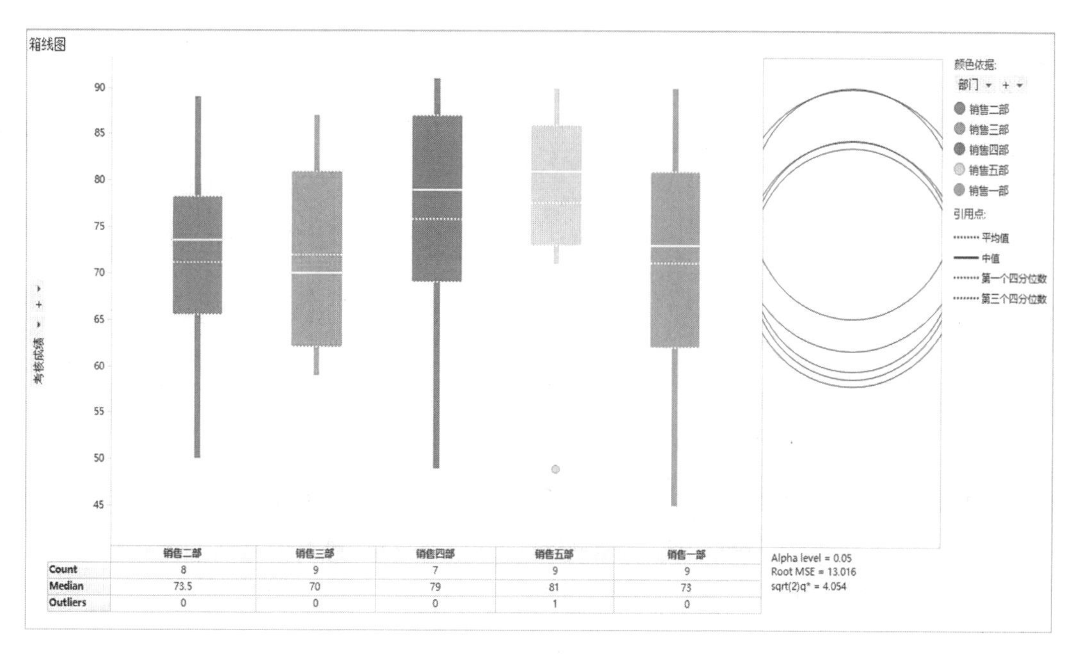

	销售二部	销售三部	销售四部	销售五部	销售一部
Count	8	9	7	9	9
Median	73.5	70	79	81	73
Outliers	0	0	0	1	0

图 3-1　箱线图

智速云大数据分析平台拥有智能推荐图表功能，当选择数据源，智速云大数据分析平台会自动推荐一种合适的图形来展示数据。也可以使用“建议图表”功能根据选择的字段列出建议图表进行选择，也可以随时、方便地切换其他图形来展示数据。如图 3-2 所示。

除了创建出美观的视图外，分析平台还具有支持交互性分析、数据钻取、在线地图分析、快捷导出分析报告等功能。

(1)交互性分析

智速云大数据分析平台中，可以在生成的视图上，通过范围滑动条、检查框、单选按钮、列表框或文本搜索进行数据过滤；通过标记、条件筛选、缩放滑块、层级滑竿进行快捷交互分析；通过书签可在任意时间对分析过程截取快照，从而便于返回至之前生成的数据视图。如图 3-3 所示。

(2)数据钻取

智速云大数据分析平台提供数据钻取，用户通过层级就可钻取到底层细节数据。

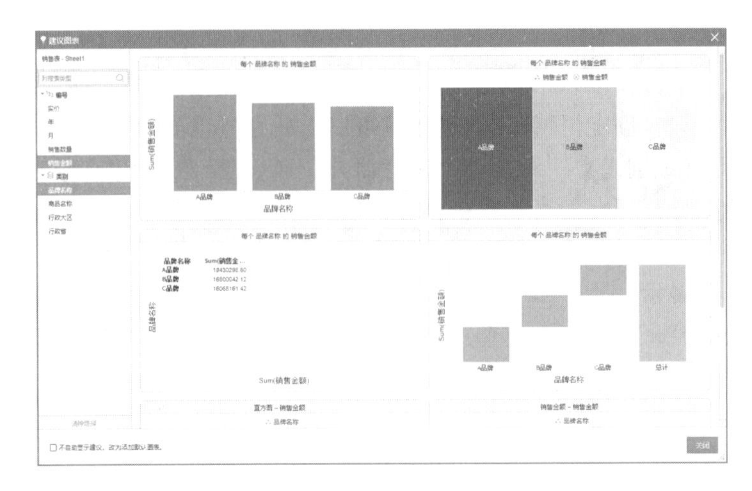

图 3-2 简易图表

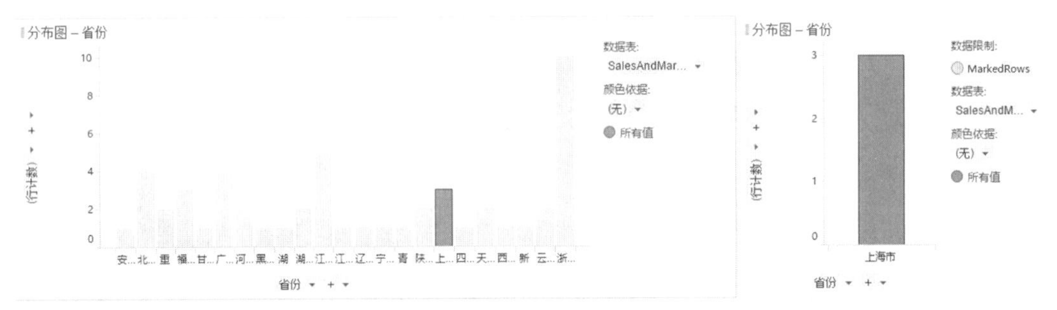

图 3-3 交互性分析

智速云大数据分析平台还可以创建详细图表。如图 3-4 所示为主图表，在行政大区条形图中创建行政省份的详细图表，这样单击行政大区里面的具体某个省，详细图（子图表）将会出现这一个省份的数据，如图 3-5 所示。

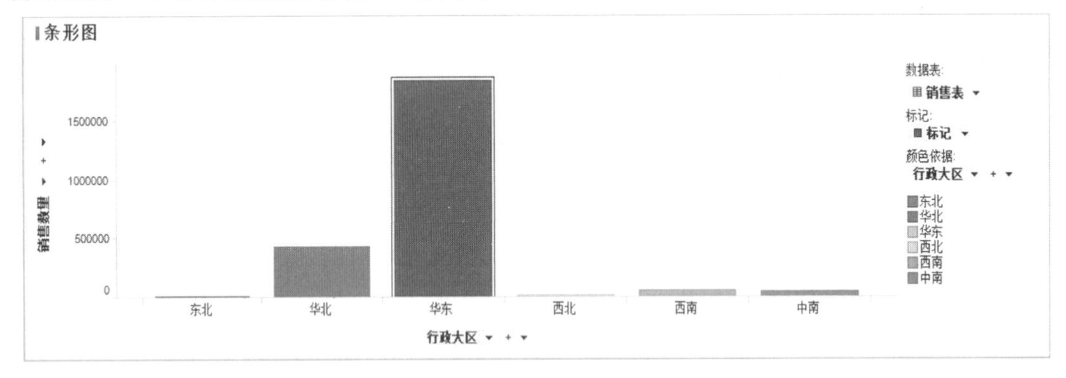

图 3-4 主图表

（3）在线地图分析

智速云大数据分析平台拥有强大的地图绘制功能，不需要专业的地图文件、插件、费用和第三方工具。

（4）快捷导出分析报告

智速云大数据分析平台，提供多种不同的报告导出模式：

- 单机开发版，可以一键式导出 PPT 报告。

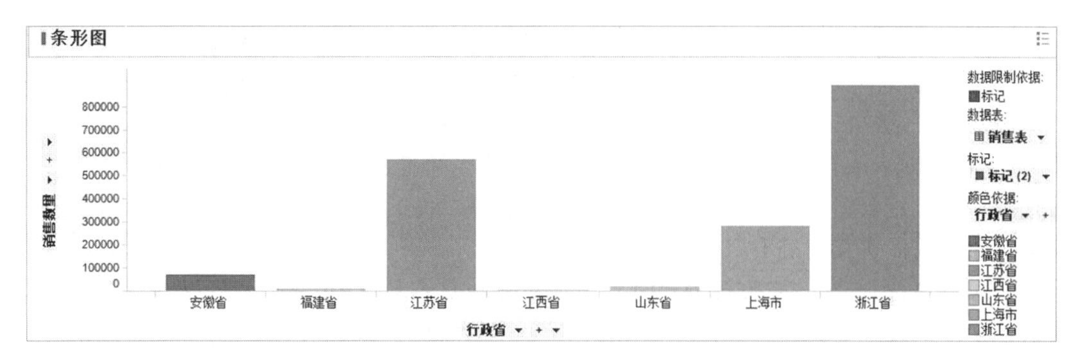

图 3-5 子图表

- 通过服务器可自动按需导出 PDF 格式的文档分析报告。
- 通过自动化服务器可以自动按需导出个性化的分析报告。

4. 跨平台,强兼容性

智速云大数据分析平台分为服务器端和客户端,服务器端可支持 Windows 环境,也可支持其他 UNIX 环境,具有很好的跨平台功能;客户端除 Windows 设备外,也可安装在 IOS 及 Android 系统的智能设备上,借助移动终端,企业决策者可以在任意时刻、任意地点获取企业关键指标,实时监控,第一时间掌握企业的运营状况。

5. 支持统计预测

智速云大数据分析平台拥有强大的预测分析能力,使用 R 语言、S+语言作为统计语言,内嵌多种预测模型快速实现数据预测,能够应用严谨的统计数据来预测未来的关键事件。智速云大数据分析平台中较典型的模型有:线相似性分析模型、K 均值聚类分析模型、Holt-Winters(指数平滑法)等。

线相似性分析模型可用于评估消费者行为,产品购买同时发生的频率,优化产品陈列,增加交叉销售机会。

K 均值聚类分析模型主要应用于环境的污染程度状况、股票行情的分析、房地产投资风险的研究等。

Holt-Winters 遵循"重近轻远"的原则,对全部历史数据采用逐步衰减的不等加权办法进行数据处理的一种预测方法,预测模型可用于销售行业的预测,铁路运输旅客周转量的数据等。

6. 支持数据仓库

智速云大数据分析平台支持平面文件加载,如 txt、CSV、Excel、log、shp、XML 文件等,以及支持关系型数据库连接(SQL Server、Oracle)和非关系型数据库连接(MongoDB、Hbase、Hadoop、JDBC、ODBC、OLE、DB)。

3.1.4 应用案例

智速云大数据分析平台广泛应用于金融行业、零售、医疗、财务等行业的分析。

随着大数据技术的应用,越来越多的金融企业也开始投身到大数据应用实践中。麦肯锡的一份研究显示,金融业在大数据价值潜力指数中排名第一。银行在互联网的冲击下,迫切需要掌握更多用户信息,继而构建用户 360°立体画像,即可对细分的客户进行精准、实时等个性化智慧营销；应用大数据平台，可以统一管理金融企业内部多源异构数据和外部征信数据，更好地完善风控体系；通过大数据分析方法改善经营决策，为管理层提供可靠的数据支撑，从而使经营决策更高效、快捷、精准；通过对大数据的应用，改善与客户之间的交互，提高用户黏性，为个人与政府提供增值服务，不断增强金融企业业务核心竞争力；通过高端数据分析和综合化数据分享，有效对接银行、保险、信托、基金等各类金融产品，使金融企业能够从其他领域借鉴并创造出新的金融产品。

作为零售行业，在实施收益管理过程中如果能在自有数据的基础上，依靠一些自动化信息采集软件来收集更多的零售行业数据，了解更多的零售行业市场信息，这将会对制定准确的收益策略，赢得更高的收益起到推进作用；同时如果能对网上零售行业的评论数据进行收集，建立网评大数据库，然后再利用分词、聚类、情感分析了解消费者的消费行为，价值取向、评论中体现的新消费需求和企业产品质量问题，以此来改进和创新产品，量化产品价值，制定合理的价格及提高服务质量，从中获取更大的收益。

大数据让就医、看病更简单。过去，对于患者的治疗方案，大都通过医师的经验来进行，优秀的医师固然能够为患者提供好的治疗方案，但由于医师的水平不相同，所以很难保证患者都能够接受最佳的治疗方案。而随着大数据在医疗行业的深度融合，大数据平台积累了海量的病例、病例报告、治愈方案等信息资源，所有常见的病例、既往病例等都记录在案，医生通过有效、连续的诊疗记录，能够给病人优质、合理的治疗方案。这样不仅提高医生的看病效率，而且能够降低误诊率，从而让患者在最短的时间接受最好的治疗。

财务部门一直是组织中处理数据的部门，随着其掌握数据量的增大，将成长为企业的数据部门，对企业决策起到更强的支持作用；财务部门领导者也将凭借利用财务数据的优势，为企业经营和发展提供专业洞见。大数据时代能够实现实时一体化汇总企业决策所需的信息，如库存数据、生产数据、销售数据、资金运转数据等，为财务决策带来更加高效的数据支持。

3.2 服务器端安装

服务器端是数据库及平台功能架设的基础，服务器端运行，客户端才能访问。服务器端的内容是向客户端提供资源、保存客户端数据、实现平台功能的必要途径。智速云大数据分析平台分为服务器端与客户端，服务器系统要求见表 3-1。

表 3-1　服务器系统要求

系统构件	具体要求
操作系统	Windows Server 2012 R2 Windows Server 2012 Windows Server 2008 注意：所有系统需要 64 位
.NET	Microsoft .NET Framework 4.5.2 或更高
CPU	推荐使用 6 核或更高配置(英特尔 Xeon 5 或同等)、2+GHz、64 位 最低要求：2 核、2 GHz、64 位
内存	推荐使用 32 GB 或更高 最低要求 16 GB

（续表）

系统构件	具体要求
磁盘空间	建议安装使用 100 GB，缓存空间 100 GB
数据库	Microsoft SQL Server 2014 或 Microsoft SQL Server 2012 或 Microsoft SQL Server 2008 R2
浏览器	Microsoft Internet Explorer 11 或更高 Mozilla Firefox 34 或更高 Google Chrome 40 或更高

智速云大数据分析平台服务器端需要安装 SQL Server、Server 等软件。客户端与服务器端进行通信需通过协议和端口号，表 3-2 中列出需要安装的软件及默认的端口号，端口号可修改但需确保修改的端口号未被占用。

表 3-2　　软件及默认端口号

编号	软件	协议	端口号
1	SQL Server	TCP/IP	1433
2	Server	HTTP	8000
3	Server Backend registration	TCP/IP	9080
4	Server Backend communication	TCP/IP	9443
5	Web Player	TCP/IP	9501
6	Node manager registration	TCP/IP	9081
7	Node manager communication	TCP/IP	9444

3.2.1 数据库加载

智速云大数据分析平台使用 SQL Server 作为底层数据库。SQL Server 是一个可扩展的、高性能的、分布式客户机/服务器计算所设计的数据库管理系统，实现了与 Windows NT 的有机结合，提供了基于事务的企业级信息管理系统方案。智速云大数据分析平台通过 SQL Server 数据库保存用户信息、数据表、图形等数据，加载 SQL Server 数据库步骤如下（注：请确保在执行以下步骤前，服务器端已安装 SQL Server 数据库）：

步骤 1：修改数据库初始化脚本。

打开安装包下的 create_databases. bat 文件（文件位于目录：mssql_install），修改数据库连接符、用户名、密码等相关参数，具体参数说明见表 3-3。脚本修改内容如图 3-6 所示。

表 3-3　　脚本参数说明

序号	选项	说明
1	CONNECTIDENTIFIER	数据库连接符，指数据库的 IP 或主机标识名
2	ADMINNAME	具有管理权限的数据库用户名
3	ADMINPASSWORD	具有管理权限的数据库用户密码
4	SERVERDB_NAME	创建的数据库名称
5	SERVERDB_USER	智速云大数据分析平台数据库用户名
6	SERVERDB_PASSWORD	智速云大数据分析平台数据库用户密码

```
rem     database in the create_server_db.sql file.
rem
rem ------------------------------------------------------------
rem Set these variable to reflect the local environment:
set CONNECTIDENTIFIER=127.0.0.1
set ADMINNAME=sa
set ADMINPASSWORD=sasa
set SERVERDB_NAME=lankview
set SERVERDB_USER=lkadmin
set SERVERDB_PASSWORD=lkadmin
rem Demo data parameters
```

图 3-6 脚本修改内容

步骤 2:执行数据库脚本。双击“create_databases.bat”脚本,生成 log 日志文件。

步骤 3:检查数据库实例建立情况。

(1)打开步骤 2 中生成的 log 日志文件,若内容如图 3-7 所示,则代表数据库建立成功。

```
1  已将数据库上下文更改为 'master'。
2  已将数据库上下文更改为 'lankview'。
3  已将数据库上下文更改为 'lankview'。
4  (1 行受影响)
5  ...........
6  (1 行受影响)
7  已将数据库上下文更改为 'master'。
8  已将数据库上下文更改为 'lankview'。
9
```

图 3-7 数据库建立成功

(2)连接数据库,检查是否创建了设定的数据库及用户,如图 3-8 所示。

图 3-8 数据库实例建立查看

步骤 4:设置用户强制实施密码策略。

连接并登录数据库,选择要修改的用户,打开该用户的登录属性,修改强制实施密码策略为不强制。

3.2.2 服务端安装与配置

数据库加载完成后,接下来进行智速云大数据分析平台服务器(Spotfire Server)的安装和配置。

智速云大数据分析平台服务器的安装步骤如下：

步骤1：打开安装包.\lankloud2.0\lankserver7.9.1\server7.9.1\tss\7.9.0\tomcat\bin下的setenv文件(.\代表安装包所在的路径)，修改setenv.bat文件。服务器运行环境配置参数见表3-4。

表3-4　服务器运行环境配置参数

序号	选项	说明	示例
1	JAVA_HOME	JDK的安装路径	.\lankloud2.0\lankserver7.9.1\server7.9.1\tss\7.9.0\jdk\
2	JRE_HOME	JRE的安装路径	.\lankloud2.0\lankserver7.9.1\server7.9.1\tss\7.9.0\jdk\jre
3	JAVA_OPTS	JVM运行参数	—server—XX:+DisableExplicitGC—Xms512M—Xmx4096M
4	CATALINA_OPTS	Tomcat运行参数	—Dcom.sun.management.jmxremote—Dorg.apache.catalina.session.StandardSession.ACTIVITY_CHECK=true

步骤2：执行当前文件夹下service.bat文件进行服务安装。如图3-9所示，datacloud即安装的服务名称。

图3-9　添加server服务

步骤3：重启datacloud服务，如图3-10所示。

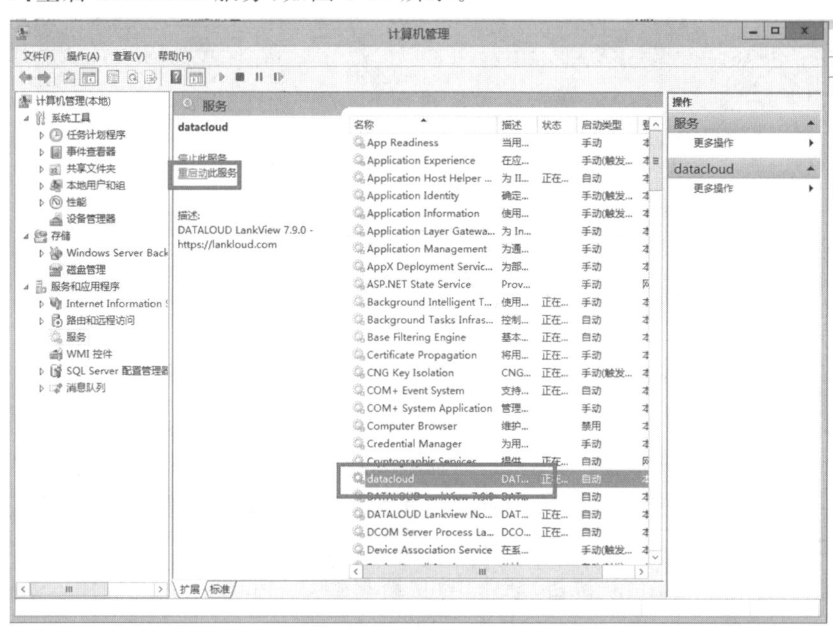

图3-10　重启datacloud服务

步骤4：配置智速云大数据分析平台服务器。

(1)双击打开.\lankloud2.0\lankserver7.9.1\server7.9.1\tss\7.9.0\tomcat\bin下的

uiconfig 配置文件。

(2)打开“TIBCO Spotfire Server Configuration Tool”界面,在弹出的“Specify Tool Password”对话框中单击“Cancel”,关闭对话框配置。

(3)在“TIBCO Spotfire Server Configuration Tool”界面中单击“Create new bootstrap file”创建新的 Bootstrap 文件。

(4)输入数据库的基本配置信息,如图 3-11 所示的 Driver template(数据库类型)、Hostname(主机名)、Port (端口号)、Identifier(SID/database/service)(数据库名称)、Username(用户名)、Password(密码)、URL(链接地址)、Driver class(数据库驱动)。

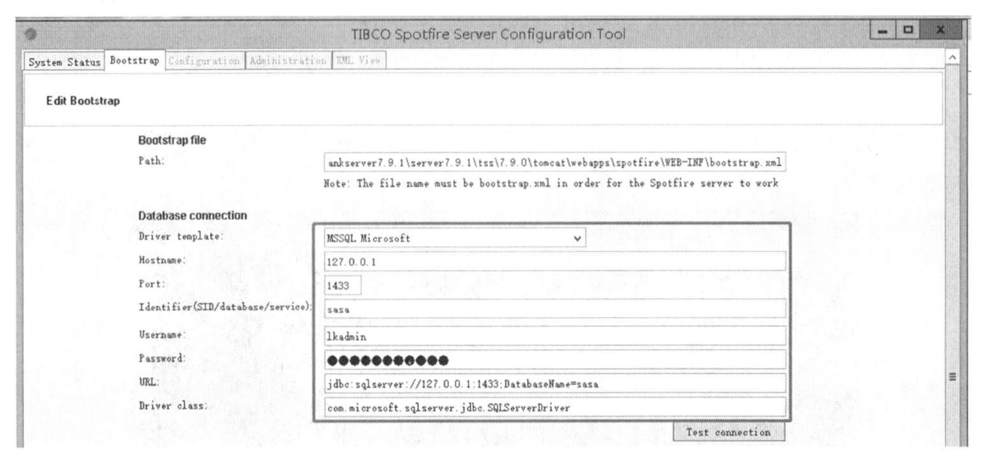

图 3-11 输入基本配置信息

(5)单击“Test connection”按钮测试数据库是否连接成功,如图 3-12 所示。

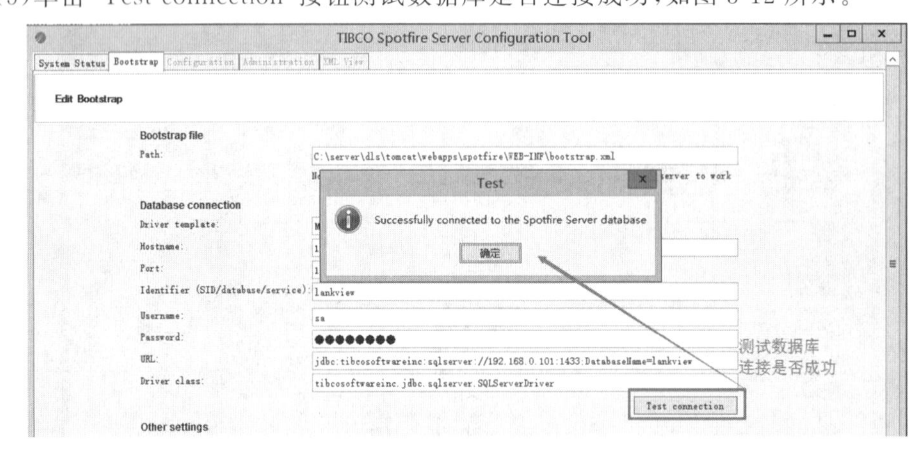

图 3-12 SQL Server 数据库连接配置信息

(6)输入 Bootstrap file 的密码,完成后单击“Save Bootstrap”按钮,在弹出的对话框中单击“确定”按钮生成 Bootstrap 配置文件。

(7)单击“Administration”按钮,创建用户,填写 Username(用户名)、Password(密码)、Confirm Password(确认密码),单击“Create”按钮进行创建。

(8)选中创建的用户,单击“Promote”按钮,将用户 admin 加入 Administrators 超级用户组。如图 3-13 所示。

(9)回到 Configuration 界面,单击“Save Configuration”按钮进行保存。

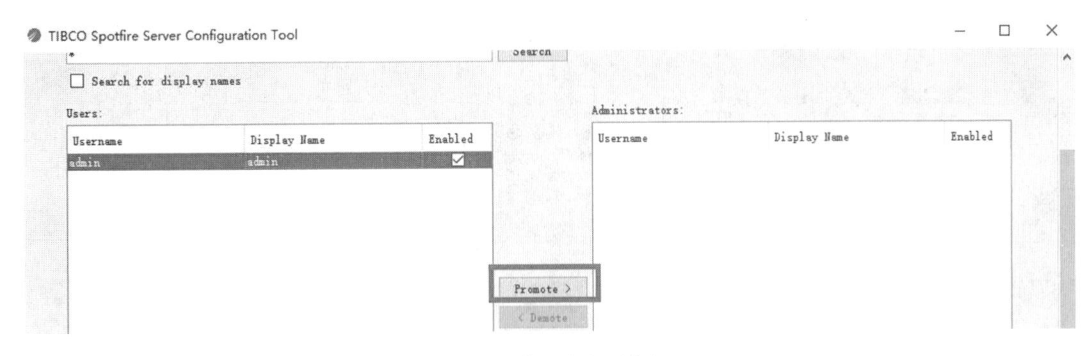

图 3-13　加入超级用户组

(10)在弹出的"Save Configuration"界面中，输入描述名称"configuration"，单击"Finish"按钮，完成 Configuration 导入。

步骤 5：配置完成后，打开系统服务，启动智速云大数据分析平台服务器服务。

步骤 6：部署智速云大数据分析平台开发包。

(1)使用浏览器访问 http://127.0.0.1:8000，启动服务器管理。

(2)输入用户名和密码(智速云大数据分析平台管理员账户和密码)，进入智速云大数据分析平台服务器管理控制台页面。

(3)在管理控制台页面单击 Deployments&Packages 部署包按钮。

(4)在打开的对话框中，单击"添加包"，在打开的文件选择对话框中单击"浏览"按钮，选择.\lankloud2.0 目录下的 deployment.sdn 包，包含客户端部署包、connector、语言包、节点管理器和插件包，如图 3-14 所示。

图 3-14　添加 sdn 包

(5)选择完成后，单击"Upload"按钮，上传 sdn 包。

(6)勾选所有的开发程序，单击"保存"按钮，如图 3-15 所示。

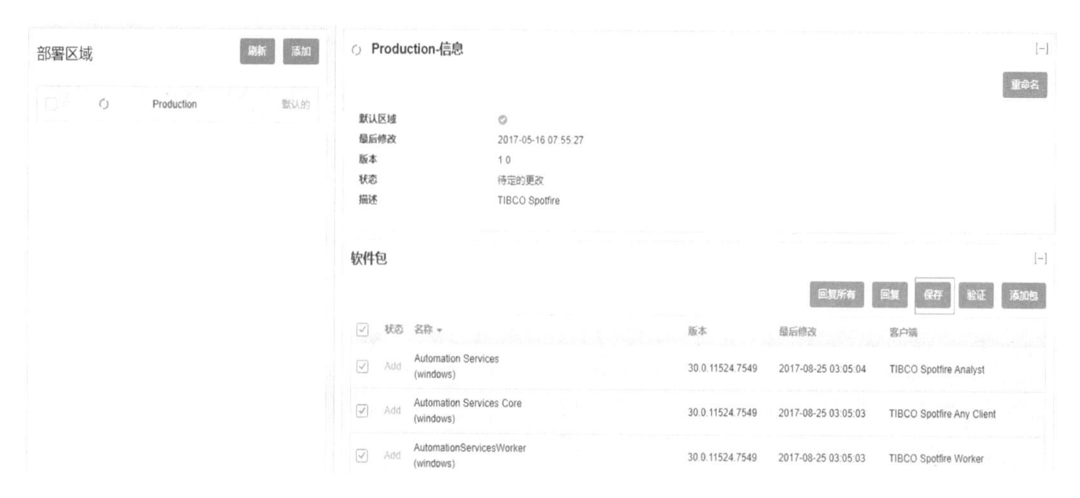

图 3-15 选择所有开发包

(7)在弹出的对话框中输入开发包相关信息,输入版本,描述并保存,如图 3-16 所示。

图 3-16 保存开发包相关信息

步骤 7:安装智速云大数据分析平台节点服务器。

进入.\lankloud2.0\lankserver7.9.1\server7.9.1\tsnm\7.9.0 目录,双击执行"npminstall.bat"文件,生成 DATALOUD Lankview Node01 服务,如图 3-17 所示。

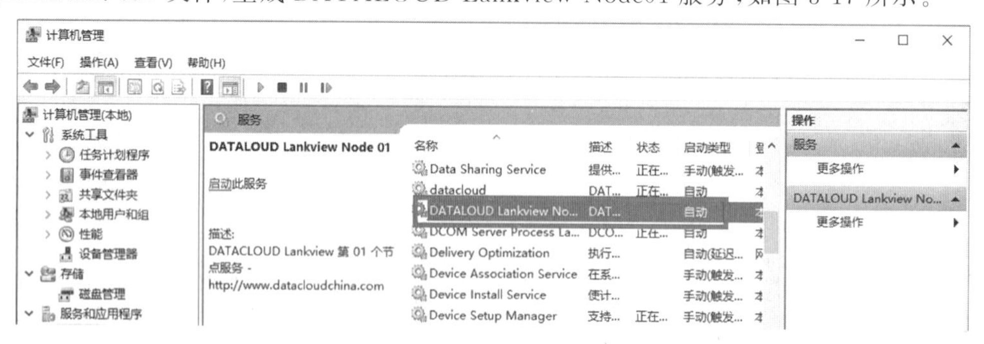

图 3-17 生成服务

步骤 8:配置节点服务器。

(1)进入.\lankloud2.0\lankserver7.9.1\server7.9.1\tsnm\7.9.0\nm\config 目录,编辑 nodemanager.properties 文件。

(2)修改文件中节点服务器 IP 地址,Server 服务器主机名,节点服务器 IP 地址或主机名,以实际服务器为准,如图 3-18 所示。

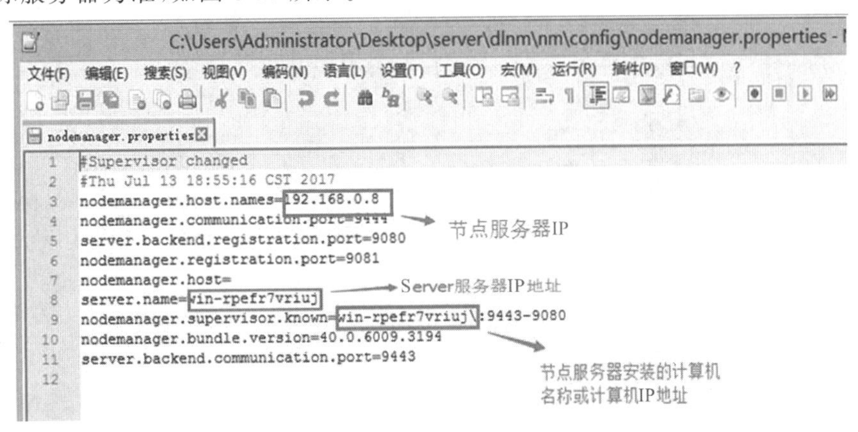

图 3-18　配置节点服务器

步骤 9:打开系统服务,启动智速云大数据分析平台节点服务器。

步骤 10:智速云大数据分析平台节点服务器设置。

(1)使用浏览器访问 http://127.0.0.1:8000,启动服务器管理。

(2)输入用户名和密码(智速云大数据分析平台管理员账户和密码),进入服务器管理控制台页面。

(3)单击节点服务器“Nodes&Services”按钮,进入设置信任节点界面。

(4)在设置信任节点界面,选择需要添加的信息节点,单击“信任节点”按钮。

(5)在弹出的“信任节点”对话框中,单击“信任”按钮,信任节点设置成功。单击“Activity”按钮可查看当前活动节点。

(6)选择“网络”页签,单击“安装新的服务”按钮,进入安装设置界面,如图 3-19 所示。

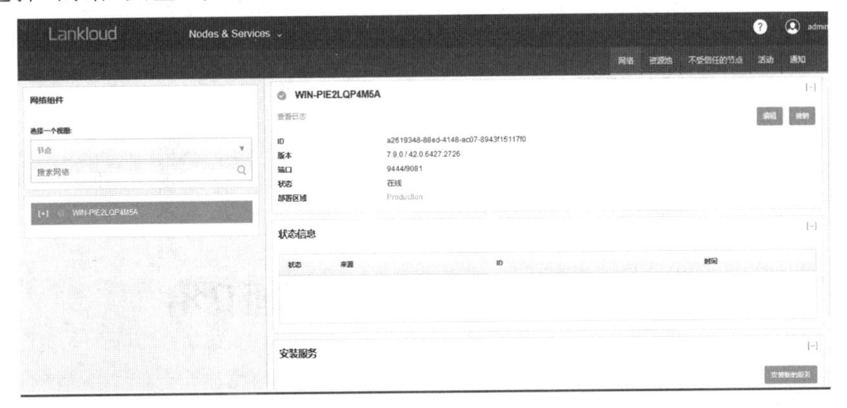

图 3-19　安装新的服务

(7)安装 Web Player 并启动,设置端口相关信息,选择部署区域、性能,输入实例数目、端口号以及名称,如图 3-20 所示。

(8)单击“安装和启动”按钮,完成安装及启动。

图 3-20　设置端口信息

3.3 客户端安装

用户可通过智速云大数据分析平台客户端连接到服务器端，也可以通过客户端实现数据的处理、加载和转换，实现如条形图、交叉表、基本表、图形表、折线图、组合图、饼图、箱线图、热图、树形图等基本分析图表的制作。后续章节的讲解全部基本智速云大数据分析平台客户端。注：智速云大数据分析平台客户端的安装推荐计算机 Windows 10 以上版本。

智速云大数据分析平台客户端安装具体操作步骤如下：

步骤 1：下载完安装包后，双击打开，自动启动安装程序。

步骤 2：等待一段时间，出现安装步骤，单击“Next”按钮。

步骤 3：勾选“I accept the terms in the license argument”，单击“Next”按钮。

步骤 4：输入框内不做改变，单击“Next”按钮。

步骤 5：单击“Install”按钮。

步骤 6：单击“Finish”按钮。

步骤 7：安装完成后，桌面上会出现“TIBCO Spotfire”的图标，智速云大数据分析平台客户端安装完成。可通过双击该图标，打开智速云大数据分析平台。

3.4 客户端平台界面介绍

3.4.1 登录界面

首次启动智速云大数据分析平台时，系统会显示登录对话框。此时客户端无法连接到服务器端，因此不能通过单击“Log in”按钮实现登录。需执行以下步骤连接到 Spotfire Server。具体操作步骤如下：

步骤 1:在登录对话框中,单击"Manage Servers…按钮"。

说明:如果选中"Save my login information"复选框,下次启动平台时,将会自动登录。如果已选中"保存我的登录信息"复选框,但稍后想要再次访问此对话框,可以使用"TIBCO Spotfire(显示登录对话框)"选项(为此需要依次单击"开始">"所有程序">"TIBCO")强制显示此对话框。

步骤 2:在打开的"管理服务器"对话框中,单击"Add"按钮。在弹出的"Add Server"对话框中输入服务器地址 118.190.63.155.8000/,单击"OK"按钮,完成服务器的配置,如图 3-21 所示。

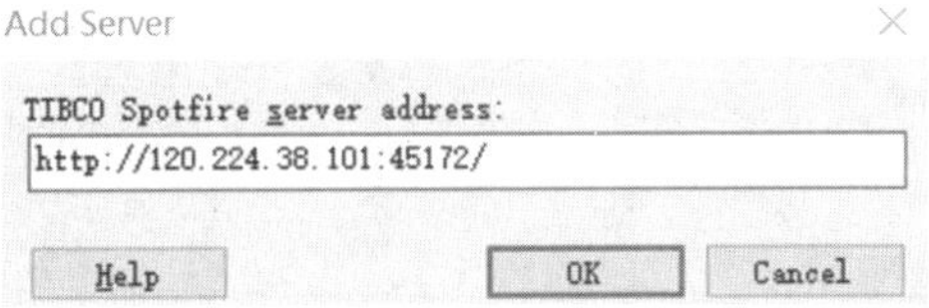

图 3-21 完成服务器的配置

步骤 3:在返回的登录页面输入"Username"为"stu001","Password"为"123456",单击"Log in"按钮,即可实现用户的登录。登录到平台后,用户将能够访问联合库和其他协作功能。

在登录平台的过程中,若出现"Work Offline"呈灰色无法单击的状态,请执行以下步骤:

步骤 1:在登录界面去除"Save my login information"的勾选状态,以防保存登录信息打开登录界面即自动登录。

步骤 2:输入账户名(Username)和密码(Password),单击"Log in "按钮,实现用户的登录。

步骤 3:登录之后关闭平台,重新打开,"Work Offline"按钮就可以正常使用。

初次登录智速云大数据分析平台,我们发现使用的语言为英文,可采用安装中文插件的方式修改英文为中文,具体操作步骤如下:

步骤 1:单击"Work Offline"按钮或在首次登录时,会自动弹出如图 3-22 所示的中文插件安装对话框,单击"Update Now"按钮,等待几分钟后会自动弹出安装界面,单击"安装"按钮,完成中文插件的安装。

图 3-22 安装中文插件

注意:如果在这个过程中超过了 30 分钟页面还处在一直不动的状态,就单击"Cancel"或者"OK"按钮退出界面,卸掉重新安装一遍。

步骤 2:安装完成中文插件后,登录的平台主界面的语言依然为英文,需单击"工具栏"的"Tools"→"Options"。在弹出的"Options"对话框中,选择"Language"的下拉菜单中

"Chinese (Simplified PRC)"选项,单击"OK"按钮。

步骤 3:设置完成后,关闭当前主界面,重新打开平台,主界面的语言就变为中文版,中文插件安装完成。

3.4.2 欢迎页面

登录智速云大数据分析平台后,首先展示"欢迎页面",在欢迎页面中,分为"菜单栏""工具栏"和"工作区"三部分。如图 3-23 所示。

图 3-23　欢迎页面

1. 菜单栏

"菜单栏"分为 6 个选项,广泛应用各图表制作与设计过程。

2. 工具栏

"工具栏"在未选择图表的情况下,除"打开""添加数据表""保存"三个按钮外,其余按钮为灰色不可用。在"添加数据表"后,可使用"工具栏"中的给定的工具对数据进行分析和展示。

3. 工作区

"工作区"分为"最近分析""最近数据""添加数据""示例"四部分

最近分析:显示最近分析的图表。

最近数据:显示最近打开的数据表。

添加数据:可以从"文件""库 ""数据库"等打开数据表,如图 3-24 所示。

图 3-24　添加数据

示例：集成了成熟案例，可供学习参考。如图 3-25 所示。

图 3-25　示例

3.4.3 工作区界面

使用“欢迎页面”>“添加数据”>“添加数据表”或“菜单栏”>“打开”>“添加数据表…”添加所要分析的数据表，可以在工作区中，通过操作对数据进行可视化展示，如图 3-26 所示。

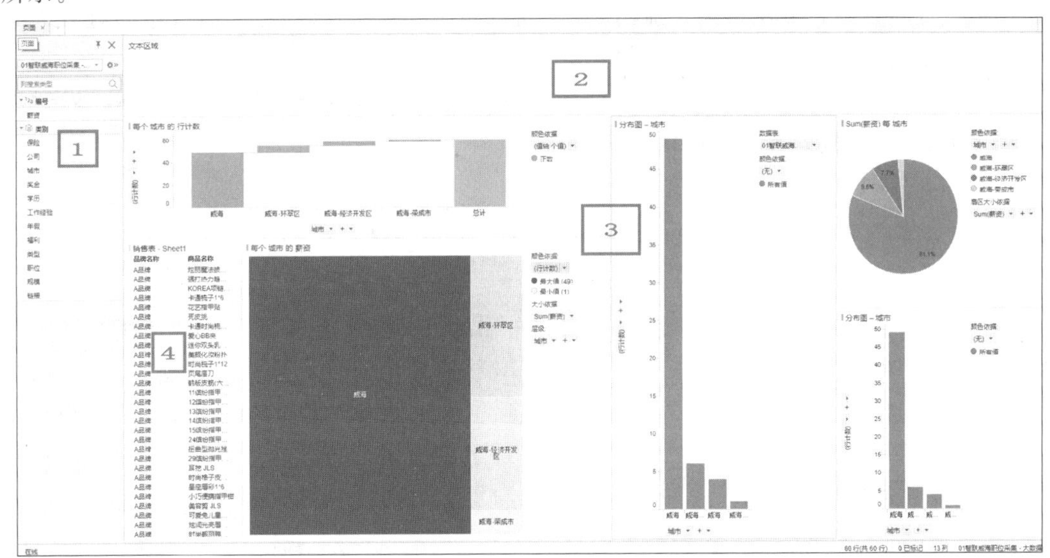

图 3-26　工作区界面

1. 数据面板

通过数据面板可以迅速访问数据表中的所有列。可以直接将列从数据面板拖到图表轴，从而更改显示内容。可以单击数据面板的“⚙«”图标，展开数据面板以获取有关分析中的数据表和列的更多信息，还可以在此处执行一些数据准备和清理操作，这样有助于获得想要的图表。

单击数据面板每列的“▼”图标，可以为某些列调整筛选器，以减少图表中显示的数据，

方便“细分”到感兴趣的内容。筛选器是一种功能强大的工具，通过它可以快速查看数据的各个方面并获得所需内容。筛选器可以以多种形式显示，可以选择最符合需求的筛选器设备的类型(例如复选框、滑块等)。通过移动滑块或选中复选框可以控制筛选器，所有已链接的图表会立即更新，以反映新的数据选择。默认情况下，页面中的所有新图表将由页面中使用的筛选方案限制。但是，筛选方案可针对每个图表单独做出更改。

2. 文本区域

可以在文本区域键入文本，说明不同图表中显示的内容。如果为其他用户创建分析应用程序，这将尤其适用。

文本区域也可以包含不同类型的控件，可添加筛选器、执行操作或者做出选择，从而查看特定类型的数据等。

3. 图表区

图表区可以显示各种图表，图表对于分析平台中的数据非常关键，可以显示交叉表、图形表、条形图、瀑布图、折线图、组合图、饼图、散点图、三维散点图、地图、树形图、热图、KPI图、平行坐标图、汇总表、箱线图等各种图表，不同类型的图表可以独立显示，也可以同时显示。同时显示的图表可以相互链接，并可以在使用页面中相应的筛选器时进行或不进行动态更新。

4. 按需查看详细信息

“按需查看详细信息”界面可用于显示某一行或某一组行的精确值。通过单击图表中的项目，或者通过在项目周围单击并拖动鼠标标记多个项目，可以看到直接在“按需查看详细信息”中表示的数字值和文本数据。

通过在工具栏上单击“按需查看详细信息”按钮，或者选择“视图”→“按需查看详细信息”的方式打开“按需查看详细信息”界面。

3.5 本章小结

本章分别从平台的概况、平台服务器和客户端的安装及平台软件界面的使用对智速云大数据分析平台做了详细的讲解。其中平台概况包括平台的技术优势、功能特点和应用案例。平台软件界面简介包括登录界面、欢迎界面、工作区界面。平台的服务器端和客户端的安装让我们了解了智速云大数据分析平台的系统组成和运行方式。通过本章的学习，我们对智速云大数据分析平台有了一个基本的认识与了解，为我们后续学习使用智速云大数据分析平台做好充分准备。

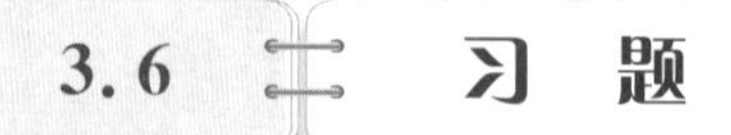

3.6 习题

一、单选题

1. 智速云大数据分析平台中较典型的模型不包括(　　)。

A. 线相似性分析模型　　B. K 均值聚类分析模型

C. Holt-Winters(指数平滑法)　　D. ARIMA 模型

2. 智速云大数据分析平台实现进行可视化分析数据时一个巨大的优势是(　　)。

A. 大量　　B. 速度　　C. 准时　　D. 精确

3. 想要添加数据表共有几种方式(　　)。

A. 1 种　　B. 2 种　　C. 3 种　　D. 4 种

4. 打开"用户手册"的快捷键是(　　)。

A. F1＋ALT　　B. ALT　　C. F1　　D. F2

5. 通过(　　)可在任意时间对分析过程截取快照,从而便于返回之前生成的数据视图。

A. 文本框　　B. 列表框　　C. 书签　　D. 检查框

二、判断题

1. 在大数据实训平台中的表和 Excel 中的表有许多相似之处。(　　)

2. 可通过滑动层级滑块展示不同的信息。(　　)

3. 智速云大数据分析平台中不支持值从一个数据类型转换为其他数据类型。(　　)

4. 文本区域也可以包含不同类型的控件,可添加筛选器、执行操作或者做出选择,从而查看特定类型的数据。(　　)

5. "工具栏"在未选择图表的情况下,除"打开""添加数据表""保存"三个按钮外,其余按钮为灰色不可用。(　　)

三、多选题

1. 智速云大数据分析平台广泛应用的标志性行业有(　　)。

A. 金融行业　　B. 零售　　C. 医疗　　D. 财务

2. 智速云大数据分析平台常用的统计挖掘算法是(　　)。

A. R 语言　　B. S+语言　　C. Java 语言　　D. C 语言

3. 标记的应用有(　　)。

A. 区分数据分类　　B. 可用于筛选数据

C. 可用于关联图表　　D. 可在地图中标记图层

4. 智速云大数据分析平台中,可以在生成的视图上通过(　　)快捷进行交互分析。

A. 标记　　B. 条件筛选　　C. 缩放滑块　　D. 层级滑竿

5. 智速云大数据分析平台的简单易用主要体现在(　　)方面。

A. 单击几下鼠标就可以快速地创建出美观的图表和报告,并可随时修改

B. 单击几下鼠标可以连接到所有主要的数据库

C. 拥有最佳的内置实践案例,智能推荐最适合的图形

D. 通过网页就可以轻松与他人分享结果

四、简答题

1. 智速云大数据分析平台的功能特点有哪些?

2. 智速云大数据分析平台支持的数据类型有哪些?

3. 请列举几条大数据分析平台中数据类型转换的规则?

第4章 数据ETL

4.1 数据处理

在实际的数据分析工作中，很多时候会遇到不准确不一致的数据，使用这样的数据通常无法直接进行数据分析或分析结果差强人意，基于这样的分析结果做出的决策建议对企业的发展也是不利的，所以需要把这些影响分析的数据处理好，才能获得更加精确的分析结果。在做数据处理前需了解数据的来源、数据的类型，然后将收集到的数据用适当的处理方法进行预处理，使其能够符合数据分析的要求。

4.1.1 数据类型

数据类型指定了数据在磁盘和 RAM 中的表示方式。从用户的角度看，数据类型确定了数据的操作方式。根据数据分析的要求，不同的应用应采用不同的数据分类方法。根据数据模型，我们可以将数据分为浮点数、整数、字符等；根据概念模型，可以定义数据为其对应的实际意义或者对象。

智速云大数据分析平台根据数据模型的分类方式将数据分为整型、实数型、字符串、日期/日期时间、布尔数据及 Binary 类型。这些数据类型会以正确的方式自动进行处理。具体的数值类型见表 4-1。

表 4-1　　数据类型

数据类型	说明
Integer	整数型
LongInteger	长整型
Real	实数型
SingleReal	单精度实数型
Currency	货币常数型
Date	日期类型
DateTime	日期时间类型
Time	时间类型
TimeSpan	时间跨度类型
Boolean	布尔类型
String	字符串类型
Binary	二进制类型

所有数据格式(Currency [Decimal] 除外)都使用值的二进制浮点数表示。这意味着由于使用基数 2 的计算的性质,某些计算应使偶数可能显示为需要进行四舍五入的数字。当执行完一个计算后再执行更多计算时,错误可以累计并可能会成为问题。下面详细介绍智速云大数据分析平台支持的数据类型。

1. Interger

整数类型写成一个数字序列,可能会以“+”或“—”为前缀。可以指定从—2147483648 到 2147483647 的整数值。如果要在预期的位置使用小数值,整数值将自动转换为小数值。

注意:自定义表达式和计算列中可使用十六进制值。打开数据时不能使用这些十六进制值。十六进制格式的值具有 8 个字符的大小限制。

示例:0,101,—32768,+55

0xff　　= 255

0x7fffffff　　= 2147483647

0x80000000　　= —2147483648

2. LongInteger

如果标准整数的范围不能满足需求,可以使用长整型。范围从—9223372036854775808 到 9223372036854775807。在没有精度损失的情况下,不能将长整型转换为实数型,但可将其转换为货币常数型。

注意:自定义表达式和计算列中可使用十六进制值。打开数据时不能使用这些十六进制值。

示例:2147483648

0x7FFFFFFFFFFFFFFF = —9223372036854775808

0x8000000000000000 = 9223372036854775807

3. Real

实数值写成小数点使用句点的标准浮点数且没有千分位分隔符。可以从—8.98846567431157E+307 到 8.98846567431157E+307 指定的实数值。

即使可在计算中使用 16 个有效数字,但可以显示的有效数字的数目仅限于 15 个。

对实值进行的可生成不能由实数数据类型表示的结果的数学运算将生成数值错误。在结果数据表中，这些特殊情况将被筛选掉并替换为空值。

示例：0.0，0.1，10000.0，－1.23e－22，＋1.23e＋22，1E6

4. SingleReal

单精度实数值被写为精确度和范围都比实数低的标准浮点数。与实数相比，单精度实数占用的内存少50％。可以从 －1.7014117E＋38 到 1.7014117E＋38 指定单精度实数值。

即使可在计算中使用 8 个有效数字，但可以显示的有效数字的数目仅限于 7 个。

在只有很少的精度损失情况下，单精度实数可以转换为实数。

5. Currency

货币常数被写为整数或带有'm'后缀的实常数。

货币类型后面的数据格式为小数。小数数据格式在其计算中使用基数 10，这表示在此格式中可避免执行二进制计算时可能出现的舍入误差。但是，这也表示繁重的计算将需要更长的时间。

货币值可显示的有效数字的数目为 28 个（可在计算中使用 29 个）。可以从 －39614081257132168796771975168 到 39614081257132168796771975168 指定货币值。

数据函数中不能使用货币列。

6. Date、DateTime、Time

Date、DateTime、Time 表示日期和时间类型，日期和时间格式取决于计算机的区域设置。支持 1583 年 1 月 1 日及之后的日期。

Date 的格式可表示为 6/12/2006，June 12，June，2006，分析平台不直接支持 Date 格式，需要通过定义数据函数的方式使用。

DateTime 的格式可表示为 6/12/2006，Monday，June 12，2006 1：05 PM，6/12/2006 10：14：35 AM。

Time 的格式可表示为 2006-06-12 10：14：35、10：14、10：14：35，数据分析平台不直接支持 Time 格式，需要通过定义数据函数的方式使用。

7. TimeSpan

时间跨度类型，表示两个日期之间有区别的值。

它包含以下 5 个可能的字段：

➢天

最小：－10675199

最大：10675199

➢小时

最小：0

最大：23

➢分

最小：0

最大：59

➢秒

最小：0

最大：59

➤分数(小数秒)

最多为三位小数，也就是说，精度为 1 ms。

能够以紧凑形式显示时间跨度值：[—]d. h：m：s. f ([—]days. hours：minutes：seconds. fractions) 或者用单词或缩写写出每个可用字段。某些描述性形式可以本地化。

最小总计：—10675199. 02：48：05. 477

最大总计：10675199. 02：48：05. 477

8. Boolean

真与假。布尔值可用于表示由比较运算符和逻辑函数返回的真假值。显示值可本地化。

示例：true，false，1 < 5

9. String

字符串值括在双引号或单引号中。在行中输入分隔符符号两次('' 或 "")可以进行转义。字符串值可包含任何 UNICODE 字符的序列。不能在字符串中使用双引号，除非进行转义。反斜杠用于转义特殊字符，因此也必须进行转义。

转义规则见表 4-2，只有如表 4-2 中定义的字符才可在\之后使用，其他字符将产生错误。

表 4-2　　转义规则

转义序列	结果
\uHHHH	任何 Unicode 字符可用四个十六进制字符(0—F)表示。
\DDD	0 到 255 范围内的字符用三个八进制数字(0—7)表示。
\b	\u0008：退格 (BS)
\t	\u0009：水平选项卡 (HT)
\n	\u000a：换行 (LF)
\f	\u000c：换页 (FF)
\r	\u000d：回车 (CR)
\\	\u005c：反斜杠 \

示例："Hello world"，"25"，"23"，"1\n2\n"，"C：\\TEMP\\image. png"

在数据处理过程中往往存在着已有数据的类型与所需要数据的类型不相符的情况，此时需进行数据类型的转换，智速云大数据分析平台支持值从一个数据类型转换为其他数据类型，特别是表达式计算时在操作数类型不同的情况下，需要将数据从一种数据类型转为另一种数据类型。数据类型转换的规则如下：

➤在计算中使用整数列时将隐式转换到实数，结果为非整数。

➤如果结果是整数但超出整数数据类型的限制，则将隐式转换为长整型。

➤整数还可以将隐式转换为货币。例如，如果已添加整数和货币列，则结果将为货币列。

➤长整型中的结果超出长整型的限制时，最终得到的可能是货币。这是因为在没有损失精确度风险的情况下，长整型不能转换为实数。

➢使用时间跨度的所有运算(简单的时间跨度转换除外)将返回日期时间。

➢对于任何其他转换,需要使用转换函数计算新列或用于自定义表达式。

➢二进制对象不能被转换为任何其他数据类型。

使用更改数据类型转换工具,可同时转换多列的数据类型。方式如下:

1. 通过“添加数据表”对话框,可在新添加的数据表中执行转换

选择“文件”＞“添加数据表”＞“添加”,选择合适的数据表,在列上选择下拉框,对每列的数据进行更改。如图 4-1 所示。

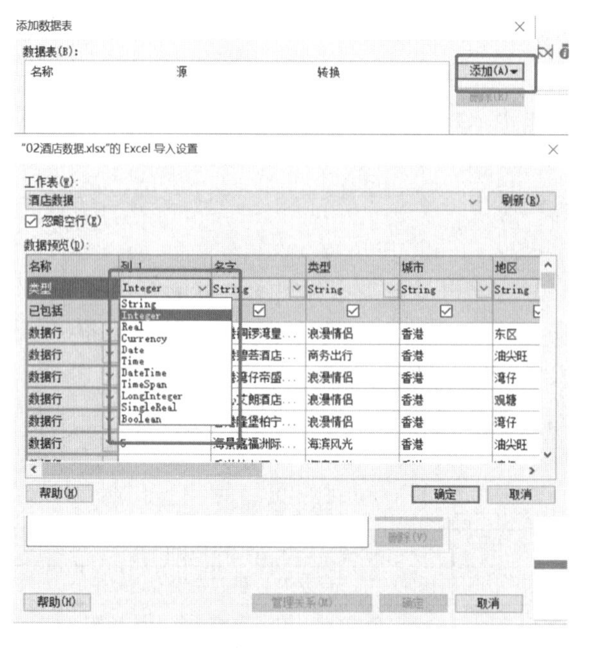

图 4-1　添加数据表

2. 通过“替换数据表”对话框,可在现有的数据表中执行转换。

选择“文件”＞“替换数据表”＞“选择”,选择合适的数据表,在列上选择下拉框,对每列的数据进行更改。如图 4-2 所示。

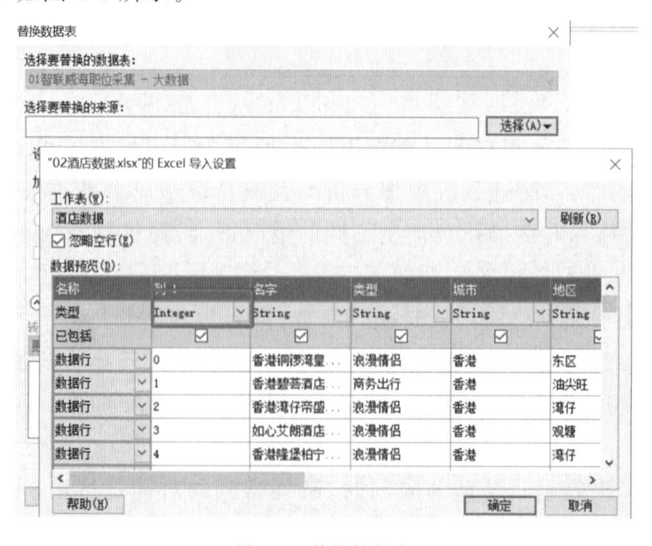

图 4-2　替换数据表

4.1.2 数据预处理

在大数据时代，由于数据的来源非常广泛，数据类型和格式存在差异，并且这些数据中的大部分是有噪声的、不完整的，甚至存在错误。因此，在对数据进行分析与可视化前，对采集的数据进行预处理是非常有必要的。

数据预处理的目的是提升数据质量，使得后续的数据处理、分析、可视化过程更加容易、有效。

一般来说，准确性、完整性、一致性、时效性等指标是评价数据质量常用的标准。

(1)准确性：数据记录的信息是否存在异常或错误。

(2)完整性：采集的数据集是否包含了数据源中的所有数据点，且每个样本的属性都是完整的。

(3)一致性：数据是否遵循了统一的规范，数据集是否保持统一的格式。

(4)时效性：数据从产生到得到分析结果的时间间隔是否适合当下时间区间。

我们可以通过以下几个方面对数据进行预处理：

(1)数据清洗：指修正数据中的错误、识别脏数据、更正不一致数据的过程。

(2)数据集成：指将来自不同数据源的同类数据进行合并，减少数据冲突，降低数据冗余等。

(3)数据归约：指在保证数据分析结果准确的前提下，尽可能地精简数据量，得到简化的数据集。

(4)数据转换：指对数据进行规范化处理。

4.2 数据转换

在数据分析与可视化的过程中，原始数据经过处理和转换后得到清洁、简化、结构清晰的数据。数据处理和转换直接影响到数据可视化的设计，对可视化的最终结果有着非常重要的影响。

4.2.1 更改数据类型

通过更改数据类型可更改数据表中一个或多个列的数据类型。

在对销售合同进行分析时，为更好地将销售合同中非数字的合同编码完整地显示，需将销售合同数量表中的销售合同编码由 Integer 类型改为 String 类型。具体操作步骤如下：

步骤 1：单击“文件”＞“添加数据表”或者直接单击添加数据表，选择需要的“销售合同.xls”文件。

步骤 2：在打开的导入设置对话框中浏览文件数据，并在每列数据前选择需要更改的数据类型，如图 4-3 所示。

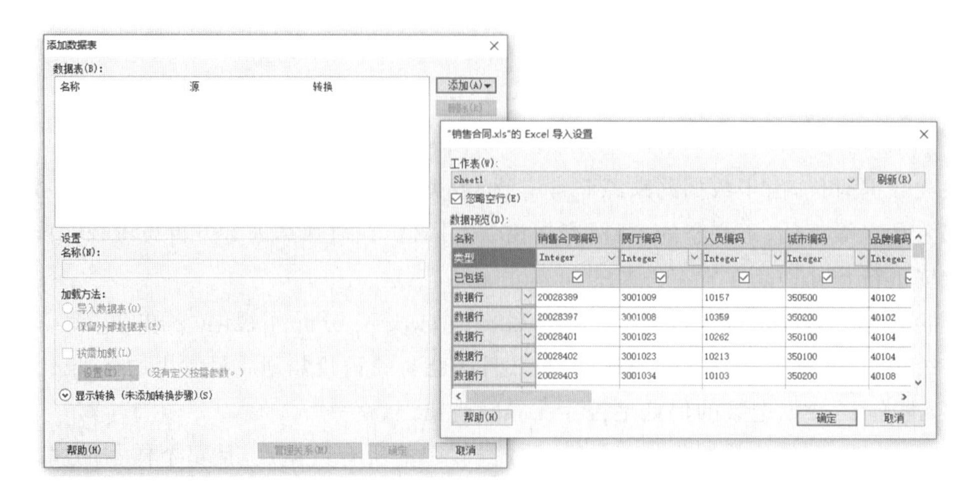

图 4-3　更改数据类型

步骤 3:更改数据类型后单击“确定”按钮导入数据。

4.2.2 数据转置

数据转置是指将数据从高/窄格式转换到短/宽格式的方法。数据会被分发到聚合值的列中。这意味着,原始数据中的多个值在新数据表的相同位置结束。

现有“商品销售”表,原数据表中有四行和三列,每行包含两个百货商店(A 或 B)中的一个、一种产品(TV 或 DVD)以及销售数量的数字值。为能够对这两种产品的数字值使用取“平均值”的聚合方法,需要对数据表进行数据转置。具体操作步骤如下:

步骤 1:单击“添加数据表”,在打开的“添加数据表”对话框中选择“添加”,导入商品销售数据表。在“转换”下拉列表中选择“转置”,单击“转换”后的“添加”按钮。

步骤 2:打开“转置”对话框,设置“行标识符”为“商店”,“列标题”为“产品”,“值和聚合方法”为“销售额”,设置聚合函数为“Avg(平均值)”。单击“确定”按钮。效果如图 4-4 所示。

商品销售 - Sheet1

商店	DVD 的 Avg(销售额)	TV 的 Avg(销售额)
A		3.00
B	8.00	6.00

图 4-4　转置后的效果图

转置数据表之后,便可以获得新数据表。此数据表仅有两行,每行针对一个商店。该表的布局已由高/窄格式转换到短/宽格式。在新数据表中,我们可以很容易地看出平均每一天每个商店中所销售产品的数量。

4.2.3 数据逆转置

数据逆转置是一种将数据从短/宽格式转换到高/窄格式的转换方法。

现有“城市温度”表,数据表中有四行和三列。每行包含城市以及每个城市所对应的早晨温度和夜间温度。为能够使用“温度”列的平均值的聚合方法,需要对数据表进行数据逆转置。具体操作步骤如下：

步骤1：单击“添加数据表”，在打开的“添加数据表”对话框中，选择“添加”，导入城市温度数据表。在“转换”下拉列表中选择“逆转置”，单击“转换”后的“添加”按钮。

步骤2：打开“逆转置”对话框，选择“可用列”中“城市”添加到“要通过的列”，选择“早晨温度”与“晚间温度”添加到“要转换的列”，单击“确定”按钮。效果如图4-5所示。

城市温度 - Sheet1

城市	类别	值
奥斯汀	早晨温度	62.00
奥斯汀	晚间温度	90.70
波士顿	早晨温度	41.00
波士顿	晚间温度	48.00
芝加哥	早晨温度	51.00
芝加哥	晚间温度	57.20
丹佛	早晨温度	45.00
丹佛	晚间温度	52.50

图4-5　逆转置后的效果图

4.3 数据加载

如果要构建视图并分析数据，首先必须将数据加载到平台中。数据可以存储在计算机的电子表格或文本文件中，也可以存储在企业服务器的大数据、关系或多维数据集（多维度）数据库中。本小节将介绍如何利用智速云大数据分析平台连接到存储在各个地方的各种数据。智速云大数据分析平台可加载平面文件和数据库文件。

4.3.1 结构化平面文件加载

智速云大数据分析平台支持的结构化平面文件包括TXT、CSV、Excel、Log、SAS等。

1. Excel文件

Microsoft Excel是微软办公套装软件的一个重要组成部分，可以进行各种数据处理、统计分析和辅助决策操作，广泛应用于管理、统计财经、金融等众多领域，主要有Excel 2013、2010、2007和2003等版本。智速云大数据分析平台可以连接到.xls和.xlsx文件。

连接Excel文件操作步骤如下：

步骤1：选择“文件”＞“添加数据表”，或者单击工具栏上的进行数据加载。如图4-6所示。

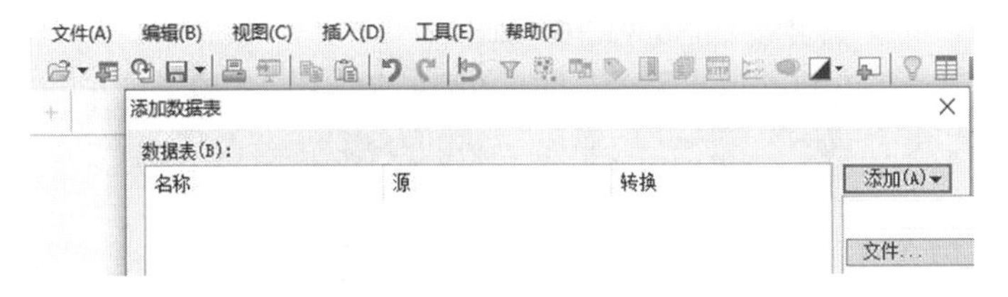

图4-6　数据加载方式

步骤2：单击“添加”＞“文件”，选择要分析的Excel文件。如图4-7所示。

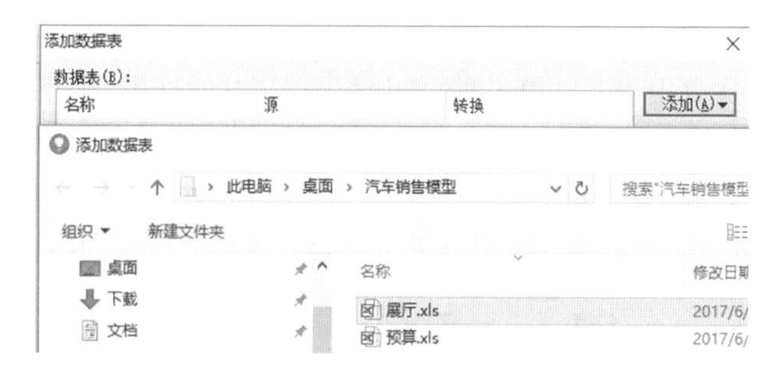

图 4-7　添加数据表

步骤 3:单击"打开"按钮,打开"数据预览"页面,查看数据以确保数据格式正确。如果必要,可对任何所需设置进行更改以达到预期效果。如图 4-8 所示。

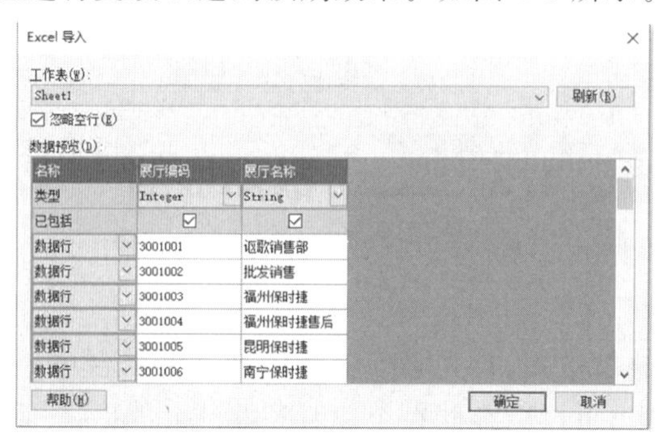

图 4-8　预览数据

步骤 4:单击"确定"按钮,完成 Excel 文件连接。

2. 文本文件

文本文件是指以 CSV 或 TXT 格式存储的文件。

要连接某一文本文件,操作步骤如下:

步骤 1:选择"文件">"添加数据表",或者单击工具栏上的 进行数据加载。

步骤 2:单击"添加">"文件",选择要分析的文本文件。

步骤 3:单击"打开"按钮,打开"数据预览"页面,查看数据以确保数据格式正确。如果必要,可对任何所需设置进行更改以达到预期效果。如图 4-9 所示。

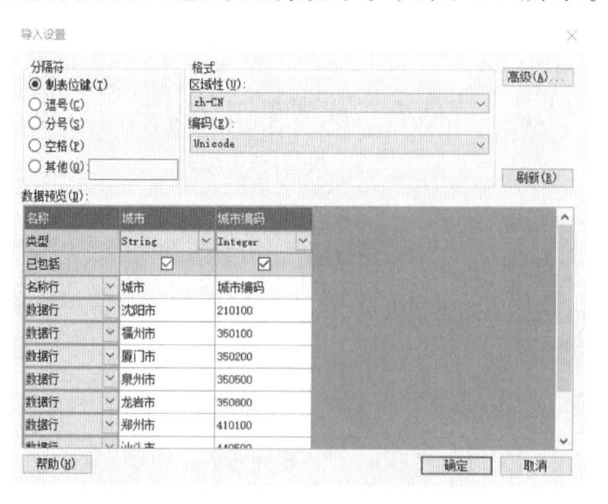

图 4-9　预览数据并设置

步骤 4:单击“确定”按钮,完成文本文件连接。

3. SAS 文件

要直接在平台中打开 SAS 数据文件(*. sas7bdat),客户端计算机上必须首先安装适用于 OLE DB 9.22 或更高版本的 SAS 提供程序。如果先将 *. sd7 文件重命名为 *. sas7bdat,也可以打开 *. sd7 文件。

要加载某一个 SAS 文件,操作步骤如下:

步骤 1:选择“文件”>“添加数据表”,或者单击工具栏上的 进行数据加载。

步骤 2:单击“添加”>“文件”,选择要分析的 SAS 文件。

步骤 3:通过在“可用列”列表中单击要导入的列进行选择,然后单击“添加”按钮。

若要选择所有列,单击“全部添加”按钮。要选择多项,按“Ctrl”键并单击所需的列。

步骤 4:选择是否要“将数据映射到 Spotfire 兼容类型”。

步骤 5:导入 Spotfire 中后,选择是否要“将说明用作列名称”。

步骤 6:单击“确定”按钮,完成 SAS 文件连接。

4.3.2 非结构化平面文件(XML)加载

XML 是可扩展标记语言,标准通用标记语言的子集,用于标记电子文件使其具有结构性的标记语言。XML 是各种应用程序之间进行数据传输的最常用工具。

智速云大数据分析平台无法直接连接 XML 文件,需要借助 TERR 工具(兼容开源 R 的高性能统计引擎)安装 XML 解析包,并编写数据函数脚本以连接 XML 文件。

要连接某一 XML 文件,步骤如下:

1. 添加 XML 解析包

步骤 1:选择“工具”>“TERR 工具”>“程序包管理”选项卡。

步骤 2:单击“加载”,在“可用程序包”的搜索框中输入“xml”,选择“XML”,单击“安装”按钮。如图 4-10 所示。

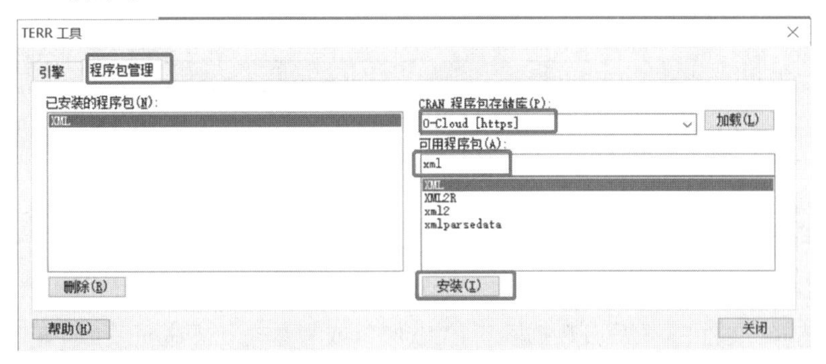

图 4-10 安装程序包

步骤 3:“安装”按钮由灰变亮,则代表安装完成,单击“关闭”按钮,完成 XML 解析包的添加。

2. 创建数据函数加载 XML 文件

步骤 1:选择“工具”>“注册数据函数”。

步骤 2:创建数据函数“XML 文件加载”,并设置脚本,如图 4-11 所示。

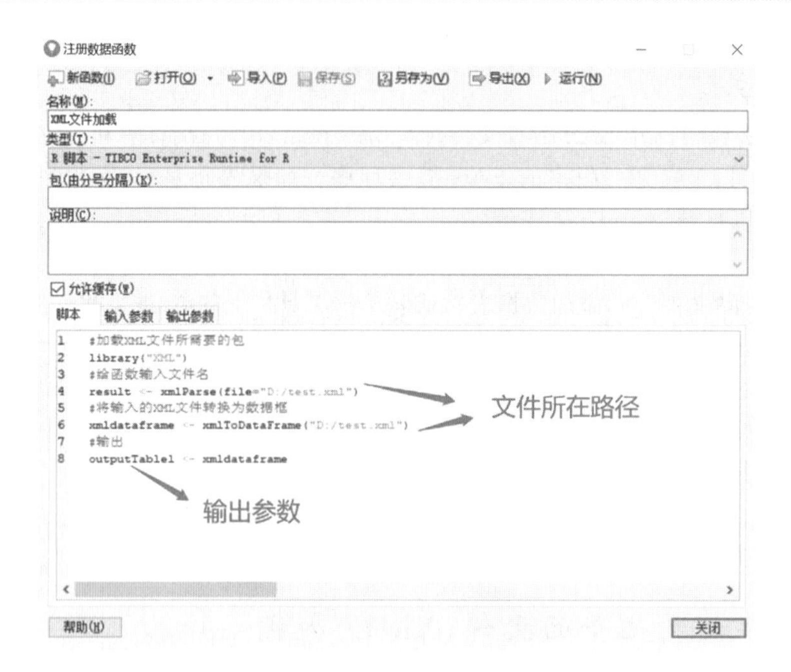

图 4-11 注册数据函数

步骤 3:选择“输出参数”>“添加”,设置“输出参数”,单击“确定”按钮。如图 4-12 所示。

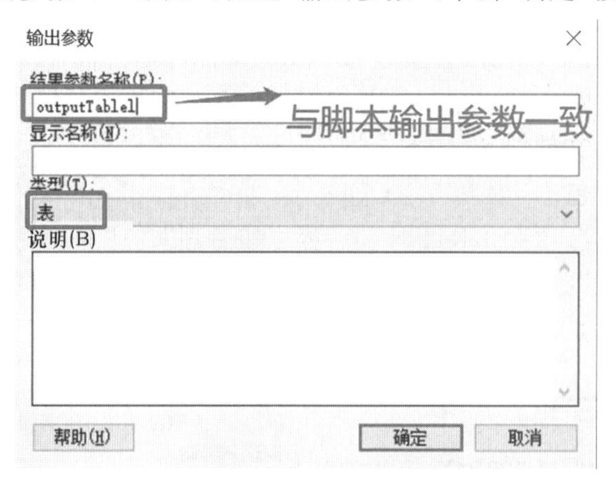

图 4-12 输出参数

步骤 4:设置完成后,单击“注册数据函数”对话框中的“保存”或“另存为”按钮,将数据函数保存到库项目中。

3. 连接 XML 文件

步骤 1:选择“文件”>“添加数据表”>“添加”,或者单击工具栏上的  进行数据加载。

步骤 2:单击“添加”>“数据函数”,在弹出的“数据函数-选择函数”对话框中,选择使用的数据函数,单击“确定”按钮,完成 XML 文件的导入。

步骤 3:平台会自动导入 XML 文件中的数据,并以默认的图表格式显示。

4.3.3 结构化数据库文件加载

智速云大数据分析平台除可连接一般的 Excel、TextFile 等数据结构化平面文件外,还可以连接存储在服务器上如 Oracle、MySQL 等各种结构化数据库文件。使用平台连接结构化数据库,其步骤较连接普通文件稍复杂。不同连接方式的区别见表 4-3。

表 4-3　　数据连接方式

智速云大数据分析平台	数据连接	数据源
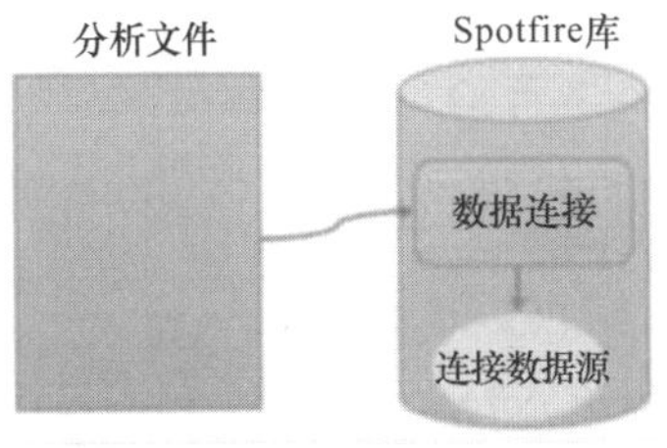 分析文件 Spotfire库 数据连接 连接数据源	在库中共享	在库中共享
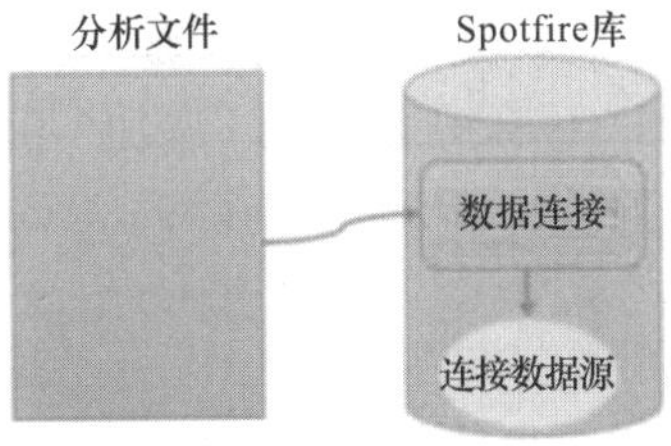 分析文件 Spotfire库 数据连接 连接数据源	在库中共享	嵌入在连接中
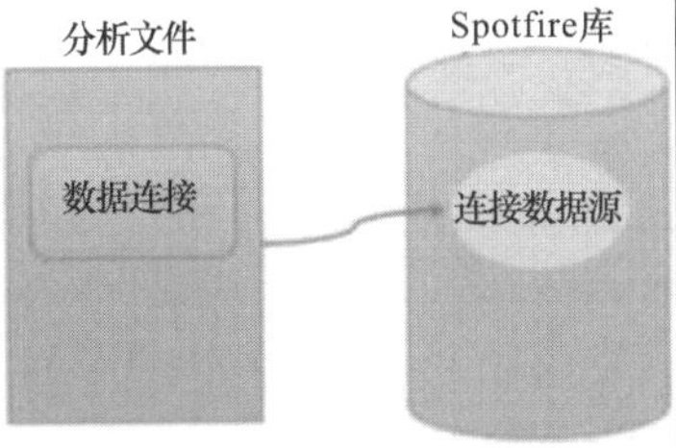 分析文件 数据连接 Spotfire库 连接数据源	嵌入在分析中	在库中共享
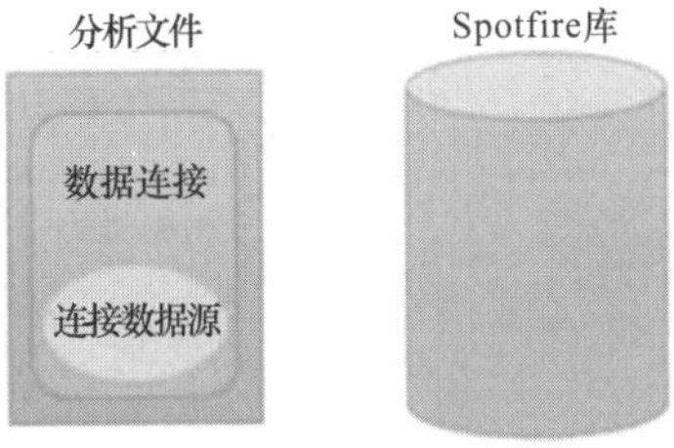 分析文件 数据连接 连接数据源 Spotfire库	嵌入在分析中	嵌入在连接中

1. 数据源

连接数据源可以由管理员使用管理数据连接工具提前进行设置,并在库中共享,但是如果用户对基础数据库的登录凭据具有访问权限,也可以在数据连接的上下文内进行设置"嵌入在连接中"。

(1)添加数据源

设置连接数据源所需的信息将随数据库类型的不同而有所变化,但是通常包括服务器名称、端口号、数据库名称和凭据信息。具体步骤如下:

步骤 1:菜单栏选择"工具">"管理数据连接"选项,弹出"管理数据连接"对话框。

步骤 2:选择"添加新">"数据源"选项,从列表中选择数据源类型。如添加 MySQL 数据源,则选择"Oracle MySQL"。如图 4-13 所示。

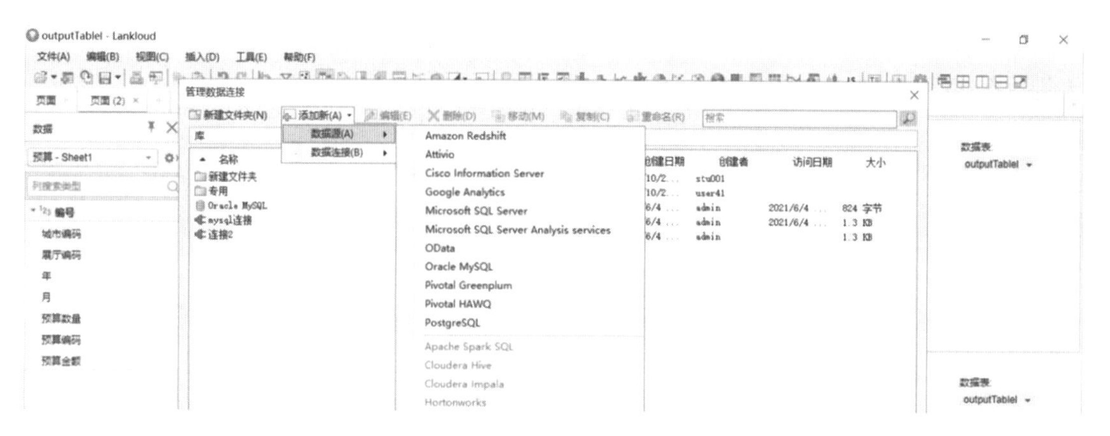

图 4-13 管理数据连接

步骤 3:根据所选的数据源类型,填写相应信息,单击"连接"连接至数据源。成功连接数据源后,选择要连接的"数据库",单击"确定"按钮。如添加 MySQL 数据源,添加"用户名""密码",选择要连接的"数据库",然后单击"确定"按钮,如图 4-14 所示。

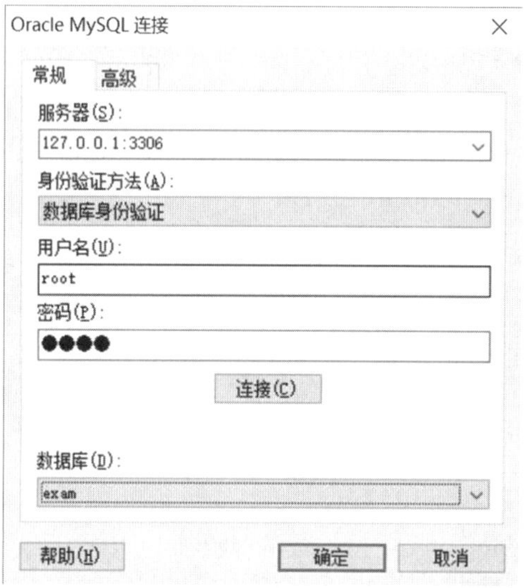

Oracle MySQL 连接
常规 高级
服务器(S):
127.0.0.1:3306
身份验证方法(A):
数据库身份验证
用户名(U):
root
密码(P):
●●●●
连接(C)
数据库(D):
exam
帮助(H) 确定 取消

图 4-14 Oracle MySQL 连接

步骤 4:单击"保存"按钮将弹出"另存为库项目"对话框,输入"名称",将新建数据源保存在库中指定位置。

(2)修改数据源

如果要修改库中的数据源,则需要执行如下步骤:

步骤 1:选择"工具"选项,单击 "管理数据连接"。

步骤 2:选择要编辑的数据源,然后单击"编辑"按钮将显示"数据源设置"对话框。

步骤 3:做出更改并保存数据源。

2. 数据连接

在分析大量数据并且需要将基础数据保存在数据库中而不是置于平台的内部数据引擎中时,则可以使用数据连接。也可以选择从数据连接导入数据表。

通常情况下,添加数据连接,有连接中嵌入数据源和库中共享数据连接两种方式。

(1)添加数据连接

①连接中嵌入数据源的方式添加数据连接的步骤如下:

步骤1:在菜单栏单击“工具”>“管理数据连接”选项,打开“管理数据连接”对话框。

步骤2:选择“添加新”的“数据连接”选项,从列表中选择“库中数据的源连接”选项。

步骤3:在“选择数据源”对话框中选择合适的数据源,选择完成后,单击“确定”按钮。如图4-15所示。

选择数据源

库

名称	说明	修改日期	修改者	大小
Oracle M...		2021/6/4 1...	admin	824 字节
专用		2020/10/29...	user36	
新建文件夹		2021/6/3 1...	admin	

图4-15 选择数据源

步骤4:在打开的“数据源登录”对话框中,根据所选的数据连接类型,填写相应信息,连接至数据源,选择数据库后单击“确定”按钮,打开“连接中的视图”对话框。

步骤5:在“数据库中可用的表”列表中,双击要在大数据实训平台中使用的表。如图4-16所示。

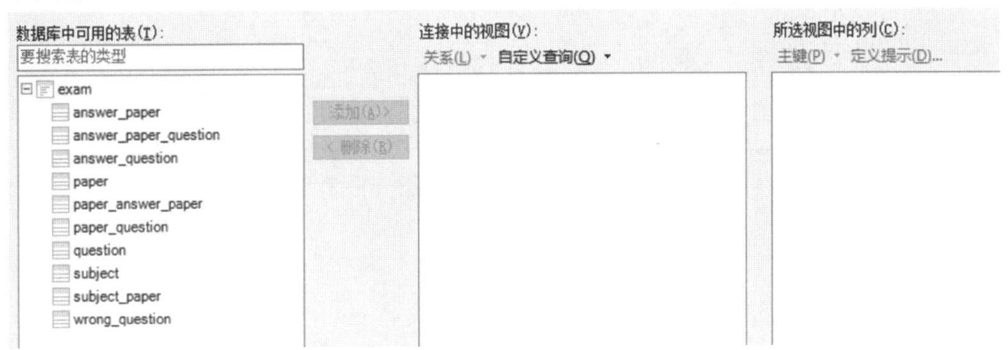

图4-16 连接中的视图

步骤6:完成后,单击“确定”按钮,弹出“数据连接设置”对话框。所添加的数据表会显示在“数据表视图”列表中。

步骤7:可在“连接说明”框内输入连接说明,方便其他用户了解使用。单击“保存”按钮将数据连接保存在库中指定位置。

②库中共享数据连接方式添加数据连接的步骤如下:

步骤1:在菜单栏单击“工具”选择“管理数据连接”选项,打开“管理数据连接”对话框。

步骤2:选择“添加新”的“数据连接”选项,从列表中选择需要的数据库。如要添加MySQL的数据连接,则选择“数据连接”>“Oracle MySQL”。

步骤3:在打开的连接对话框中,根据数据库的信息,选择“服务器”“身份验证方法”“用户名”和“密码”等,单击“连接”按钮,成功连接到数据库后,即可在下方“数据库”下拉列表中选择要连接的数据库,完成后,单击“确定”按钮,打开“连接中的视图”对话框。

步骤 4:后续步骤与数据连接中嵌入数据源方式添加数据源相同。

(2)修改数据连接

如果要修改库中的数据连接,则需要执行如下步骤:

步骤 1:选择“工具”单击“管理数据连接”。

步骤 2:选择要编辑的数据连接,然后单击“编辑”,将显示“数据连接设置”对话框。

步骤 3:做出更改并保存数据连接。

3. 连接到数据库

对数据库中的数据进行分析时,需连接到数据库中才可以,我们可以通过私有连接、数据源连接、数据连接三种方式连接到数据库。

(1)私有连接

可以在平台中直接连接到数据库,此种方式的连接为私有连接,其他用户不可查看和使用,具体参照以下步骤操作:

步骤 1:单击“文件”选择“添加数据表”选项,弹出“添加数据表”对话框。

步骤 2:单击“添加”选择“连接至”下需要连接的数据库,如“Oracle MySQL”。

步骤 3:在弹出的数据库连接对话框中,输入“用户名”“密码”等信息后单击“连接”按钮后在“数据库”中选择要分析的数据库,完成后,单击“确定”按钮。

步骤 4:在弹出的“连接中的视图”中选择库中的表,可以根据情况设置表之间的关系,完成后单击“确定”按钮,返回到“添加数据表”对话框。如图 4-17 所示。

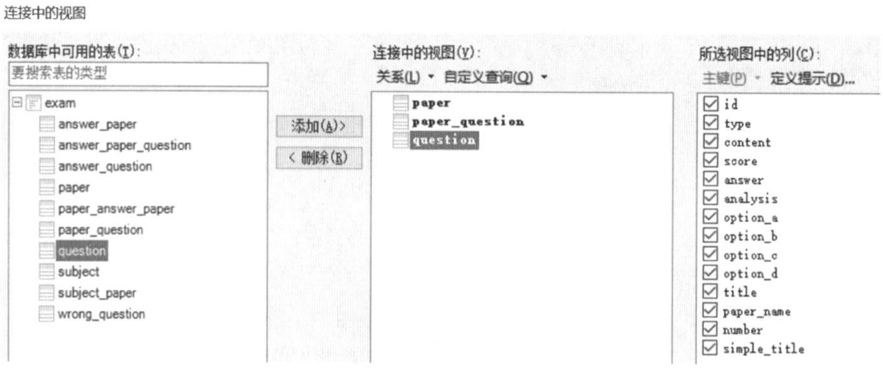

图 4-17 设置表关系

步骤 5:在“添加数据表”对话框中,通过选中复选框,选择要将数据连接中的哪些视图添加为新数据表。

步骤 6:选择“加载方法”以及“导入数据表”或“将数据表保留在外”(数据库中分析),也可指定是否按需加载数据。

步骤 7:单击“确定”按钮。

(2)数据源连接

可以在平台中,通过库中共享的数据源的方式与数据库之间建立连接,此种方式库中共享的数据源对于其他用户也可使用,具体步骤如下:

步骤1:单击“文件”选择“添加数据表”选项,弹出“添加数据表”对话框。

步骤2:单击“添加”选择“库中的数据源”选项,弹出“选择数据源”对话框。如“Oracle MySQL”。

步骤3:在库中选择要使用的数据源,并单击“确定”按钮。在弹出的“数据源登录”对话框中输入“用户名”和“密码”,单击“连接”按钮。

步骤4:在“连接中的视图”对话框中,在“数据库中可用的表”中选择要分析的表添加到“连接中的视图”,并在“选择视图中的列”中选择需要的列,选择完成后单击“确定”按钮进行选择。

步骤5:返回“添加数据表”对话框,单击“确定”按钮,完成连接到数据库操作。

(3)数据连接

可以在平台中,通过数据连接的方式与数据库之间建立连接,具体步骤如下:

步骤1:单击“文件”选择“添加数据表”选项,弹出“添加数据表”对话框。

步骤2:单击“添加”连接至“库中的数据连接”选项,弹出“选择数据连接”对话框。如图4-18所示。

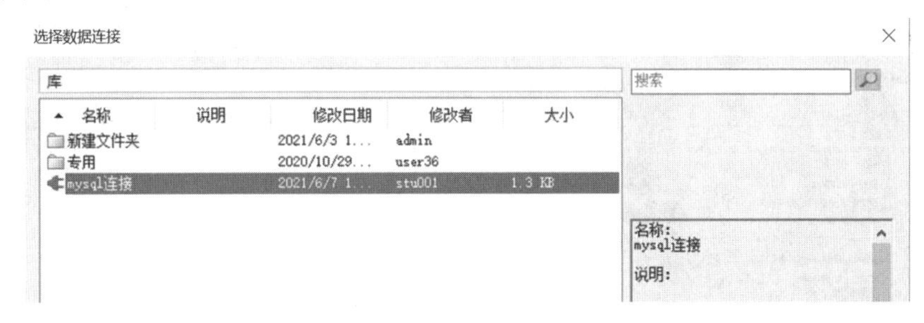

图4-18 选择数据连接

步骤3:在“选择数据连接”对话框中选择需要的连接,单击“确定”按钮,在弹出的“数据连接登录”对话框中输入连接数据库所需的用户名和密码,单击“确定”按钮,返回到“添加数据表”对话框。

步骤4:在“添加数据表”对话框中,通过选中复选框,选择要将数据连接中的哪些视图添加为新数据表。

步骤5:选择“加载方法”以及“导入数据表”或“将数据表保留在外”(数据库中分析),也可指定是否按需加载数据。

步骤6:单击“确定”按钮。

4. 数据库结构关系

用于设置来自关系或其他非多维数据集数据源的数据连接时,可以在一个数据连接中添加原始数据库表之间的关系,从而确保它们在分析平台中连接至一个视图(或数据表)。

操作数据库结构关系,需要打开“连接中的视图”对话框,“连接中的视图”对话框的打开有如下两种常用的方式:

库中的共享连接,执行以下操作:

步骤1:选择“工具”>“管理数据连接”。

步骤2:单击需要的连接,然后单击“编辑”,输入连接所需的用户名和密码,单击“连接”按钮。

步骤 3：在“数据连接设置”对话框的“常规”选项卡中，单击“编辑”，打开“连接中的视图”。

分析中的嵌入连接，执行以下操作：

步骤 1：选择需要编辑的嵌入连接，选择“菜单栏”>“编辑”>“数据连接属性”。

步骤 2：在连接列表中，选择包含使用的数据表的连接。

步骤 3：单击“设置”按钮。

步骤 4：在“数据连接设置”对话框中选择“嵌入分析”，“常规”选项卡中单击“编辑”按钮，打开“连接中的视图”。

下面分别从添加数据库结构关系、编辑结构关系、删除结构关系三个方面分别介绍数据为结构关系的操作。

（1）添加数据库结构关系

添加数据库表之间的结构关系从而确保它们在分析平台中连接至一个视图（或数据表），具体步骤如下：

步骤 1：打开“连接中的视图”对话框，在“数据库中可用的表”中选择有关联的表，单击“添加”，添加到“连接中的视图”。如图 4-19 中的 question 库，包含 paper、paper_question、question 三个表，且三个表之间存在关联关系。

图 4-19 question 库中的表文件

步骤 2：在“连接中的视图”中选择其中一个表，然后单击“关系”>“新建关系”，打开“新建关系”对话框，从“外部键表”和“主要键表”下拉列表中，选择要连接的两个数据表，从“列”下拉列表中选择包含标识符的列（可以通过选中“第二个列对”和“第三个列对”复选框来分别指定第二对标识符和第三对标识符），从“连接方法”中选择多表中的连接方式。设置完成后，单击“确定”按钮。如图 4-20 所示。

若外键表中有多个外键与多个主键表关联，则需要重复步骤 1、步骤 2 添加新的关系，形成效果如图 4-21 所示。

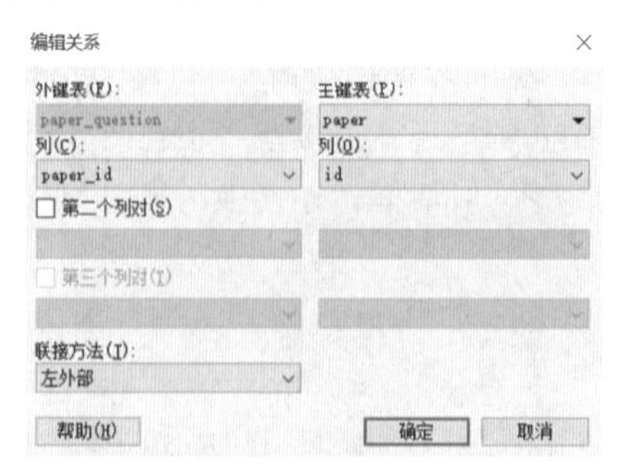

图 4-20 编辑关系

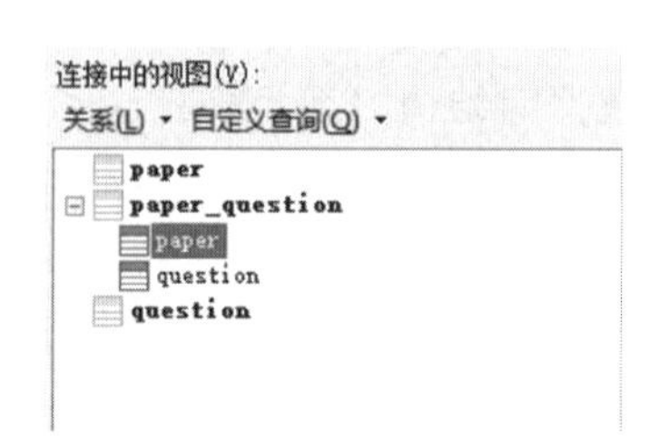

图 4-21 连接中的视图

(2)编辑结构关系

编辑结构关系只能编辑在平台中定义的结构关系(显示为蓝色),而不能编辑由数据库管理员设置的结构关系。

编辑结构关系步骤如下:

步骤1:打开"连接中的视图"对话框。

步骤2:在"连接中的视图"列表中,找到关系中属于外部键表的表,单击旁边的箭头可展开树形图。

步骤3:在展开的树形图中选择表。单击"关系">"编辑关系",打开"编辑关系"对话框。

步骤4:在"编辑关系"对话框中进行所需更改,然后单击"确定"按钮。完成后关系将会更新。

(3)删除结构关系

只能删除在平台中定义的结构关系(显示为蓝色),而不能删除由数据库管理员设置的结构关系。但是,通过清除"连接中的视图"列表中的相关表的复选框,可以始终将数据库表添加到连接视图中,而不包含相关联的表。

删除结构关系步骤如下:

步骤1:打开"连接中的视图"对话框。

步骤2:在"连接中的视图"列表中,找到关系中属于外部键表的表。单击它旁边的箭头可展开树形图。如图4-22所示。

步骤3:在展开的树形图中选择表。单击左侧"删除"按钮,将删除两个表之间的关系。

注意:由于关系中可能包含其他关系,因此删除一个表中的关系可能也会影响"连接中的视图"列表内其他视图所产生的列数量。

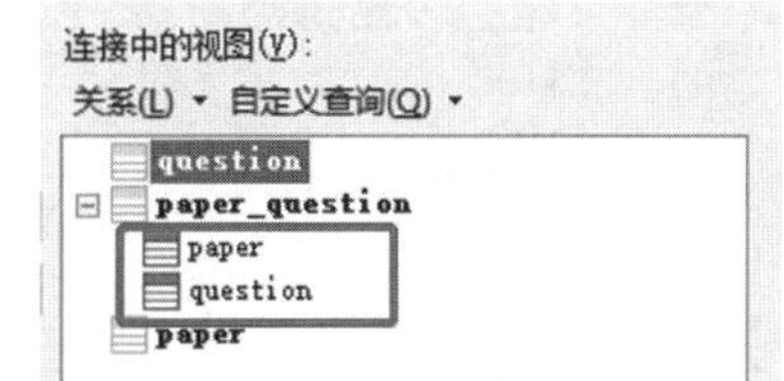

图4-22 展开树形图

5. 自定义查询

使用与关系数据库或其他非多维数据集数据源建立的数据连接时,可以在"连接中的视图"对话框中,使用相关选项从数据源中选择一个或多个表。在该视图中,还可以通过相关选项,创建自定义数据库查询,具体取决于用户拥有的许可证。自定义查询会生成一个自定义表,进而可按照与处理其他数据库表相同的方式,用来在所选连接中设置视图。

自定义查询和生成的表将存储为数据连接的一部分,即作为分析文件的一部分或作为库中的共享数据连接。

自定义查询只能由单一语句组成,不支持将语句连接在一起,且创建自定义查询时,只能使用平台支持的数据类型。

要创建自定义查询,必须拥有"连接中的自定义查询"许可证。其他用户都不能执行所创建的自定义查询,除非满足以下两个条件:

➢必须将自定义查询作为分析的一部分或作为数据连接的一部分保存到库中。

➢必须是"自定义查询作者"组的成员,这意味着您有权代表其他用户创建自定义查询。

假设需要查询每场考试的具体题型,使用的查询语句为:

```
select pa.name, qu.* from paper pa,question qu,paper_question pq WHERE pa.id =pq.paper_id
and qu.id = pq.question_id
```

需要的步骤如下:

步骤 1:使用“工具”>“管理数据连接”或“文件”>“添加数据表”创建一个到关系数据库的新数据连接,然后选择必要的内容,直到显示“连接中的视图”对话框。

步骤 2:在“连接中的视图”对话框中,选择“自定义查询”>“新建自定义查询”。

步骤 3:在“自定义查询”对话框中键入“查询名称”,在“查询”框中输入所选数据库的查询语句。如图 4-23 所示。

图 4-23　自定义查询

步骤 4:单击“验证”按钮,在“结果列”中展示查询出的所有的列。

步骤 5:浏览结果列,确保列出所需的所有结果列,并确保它们具有正确的数据类型。若有错误,可单击右侧“编辑”按钮对错误的列进行修改。

步骤 6:单击“确定”按钮,返回到“连接中的视图”对话框,在“连接中的视图”中显示新添加的自定义查询列表。

步骤 7:单击“确定”按钮,返回到“添加数据表”对话框,单击“确定”按钮,进行数据分析。

4.3.4 非结构化数据库文件(MongoDB)加载

MongoDB 是一个基于分布式文件存储的数据库。由 C++语言编写。旨在为 Web 应用提供可扩展的高性能数据存储解决方案。

MongoDB 是一个介于关系数据库和非关系数据库之间的产品。

在智速云大数据分析平台中,需使用 DataDirect MongoDB 驱动程序创建 ODBC 数据源的方式加载 MongoDB,实现步骤如下:

步骤 1:单击“文件”>“添加数据表”,在打开的“添加数据表”对话框中,选择“添加”>

“其他”>“数据库”。

步骤 2：在打开的“打开数据库”对话框中，“系统或用户数据源”下拉列表中选择“CData MongoDB Source”，然后单击“确定”按钮。

注意：“CData MongoDB Source”需执行“CDataODBCDriverforMongoDB.exe”文件，安装驱动。

4.4 数据维护

4.4.1 刷新数据

在大数据分析平台中，在导入数据后，如果操作不当出现误删数据，可以对数据进行重新加载恢复数据。

在对小队评分情况进行分析时，导入“小队评分情况表”后，误删 8 小队、9 小队，需要刷新数据，将两个小队重新加载回来，具体操作步骤如下：

步骤 1：导入数据表，单击“添加数据表”，在打开的“添加数据表”对话框中，选择“添加”，导入“小队评分情况表”。

步骤 2：单击 ，新建数据图表。

步骤 3：选中“小队评分情况表”中的 8 队、9 队，右击，选择“标记的行”选项，单击“刷新”。如图 4-24 所示。

图 4-24 标记行

步骤 4：在弹出的“删除标记的行”对话框中单击“确定”按钮。

步骤 5：单击菜单栏上的“文件”>“重新加载数据源”，刷新数据。

4.4.2 替换数据

在大数据分析平台中，在导入数据后可以对导入的数据进行修改。

例如在对小队评分情况进行分析时，小队评分情况表中2小队更改编号为88小队，导入数据错误，在“小队评分情况表”导入后将2小队数据改为88小队。具体操作步骤如下：

步骤1：导入数据表，单击“添加数据表”，在打开的“添加数据表”对话框中，选择“添加”，导入“小队评分情况表”。

步骤2：导入数据表，单击“添加数据表”，在打开的“添加数据表”对话框中，选择“添加”，导入“小队评分情况表”。

步骤3：单击 ，新建数据图表。

步骤4：选中“小队评分情况表”中的2小队数据，右击选择“替换值”选项。

步骤5：在弹出的“将值替换为”对话框中填写“88”小队，选择“仅限此匹配项”，单击“应用”按钮。若选择“列中的所有匹配项”则表中所有的数据替换为“88”。如图4-25所示。

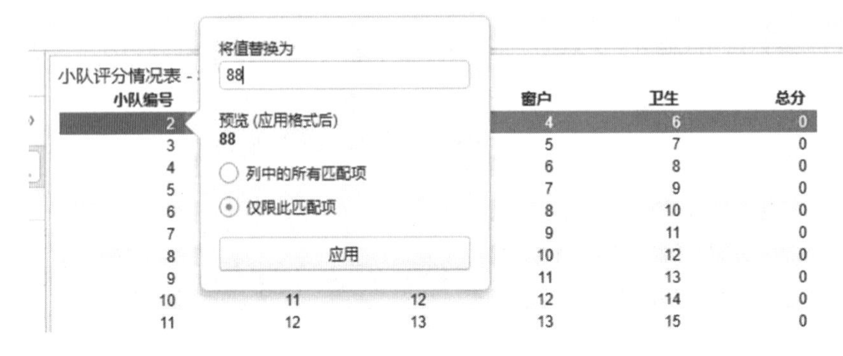

图4-25 替换结果

4.4.3 删除数据

在大数据分析平台中，在导入数据后可以对导入的数据选择性删除。

在对小队评分情况进行分析时，小队评分情况2小队和3小队外出执勤，两只小队无法参与优秀小队评比，在“小队评分情况表”导入后将2小队和3小队数据删除。具体操作步骤如下：

步骤1：导入数据表，单击“添加数据表”，在打开的“添加数据表”对话框中，选择“添加”，导入“小队评分情况表”。

步骤2：单击 ，新建数据图表。

步骤3：选中“小队评分情况表”中的2小队和3小队，右击选择“标记的行”选项，单击“删除”按钮。如图4-26所示。

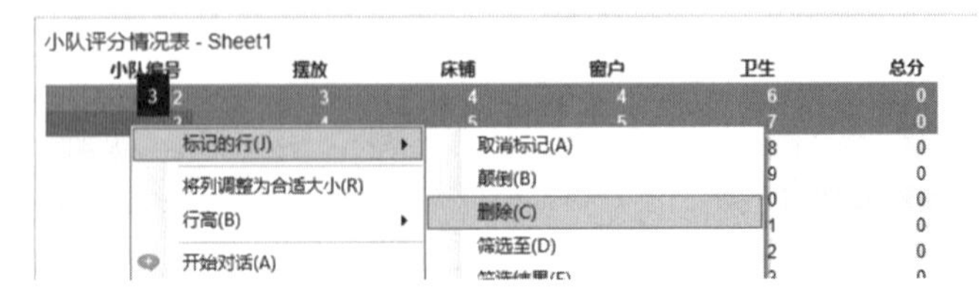

图4-26 删除数据

步骤4:在弹出来的"删除标记的行"对话框单击"确定"按钮。

4.5 本章小结

本章从数据处理、数据转换、数据加载和数据维护四个方面对数据 ETL 进行讲解。数据处理包括获取数据、数据类型、数据预处理;数据转换包括更改数据类型、数据转置、数据逆转置;数据加载包括结构化平面文件、非结构化平面文件、结构化数据库文件、非结构化数据库文件的加载;数据维护包括数据规范化、刷新数据、替换数据、删除数据等数据处理维护方式。通过本章的学习,通过智速云大数据分析平台对数据的处理、转换、加载的操作加深对数据 ETL 的理解。

4.6 习 题

一、单选题

1. 以下哪项不是大数据分析平台所支持的平面文件(　　)。

A. TXT　　B. CSV　　C. EXCEL　　D. XML

2. 各种应用程序之间进行数据传输的最常用的工具是(　　)。

A. XML　　B. PUT　　C. LINK　　D. HTTP

3. 打开"注册数据函数"在(　　)菜单下。

A. 编辑　　B. 插入　　C. 工具　　D. 视图

4. 在库中编辑数据源,以下(　　)选项正确。

A. "工具"＞"管理数据连接"　　B. "文件"＞"管理数据连接"

C. "插入"＞"管理数据连接"　　D. "视图"＞"管理数据连接"

5. 自定义查询只能由单一语句组成,不支持将语句连接在一起,中间用(　　)隔开。

A. ;　　B. ,　　C. 、　　D. ?

二、判断题

1. 逆转置:将数据表从短/宽格式更改到高/窄格式。(　　)

2. 转置:将数据表从高/窄格式更改到短/宽格式。(　　)

3. 使用数据连接的方式创建分析时,不必考虑数据源、数据连接的访问用户。(　　)

4. 创建自定义查询时,只能使用平台支持的数据类型。(　　)

5. MongoDB 是一个基于分布式文件存储的数据库。(　　)

三、多选题

1. 数据库文件的加载方式(　　)。

A. 数据连接　　B. JDBC　　C. ODBC　　D. OLE DB

2. 对数据库中的数据进行分析时,需连接到数据库中才可以,我们可以通过(　　)三种方式连接到数据库。

A. 私有连接　　B. 数据源　　C. 数据连接　　D. 基础连接

3. 数据连接包括(　　)数据库。

A. 关系型　　B. 非关系型　　C. HBase　　D. HADOOP

4. 如果想要导入数据表,有以下(　　)方式。

A. 单击最上方导航栏的“文件”按钮,单击“添加数据表”

B. 单击按钮　　C. 单击按钮　　D. 单击按钮

5. 智速云大数据分析平台支持的各种数据源类型包括(　　)。

A. Microsoft Excel 文件　　B. SQL 数据库

C. 逗号分隔文本文件　　D. 多维数据集(多维)数据库

四、简答题

1. 简述连接 Excel 文件的操作步骤。
2. 如何在智速云大数据分析平台中直接打开 SAS 数据文件(*.sas7bdat)?
3. 简述对于数据连接操作的理解。
4. 简述对于数据库结构关系的理解。
5. 其他用户都能够执行自己创建的自定义查询,需要满足的两个条件是什么?

第5章 智速云大数据分析平台的操作

5.1 图表基本属性

智速云大数据分析平台中图表的基本属性包括：标题、标记、亮显、选择器、拖放、图例等。

5.1.1 标　题

标题用于为当前图表命名。

智速云大数据分析平台创建图表时，标题默认使用 ${AutoTitle} 命名，图表标题将随图表配置方式的不同而变化。如图 5-1 所示。

图 5-1　设置标题

若修改图表标题，可使用以下两种不同的方法：

(1)双击图表的标题栏，输入新标题。

(2)在“属性”对话框的“常规”菜单中，设置标题。

5.1.2 标　记

标记是用于区分表或数据表中的类。可以通过选择标记来筛选数据。已标记的行可以在图表中标记为不同颜色，也可以淡化所有未标记的数据。

标记的应用主要分为四个方面：

(1)可用于区分数据分类。

(2)可用于筛选数据。

(3)可用于关联图表。

(4)可在地图中标记图层。

基于这四个应用层面，我们根据不同应用从平台中进行相关的操作最终展示相关的数据结果。如图 5-2 所示，品牌的销售总额与品牌的详细数据分析中，通过设置饼图(图左上角)，散点图(图左下角)和数据表(图右侧)的标记，即可实现选择饼图中的不同品牌，筛选出散点图和数据表中的数据。

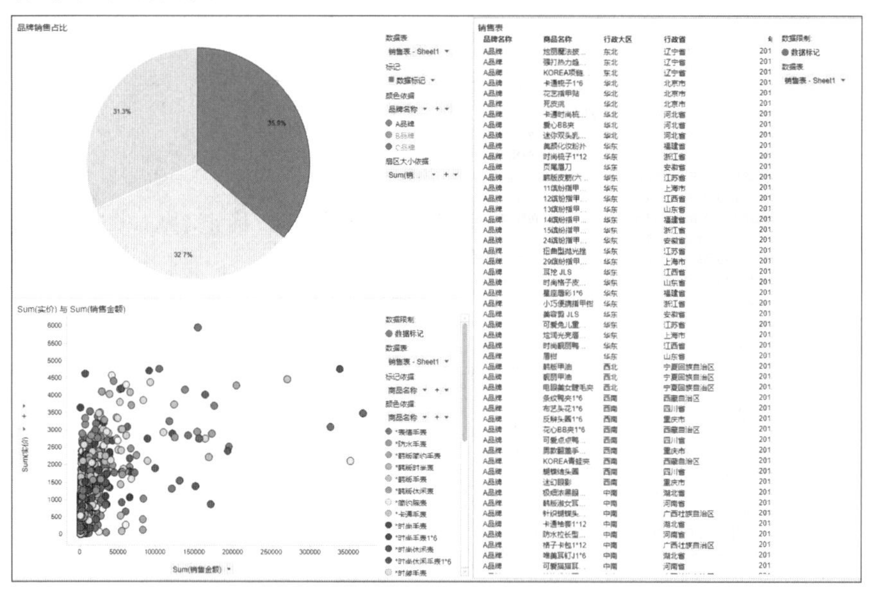

图 5-2　品牌的销售总额与品牌的详细数据分析

5.1.3 亮显效果

亮显效果是在将鼠标指针移至某一项目时，所在区域会显示关于图表的一些信息。这些选项是可选的，用户也可以根据需要添加显示其他数据或表达式的信息。

亮显效果的应用：可用于显示图表的详细信息。

通过亮显效果实现鼠标指到数据表中的具体位置时明显展示并显示一部分数据信息，如图 5-3 所示，将鼠标停留在条形图上后，会显示品牌名称等信息。

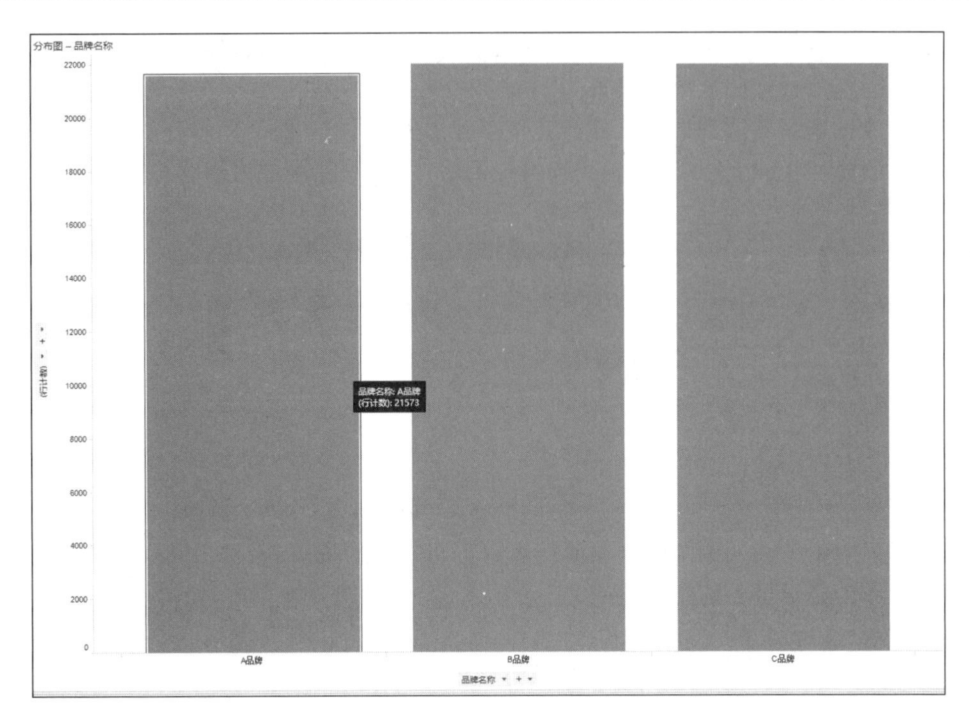

图 5-3 亮显效果

5.1.4 列/轴选择器

可以使用列/轴选择器选择在图表各个轴上显示的内容，列/轴选择器随智速云大数据分析平台新建图表时创建，分别位于以下两个不同的位置：

(1)在图表的轴上或列上。如图 5-4 所示。

图 5-4 图表轴的列/轴选择器

(2)在对话框中。如图 5-5 所示。

图 5-5 对话框中的列/轴选择器

图 5-3 中的条形图的左侧即为列选择器，下方即为轴选择器。

5.1.5 拖放功能

智速云大数据分析平台的拖放功能可通过多种操作来设置图表。可以从数据面板中拖动列，也可以从筛选器面板中拖动筛选器，甚至可以拖动列选择器并将它们放在图表轴上，或放在图表中间的目标上。这些拖放操作可以控制着色、格栅、大小或形状等，也可以使用拖放功能改变页面上的图表布局。所有操作均可撤销，不需要担心对原图表造成破坏。所

以拖放功能是图表创建的一种快捷方式，可通过拖放轴选择器、列选择器或筛选器中的属性到图表上选择释放目标完成图表设置。

例如拖放轴选择器或列选择器并将其移动到图表的中心，即会显示释放目标，该行为与拖动筛选器的属性相同，只是原始轴或列选择器将被删除(除非在拖动时按住 Ctrl 键)。如图 5-6 所示。

图 5-6　释放目标

5.1.6 图　例

图例是集中于图表一侧的图例项所代表内容与指标的说明，有助于更好地认识图表，在绘制图表时作为必不可少的阅读指南。

可以显示或隐藏图例，方法如下：

(1)在标题栏右侧单击“图例”按钮。

(2)右击图表并从弹出式菜单中选择“图表功能”>“图例”，如图 5-7 所示。

图 5-7　设置图例

(3)在“图表属性”对话框中的“图例”页面来显示或隐藏图例。如图 5-8 所示。

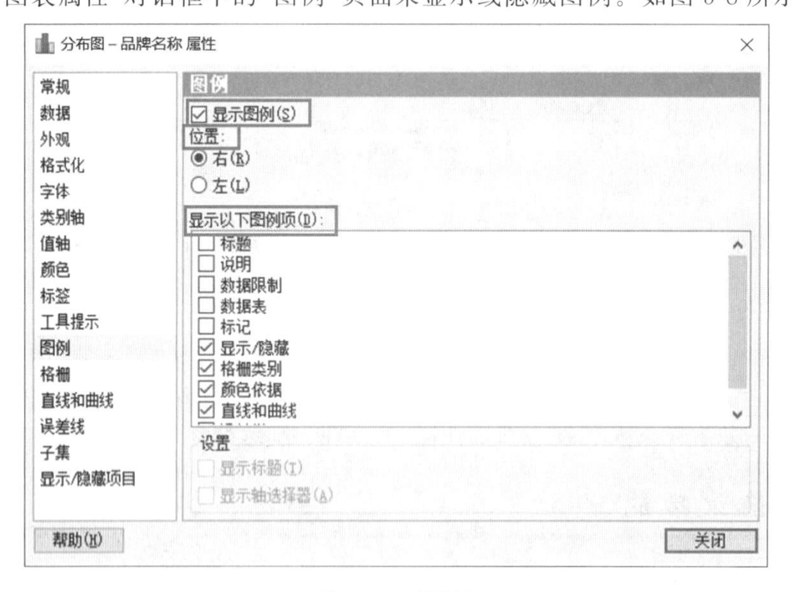

图 5-8　显示图例

如上图所示，可以自由地确定是否显示图例，图例的位置是在左边还是右边，以及图表所要展示的图例项，例如标题、说明、标记、颜色依据等。只需根据数据分析的业务要求去勾选对应的图例项即可。

注意：不同的图表，图例项也不同。

5.1.7 网格线

在图表中添加易于查看和计算数据的线条，此线条称为网格线。网格线是坐标轴上刻度线的延伸，并穿过图表区。网格线适用于仅包含传统轴的图表，例如散点图、折线图和条形图等。

可以显示或隐藏网格线，方法如下：

(1)在图表的水平轴上右击标签并从弹出式菜单中选择“显示网格线”，绘制水平网格线。在图表的垂直轴上右击标签并从弹出式菜单中选择“显示网格线”，绘制垂直网格线。如图 5-9 所示。

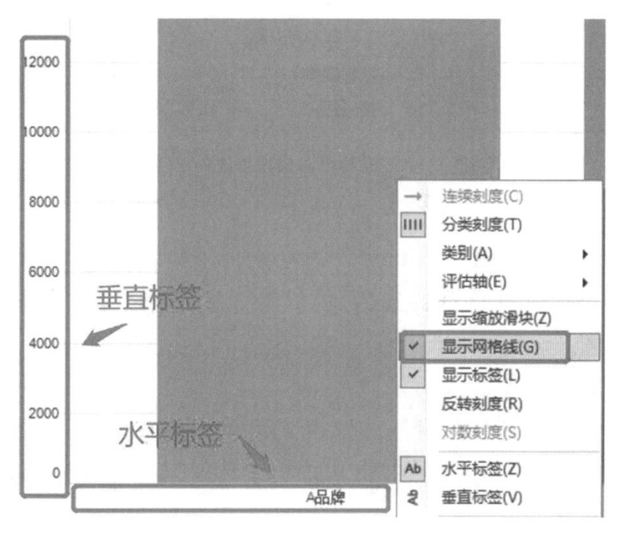

图 5-9 弹出式菜单中显示/隐藏网格线

(2)在“属性”对话框的类别轴或值轴中，勾选“显示网格线”，则可以分别绘制水平网格线和垂直网格线，如图 5-10 所示。

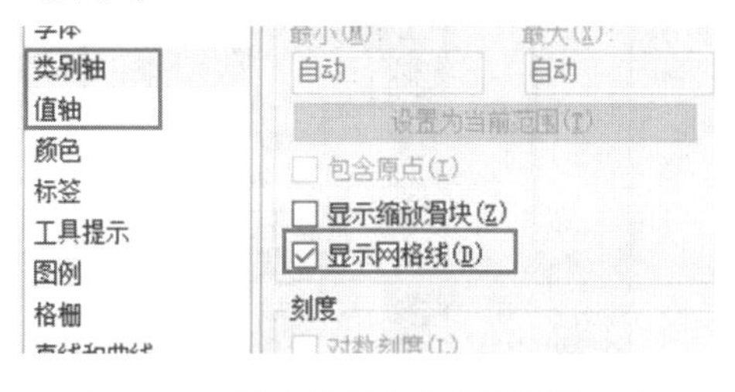

图 5-10 属性对话框中显示/隐藏网格线

5.1.8 图表切换

智速云大数据分析平台在导入数据表后，会默认创建一个适合当前数据的图表进行可视化显示，可通过切换图表功能切换不同的图表进行展示，如图 5-11 所示，智速云大数据分析平台中显示了 16 种可以快速创建的图表。

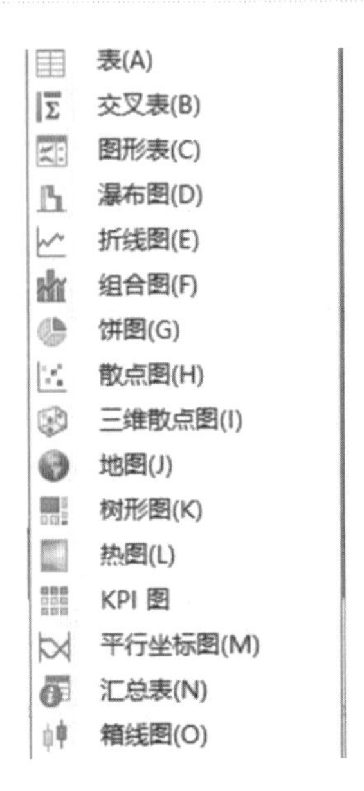

图 5-11　16 种可以快速创建的图表

5.1.9 缩放滑块

缩放滑块可用于查看图表中的详细信息(仅当将鼠标指针悬停在标题栏区域中时，标题栏中的图标才会显示)。

显示缩放滑块，方法如下：

(1)在图表的水平轴上右击标签并从弹出式菜单中选择“显示缩放滑块”，显示水平滑块。在图表的垂直轴上右击标签并从弹出式菜单中选择“显示缩放滑块”，显示垂直滑块，如图 5-12 所示。

(2)在“属性”对话框的类别轴或值轴中，勾选“显示缩放滑块”，则可以分别显示水平滑块和垂直滑块。

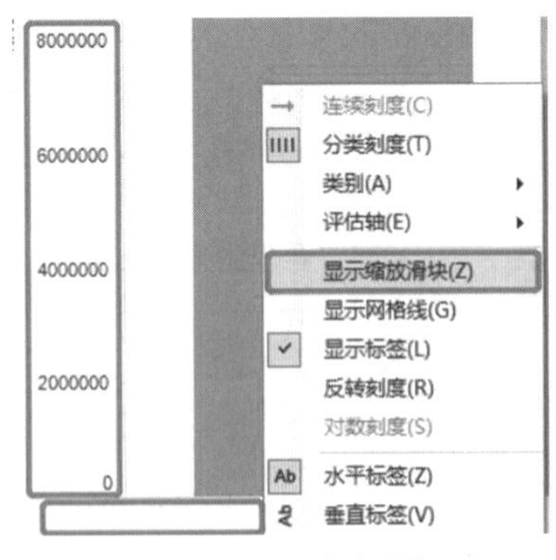

图 5-12　显示缩放滑块

(3)在“显示/隐藏控件”中勾选“类别轴缩放滑块”或“值轴缩放滑块”。

如图 5-13 所示，折线图显示了从 2012 年 1 月到 2013 年 12 月某股票的股票价格。该图下方是控点位于端位置的缩放滑块，它显示了 x 轴的整个范围。

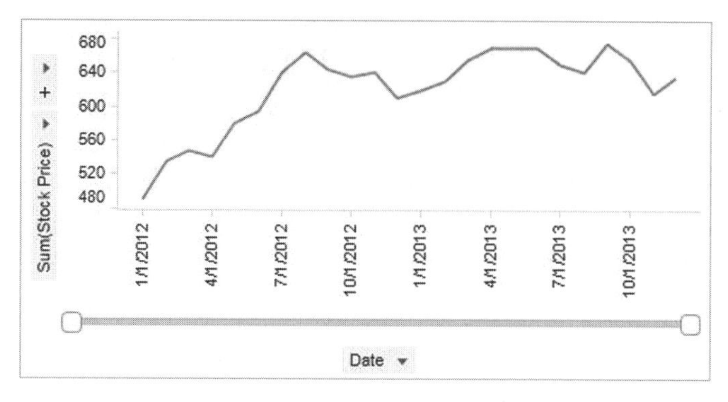

图 5-13　显示 x 轴的整个范围的折线图

如图 5-14 所示，通过调整 2012 年 11 月到 2013 年 5 月缩放滑块的控点，可看出时间跨度更短的情况下股票发生的变化。

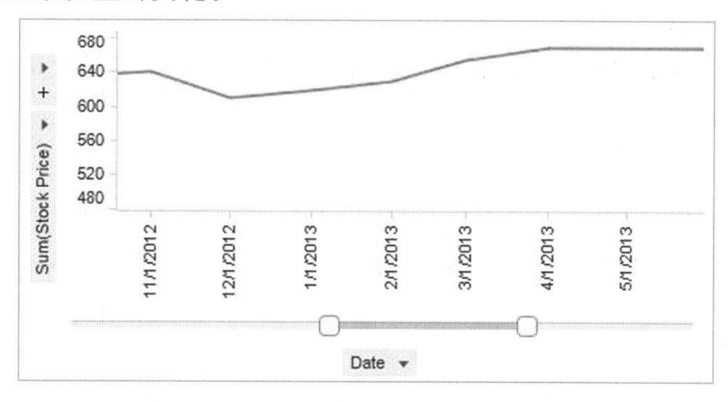

图 5-14　时间跨度更短的情况下股票发生的变化

5.1.10 显示/隐藏控件

通过显示/隐藏控件功能，可以快速地显示/隐藏"标题栏""图例""类别轴选择器""值轴选择器""刻度标签""类别轴缩放滑块""值轴缩放滑块"等控件。

使用显示/隐藏控件功能的方式为：通过单击图表标题栏中的"显示/隐藏控件"(仅当将鼠标指针悬停在标题栏区域中时，标题栏中的图标才会显示)，在弹出的页签中勾选需要的控件或去除不需要的控件即可显示/隐藏相应的控件。

在任意图表的标题栏上，单击"显示/隐藏控件"，在弹出的页签中勾选"类别轴缩放滑块"，如图 5-15 所示。

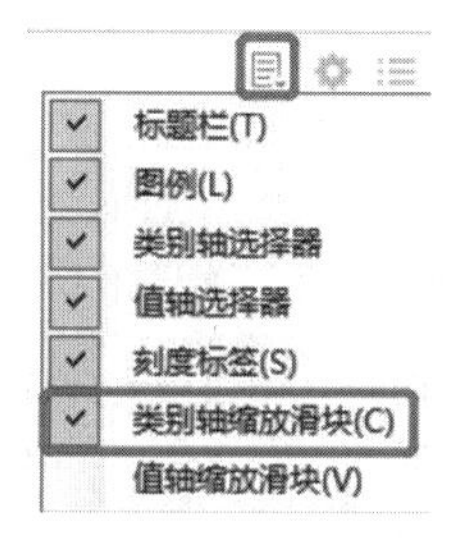

图 5-15　显示/隐藏控件

5.2 筛选器

筛选器的定义：用于缩小图表中显示数据的范围。可通过调整筛选器，使数据根据筛选项或筛选范围显示结果。

筛选器共有四种分类：范围筛选器、项目筛选器、复选框筛选器以及单选按钮筛选器。

范围筛选器：用于选择值的范围。左侧及右侧的拖动框可用于更改范围的上下限，代表着图中仅保留所选范围内包含值的行。滑块上方的标签说明了已设置的确切范围。也可以双击这些标签然后键入值。范围筛选器主要用于对数字格式数据的筛选，如年、月、日。如图 5-16 所示。

项目筛选器：用于选择单个项目。将滑块拖动到新位置或单击滑块边缘的箭头，以选择特定值，也可以使用键盘，其中左箭头或右箭头键可以将滑块向左或向右移动一步，Home 键可将滑块设置为显示（全部），End 键可将其设置为显示（无）。通过双击滑块上方的标签，可以键入要设置的值，滑块将吸附到该值。如图 5-17 所示。

图 5-16　范围筛选器　　图 5-17　项目筛选器

复选框筛选器：可以选中或清除一个或多个维度来确定数据显示的值。如果筛选器筛选项为灰色，表示其已由其他筛选器筛选。复选框筛选器主要用于对类别数据的筛选。如对销售部门、产品类别、产品名称等数据的筛选。如图 5-18 所示。

单选按钮筛选器：单选按钮互相排斥，一次仅可设置筛选器中的一个选项。通常会显示“（全部）”选项，允许选择所有的值。还会显示“（无）”选项，从而将所有值筛选掉不显示任何值。如果存在空值，则会有名为“（空）”的单选按钮，选择此单选项按钮将筛选到空值。如果筛选器筛选项为灰色，表示其已由其他筛选器筛选。如图 5-19 所示。

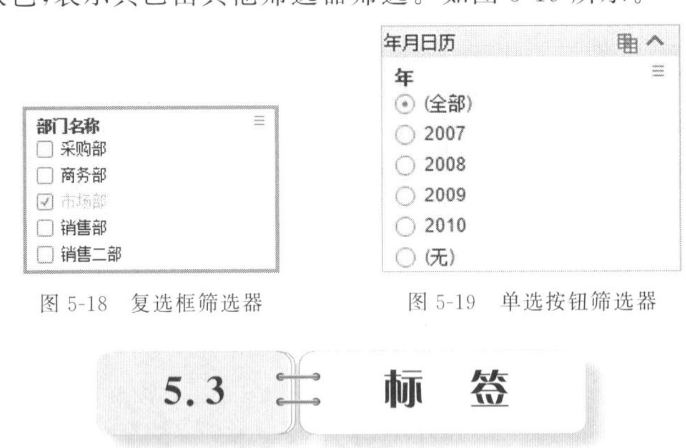

图 5-18　复选框筛选器　　图 5-19　单选按钮筛选器

5.3 标　签

标签是对数据进行标记区分的工具，主要用于标记筛选数据，通过创建新列，将行数据进行分类。

标签将附加到标记的行。每行仅可包含各个标签集合中的一个标签，但文档可同时包含多个标签集合，标签集合基本上包含一组不同标签的列。每个标签集合将由数据表中的

新列表示，与任何其他列一样，可用于筛选数据。仅可将标签附加到单个数据表中的行，但相同标签集合和标签名称可用于多个数据表。

标签与列表类似，但标签特定于当前分析，而通过列表，从一个会话到下一个会话，始终使用同一列表集合。将标签和列表的功能合并会非常有用，可以从标签集合创建列表、从列表创建标签集合，这意味着列表可以是将知识从一个分析传输到另一个分析的方式，而标签可以是在分析中使用列表的方式。

如图 5-20 所示，通过标记，使用标签区分销售情况的好坏。

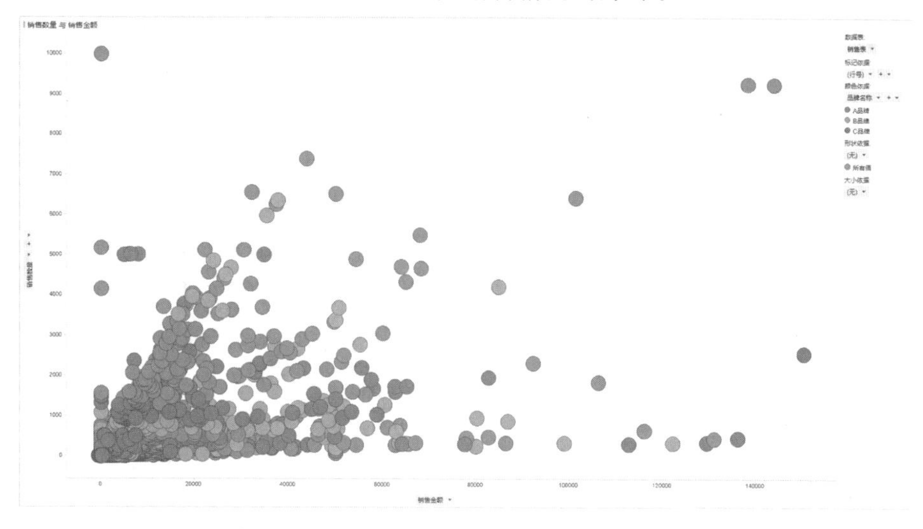

图 5-20　查看不同标签下的销售情况

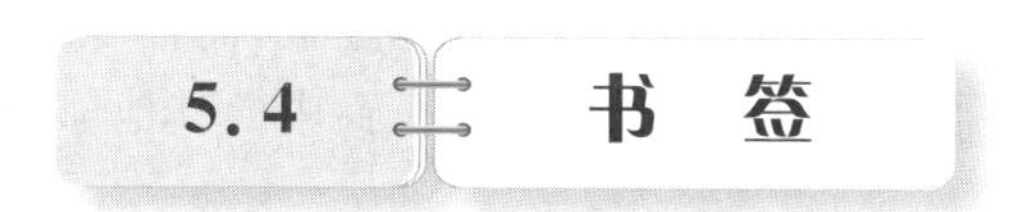

5.4 书签

书签是分析状态的快照。将书签添加到分析，能够快速定位到先前创建的数据视图。书签可以随时加以应用，还可以通过让其他用户使用书签或发送指向书签的链接来与其他人共享分析结果。值得注意的是，书签从未重新创建任何已删除的图表或页面。应用书签后，也不会删除任何已添加页面或图表。

书签最重要的一点是，可将其作为链接包含在文本区域中。它能够创建引导式分析，这样分析文件的收件人可以通过在操作链接或按钮上单击的方式在多个不同的分析视图中快速移动。

书签可以分为公有书签和私有书签。公有书签能与其他用户共享已捕捉的状态书签，私有书签只有自己能看到。

书签使用过程中，需注意以下规则：

• 如果基础数据有重要更改，可能无法应用所有书签部分。

• 如果数据已刷新，当为此数据表配置键列后，书签仅可重新应用标记。

• 书签按每个用户、每个文档保存。如果 Web 客户端配置为“模拟”，允许多个用户以匿名形式登录。这些用户都模拟单一用户档案，这样，由一个用户捕捉的任何私有书签在同一用户档案下将对所有其他用户可见。

• 书签无法捕捉使用“标记的行”＞“筛选到”或“筛选掉”操作创建的筛选。

如图 5-21 所示的数据分析案例添加销售业绩和销售品牌两个书签。

图 5-21 销售业绩与销售品牌书签

5.5 文本区域

文本区域本身不是图表，但与条形图或散点图等图表一样，可将其放置到页面中。文本区域可以插入文本、图像、链接、按钮、筛选器等控件。不同类型的控件作用如下：

• 文本：通过更改字体、颜色、对齐方式等，根据喜好设置文本格式以对数据进行展示，还可以通过文本添加指向外部网页的链接。

• 图像：可以将 GIF、BMP、PNG 或 JPG 格式的图像导入文本区域。

• 操作控件：可以向文本区域添加可执行某种操作或一系列操作的链接、按钮或图像。例如，可切换到不同页面或应用书签的操作链接。它还可以刷新数据函数计算或运行脚本。

• 筛选器：如果只希望在分析中显示少数几个筛选器，可以将这些筛选器添加至文本区域。这意味着筛选时不需要使用筛选器面板和数据面板，而且可以关闭这些面板，节省屏幕空间。文本区域中的筛选器也可以设置为使用与页面中的其他部分所使用的不同的筛选方案。

在文本区域添加控件之前，需先创建文本区域，创建文本区域的方式如下：

(1)单击工具栏上的“文本区域”按钮。

(2)选择“菜单栏”＞“插入”＞“文本区域”。

创建完成后，可以通过单击文本区域右上角的“编辑文本区域”按钮(仅当将鼠标指针悬停在文本区域右上角时，图标才会显示)。在打开的“编辑文本区域”对话框中向文本区域中添加控件或设置文本区域的格式。如图 5-22 所示。

图 5-22 文本区域编辑操作

也可通过单击文本区域右上角的“编辑 HTML”按钮，编写 HTML 超文本标记页面，该页面支持 HTML 中所有的标签和函数。

步骤 1：导入数据：单击工具栏上的 ，在“添加数据表”对话框中选择“添加”＞“文件”，选择“销售表. xls”，导入相关的数据表。

步骤 2:单击菜单栏文本区域按钮添加文本区域。

5.6 页面与布局

5.6.1 封面的制作

封面是对所做的分析提供介绍的一个页面。它除包含文本区域外,还可嵌入链接,文本区域中可以输入有关分析的目的及其他有用信息,链接可作为目录导航链接到分析的详情页。在以逐步模式创建指导性分析中使用封面,此封面在链接的序列应为首页。如果需要,封面可在每次创建新文档时自动创建。

创建封面的步骤如下:

步骤 1:选择"插入">"新建页面"(也可使用自动创建封面)。

步骤 2:在新添加的页面上单击右键,选择"重命名页面",将页面名称修改为"封面"

步骤 3:选择"工具栏">"文本"区域按钮,在封面页面中新建两个文本区域。

步骤 4:选择"工具栏">"并排"的布局方式按钮,将封面中的两个文本区域以并排的方式布局,将鼠标放到两个文本区域中间,当鼠标变为左右箭头时,拖动鼠标,将两个文本区域变为合适的占比。

步骤 5:编辑左侧文本区域。

(1)在左侧文本区域中单击右键,选择"编辑文本区域"或选择左侧文本区域的"编辑"按钮,打开"编辑文本区域"对话框。

(2)在"编辑文本区域"对话框中编写文字"汽车 4S 店销售分析",并将文字设置为居中,可根据情况设置文字的颜色等。

(3)在"编辑文本区域"对话框中单击工具栏的"插入图像"按钮,选择合适的图像插入文本区域。

(4)保存并关闭操作,完成左侧文本区域的编辑。

步骤 6:编辑右侧文本区域。

(1)在右侧文本区域中单击右键,选择"编辑文本区域"或选择右侧文本区域的"编辑"按钮,打开"编辑文本区域"对话框。

(2)在"编辑文本区域"对话框的工具栏中单击"插入操作控件"按钮,在弹出的"操作控件"对话框中,根据情况输入"显示文本""控件类型",并在"可用操作"中选择要进行的操作,如单击按钮链接到某个页面,则选择"页面和图表">"页面">某个存在的页面,然后单击"添加",添加到所选操作中。如图 5-23 所示。

(3)完成上述操作后,单击"确定"按钮返回"编辑文本区域"对话框,保存并退出。

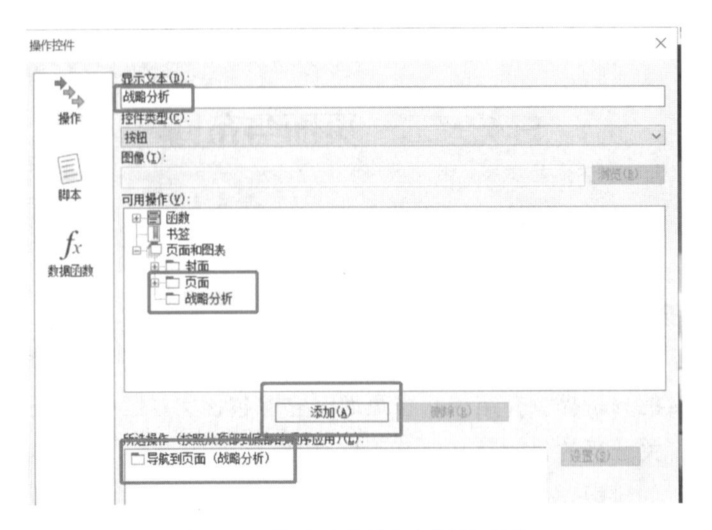

图 5-23 添加战略分析文本并添加链接

5.6.2 可视化主题

智速云大数据分析平台中预定义浅色和深色两种可视化外观主题，但也可以根据自身偏好，自定义可视化外观。自定义可视化外观可以从浅色或深色主题着手，更改不同的可视化属性，例如颜色、字体、边框和对象间距等信息以让用户的界面更加美观。

如图 5-24 展示了自定义可视化外观可调整的部分对象属性。

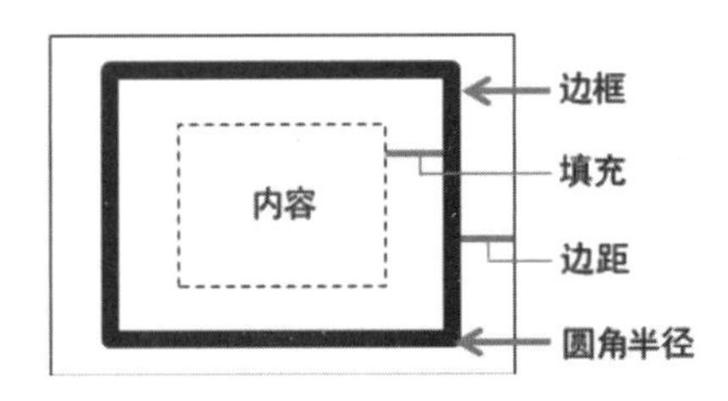

图 5-24 自定义可视化外观可调整的部分对象属性

对象中的实际内容由边框包围，边框可设置为圆角形式。在此边框区域内，可以指定填充，也就是内容每侧的空白边距。也可以设置边框颜色、宽度和圆角半径。此外，用户界面中各对象之间的间距也可指定。

上述对象属性类型可应用于用户界面中的不同位置，例如图表及其标题、页面导航区域、批注以及图表区域，如图 5-25 所示。

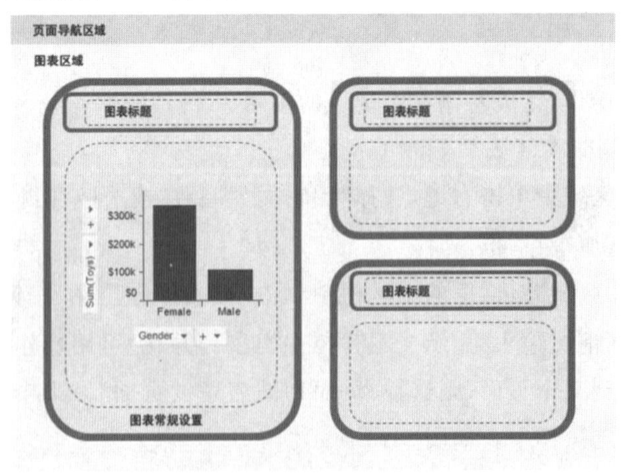

图 5-25 对象属性类型可应用于用户界面中的位置

下面来看一下，如何修改可视化主题和自定义可视化主题。

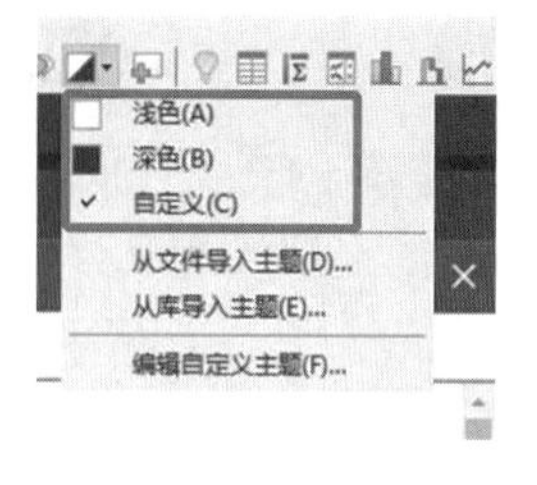

图 5-26 修改可视化主题

1. 修改可视化主题

单击工具栏上的“可视化主题”按钮，在下拉菜单中，选择“浅色”、“深色”或“自定义”主题，或在“菜单栏”>“视图”>“可视化主题”，选择“浅色”、“深色”或“自定义”主题，更改用户界面外观。如图 5-26 所示。

2. 自定义可视化主题

步骤 1：单击工具栏上的“可视化主题”按钮，在下拉菜单中，选择“编辑自定义主题”，或在“菜单栏”>“视图”>“可视化主题”，选择“编辑自定义主题”，打开“编辑自定义主题”对话框。

步骤 2：在“常规”选项卡上，首先指定要用作自定义主题基础的预定义主题，即浅色或深色主题。使用“基色”可定义面板和页面导航区域中的一般背景颜色，而使用“原色”可定义筛选器滑块或活动页面指示等细节的颜色。如图 5-27 所示。

图 5-27 自定义可视化主题

步骤 3：在“详细信息”选项卡中，为用户界面中的特定部分设置可视化属性。如“图表常规设置”可以为图表设置背景色、填充（更改实际内容和图表边框之间的距离）以及自定义边框外观甚至是删除边框等应用于图表总体的细节设置。如图 5-28 所示。

注意：单击箭头通常会显示将设置应用于特定侧或特定边角的选项。

“详细信息”选项卡中的其他部分设置功能如下：

➢“页面导航区域”：定义页面标题外观。

➢“图表区域”：更改在其上放置图表的背景颜色。图表和面板之间的填充有助于控制面板四周的空间。

➢“图表标题”：定义标题栏位置和外观，以及标题文本外观及其在标题栏中的位置。

➢“图表刻度”：定义是否显示刻度线。如果显示，还可设置它们的颜色。

➢“列选择器”：控制文本的外观。

➢“批注”：控制所添加批注的外观。

图 5-28 编辑自定义主题

5.7 层 级

两个或多个列以某种方式相关联，按照等级划分为不同的上下节的层级组织结构。可通过滑动层级滑块展示不同的信息。

如图 5-29 所示，使用月份及品牌名称层级，滑动层级滑块可显示每个月每个销售品牌的销售金额。

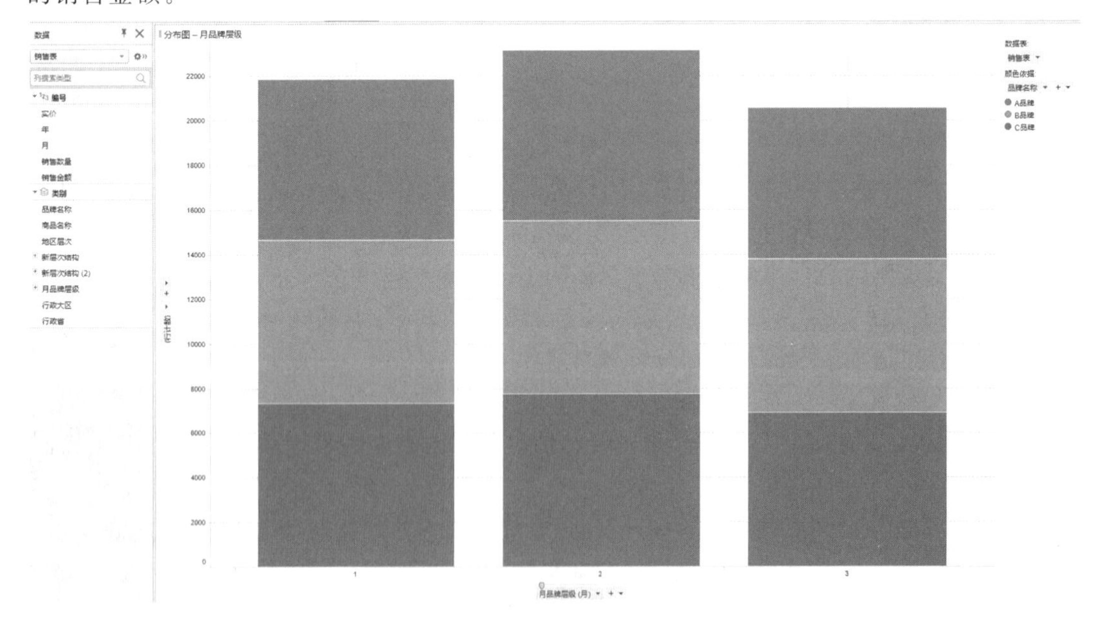

图 5-29 月份及品牌名称层级

5.8 聚合

聚合是使用统计函数对数据进行处理的方式。例如,可以选择显示一年所有销售总额或每个月的平均销售额。

聚合是通过使用统计函数对数据进行处理的一种方式,在数据处理的过程中对聚合的使用有如下两点要求:

(1)数据表必须至少包含一个数值列(整数、实数或货币列)。

(2)图表类型必须支持聚合。

创建图表后选择需要进行聚合并且符合聚合要求的列,单击坐标选择聚合可进行聚合操作。如图 5-30 所示。

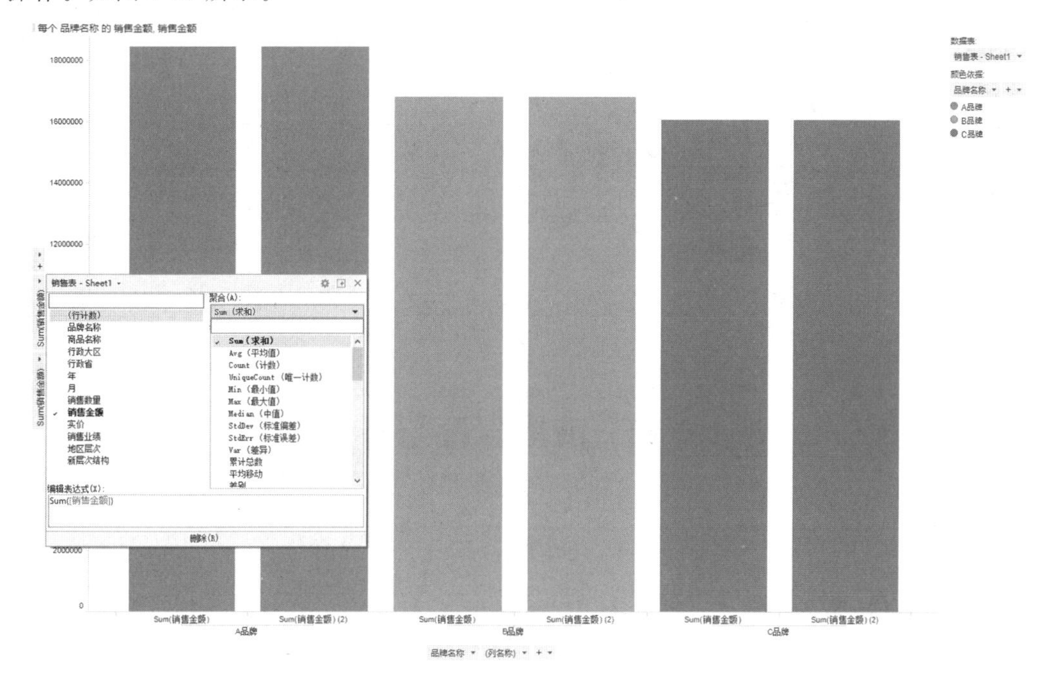

图 5-30 聚合函数的使用

聚合常用的函数表达式:在聚合的使用过程中,提供了相对应的多种函数表达式,例如Sum(求和)、Avg(平均值)、Count(计数)、Min(最小值)、Max(最大值)、Median(中值)、StdDev(标准偏差)、StdErr(标准误差)等,在使用的过程中可以根据自身数据分析的业务要求选择相对应的函数表达式进行操作,实现数据分析结果。

5.9 自定义表达式

自定义表达式是通过函数对数据处理的一种方法,通过自定义表达式,可以为图表创建自己的聚合方法。

自定义表达式使用各类图形结合使用，使图形能够实现更加复杂的分析。如图 5-31 所示，在图表的“值轴”上使用自定义表达式。

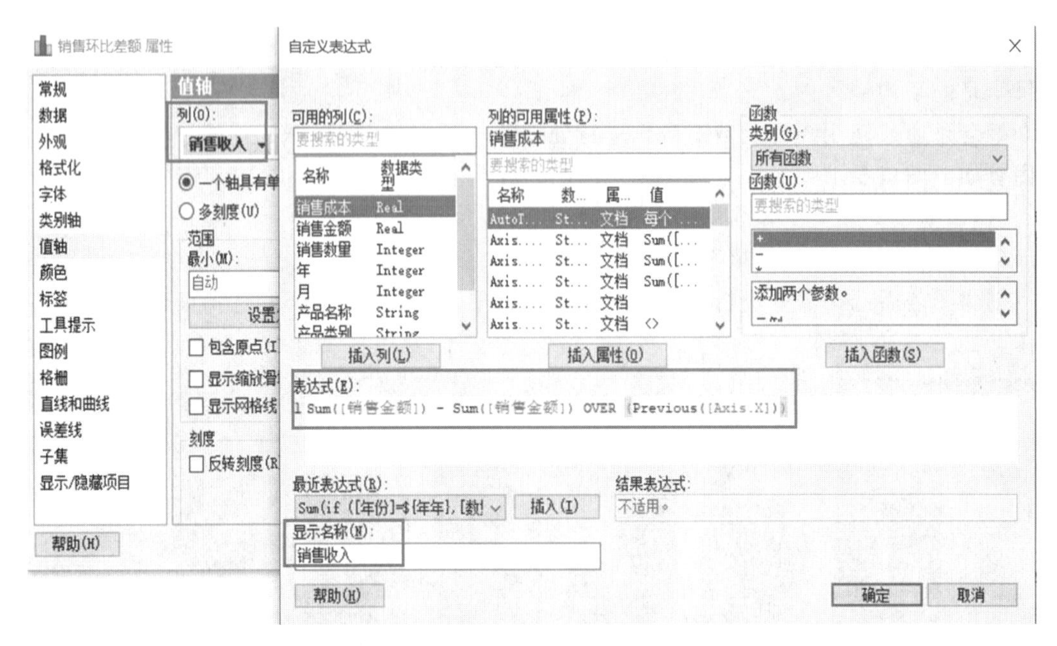

图 5-31 在值轴上使用自定义表达式

5.10 成果保存与导出

5.10.1 保存分析文件

设置分析时（或者在创建分析过程中），可以将完成的所有图表、筛选器设置及其他工作成果都保存在文件中，以便在中断后继续处理分析。选择“文件”>“保存”或按“Ctrl+S”，会弹出“数据加载设置”对话框（首次保存才会弹出），在对话框中列出分析中的所有数据表。如果需要，构建多个源的数据表可对数据表的不同部分应用不同的数据加载设置。如此一来，便可确保来自一个源的数据始终为新数据，而数据表的其他部分则维持不变。单击“确定”按钮，在弹出的对话框中选择其中保存的分析文件的名称和路径。如图 5-32 所示。

智速云大数据分析平台使用.dxp 扩展名来保存文件，文件名不得包含以下字符：正斜杠（/）、反斜杠（\）、大于号（>）、小于号（<）、星号（*）、问号（?）、双引号（"）、竖线符号（|）、冒号（:）或分号（;）。若要另外保存已打开分析文件的副本，请选择“文件”>“另存为”>“文件”，然后用新名称保存文件。

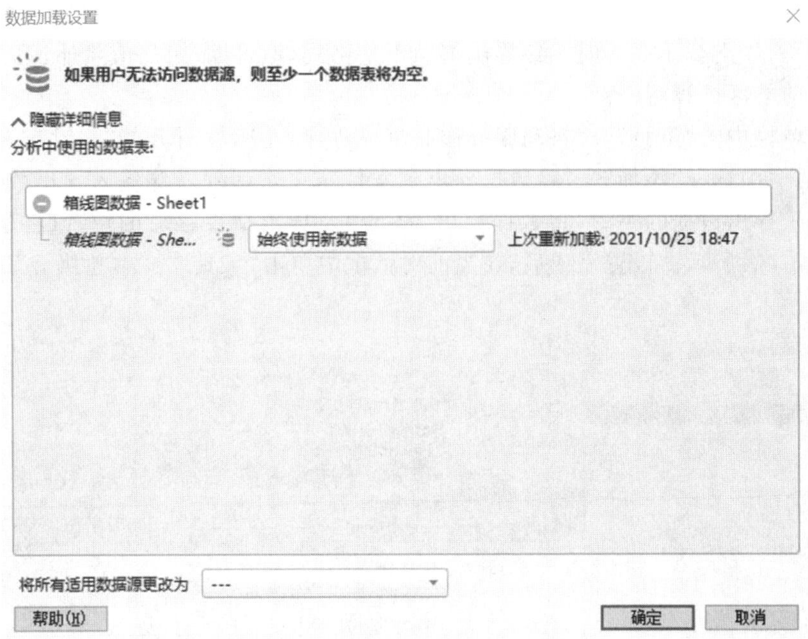

图 5-32　数据加载设置

5.10.2 在库中保存分析文件

通过库，不同的用户可以共同使用同一分析，并且每个人的分析均为最新。发布文档时，当前的分析会在库中存储为 DXP 文件。运行智速云大数据分析平台的用户也可以打开库中的文件。在库中保存分析文件的步骤如下：

步骤 1：登录智速云大数据分析平台。

步骤 2：选择菜单栏"文件">"另存为">"库项目"。

步骤 3：浏览到要保存分析文件的文件夹。指定分析文件的"名称"。或者，单击"文件夹权限"可检查或更改选定库文件夹的权限。如果要保留当前的数据加载设置，则转到步骤 5。

步骤 4：若需要对当前分析文件进行说明和检索，则在"另存为库项目"对话框中，单击"下一步"按钮，键入分析文件的"说明"(可选)和分析内容的一个或多个"关键字"(可选)。

步骤 5：单击"完成"按钮，系统将发布文档并打开向导的确认对话框，关闭对话框完成保存。

注意：要在库中保存分析文件，必须使用用户名和密码登录到智速云大数据分析平台，使用离线登录无法实现此功能。

5.10.3 导出数据到文件

用户可以从智速云大数据分析平台中导出数据，然后保存为文本文件、Spotfire 文本数据格式文件（*.stdf）、Spotfire 二进制数据格式文件（*.sbdf)或 Excel 文件。文本文件可以是常规的制表符分隔文本文件，也可以是文本数据格式文件。Excel 文件可以是 XLS

文件或 XLSX 文件。如果图表是一个表格，则只能将其中的数据导出到 Excel 文件。此外还需注意的是，导出至 Excel 时始终导出值而不是格式，但日期/时间值除外，因为导出它们时会使用当前的区域设置。

单击菜单栏中的“工具”＞“自动服务作业生成程序(J)”，在打开的“自动服务作业生成器工具”对话框中选择“添加”＞“将数据导出到文件”，在对话框右侧输入导出数据来源(导出数据来源)、导出数据的类型(将数据导出为(A))及导出文件存放的位置(将数据导出到(T)：)，如图 5-33 所示。设置完成后，在当前对话框中单击“工具”＞“本地执行”进行文件的导出。

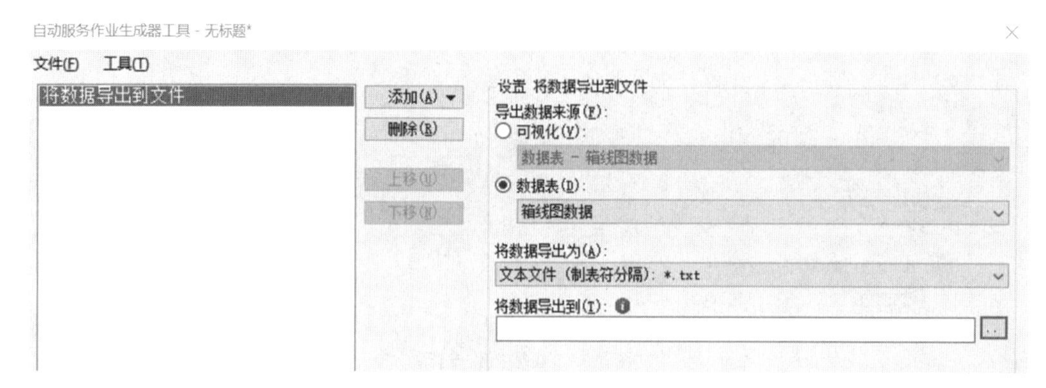

图 5-33 自动服务作业生成器导出示意图

导出数据来源说明如下：

(1)可视化：将根据活动页面中的一个图表(包括“按需查看详细信息”)导出数据。

(2)数据表：将根据文档中的一个数据表导出数据。导出时可对要导出的数据表进行筛选(所有行、筛选的行、标记的行)。

以上两种方式都可以将数据导出到文本文件、Excel 文件、Spotfire 文本数据格式文件(*.stdf)或 Spotfire 二进制数据格式文件(*.sbdf)。

用户也可以单击菜单栏中的“文件”＞“导出”＞“将数据导出到文件”，打开“导出数据”对话框，在这里选择导出数据来源，单击“确定”按钮，在打开的对话框中选择一个用于保存导出数据的位置和导出文件的类型，然后单击“保存”按钮，这样可以把全部数据导出到文件中。如图 5-34 所示。

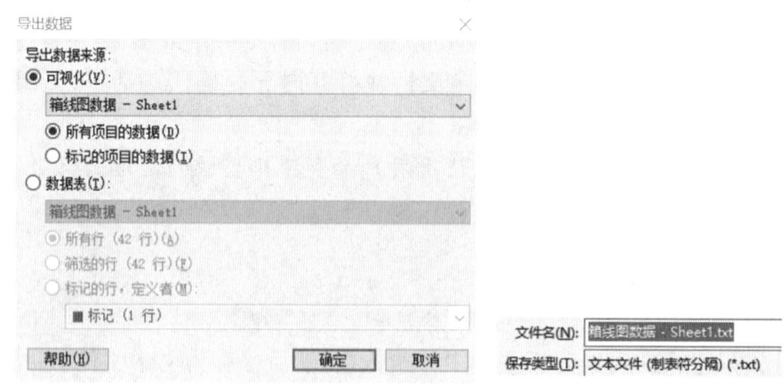

图 5-34 导出数据对话框

5.10.4 导出到 HTML

选择菜单栏中的“文件”>“导出”>“到 HTML”，并在弹出的“导出到 HMTL”对话框中选择要包括在 HTML 文件中的导出内容、筛选器设置、页面标题、批注以及页面布局（定义所生成 HTML 文档中页面的尺寸和方向），然后单击“导出”按钮，在打开的对话框中选择一个用于保存导出数据的位置，然后单击“保存”按钮。如图 5-35 所示。

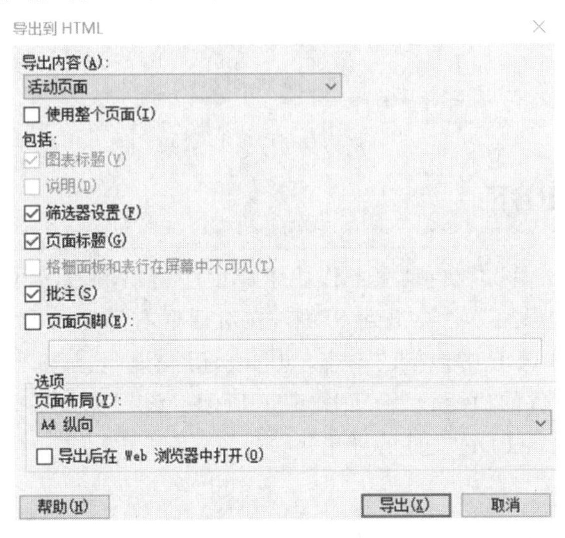

图 5-35 “导出到 HTML”对话框

5.10.5 导出到 Microsoft PowerPoint

选择菜单栏中的“文件”>“导出”>“到 Microsoft PowerPoint (M)”，并在弹出的“导出到 Microsoft PowerPoint”对话框中选择要包括在 PPT 文件中的内容、筛选器设置、页面标题、批注以及导出的位置（新演示文稿、打开的演示文稿），然后单击“导出”按钮，在打开的对话框中选择一个用于保存导出数据的位置，然后单击“保存”按钮。

注意：*若要导出到 Microsoft PowerPoint，需要在计算机上安装 Microsoft PowerPoint。*

5.10.6 导出图像

单击菜单栏中的“工具”>“自动服务作业生成程序(J)”，在打开的“自动服务作业生成器工具”对话框中选择“添加”>“导出图像”，在对话框右侧输入导出图像存放的位置（目标路径(P)）、导出的图表（可视化(V)）及导出的大小（宽度（像素）(W)、高度（像素）(H)），如图 5-36 所示。设置完成后，在当前对话框中单击“工具”>“本地执行”进行图像的导出。

用户还可以选择菜单栏中的“文件”>“导出”>“图像(A)”，并在弹出的“导出图像”对话框中“导出图片的类型、名称和路径”进行设置，然后单击“保存”按钮完成操作。

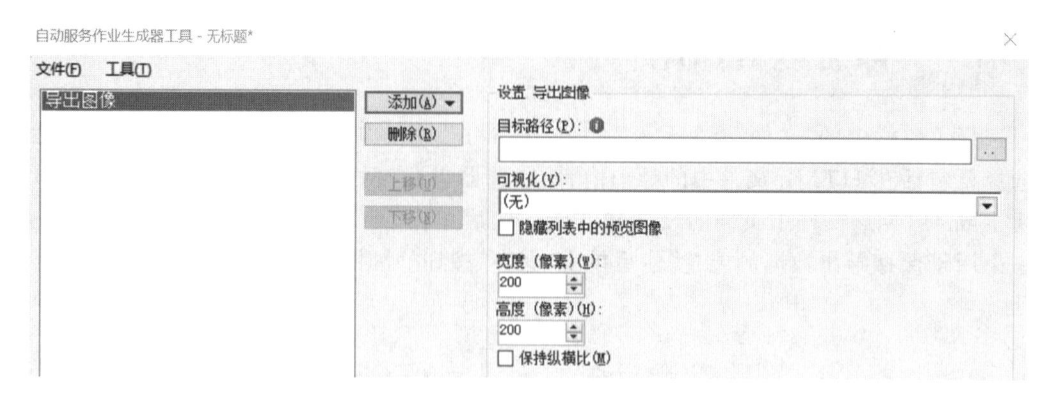

图 5-36 导出图像示意图

5.10.7 导出 PDF

单击菜单栏中的“工具”＞“自动服务作业生成程序(J)”，在打开的“自动服务作业生成器工具”对话框中选择“添加”＞“导出到 PDF”，在对话框右侧输入导出 PDF 文件存放的位置、导出的内容、导出的 PDF 中包括的内容，如图表标题、说明、筛选器设置、页面标题、批注等，页面布局及 PDF 文件的边距设置，如图 5-37 所示。设置完成后，在当前对话框中单击“工具”＞“本地执行”进行 PDF 文件的导出。

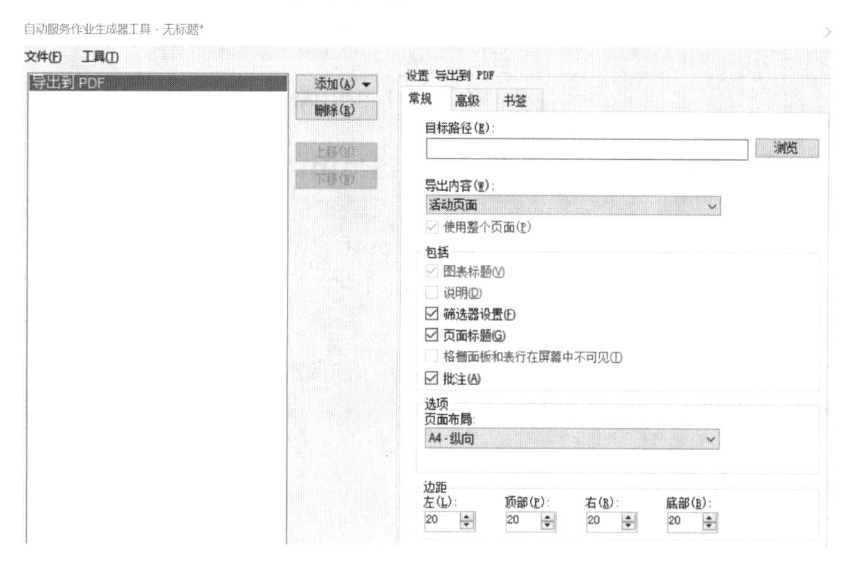

图 5-37 导出 PDF 示意图

用户还可以选择菜单栏中的“文件”＞“导出”＞“到 PDF”，并在弹出的“导出到 PDF”对话框中设置 PDF 常规信息，并通过“高级”“书签”“筛选器”页签进行其他设置。设置完成后，单击“导出”按钮，在弹出的对话框中选择要存放的路径，然后单击“保存”按钮完成操作。

5.10.8 发送邮件

单击菜单栏中的“工具”＞“自动服务作业生成程序(J)”，在打开的“自动服务作业生成器工具”对话框中选择“添加”＞“发送电子邮件”，在对话框的右侧设置邮件发送地址、抄送、

密送、主题、邮件内容、分析文件库链接或 Web 链接,也可以添加附件。如图 5-38 所示。设置完成之后,在当前对话框中,选择“工具”>“在服务器上执行”,实现邮件的发送。

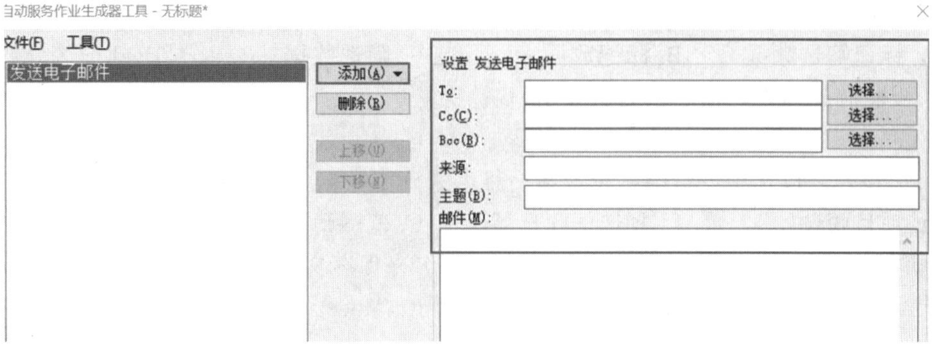

图 5-38　发送邮件示意图

5.11 本章小结

本章首先通过讲解标记、亮显效果、图例、聚合等属性介绍了智速云大数据分析平台的图表基本属性。其次,讲解了筛选器、标签、书签、文本区域及封面和可视化主题的使用,最后对智速云大数据分析平台中的层级、聚合、自定义表达式及如何保存成果进行了讲解。通过本章的学习,我们对智速云大数据分析平台的工具有了初步了解,后期学习会经常使用到本章内容所学的知识。

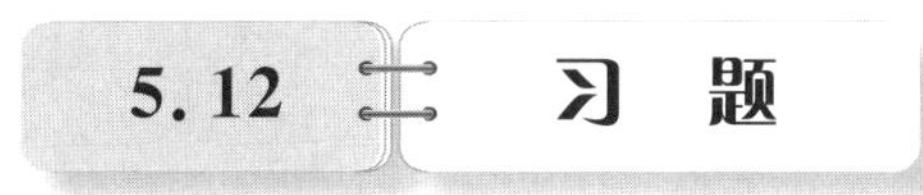

5.12 习　题

一、单选题

1. 下列关于大数据的分析理念的说法中,错误的是(　　)。

A. 在数据基础上倾向于全体数据而不是抽样数据

B. 在分析方法上更注重相关分析而不是因果分析

C. 在分析效果上更追求效率而不是绝对精确

D. 在数据规模上强调相对数据而不是绝对数据

2. “层级”在(　　)菜单下。

A. 插入　　B. 视图　　C. 文件　　D. 工具

3. (　　)是两个或多个列以某种方式相关联,按照等级划分为不同的上下节制的组织结构。

A. 筛选器　　B. 标记　　C. 层级　　D. 书签

4. (　　)是通过函数对数据处理的一种方法,可以为图表创建自己的聚合方法。

A. 函数表达式　　B. 自定义表达式　　C. 分数表达式　　D. 数据表达式

5. 打开“注册数据函数”在(　　)菜单下。

A. 编辑　　B. 插入　　C. 工具　　D. 视图

6. 如果表中的内容有几列是不想要的数据，应该选择属性的(　　)一栏进行修改。

A. 数据　　B. 外观　　C. 排序　　D. 显示/隐藏项目

7. 标签主要用于(　　)。

A. 标记筛选数据　　B. 标记数据　　C. 筛选数据　　D. 标记区分数据

8. 要将筛选器中的滑块设置为显示，快捷键是(　　)。

A. end　　B. home　　C. tab　　D. alt

9. (　　)可以选中或清除一个或多个维度来确定数据显示的值。

A. 项目筛选器　　B. 复选框筛选器　　C. 范围筛选器　　D. 筛选器

10. 智速云大数据分析平台使用(　　)扩展名来保存文件

A. . xlsx　　B. . dxp　　C. . docx　　D. . dox

二、判断题

1. 创建自定义查询时，只能使用平台支持的数据类型。(　　)

2. 层级是两个或多个列以某种方式相关联，按照等级划分为不同的上下节制的层级组织结构。(　　)

3. 筛选器主要用于缩小图表中显示数据的范围。(　　)

4. 从智速云大数据分析平台中导出数据，然后保存的文本文件可以是常规的制表符分隔文本文件，也可以是文本数据格式文件。(　　)

5. 导出图像的方法是单击菜单栏中的“工具”>“自动化服务作业生成程序”，在打开的“自动服务作业生成器工具”对话框中选择“添加”>“导出图像”，在对话框右侧输入导出图像存放的位置(目标路径(P))、导出的图表(可视化(V))及导出的大小(宽度(像素)(W)、高度(像素)(H))。(　　)

三、多选题

1. 文本区域可以插入(　　)控件。

A. 文本　　B. 图像　　C. 按钮　　D. 筛选器

2. “书签”分为(　　)。

A. 公共书签　　B. 部分书签　　C. 私有书签　　D. 个人书签

3. 如果不想让图表的标题显示，共有以下(　　)方式。

A. 单击图表属性，单击“常规”选项，将“显示标题栏”取消勾选

B. 鼠标移动到图表右上方第一个按钮，将“标题栏”取消勾选

C. 单击图表属性，单击“图例”选项，将“显示图例”取消勾选

D. 单击图表属性，单击“图例”选项，在“显示以下图例项(D)”中取消“标题”的勾选

4. 关于保存分析文件，下列正确的是(　　)。

A. 设置分析时，可以将完成的所有图表、筛选器设置及其他工作成果都保存在文件中

B. 选择“文件”>“保存”

C. 按“ctrl+S”会弹出“数据加载设置”对话框(首次保存才会弹出)，在对话框中列出分析中的所有数据表

D. 若要另外保存已打开分析文件的副本，请选择“文件”>“另存为”>“文件”，然后用新名称保存文件

5. 导出图像的步骤是(　　)。

A. 单击菜单栏中的“工具”>“自动化服务作业生成程序(J)”

B. 在打开的“自动服务作业生成器工具”对话框中选择“添加”>“导出图像”

C. 在对话框右侧输入导出图像存放的位置(目标路径(P))、导出的图表(可视化(V))及导出的大小(宽度(像素)(W)、高度(像素)(H))

D. 设置完成后,在当前对话框中单击“工具”>“本地执行”进行图像的导出

四、简答题

1. 自定义表达式的意义是什么?
2. 筛选器的作用是什么?
3. 封面的含义是什么?
4. 简述创建封面的具体步骤。
5. 导出数据到文件、到 HTML、到 Microsoft PowerPoint 的步骤一样吗?区别有哪些?

第6章 分类分析

6.1 分类分析的概念

分类是人类认识客观世界、区分客观事物的一种思维活动，也是根据事物的“共性”与“特性”聚集相同事物、区分不同事物的手段。人们既可以通过分类来认识事物和区分事物，也可以通过分类使大量的繁杂事物条理化和系统化，从而为进一步探讨事物本质、开展科学研究创造条件。

当我们面对大量数据的时候，总试图将大量的数据进行划分，然后依次划分数据群组进行分析，而分类就是我们常用的数据划分技术。

分类分析是一种基本的数据分析方式，根据其特点，可将数据对象划分为不同的部分和类型，再进一步分析，能够进一步挖掘事物的本质。

6.2 饼　图

饼图是一个圆被分成多份、用不同颜色表示不同数据的图形。每个数据的大小决定了其在整个圆所占弧度的大小。适用于单个数据系列间各数据的比较，显示数据系列中每一项占该系列数值总和的比例关系。

饼图在数据分析中无处不在，然而多数统计学家却对饼图持否定态度。相对于饼图，他们更推荐使用条形图或折线图，因为相对于面积，人们对长度的认识更精确。

虽然饼图不太适合表示精确的数据，但是饼图可以呈现各部分在整体中的比例，能够体

现部分与整体之间的关系。如果我们抓住饼图的这一优点，合理地组织数据，仍会获得较好的数据可视化的效果。

使用饼图进行可视化分析时，有许多注意事项，如下所示：

(1)分块越少越好，最好不多于4块，且每块必须足够大；

(2)确保各分块占比的总计是100%；

(3)避免在分块中使用过多标签。

几乎所有带有图表工具的软件都可以绘制饼图，这里我们使用智速云大数据分析平台来完成饼图的绘制。

在某汽车销售的数据中，需要分析不同品牌车辆的销售情况，需先按不同品牌对车辆进行分类，再统计每种品牌的销售数量及整体销售数量所占的比例，使用饼图进行分析，具体操作步骤如下：

步骤1：导入数据表。单击工具栏上的“添加数据表”按钮，打开“添加数据表”对话框，导入“销售合同”数据表，单击“确定”按钮。

步骤2：单击“工具栏”上的“饼图”按钮，新建饼图。

步骤3：在新建的饼图右上角单击“属性”按钮，打开属性对话框，选择“常规”菜单中“标题”为“销售数量占比”选项，勾选“显示标题栏”项。

步骤4：选择“数据”菜单中“数据表”为“销售合同表”。

步骤5：单击“外观”菜单，勾选“按大小对扇区排序”项。

步骤6：选择“颜色”菜单中“列”为“品牌名称”，设置“颜色模式”为“类别”。

步骤7：选择“大小”菜单中“扇区大小依据”为“数量”，设置聚合函数为“Sum(求和)”，右击“饼图大小依据”选择“删除”选项，设置值为“无”。

步骤8：饼图效果如图6-1所示。

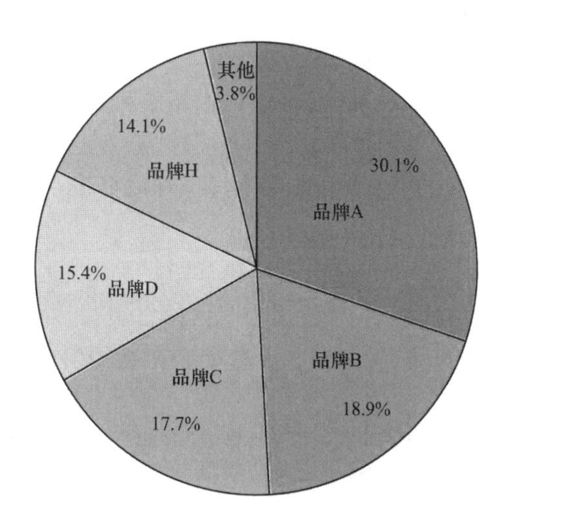

图6-1　汽车品牌销售占比饼图效果

步骤 9:选择“数据”菜单中“数据表”为“销售合同表”,设置“标记”为“无”,在“使用标记限制数据”中勾选“年”和“月”;选择“如果主图表中没有标记的项目,则显示”中的“全部数据”。

步骤 10:如图 6-2 所示,显示了 2021 年 7 月份汽车品牌的销售占比。

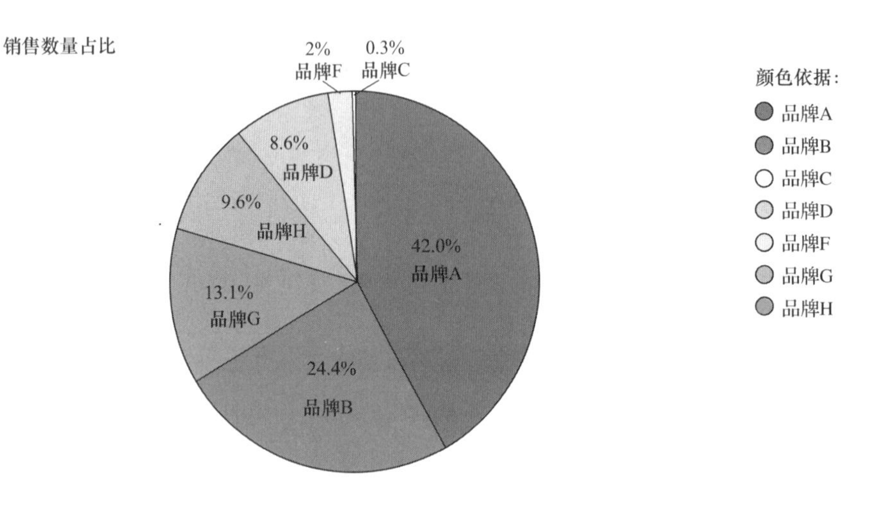

图 6-2　2021 年 7 月份汽车品牌的销售占比情况

6.3 树形图

树形图(Tree Diagram)是数据树的图形表现形式,以层次结构来组织对象,是一种基于面积的可视化方式,可突出显示异常数据点或重要数据。树形图可以用颜色或矩形块的大小来展示对应指标的大小。

例如查看各区域品牌销售构成情况及销售总额中区域销售额构成情况。具体操作步骤如下:

步骤 1:单击“添加数据表”,在打开的“添加数据表”对话框中,选择“添加”项,导入“销售表”数据表,单击“确定”按钮。

步骤 2:单击“工具栏”上的“树形图”按钮,新建树形图。单击树形图右上角的“属性”按钮,打开属性对话框。选择“数据”菜单中“数据表”为“销售表”。

步骤 3:选择“颜色”菜单中“列”为“销售金额”,设置聚合函数为“Sum(求和)”,设置“颜色模式”为“梯度”。

步骤 4:选择“大小”菜单中“大小的排序方式”为“销售金额”,设置“聚合函数”为“Sum(求和)”。

步骤 5:选择“层级”菜单中“层次”为“行政大区与品牌名称”。

步骤 6:选择“标签”菜单,勾选“显示层次结构标签”与“显示标签”。

步骤 7:如图 6-3 所示。通过树形图直观地展示了各区域的品牌销售情况。

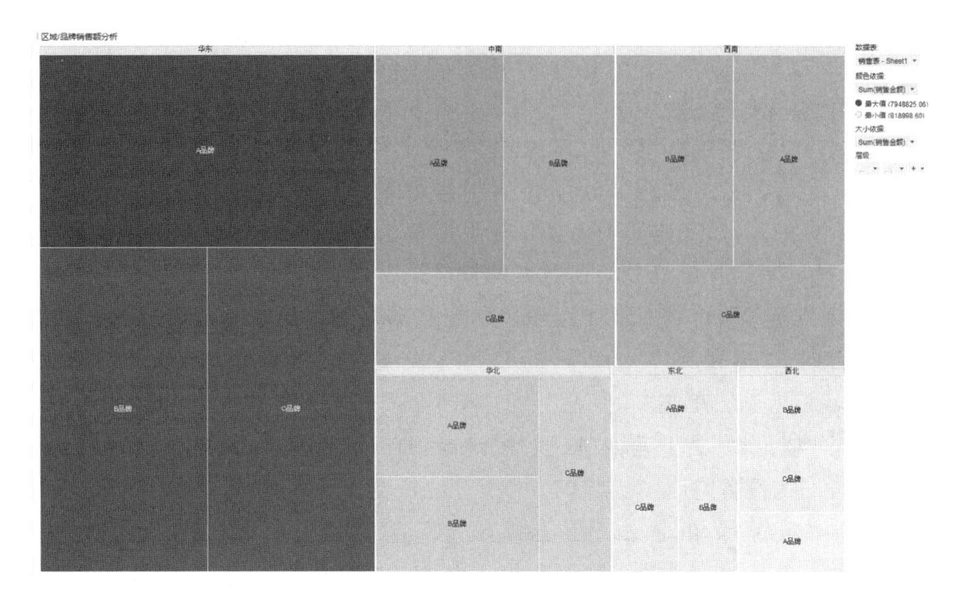

图 6-3　区域/品牌的销售额分析效果图

6.3.1 年份树形图

在对某汽车销售的数据进行分析时，企业管理者往往需要进行不同年份销售数据的环比分析，可以使用树形图制作年份选择器，结合其他的数据分析图表，即可通过选择不同的年份查看当前数据的分析报表，制作年份树形图操作步骤如下：

步骤 1：导入数据表。单击“工具栏”上的“添加数据表”按钮，打开“添加数据表”对话框，导入“销售合同”数据表。

步骤 2：单击“工具栏”上的“树形图”按钮，新建树形图。

步骤 3：单击“树形图”右上角的“属性”按钮，打开属性对话框。

步骤 4：选择“数据”菜单中“数据表”为“销售合同”数据表，单击“使用标记限制数据”后的“新建”按钮，新建“年”“月”标记。设置“标记”为“年”。

步骤 5：选择“颜色”菜单中“列”为“成交金额”，设置聚合函数为“UniqueCount(唯一计数)”，“颜色模式”为“固定”。

步骤 6：选择“大小”菜单，右击“大小排序方式”选择“删除”选项，设置值为“无”。

步骤 7：选择“层级”菜单中“层次”为“年份”。

步骤 8：设置完成，单击“关闭”按钮。如图 6-4 所示。

图 6-4　年份树形图

6.3.2 月份树形图

在对某汽车销售的数据进行分析时，企业管理者除了查看不同的年份数据外，也会根据不同月份查看数据的需求，在本小节将使用树形图制作月份选择器，结合其他的数据分析图表，即可通过选择不同的月份查看当前数据的分析报表，制作月份选择器操作步骤如下：

步骤 1：导入数据表。单击工具栏上的“添加数据表”按钮，打开“添加数据表”对话框，导入“销售合同”数据表。

步骤 1：新建树形图。单击“工具栏”上的“树形图” 按钮，新建树形图。

步骤 2：单击“树形图”右上角的“属性”按钮，打开属性对话框，选择“数据”菜单中“数据表”为“销售合同”，设置“标记”为“月”。

步骤 3：选择“颜色”菜单，右击“列”选择“删除”选项，设置值为“无”，“颜色模式”为“固定”。

步骤 4：选择“大小”菜单，右击“大小排序方式”选择“删除”选项，设置值为“无”。

步骤 5：选择“层级”菜单中“层次”为“月份”。

步骤 6：设置完成，单击“关闭”按钮。如图 6-5 所示。

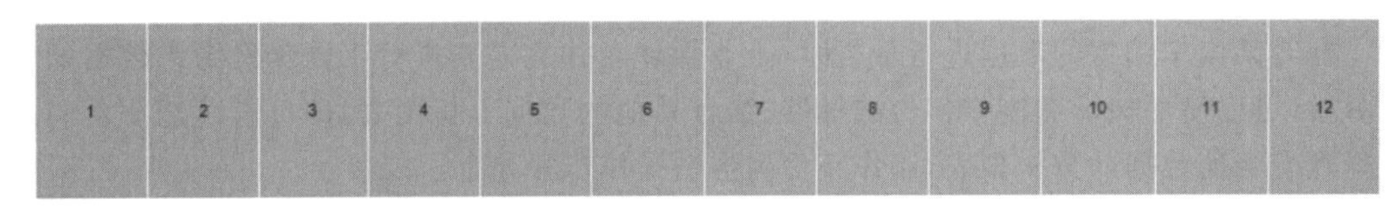

图 6-5 月份树形图

6.4 瀑布图

瀑布图是由麦肯锡顾问公司所独创的图表类型，因为形似瀑布而称之为瀑布图（Waterfall Plot）。此种图表采用绝对值与相对值结合的方式，适用于表达数个特定数值之间的数量变化关系。

瀑布图显示在受到各种因子影响后值的变化情况，增加值或减少值，然后呈现结果值。

瀑布图可用于将值随着时间发展的情况或将不同因素对总体的贡献情况可视化等方面，也适用于解释两个数据值之间的差异是由哪几个因素贡献，每个因素的贡献比例，展示两个数据值之间的演变过程，还可以展示数据是如何累计的。

在某汽车销售的数据中，需要分析不同品牌车辆的销售情况，使用瀑布图查看汽车销售数量，具体的操作步骤如下：

步骤 1：导入数据表。单击“工具栏”上的“添加数据表”按钮，打开“添加数据表”对话框，导入“销售合同”数据表。

步骤 2：单击“工具栏”上“瀑布图”按钮，新建瀑布图。

步骤 3：单击瀑布图右上角“属性”按钮，打开属性对话框，选择“数据”菜单中“数据表”为“销售合同”。

步骤 4:选择“类别轴”菜单中“列”为“品牌名称”,勾选“显示网格线”。

步骤 5:选择“值轴”菜单中“列”为“数量”,设置聚合函数为“Sum(求和)”,勾选“显示网格线”。

步骤 6:选择“颜色”菜单中“列”为“品牌名称”,设置“颜色模式”为“类别”。

步骤 7:选择“标签”菜单中“显示标签”为“全部”,勾选“运行总计”。

步骤 8:设置完成,单击“关闭”按钮。如图 6-6 所示,通过瀑布图查看不同品牌的车辆销售情况。

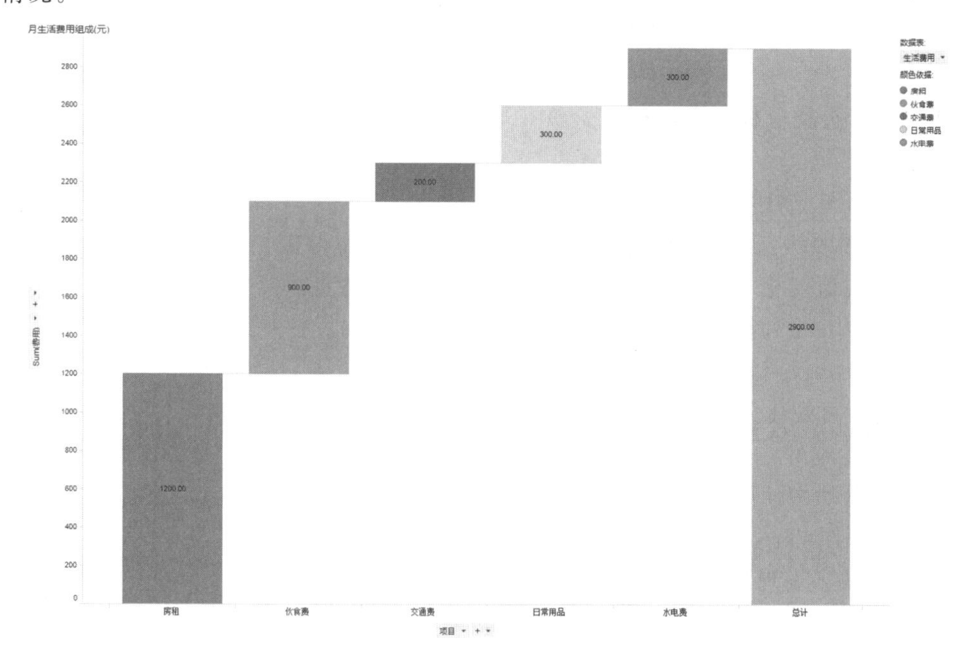

图 6-6　汽车品牌销售数量

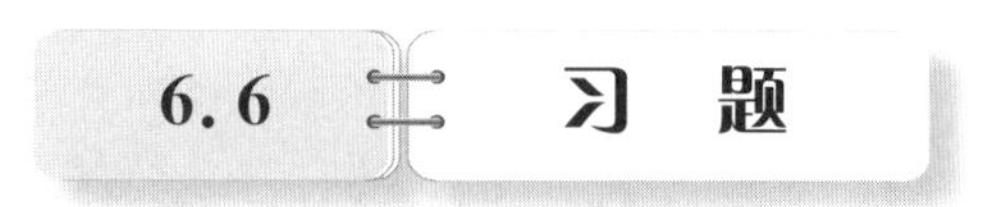

6.5 本章小结

本章分别使用饼图、树形图及瀑布图三种分类分析的图形。饼图是用环状方式呈现各分量在整体中的比例;树形图是以矩形块的形式展示不同数据的分布情况;瀑布图采用绝对值与相对值结合的方式,适用于表达数个特定数值之间的数量变化关系。当我们了解每个图表的特点时,就可在需要的场合选择合适的图表进行数据分析。

6.6 习　题

一、单选题

1.(　　)使用颜色或矩形块的大小来展示对应指标的大小。

A. 热图　　　B. 树形图　　　C. 平行坐标图　　　D. 瀑布图

2.(　　)适用于单个数据系列间各数据的比较,显示数据系列中每一项占该系列数值总和的比例关系。

A. 热图　　B. 树形图　　C. 饼图　　D. 瀑布图

3. 在应用中，需要根据不同的年份或月份显示不同的数据，可以使用下列(　　)制作选择器。

A. 热图　　B. 树形图　　C. 饼图　　D. 瀑布图

4. 下列(　　)可用于将值随着时间发展的情况或将不同因素对总体的贡献情况可视化。

A. 热图　　B. 树形图　　C. 饼图　　D. 瀑布图

5. 树形图是以(　　)的形式展示不同数据的分布情况。

A. 环状　　B. 矩形块　　C. 线条状　　D. 饼状

二、多选题

1. 下列属于分类分析的图形有(　　)。

A. 热图　　B. 树形图　　C. 饼图　　D. 瀑布图

2. 关于瀑布图，描述正确的包括(　　)。

A. 由麦肯锡顾问公司所独创的图表类型，因形似瀑布而得名

B. 采用绝对值与相对值结合的方式，适用于表达数个特定数值之间的数量变化关系

C. 可以显示一系列正值和负值的累积影响

D. Excel 2016 没有制作瀑布图的功能

3. 饼图进行可视化分析时，有许多注意事项，描述正确的是(　　)。

A. 分块越少越好　　B. 各分块占比的总计是 100%

C. 避免在分块中使用过多标签　　D. 最好不多于 4 块，且每块必须足够大

4. 关于树形图(Tree Diagram)描述正确的是(　　)。

A. 以矩形块来表现形式

B. 以层次结构来组织对象

C. 是一种基于面积的可视化方式，可突出显示异常数据点或重要数据

D. 可以用颜色或矩形块的大小来展示对应指标的大小

三、判断题

1. KPI 图属于分类分析的一种。(　　)

2. 颜色在树形图中没有意义。(　　)

3. 饼图进行可视化分析时，分块越少越好，最好不多于 4 块，且每块必须足够大。(　　)

4. 瀑布图由麦肯锡顾问公司所独创的图表类型，因形似瀑布而得名。(　　)

四、简答题

1. 什么是分类分析？

2. 饼图的定义。

3. 什么是瀑布图？

4. 瀑布图的用途。

第7章 对比分析

7.1 对比分析的概念

任何事物都既有共性又有个性，只有通过对比，才能分辨出事物的性质、变化、发展等个性特征，从而更深刻地认识事物的本质和规律。对比分析是数据分析中最常用、好用、实用的分析方法，它是将两个或两个以上的数据进行比较，分析其中的差异，从而揭示这些事物代表的发展变化情况以及变化规律。

对比分析的三个特点：

(1)简单：与其他分析比较，对比分析操作步骤少，不需要太复杂的计算。

(2)直观：能够直接看出事物的变化或差距，非常明显地知晓对比数据的相同或不同之处。

(3)量化：能够准确表示出变化或差距是多少，然后根据变化或差距的度量值，进行细分找到原因。

运用对比分析时，最主要的是找到合适的对比标准。找到标准，将对比对象的指标与标准进行对比，就能得出结果了。目前常用标准是时间标准、空间标准、特定标准。

1. 时间标准

(1)时间趋势对比：可以评估指标在一段时间内的变化，如图 7-1 所示，从某 App 2017 年 12 月新增用户留存率分布表可以看出 12 月的新增用户在注册 4 个月的时候，留存率出现大幅下降，流失严重，并且用户注册 1 年，留存率大概在 80%。

(2)动作前后对比：可以看到动作前后的效果，从某活动营销前后客单价情况表中可看到，营销前客单价为 21.1 元，营销后客单价为 22.1 元，二者对比，客单价提升 1 元。

(3)与 2017 年同期对比：当数据存在时间周期变化的时候，可以与 2017 年同期对比，剔除时间周期变化因素。从图 7-1 中可看出，2018 年 12 月新增用户次月留存率为 81.2%，2017 年 12 月为 87.6%，与 2017 年同期比下降 6.4 个百分点。

（4）与前一期对比：从图中可看出 12 月新增用户次月留存率为 81.2%，11 月为 82.9%，12 月与上个月比下降 1.7 个百分比。

01 时间趋势对比

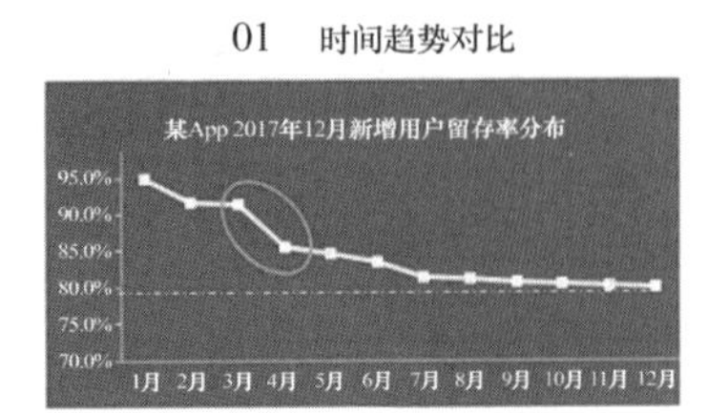

02 动作前后对比

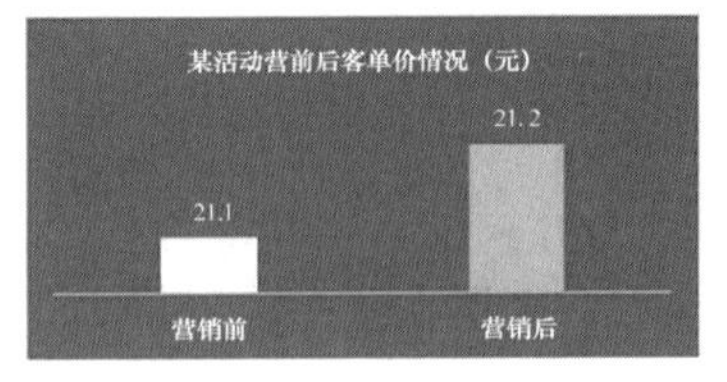

03 去年同期对比

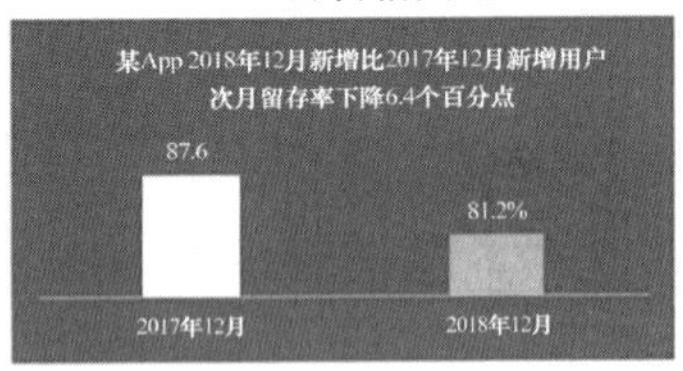

04 前一时期对比

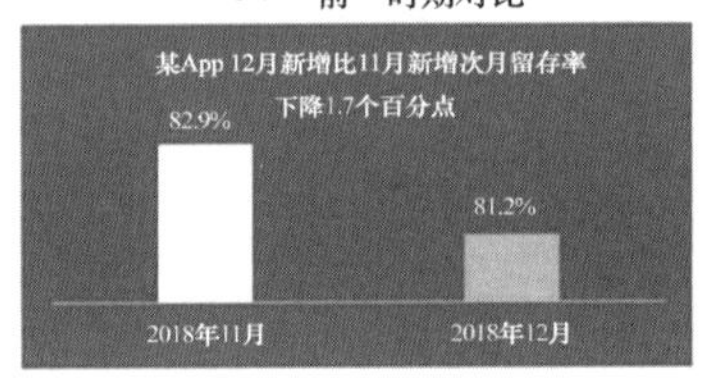

图 7-1 时间标准对比分析

2. 空间标准

（1）A/B 测试：在同一时间维度，分别让组成成分相同的目标用户，进行不同的操作，最后分析不同组的操作效果，如图 7-2 所示，可看出某活动中执行组留存率较样本组高，执行组通过此营销活动进行了运营，而样本组未参与，其他成分二者相同，所以得出营销有效果的结论。

（2）相似空间对比：运用两个相似的空间进行比较，找到二者的差距，比如同类型甲 App、乙 App 的年留存率情况，明显看出乙 App 的留存率更高，日常生活中相似空间比较常用的就是城市、分公司之间的对比。

（3）先进空间对比：是指与行业内领头企业对比，知晓差距多少，再细分原因，从而提高自身水平。如图 7-2 所示，牛 App 为行业领头羊，可看出普 App 留存率比牛 App 低。

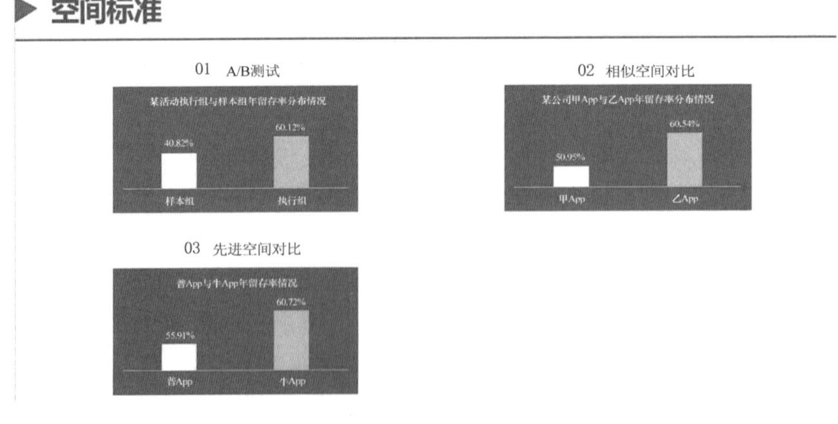

图 7-2 空间标准对比分析

3. 特定标准

(1)与计划值对比:目标驱动运营,在营销中会制定年、月、日的目标,通过与目标对比,分析自己是否完成目标,若未完成目标,则深层次分析原因。目标驱动的好处,就是让运营人员一直积极努力地去完成目标,从而带动公司盈利。如图 7-3 所示,可看出该 App 2018 年留存率,超额完成计划目标。

(2)与平均值对比:主要是为了知晓某部分与总体差距。如图 7-3 所示,可看出甲产品的人均消费低于全用户人均消费,需借鉴优秀产品的营销经验,提高甲产品的人均消费,缩小与均值间的差距。

(3)与理论值对比:这个对比主要是因为无历史数据,所以此时只能与理论值对比。理论值是需要经验比较丰富的员工,利用工作经验沉淀,参考相似的数据得出来的值。

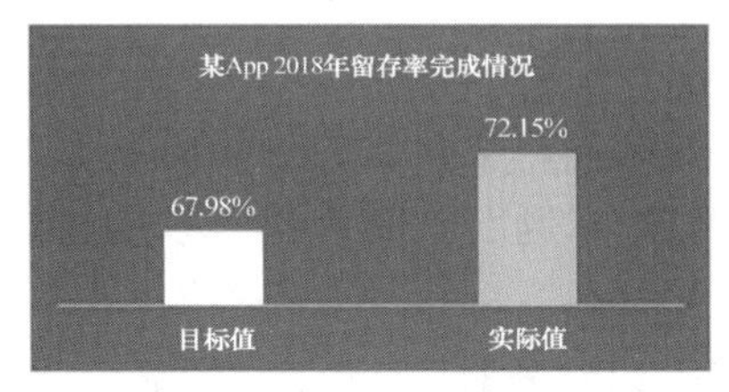

02 与平均值对比

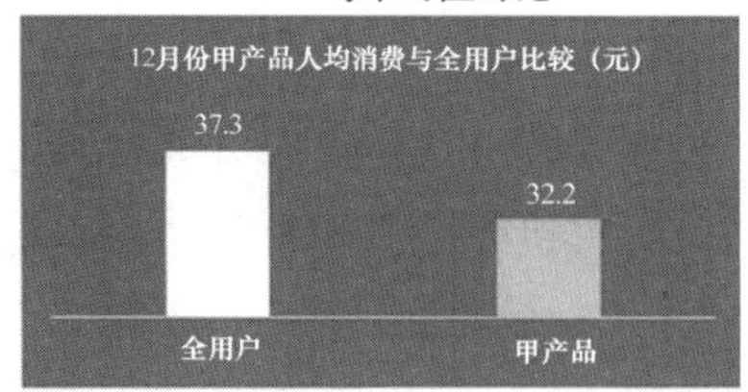

03 与理论值对比

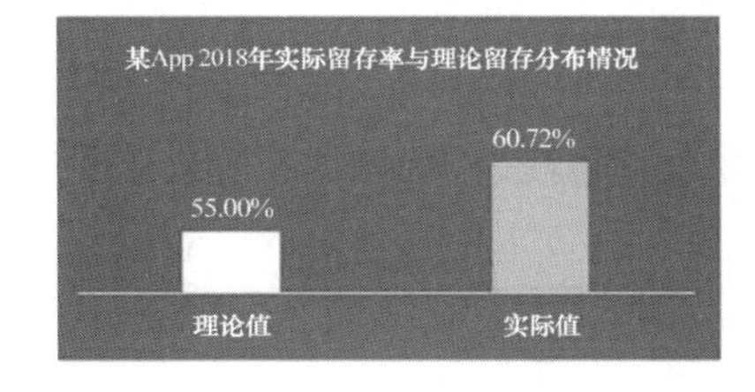

图 7-3 特定标准对比分析

7.2 折线图

折线图是用线段将各数据点连接起来,以折线方式显示数据的变化趋势的图形,是一种使用率很高的图形。折线图可以显示随时间而变化的连续数据,因此适用于显示在相等时间间隔下数据的趋势。折线图通常被用于时间段内的数据变化及变化趋势数据的展示。在折线图中,类别数据沿水平轴均匀分布,所有值数据沿垂直轴均匀分布。与条形图相比,折线图不仅可以表示数量的多少,而且可以直观地反映同一事物随时间序列发展变化的趋势。

在某汽车销售的数据中,需要分析不同品牌车辆的月销售情况,需先按不同品牌对车辆进行分类,再统计每种品牌的月销量整体趋势。使用折线图进行分析,具体操作步骤如下:

步骤 1:导入数据表并管理关系。单击“工具栏”上的“添加数据表”按钮,打开“添加数据表”对话框,导入“销售合同”“预算”数据表。导入完成,单击“管理关系”选项。

步骤 2:打开“管理关系”对话框,建立数据表之间的关系,单击“确定”按钮。如图 7-4 所示。

图 7-4　设置数据表关系

步骤 3:单击"工具栏"上的"折线图"按钮，新建折线图。在新建的折线图右上角单击"属性"按钮，打开属性对话框，选择"常规"菜单，设置"标题"为"品牌销售月度趋势"，勾选"显示标题栏"。

步骤 4:选择"数据"菜单中"数据表"为"销售合同"。选择"外观"菜单，勾选"显示标记"并设置"标记大小"。

步骤 5:选择"X 轴"菜单中"列"为"月份"，勾选"显示标签"。

步骤 6:选择"Y 轴"菜单，右击"列"选择"自定义表达式"，设置"表达式(E)"为"Sum([成交金额]) / 10000 AS [销售金额 :万元]"，勾选"显示网格线"。如图 7-5 所示。

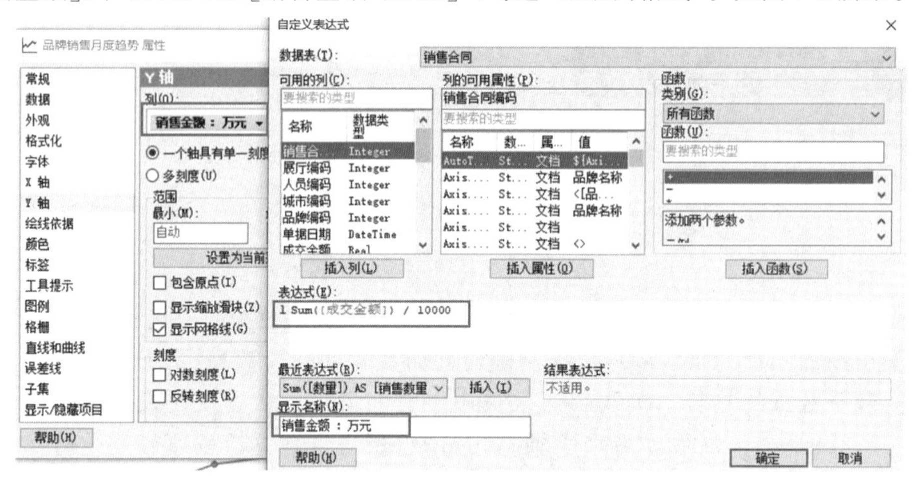

图 7-5　设置销售金额的计算方式

步骤 7:选择"颜色"菜单中"列"为"品牌名称"，设置"颜色模式"为"类别"。

步骤 8:选择"数据"菜单中"标记"为"无"，勾选"使用标记限制数据"中的"年"，选择"如果主图表中没有标记的项目，则显示"为"全部数据"。

步骤 9:整体效果如图 7-6 所示。

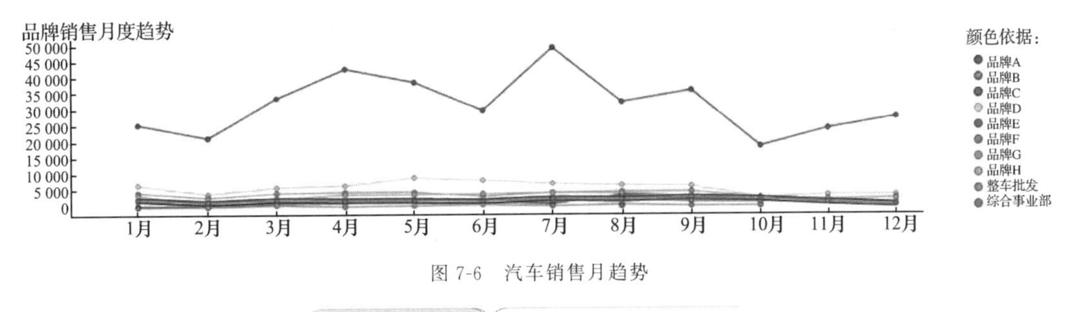

图 7-6 汽车销售月趋势

7.3 条形图

条形图，又称条状图、柱状图、柱形图，是一种对一系列分类数据进行概要说明的方式，是最常使用的图表类型之一，它通过垂直或水平的条形展示维度字段的分布情况，每个条形栏均代表某一特定类别。

本小节以汽车销售为例，分别使用条形图对汽车销售的指标金额完成情况、指标数量完成情况、展厅/批发占比、销售毛利率、销售数量、销售金额与销售利润的同比分析等方面进行分析。

7.3.1 指标金额完成情况分析

在某汽车销售的数据中，需要分析不同品牌车辆的指标金额完成情况，使用条形图将指标金额与实际销售金额做对比分析，具体操作步骤如下：

步骤 1：导入数据表并管理关系。单击“工具栏”上的“添加数据表”按钮，打开“添加数据表”对话框，导入“销售合同”“预算”数据表。导入完成单击“管理关系”选项。

步骤 2：打开“管理关系”对话框，建立数据表之间的关系，单击“确定”按钮。

步骤 3：单击“工具栏”中的“条形图”按钮，新建条形图。

步骤 4：单击“条形图”右上角“属性”按钮，打开属性对话框，选择“常规”菜单，设置标题为“指标金额完成情况 ”，勾选“显示标题栏”。

步骤 5：选择“数据”菜单中“数据表”为“销售合同”。选择“外观”菜单，勾选“垂直栏”，设置“布局”为“并排条形图”。

步骤 6：选择“类别轴”菜单，设置“列”为“城市”。

步骤 7：选择“值轴”菜单，右击“列”选择“自定义表达式”，在弹出的对话框中，设置“表达式”为“Sum([销售合同].[成交金额]) / 10000 as [销售金额], Sum([预算].[预算金额]) / 10000 as [指标金额]”。如图 7-7 所示。

步骤 8：选择“颜色”菜单中“列”为“列名称”，设置“颜色模式”为“类别”。

步骤 9：选择“标签”菜单，“显示标签”中选择“无”。设置完成，单击“关闭”按钮。效果如图 7-8 所示。

步骤 10：选择“数据”菜单中“标记”为“无”，勾选“使用标记限制数据”中的“年”“月”，选择“如果主图表中没有标记的项目，则显示”为“全部数据”。

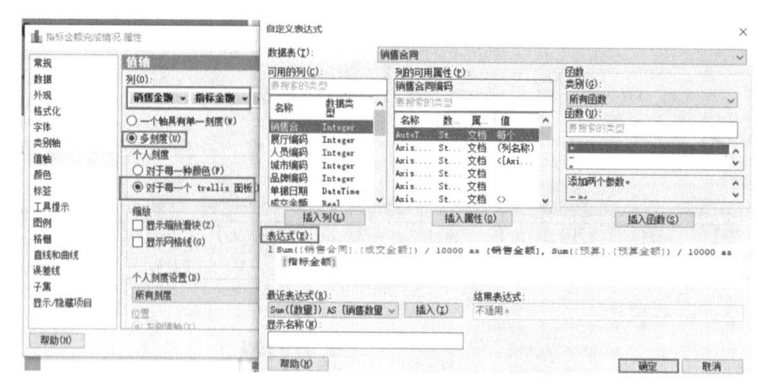

图 7-7 设置销售金额、指标金额的计算方式

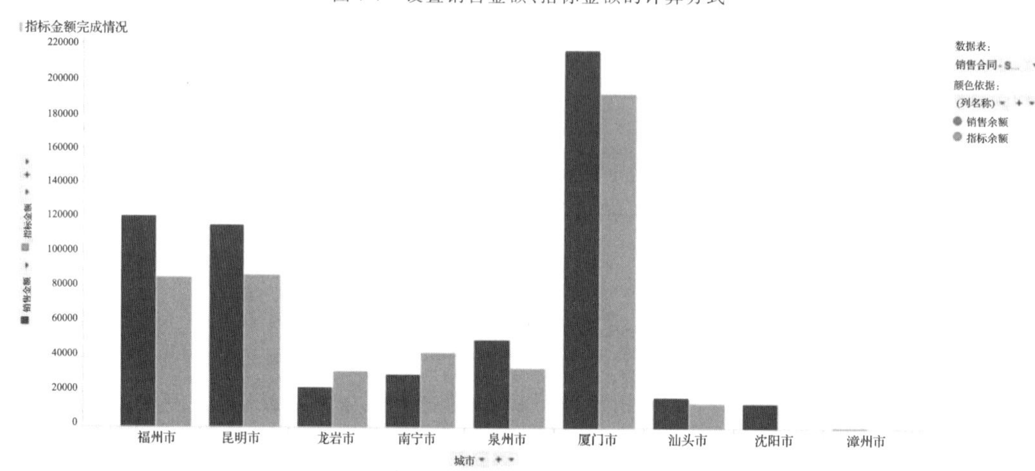

图 7-8 汽车销售的指标金额与实际金额对比分析

步骤 11:效果图如图 7-9 所示,通过选择树形图,展示了 2021 年 11 月汽车销售指标金额与实际金额对比分析。

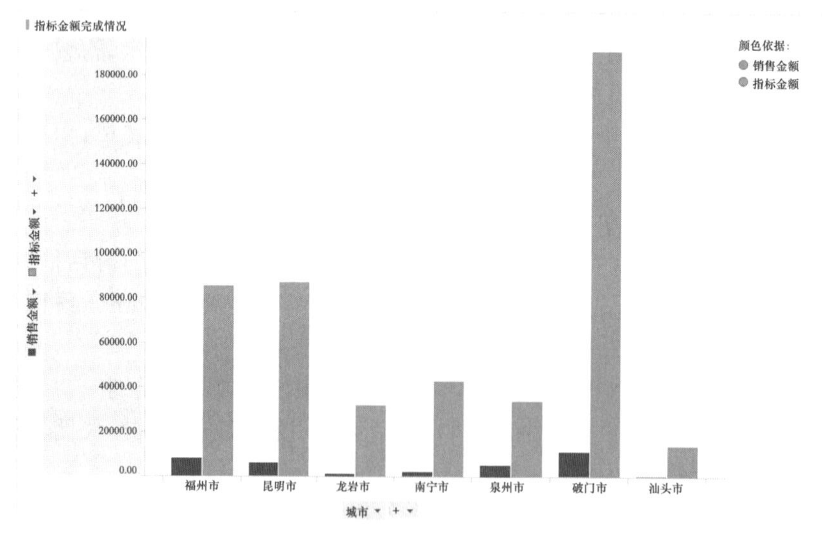

图 7-9 2021 年 11 月汽车销售指标金额与实际金额对比分析

7.3.2 指标数量完成情况分析

在某汽车销售的数据中，需要分析不同品牌车辆的指标销售数量完成情况，使用条形图将车辆指标数量与实际销售车辆数量做对比分析，具体操作步骤如下：

步骤1：导入数据表并管理关系。单击“工具栏”上的“添加数据表”按钮，打开“添加数据表”对话框，导入“销售合同”“预算”数据表。导入完成单击“管理关系”。

步骤2：打开“管理关系”对话框，建立数据表之间的关系，单击“确定”按钮。

步骤3：单击“工具栏”中的“条形图”按钮，新建条形图。

步骤4：单击条形图右上角的“属性”按钮，打开属性对话框，选择“常规”菜单，设置标题为“指标数量完成情况”，勾选“显示标题栏”。

步骤5：选择“数据”菜单中“数据表”为“销售合同”数据表。选择“外观”菜单勾选“垂直栏”，设置“布局”为“并排条形图”。

步骤6：选择“类别轴”菜单，设置“列”为“城市”。

步骤7：选择“值轴”菜单，右击“列”选择“自定义表达式”，设置“表达式”为“Sum([预算].[预算数量]) as [指标数量], Sum([数量]) as [销售数量]”，单击“确定”按钮。如图7-10所示。

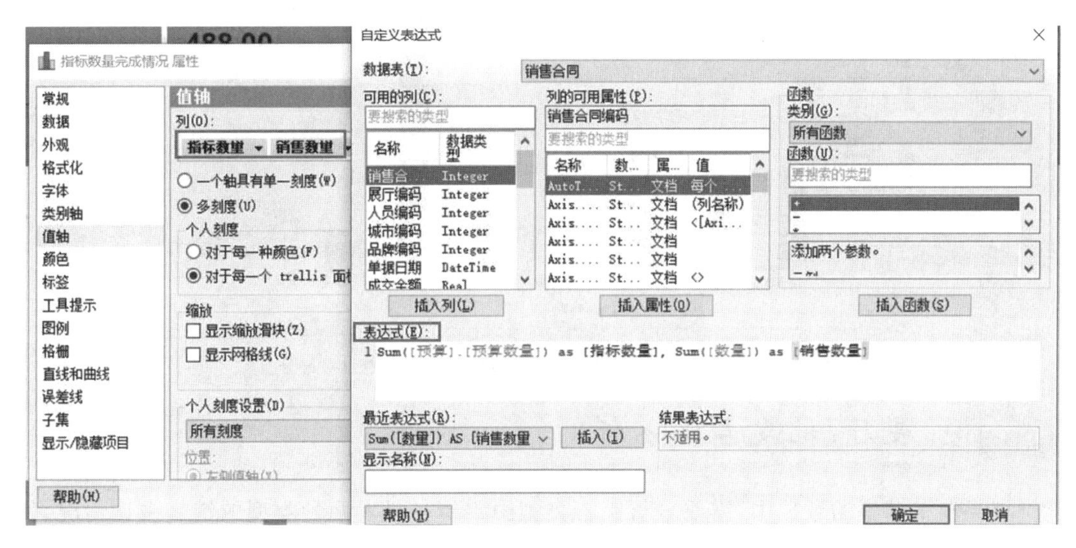

图7-10 设置指标数量、销售数量的计算方式

步骤8：选择“颜色”菜单中“列”为“列名称”，设置“颜色模式”为“类别”。

步骤9：选择“标签”菜单，设置“显示标签”为“无”。

步骤10：设置完成，单击“关闭”按钮。效果如图7-11所示。

步骤11：选择“数据”菜单中“标记”为“无”，勾选“使用标记限制数据”中的“年”“月”，选择“如果主图表中没有标记的项目，则显示”为“全部数据”。

步骤12：效果如图7-12所示。通过选择树形图，展示了2021年11月份汽车销售指标数量与实际数量对比分析。

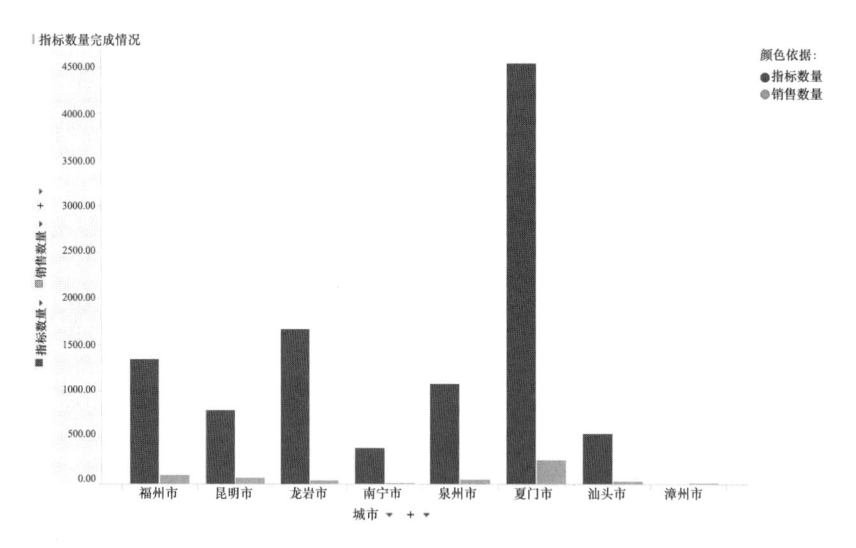

图 7-11 指标数量与实际车辆的销售数量对比分析

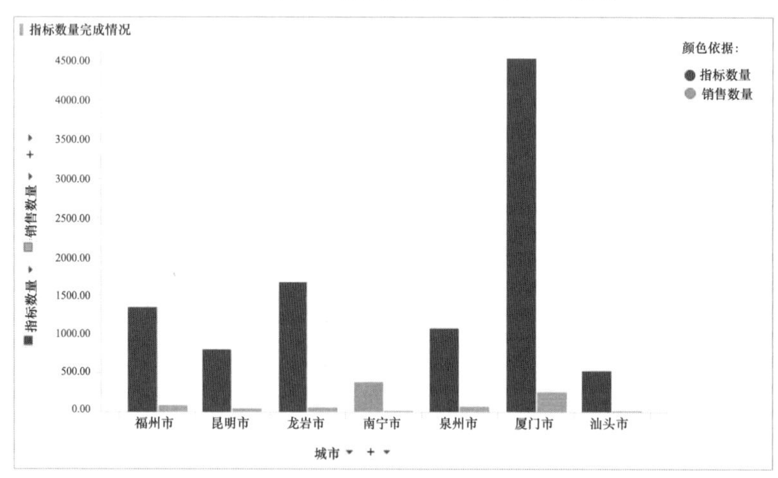

图 7-12 2021 年 11 月份汽车销售指标数量与实际数量对比分析

7.3.3 展厅/批发占比分析

在某汽车销售的数据中，需要分析销售类型中零售与批发两种类型的销售占比情况，使用条形图做对比分析，具体操作步骤如下：

步骤 1：导入数据表并管理关系。单击“工具栏”上的“添加数据表”按钮，打开“添加数据表”对话框，导入“销售合同”“预算”数据表。导入完成单击“管理关系”。

步骤 2：打开“管理关系”对话框，建立数据表之间的关系，单击“确定”按钮。

步骤 3：单击“工具栏”上的“条形图”按钮，新建条形图。

步骤 4：在新建的条形图右上角单击“属性”按钮，打开属性对话框。选择“常规”菜单中“标题”为“展厅/批发占比”，勾选“显示标题栏”。

步骤 5：选择“数据”菜单中“数据表”为“销售合同”数据表。

步骤 6：选择“外观”菜单中“方向”为“垂直栏”，设置“布局”为“并排条形图”。

步骤 7：选择“类别轴”菜单，右击“列”选择“自定义表达式”，设置“表达式(E)”为“<[年

份]>”。

步骤 8：选择“值轴”菜单，右击“列”选择“自定义表达式”，设置“表达式(E)”为“Sum(if([销售类型]="零售",[数量])) as [展厅数量], Sum(if([销售类型]="批发",[数量])) as [批发数量]”。单击“确定”按钮。如图 7-13 所示。

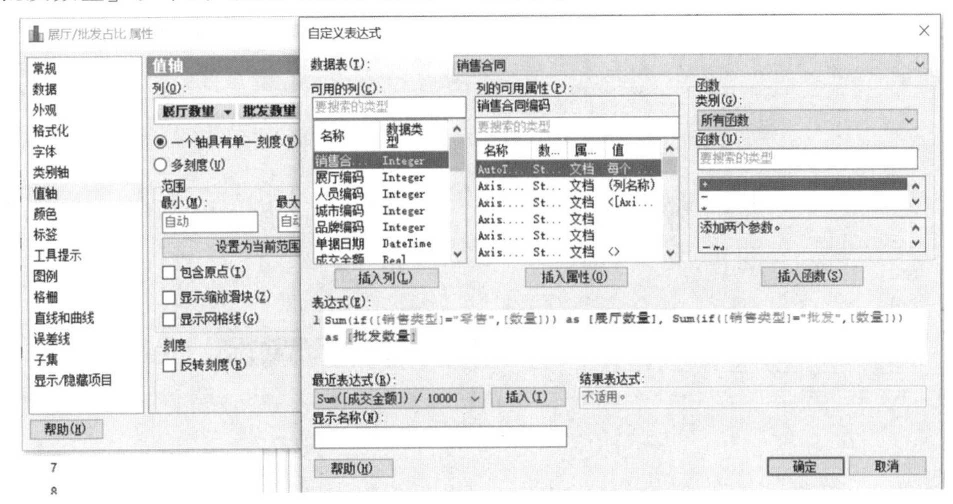

图 7-13 设置展厅数量、批发数量的计算方式

步骤 9：选择“颜色”菜单中“列”为“列名称”，设置“颜色模式”为“类别”。

步骤 10：选择“标签”菜单中“显示标签”为“全部”，设置“标签方向”为“水平”，勾选“完整条形图”。

步骤 11：选择“格式化”菜单中“值轴”的“类别”为“编号”，设置“小数位”为“0”。

步骤 12：设置完成，单击“关闭”按钮。效果如图 7-14 所示。通过条形图对汽车销售中销售类型的零售与批发做对比分析，汽车零售销量远高于批发销量。

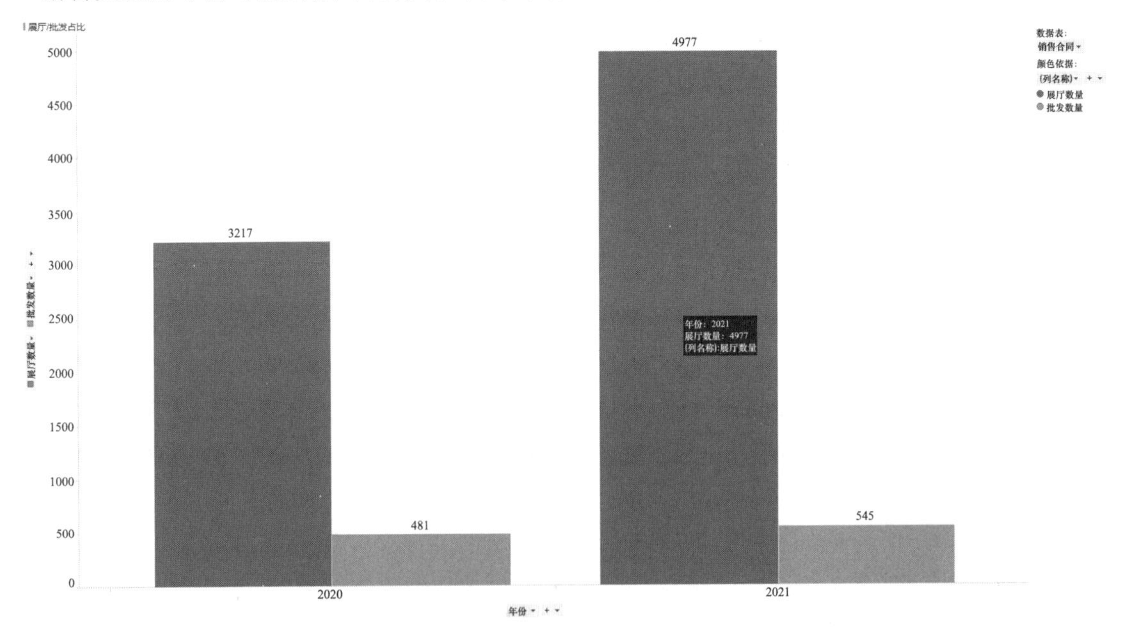

图 7-14 零售与批发对比分析

步骤 13:选择“数据”菜单中“标记”为“无”,勾选“使用标记限制数据”中的“月”。选择“如果主图表中没有标记的项目,则显示”为“全部数据”。

步骤 14:效果如图 7-15 所示。通过选择树形图,展示了 2021 年 11 月汽车销售中零售与批发的对比分析。

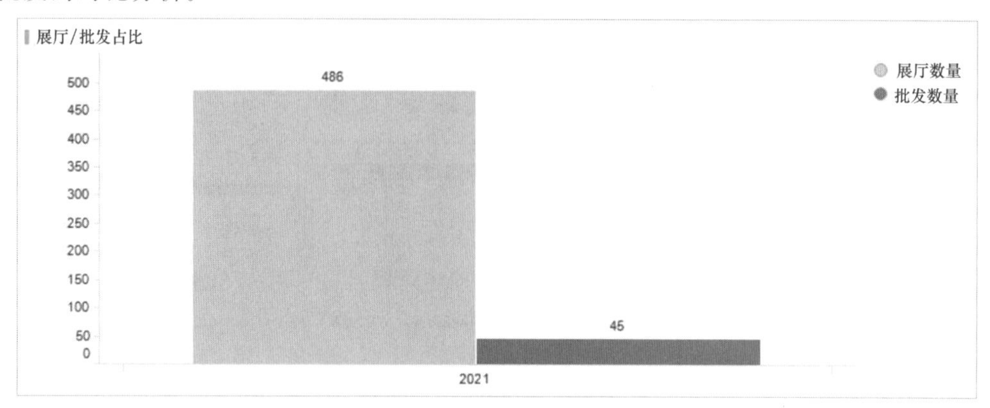

图 7-15　2021 年 11 月汽车销售中零售与批发的对比分析

7.3.4 销售毛利率分析

在某汽车销售的数据中,需要分析不同品牌车辆的销售毛利率情况,使用条形图对每个车辆品牌做对比分析,具体的操作步骤如下:

步骤 1:导入数据表并管理关系。单击“工具栏”上的“添加数据表”按钮,打开“添加数据表”对话框,导入“销售合同”“预算”数据表。导入完成单击“管理关系”。

步骤 2:打开“管理关系”对话框,建立数据表之间的关系,单击“确定”按钮。

步骤 3:新建条形图,单击“工具栏”上的“条形图”按钮。在新建的条形图右上角单击“属性”按钮,打开属性对话框。选择“常规”菜单,设置“标题”为“销售毛利率”,勾选“显示标题栏”。

步骤 4:选择“数据”菜单中“数据表”为“销售合同”数据表。

步骤 5:选择“外观”菜单中“方向”为“水平栏”,设置“布局”为“堆叠条形图”,勾选“按值排序条形图”。

步骤 6:选择“类别轴”菜单中“列”为“品牌名称”,“刻度标签”勾选“显示标签”并“水平”显示。

步骤 7:选择“值轴”菜单,右击“列”选择“自定义表达式”,设置“表达式(E)”为“(Sum([成交金额])−Sum([成本金额])) / Sum([成本金额])”,“显示名称”为“毛利率分布”。

步骤 8:选择“格式化”菜单中“值轴”的“类别”为“百分比”,设置“小数位”为“2”。

步骤 9:选择“颜色”菜单,右击“列”选择“删除”选项,设置值为“无”,“颜色模式”选择“固定”。

步骤 10:选择“标签”菜单,设置“显示标签”为“全部”,“标签方向”为“水平”。

步骤 11:选择“数据”菜单中“标记”为“无”,勾选“使用标记限制数据”中的“年”“月”,选择“如果主图表中没有标记的项目,则显示”为“全部数据”。

步骤 12:设置完成,单击“关闭”按钮。效果如图 7-16 所示。

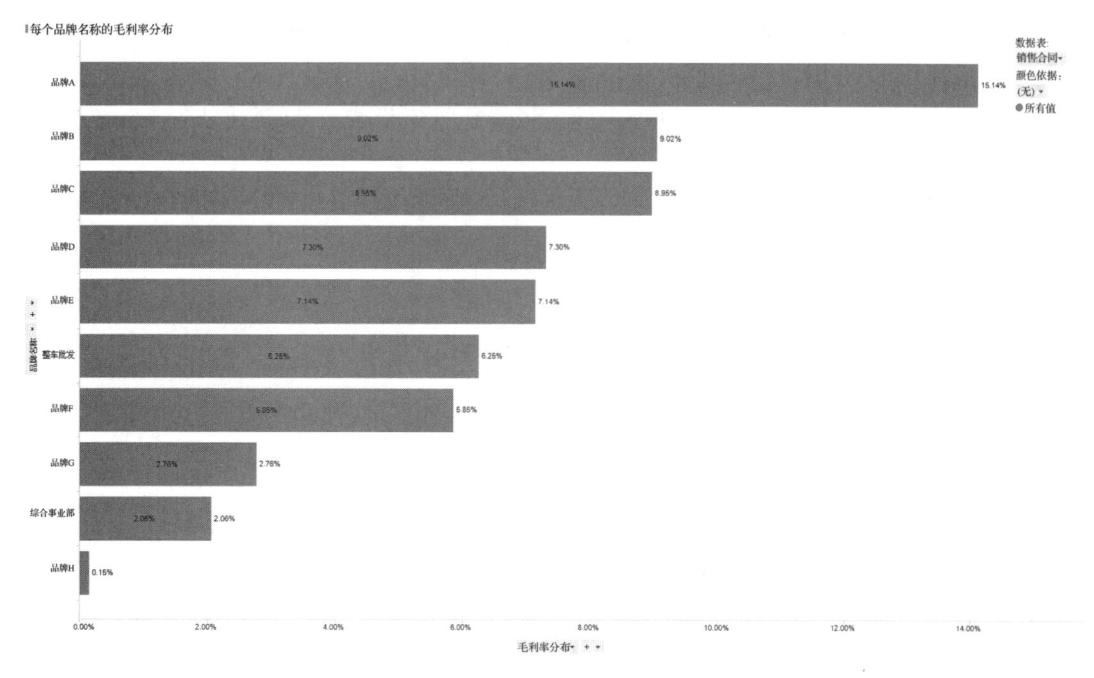

图 7-16 销售毛利率分析

7.3.5 销售数量同比分析

在某汽车销售的数据中，需要对 2020 年与 2021 年车辆的销售数量进行同比分析，使用条形图进行分析。具体的操作步骤如下：

步骤 1: 导入数据表并管理关系。单击“工具栏”上的“添加数据表”按钮，打开“添加数据表”对话框，导入“销售合同”“预算”数据表。导入完成单击“管理关系”。

步骤 2: 打开“管理关系”对话框，建立数据表之间的关系，单击“确定”按钮。

步骤 3: 单击“工具栏”上的“文本区域”按钮，新建文本区域。

步骤 4: 单击文本区域右上角的“编辑文本区域”按钮，打开编辑文本区域对话框，单击“插入属性控件”按钮，选择“下拉列表”打开“属性控件”对话框。

步骤 5: 单击“新建”按钮，打开“新属性”对话框，设置“属性名称、数据类型、值”，单击“确定”按钮。如图 7-17 所示。

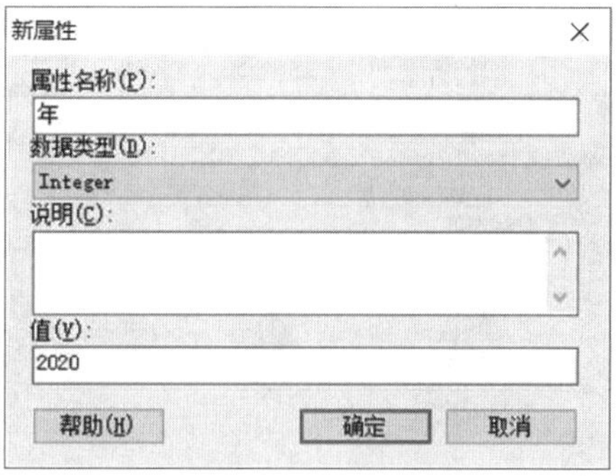

新属性
属性名称(P):
年
数据类型(D):
Integer
说明(C):
值(V):
2020
帮助(H) 确定 取消

图 7-17 设置数据类型

步骤 6:在“属性控件”对话框中设置“通过以下方式设置属性和值”为“列中的唯一值”，“数据表”选择“销售合同”,“列”选择“年份”。单击“确定”按钮,添加完成。如图 7-18 所示。

步骤 7:在同一文本区域的空白处单击鼠标,参照年份控件的创建步骤,新建月份控件。

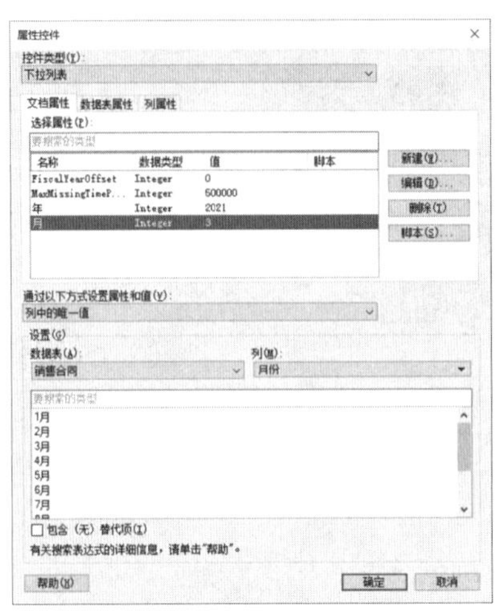

图 7-18　设置年份控件属性

步骤 8:单击“保存”按钮,完成文本区域操作。

步骤 9:单击“工具栏”上的“条形图”按钮,新建条形图。

步骤 10:在新建的条形图右上角单击“属性”按钮,打开属性对话框。设置“常规”菜单中“标题”为“销售数量 vs 上一年”,勾选显示标题栏。

步骤 11:选择“数据”菜单中“数据表”为“销售合同”数据表,单击“使用筛选限制数据”后的“编辑”按钮,设置“表达式(E)”为“[月份]= ${月}”。

步骤 12:选择“外观”菜单中“布局”为“堆叠条形图”,勾选“按值排序条形图”。

步骤 13:选择“类别轴”菜单中“列”为“品牌名称”。

步骤 14:选择“值轴”菜单,右击“列”选择“自定义表达式”,设置“表达式(E)”为“sum(if([年份]= ${年},[数量])) / sum(if([年份]= ${年}-1 ,[数量])) as [销售数量 vs 上一年]”。如图 7-19 所示。

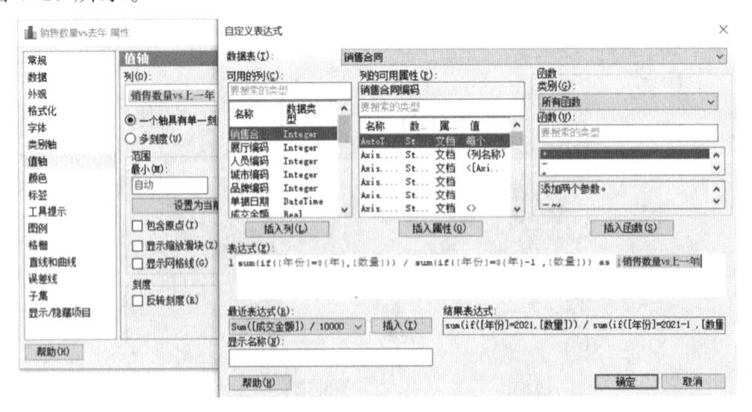

图 7-19　设置“销售数量 vs 上一年”的计算方式

步骤 15:选择“格式化”菜单中“值轴”的“类别”为“百分比”,设置“小数位”为“2”。

步骤 16:选择“颜色”菜单中“列”为“列名称”,设置“颜色模式”为“类别”。

步骤 17:选择“标签”菜单中“显示标签”为“全部”,设置“标签方向”为“水平”,勾选“完整条形图”。

步骤 18:设置完成,单击“关闭”按钮。效果如图 7-20 所示。通过选择“年份”“月份”控件展示了 2021 年 3 月与 2020 年 3 月的汽车销售数量同比分析。

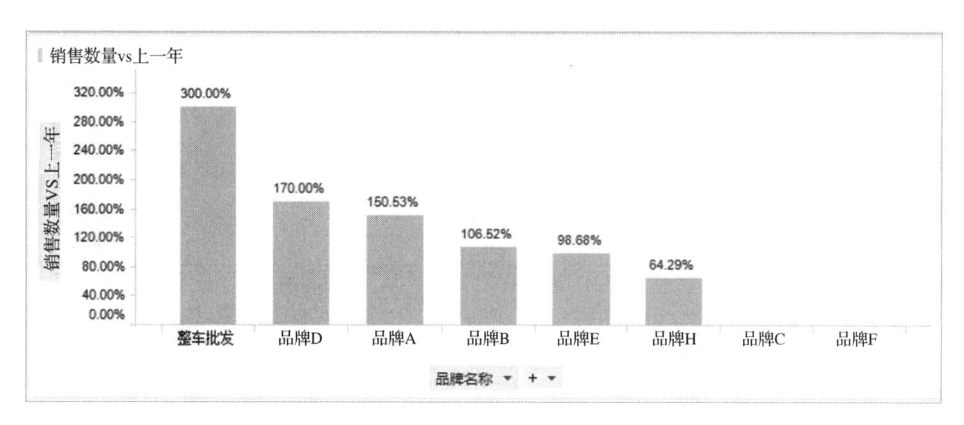

图 7-20　2021 年 3 月与 2020 年 3 月的汽车销售数量同比分析

7.3.6 销售金额同比分析

在某汽车销售的数据中,需要对 2020 年与 2021 年车辆的销售金额进行同比分析,使用条形图进行分析。具体的操作步骤如下:

步骤 1:导入数据表并管理关系。单击“工具栏”上的“添加数据表”按钮,打开“添加数据表”对话框,导入“销售合同”“预算”数据表。导入完成单击“管理关系”。

步骤 2:打开“管理关系”对话框,建立数据表之间的关系,单击“确定”按钮。

步骤 3:参照 7.3.4 新建“年份、月份”控件。

步骤 4:单击“工具栏”上的“条形图”按钮,新建条形图。

步骤 5:在新建的条形图右上角单击“属性”按钮,打开属性对话框。选择“常规”菜单中“标题”为“销售金额同比分析”,勾选显示标题栏。

步骤 6:选择“数据”菜单中“数据表”为“销售合同”数据表,单击“使用表达式限制数据”后的“编辑”,打开“自定义表示”对话框,设置“表达式(E)”为“[月份]= ${月}”。

步骤 7:选择“类别轴”菜单中“列”为“品牌名称”。

步骤 8:选择“值轴”菜单,右击“列”选择“自定义表达式”,设置“表达式(E)”为“(sum(if([年份]= ${年},[成交金额]))-sum(if([年份]= ${年}-1,[成交金额]))) / sum(if([年份]= ${年}-1,[成交金额])) as [销售金额同比分析]”。

步骤 9:选择“格式化”菜单中“值轴:销售金额同比分析”的“类别”为“百分比”,设置“小数位”为“2”。

步骤 10:选择“颜色”菜单中“列”为“列名称”,设置“颜色模式”为“类别”。

步骤 11:选择“标签”菜单中“显示标签”为“全部”,设置“标签方向”为“水平”,勾选“完整条形图”。效果如图 7-21 所示。

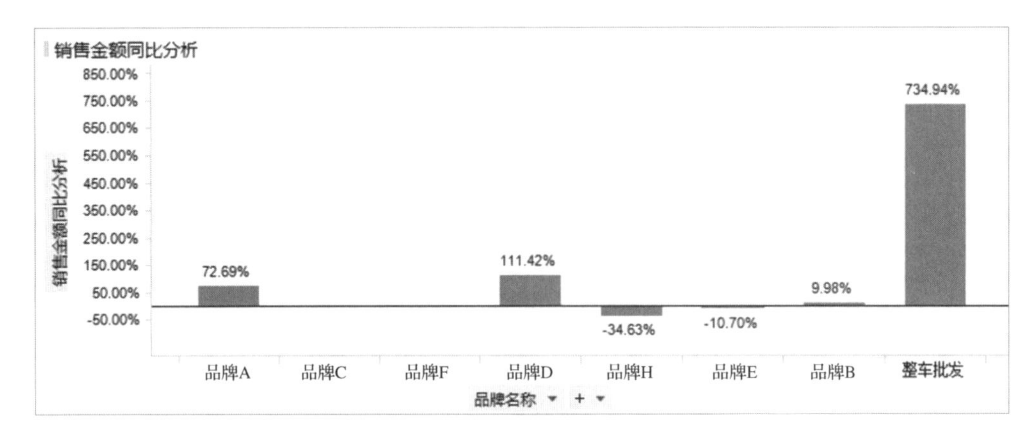

图 7-21 2021 年 3 月与 2020 年 3 月的汽车销售金额同比分析

7.3.7 销售利润同比分析

在某汽车销售的数据中,需要对 2020 年与 2021 年车辆的销售利润进行同比分析,使用条形图进行分析。具体的操作步骤如下:

步骤 1:导入数据表并管理关系。单击“工具栏”上的“添加数据表”按钮,打开“添加数据表”对话框,导入“销售合同”“预算”数据表。导入完成单击“管理关系”。

步骤 2:打开“管理关系”对话框,建立数据表之间的关系,单击“确定”按钮。

步骤 3:参照 7.3.4 小节新建“年份、月份”控件。

步骤 4:单击“工具栏”上的“条形图”按钮,新建条形图。

步骤 5:在新建的条形图右上角单击“属性”按钮,打开属性对话框。选择“常规”菜单中“标题”为“利润 vs 上一年”,勾选显示标题栏。

步骤 6:选择“数据”菜单中“数据表”为“销售合同”数据表,单击“使用表达式限制数据”后的“编辑”,打开“自定义表示”对话框,设置“表达式(E)”为“[月份]=${月}”。

步骤 7:选择“外观”菜单中“方向”为“水平栏”,设置“布局”为“堆叠条形图”。

步骤 8:选择“类别轴”菜单中的“列”为“品牌名称”。

步骤 9:选择“值轴”菜单,右击“列”选择“自定义表达式”,设置“表达式(E)”为“(sum(if([年份]=${年},[成交金额]))-sum(if([年份]=${年},[成本金额]))-(sum(if([年份]=(${年}-1),[成交金额]))-sum(if([年份]=(${年}-1),[成本金额]))))/(sum(if([年份]=(${年}-1),[成交金额]))-sum(if([年份]=(${年}-1),[成本金

额]))) as [利润 vs 上一年]"。

步骤 10:选择"格式化"菜单中"值轴:利润 vs 上一年"的"类别"为"百分比",设置"小数位"为"2"。

步骤 11:选择"颜色"菜单中的"列"为"列名称",设置"颜色模式"为"类别"。

步骤 12:选择"标签"菜单中"显示标签"为"全部"。

步骤 13:单击"关闭"按钮,效果如图 7-22 所示。通过条形图对 2021 年与 2020 年的销售利润做同比分析,通过选择年份、月份控件展示了 2021 年 3 月份的汽车销售利润。

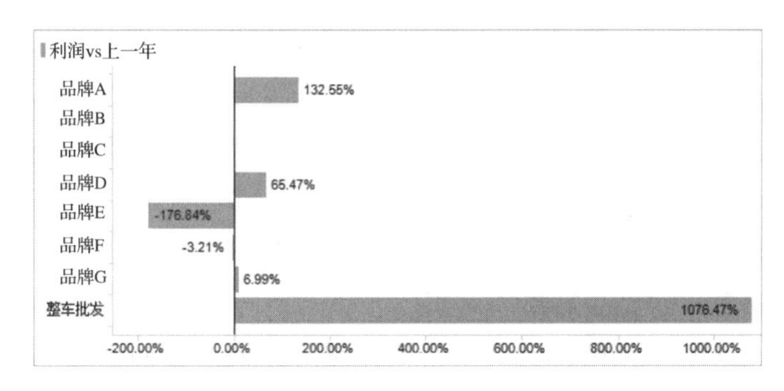

图 7-22　2021 年 3 月与 2020 年 3 月的的汽车销售利润同比分析

7.4 图形表

图形表是将传统表与图形结合的一种表。旨在提供让人一目了然的众多信息的汇总表图表。

在智速云大数据分析平台中,可以利用图形与表数据结合在图表中添加动态项目的列(迷你图、计算值、图标、项目符号)来展示数据。

- 迷你图:一个较小且简单的线状图,通常用于显示某些变量的趋势或变量。
- 计算值:源于某种聚合表达式的值,与交叉表中显示的数据类似。它们可显示在图形表的上下文中,或单独显示在文本区域中。
- 图标:一个较小且简单的图像,通常用于显示某些变量的趋势或变量。
- 项目符号:包含水平线和竖线,可分别为水平线和竖线指定值,用于显示某些变量的趋势或变量。

在某汽车销售的数据中,需要分析零售车辆的成交金额、销售数量与交易笔数情况。使用图形表做对比分析,具体的操作步骤如下:

步骤 1:导入数据表并管理关系。单击"工具栏"上的"添加数据表"按钮,打开"添加数据表"对话框,导入"销售合同、预算"数据表。导入完成单击"管理关系"。

步骤 2:打开"管理关系"对话框,建立数据表之间的关系,单击"确定"按钮。

步骤 3:单击"工具栏"上的"图形表"按钮,新建图形表。

步骤 4:在新建的图形表右上角单击“属性”按钮 ⚙,打开属性对话框。选择“常规”菜单中“标题”为“展厅销售明细”,勾选显示标题栏。

步骤 5:选择“数据”菜单中“数据表”为“销售合同”数据表。

步骤 6:选择“轴”菜单中“行”为“展厅名称”,将“列”中原有数据删除。

步骤 7:单击“列”右侧“添加”按钮,选择“计算的值”,打开“计算的值 设置”对话框,选择“常规”菜单,设置“名称”为“成交金额”。

步骤 8:选择“值”菜单中“使用以下项计算值”为“成交金额”,设置聚合函数为“Sum(求和)”。单击“关闭”按钮。

步骤 9:单击“列”右侧“添加”按钮,选择“计算的值”。打开“计算的值 设置”对话框,选择“常规”菜单,设置“名称”为“销售数量”。

步骤 10:选择“值”菜单中“使用以下项计算值”为“数量”,设置聚合函数为“Sum(求和)”。单击“关闭”按钮。

步骤 11:单击“列”右侧“添加”按钮,选择“计算的值”,打开“计算的值 设置”对话框,选择“常规”菜单中“名称”为“交易笔数”。

步骤 12:选择“值”菜单中“使用以下项计算值”为“销售合同编码”,设置聚合函数为“UniqueCount(唯一计数)”。单击“关闭”按钮。

步骤 13:设置完成,单击“关闭”按钮。

步骤 14:选择“数据”菜单中“标记”为“无”,勾选“使用标记限制数据”中的“年”“月”,选择“如果主图表中没有标记的项目,则显示”为“全部数据”。

7.5 热　图

热图是常见的一种可视化手段,热图因其丰富的色彩变化和生动饱满的信息表达被广泛应用于各种大数据分析场景。

在智速云大数据分析平台中热图是用颜色代替了数字,最大值显示为鲜红色、最小值显示为深蓝色、中间值显示为浅灰色,这些极值之间具有相应的过渡(或渐变)。利用群集可以分析出哪几个测试结果相似度高,以及各个测试结果的相似度大小。

将热图与层级群集工具相结合通常很有用,这是基于层级中项目之间的距离或相似度来对这些项目进行排列的方式。层级群集工具计算的结果将以树形图(层级的树形结构)的形式显示在热图中。树形图分为行树形图和列树形图。

说明:层级群集工具在数据表中将行或列进行分组,然后根据行或列之间的距离或相似度,采用树形图在热图中对其进行排列。

行树形图显示了行之间的距离或相似度以及作为群集计算结果的各行所属的节点。在行树形图中,群集数据中的各行由最右侧的节点、叶节点表示。红色的虚线称之为修剪线,其在使用群集 ID 时使用。如图 7-23 所示。

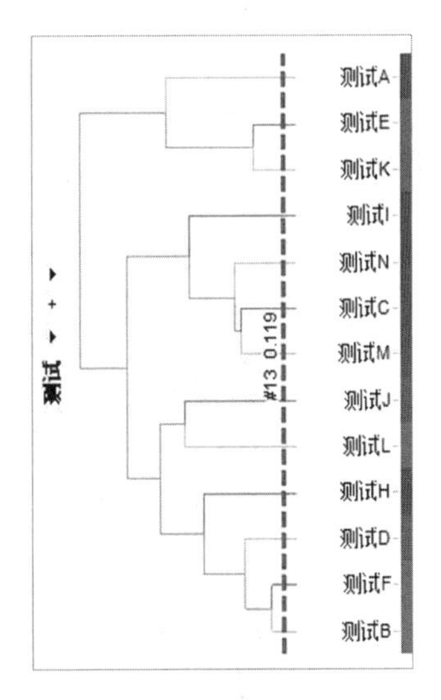

图 7-23 行树形图

列树形图的绘制方法与行树形图相同，但显示了变量(单元格值列)之间的距离或相似度。在图 7-24 中修剪线位置处，有两个群集。最左侧的群集包含两列，而最右侧的群集仅包含单独一列。

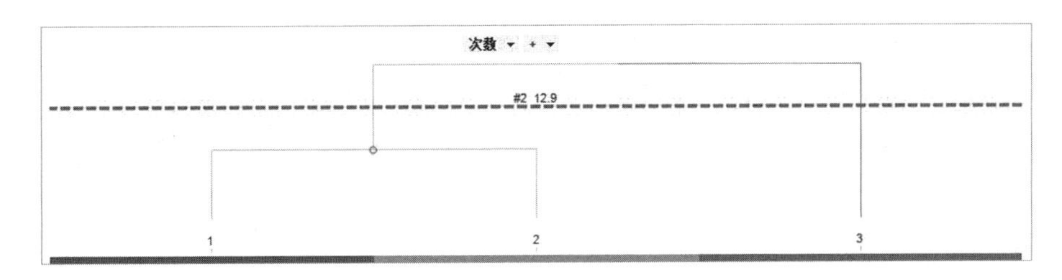

图 7-24 列树形图

使用树形图可以轻松地在热图中进行突出显示和标记。我们可将鼠标悬停在树形图上，以突出显示热图中的群集及其相应的单元格。也可以单击以标记群集，这样还可以标记热图中相应的单元格，如图 7-25 所示。工具提示显示了关于群集的信息。

热图制作注意事项：

选择了“显示行树形图”或者“显示列树形图”后，必须单击“更新”选项，才可以展示效果。如果将列树形图添加到包含多个单元格值列的热图，那么列群集无法显示任何群集ID。

列树形图无法完全交互。例如，可能无法使用树形图在热图中亮显或标记。但是，仍可以移动修剪线以查看计算得出的距离或相似度以及群集数。

例如，现需查看某公司在不同地区不同品牌销售金额相似情况，使用热图可根据销售金额相似进行分组排序，具体操作步骤如下：

步骤 1：单击“添加数据表”，在打开的“添加数据表”对话框中，选择“添加”，导入“销售表”数据表，单击“确定”按钮。

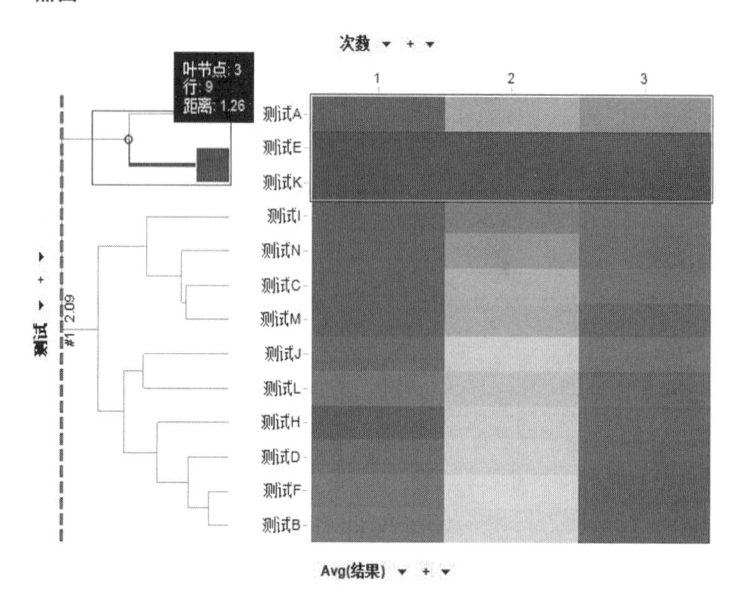

图 7-25　热图与属性图

步骤 2: 单击"工具栏"上的"热图"按钮，新建热图。在新建的热图中单击右上角的"属性"按钮，打开属性对话框。选择"数据"菜单中"数据表"为"销售表"。

步骤 3: 选择"X 轴"菜单中"列"为"品牌名称"，勾选"显示标签"与"最大标签数"。

步骤 4: 选择"Y 轴"菜单中"列"为"行政大区与行政省"，勾选"反转刻度与显示标签"。

步骤 5: 选择"单元格值"菜单中"列"为"销售金额"，设置聚合函数为"Avg(平均值)"。

步骤 6: 选择"树形图"菜单中"设置对象"为"行树形图"，勾选"显示行树形图"。单击"关闭"按钮。完整效果如图 7-26 所示。

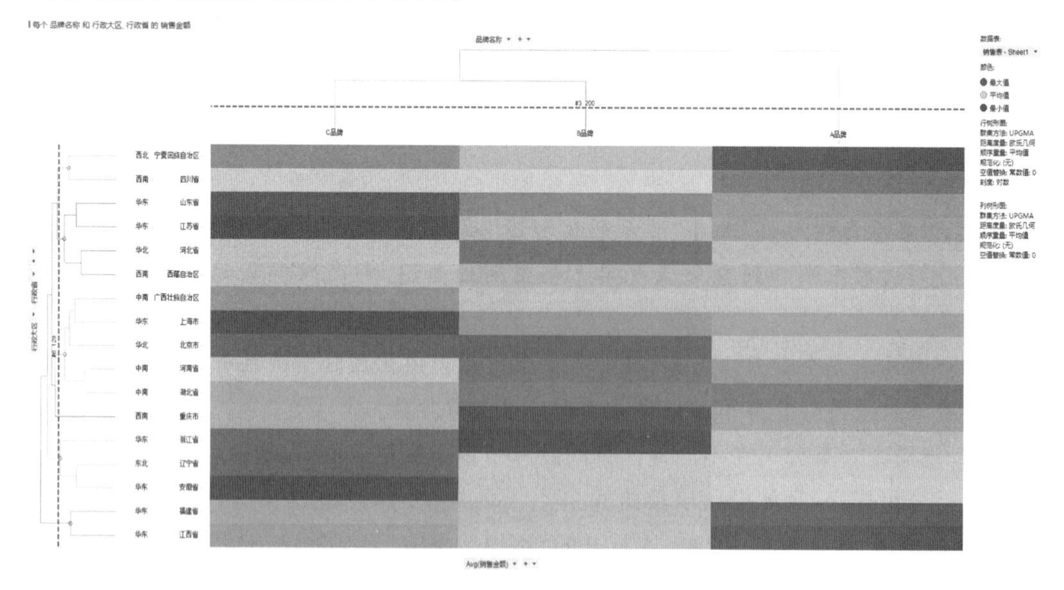

图 7-26　各品牌的平均销售金额分析

7.6 平行坐标图

平行坐标图将数据表中的每一行映射为线或剖面。某行的各个属性由线上的点表示。这样可使平行坐标图的外观与折线图类似，但数据转化到图中的方式却存在明显差异。

平行坐标图的优点：

(1)比单纯的表格直观、形象，信息沟通更加有效；

(2)发现大规模数据间的联系，如各食品的葡萄糖、果糖、麦芽糖、蔗糖等之间的联系；

(3)直观、方便观察多个属性数据。

案例：结合客户业务数据要求，查看某公司每个员工的业绩情况。具体操作步骤如下：

步骤 1： 单击“添加数据表”，在打开的“添加数据表”对话框中，选择“添加”，导入销售情况表，单击“确定”按钮。

步骤 2： 单击“工具栏”上的“平行坐标图”按钮，新建平行坐标图。在新建的平行坐标图右上角单击“属性”按钮，打开属性对话框。

步骤 3： 选择“标签”菜单，勾选“个别值”，设置“显示标签”为“全部”。单击“关闭”按钮，设置完成。整体效果如图 7-27 所示。每个不同的折线代表了公司某位员工的销售情况。

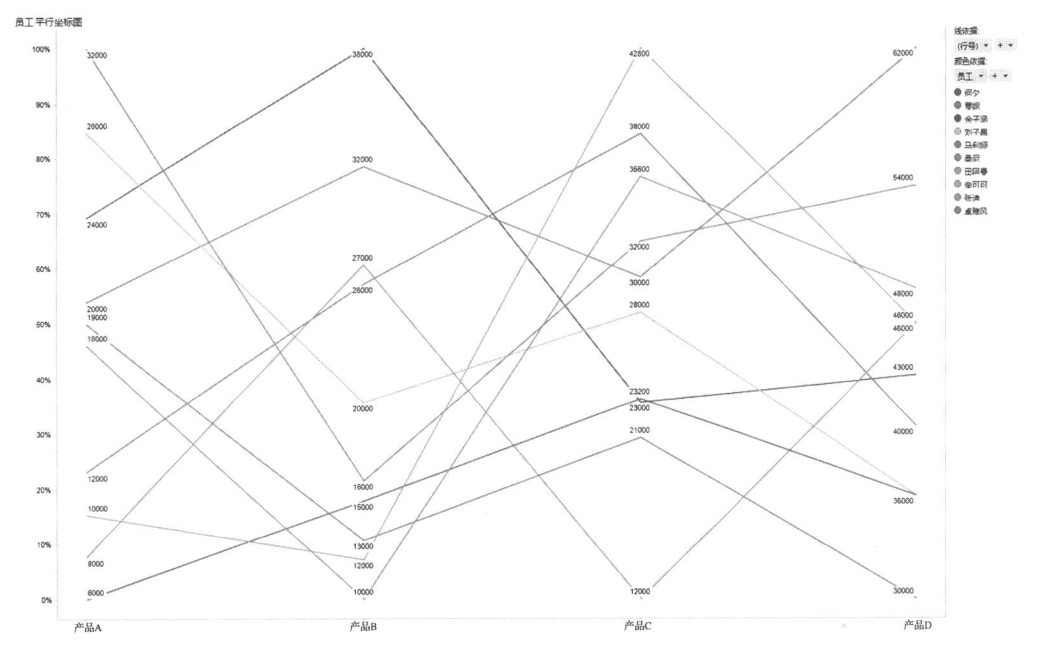

图 7-27 员工平行坐标图

注意： 平行坐标图中的值始终保持规范化。这表示对于沿 X 轴的每个点来说，相应的列中的最低值沿 Y 轴被设置为 0%，此列中的最高值被设置为 100%。各列的刻度完全独立，因此不要将某一列中曲线的高度与其他列中曲线的高度进行比较。

7.7 组合图

组合图是将条形图和折线图的功能相结合的图表。组合图可使用条形图和线条来显示数据。当比较不同类别中的值时,在同一张图中结合条形图和线条会更直观,因为组合图可以清楚地显示类别的高低。

智速云大数据分析平台的组合图是将出现质量问题和质量改进项目按照重要程度依次排列而得到的一种图表,可以用来分析质量问题,用以分析寻找影响质量问题的主要因素。此外,也可以用于分析80%的销售收入是来自哪些产品。

在某汽车销售的数据中,需要分析不同展厅的车辆销售情况,使用组合图将销售金额与销售数量进行分析,具体的操作步骤如下:

步骤1:导入数据表并管理关系。单击"工具栏"上的"添加数据表"按钮,打开"添加数据表"对话框,导入"销售合同""预算"数据表。导入完成单击"管理关系"。

步骤2:打开"管理关系"对话框,建立数据表之间的关系,单击"确定"按钮。

步骤3:新建组合图。单击"工具栏"上的"组合图"按钮。在新建的组合图右上角单击"属性"按钮,打开属性对话框。选择"常规"菜单中"标题"为"展厅销售情况",勾选"显示标题栏"。

步骤4:选择"数据"菜单中"数据表"为"销售合同"数据表。

步骤5:选择"外观"菜单中"X轴的排序方式"为"无",设置"布局"为"并排条形图",勾选"显示线条标记"。

步骤6:选择"X轴"菜单中"列"为"展厅名称",勾选"显示缩放滑块"。

步骤7:选择"Y轴"菜单,右击"列"选择"自定义表达式",设置"表达式(E)"为"Sum([成交金额]) / 10000 as [销售金额:万元], Sum([数量]) AS [销售数量]",勾选"多刻度",设置"个人刻度"为"对于每一种颜色"并勾选"显示网格线"。如图7-28所示。

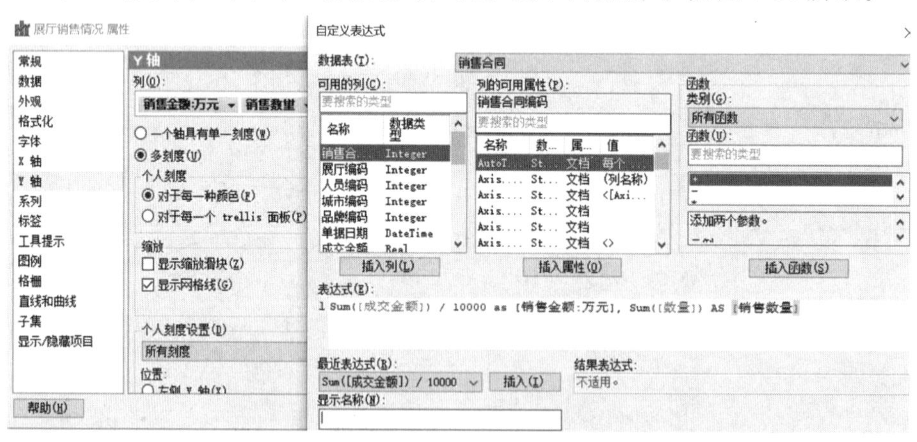

图7-28 设置销售金额:万元与销售数量的计算方式

步骤8:选择"系列"菜单中"系列的分类方式"为"列名称",设置"销售金额:万元"的"类型"为"条形","销售数量"的"类型"为"线条"。

步骤9:选择"标签"菜单中"显示标签"为"全部"。

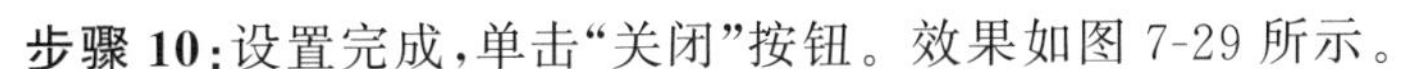

步骤 10：设置完成，单击“关闭”按钮。效果如图 7-29 所示。

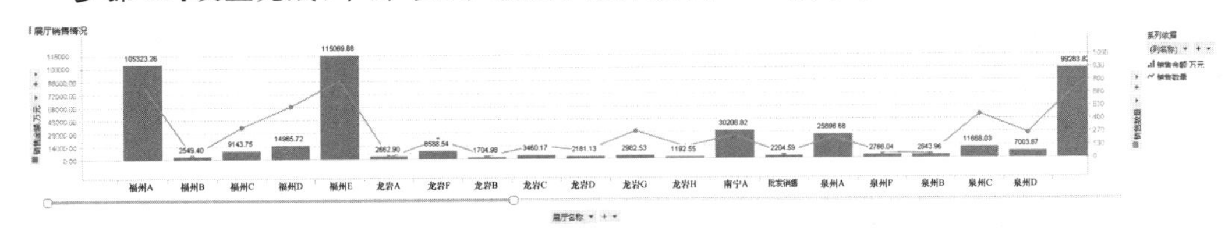

图 7-29　汽车零售的销售金额与销售数量对比分析

7.8 本章小结

本章使用折线图、条形图、图形表、热图、平行坐标图、组合图等图形讲解对比分析。折线图可以显示随时间而变化的连续数据。条形图是一种对一系列分类数据进行概要说明的方式。图形表是将传统表与图形结合的一种表，能够让人一目了然地看到众多信息的汇总表图表。热图使用丰富的色彩变化实现信息的表达。平行坐标图将数据表中的每一行映射为线或剖面，通过剖面进行相似信息的比较。组合图是将条形图和折线图的功能相结合的图表，可以清楚地显示类别的高低。

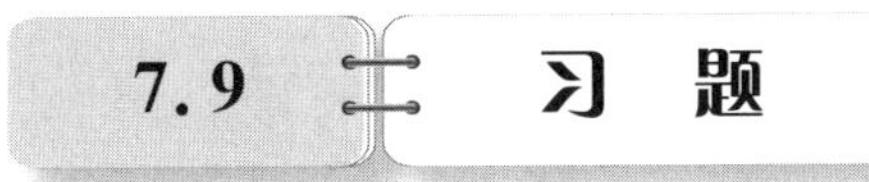

7.9 习　题

一、单选题

1. 在折线图中，如果想要改变针对每项显示一条直线的情况，应该选择属性的（　　）一栏进行修改。

A. 数据　　B. 外观　　C. 绘线依据　　D. 标签

2. 在条形图中，如果想要将图表的数据进行分块处理，应该选择属性的（　　）一栏进行修改。

A. 类别轴　　B. 值轴　　C. 格栅　　D. 标签

3.（　　）使用颜色来显示二维图中第三个变量的变化和量级。

A. 热图　　B. 树形图　　C. 平行坐标图　　D. 瀑布图

4.（　　）是将数据表中的每一行映射为线或剖面。

A. 图形表　　B. 组合图　　C. 平行坐标图　　D. 条形图

5.（　　）是数据分析中常用、好用、实用的分析方法，它是将两个或两个以上的数据进行比较，分析其中的差异，从而揭示这些事物代表的发展变化情况以及变化规律。

A. 描述性分析　　B. 对比分析　　C. 类比分析　　D. 复杂数据分析

二、多选题

1. 在折线图中，如果想要查看某件物品的销售趋势，可以通过（　　）方式查看。

A. 滑块　　B. 格栅　　C. 线相似性　　D. K 均值群集

2. 组合图是将（　　）两种图形的功能相结合的图表。

A. 条形图　　B. 饼图　　C. 折线图　　D. 箱线图

3. 条形图的布局有（　　）。

A. 并排条形图　　B. 堆叠条形图　　C. 100%堆叠条形图　D. 迷你条形图

4. 在条形图中，如果想要选中一条数据的时候显示为其他颜色，不旋转就显示一样的颜色，应该进行(　　)操作。

A. 单击条形图属性，单击“外观”　　B. 单击条形图属性，单击“颜色”

C. 勾选“对标记项使用单独的颜色”　　D. 选择“列”的值，单击“添加点”

5. 在图形表中，想要修改迷你图的属性有以下(　　)操作方式。

A. 单击图表的右上方第二个图标，选择“设置(迷你图(S))”

B. 单击图形表的属性，选择“轴”，双击“迷你图”

C. 单击图形表的属性，选择“轴”，选中列中的“迷你图”，单击“设置”

D. 双击迷你图

三、判断题

1. 折线图非常适合显示随时间推移的趋势。它强调了时间的流逝和变化量(而不是变化率)。　(　　)

2. 折线图可以显示随时间而变化的连续数据，因此非常适用于显示在相等时间间隔下数据的趋势。　(　　)

3. 条形图是一种对一系列分类数据进行概要说明的方式，其中，可通过手动合并对连续数据分类。　(　　)

4. 图形表是将传统表与图形结合的一种表。　(　　)

四、简答题

1. 对比分析的特点有哪些？

2. 图形表有哪些动态项目？

3. 热图制作的注意事项有哪些？

4. 简述热图中列树形图与行树形图的意义。

第8章 描述性分析

8.1 描述性分析的概念

描述性分析主要是对所收集的数据进行分析，得出反映客观现象的各种数量特征的一种分析方法，如研究公司某产品的整体销售情况，可用到描述性分析对样本的成交金额、成本金额、数量等各指标进行初步分析，以掌握该产品总体的特征情况。

通过描述性分析计算数据的集中性特征（平均值）和波动性特征（标准差值），以了解数据的基本情况。因此在研究中首先进行描述性分析，在此基础之上再进行深入的分析。

描述性分析常用的描述指标见表 8-1。

表 8-1　　描述性分析常用的描述指标

术语	说明
最小值	数据的最小值
最大值	数据的最大值
平均值	数据的平均值，反映数据的集中趋势
标准差	数据的标准差，反映数据的离散程度
中位数	样本数据升序排列后的最中间的数值，如果数据偏离较大，一般用中位数描述整体水平情况，而不是平均值
25 分位数	分析项中所有数值由大到小排列后的第 25%的数字，用于了解部分样本占整体样本集的比例
75 分位数	分析项中所有数值由大到小排列后的第 75%的数字
IQR	四分位距 IQR＝75 分位数－25 分位数
方差	用于计算每个观察值与总体均数之间的差异

（续表）

术语	说明
标准差	反映样本数据的离散趋势
峰度	反映数据分布的平坦度，通常用于判断数据正态性情况
偏度	反映数据分布偏斜方向和程度，通常用于判断数据正态性情况
变异系数	标准差除以平均值，表示数据沿着平均值波动的幅度比例，反映数据的离散趋势

8.2 基本表

基本表由行、列、单元格三个部分组成，是日常生活中常用的展现方式。在智速云大数据分析平台中，基本表可用于显示文字、数字、图片等。与Excel表有许多相似之处，不同处在于基本表可以通过特定的筛选器对数据进行筛选，以便快速、准确、直观地查看所需的信息，让客户快速、直观地掌握、查看所要了解的详细信息，以便对数据进行分析并做出正确的决策。

创建一个包含文字、图片的基本表，请按以下步骤进行操作：

步骤1：单击“工具栏”上的“添加数据表”按钮，在“添加数据表”对话框中选择“添加”>“文件”，选择“table.xls”，导入相关的数据表。

步骤2：添加新的页面，单击“工具栏”的“表”按钮，创建基本表。

步骤3：在基本表上右击选择“属性”，打开“属性”对话框。

步骤4：在“属性”对话框中，选择“列”菜单，在“选定的列”菜单中选择“图片”，在“呈现器”菜单下拉列表中选择“URL中的图像”，则基本表中的图片列将以图片的形式显示，若选择“文本”，则基本表中的图片列以文字的形式显示，若选择“链接”，则图片列以URL链接的形式显示，单击可链接到对应的图片。

步骤5：进一步优化。可通过修改“外观”中的“数据行高(行数)”或“冻结列数(N)”来设置外观效果。优化后的效果如图8-1所示。

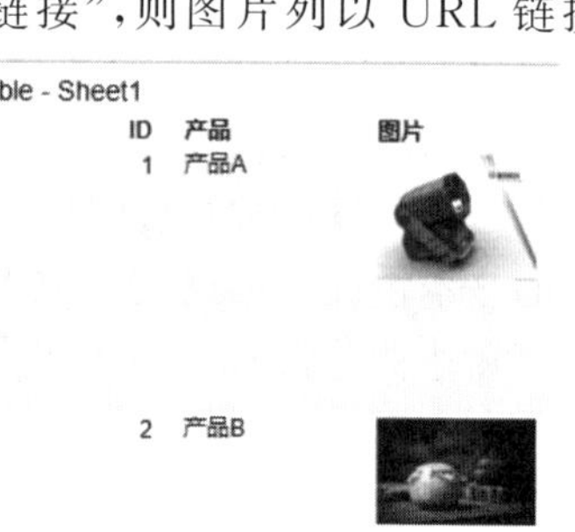

图8-1 修改外观属性图

以“汽车销售行业分析”为例创建一个显示与汽车销售相关的所有数据的基本表，按以下步骤进行操作：

步骤1：单击“工具栏”上的“添加数据表”按钮，在“添加数据表”对话框中选择“添加”>“文件”，选择“城市.xls”“品牌.xls”“销售合同.xls”“销售人员.xls”“预算.xls”“展厅信息.xls”“bou2_4p.shp”，一次性导入与“汽车销售行业分析”相关的所有的数据表。

步骤2：单击“工具栏”上的“表”按钮，即可创建基本表。在基本表页面，可通过右侧的“数据表”切换不同的数据表查看其对应的基本表。

步骤3：在基本表上右击选择“属性”或单击右上角的“属性”按钮，打开属性对话框，设置基本表的外观、颜色、排序方式等属性。

(1)“常规”中设置基本表的标题，\${AutoTitle}表示取数据表的名称，也可写为固定，如“销售合同”。

(2)“列”可以调整列的顺序及显示的列。

(3)“颜色”中添加配色方案,可以通过颜色标注不同的预警值。如设置成本金额<0,则使用红色预警,具体步骤:选择“销售合同”表,在表上右击“属性”>“颜色”选项,打开“颜色”对话框,选择“添加”>“成本金额”,在右下方选择“添加点”,在最小值和最大值间设置一个或多个分界点,以使不同范围的值使用不同的颜色显示。如图 8-2 所示。

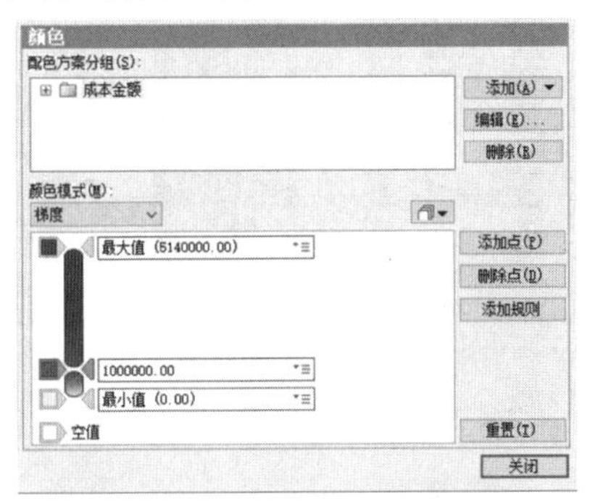

图 8-2　设置颜色模式

优化后的效果如图 8-3 所示。

销售合同 - Sheet1

销售合同编码	展厅编码	人员编码	城市编码	品牌编码	单据日期	成交金额	成本金额	数量	销售合同不...	销售类型
20030900	3001034	10128	350200	40108	2011/3/1	145900.00	140263.80	1	124700.85	零售
20030911	3001027	10317	350200	40105	2010/12/9	680000.00	712800.00	1	581196.58	零售
20030913	3001023	10169	350100	40104	2011/3/8	292800.00	267100.00	1	250256.41	零售
20030919	3001039	10198	350200	40108	2011/8/17	209700.00	156069.50	1	179230.77	零售
20030920	3001008	10359	350200	40102	2010/2/28	292000.00	267270.00	1	249572.65	零售
20030921	3001008	10229	350200	40102	2010/11/30	162800.00	205730.00	1	139145.30	零售
20030923	3001022	10183	350500	40104	2011/4/4	299800.00	256500.00	1	256239.32	零售
20030926	3001034	10217	350200	40108	2010/11/8	68300.00	30012.80	1	58376.07	零售
20030928	3001023	10138	350100	40104	2011/3/23	296800.00	257100.00	1	253675.21	零售
20030930	3001009	10119	350500	40102	2011/7/26	248800.00	234420.00	1	212649.57	零售
20030933	3001009	10165	350500	40102	2010/12/24	290000.00	268000.00	1	247863.25	零售
20030938	3001030	10129	440500	40105	2011/4/1	680000.00	712800.00	1	581196.58	零售
20030940	3001035	10225	350800	40108	2011/8/16	102800.00	110492.80	1	87863.25	零售
20030942	3001025	10249	350200	40104	2010/9/9	265425.00	254600.00	1	226858.97	批发
20030943	3001009	10119	350500	40102	2011/7/8	260000.00	240000.00	1	222222.22	零售
20030959	3001021	10269	350200	40104	2011/1/12	276000.00	264000.00	1	235897.44	零售
20030960	3001034	10365	350200	40108	2011/10/18	209700.00	196593.75	1	179230.77	零售
20030980	3001035	10219	350800	40108	2011/9/24	209700.00	156279.20	1	179230.77	零售

图 8-3　优化后的效果图

步骤 4:进一步优化主题。单击“工具栏”上的“可视化主题”按钮,选择“编辑自定义主题”,设置可视化主题,如图 8-4 所示。

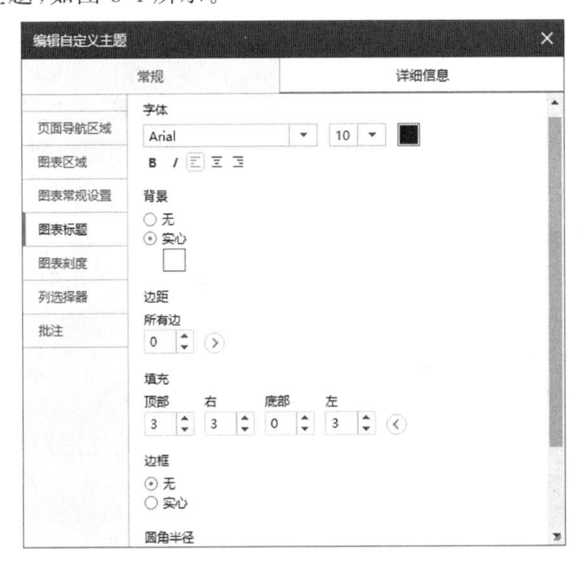

图 8-4　设置可视化主题

步骤 5:进一步优化后的效果如图 8-5 所示。

销售合同 - Sheet1

销售合同编码	展厅编码	人员编码	城市编码	品牌编码	单据日期	成交金额	成本金额	数量	销售合同不...	销售类型	销售人
20028389	3001009	10157	350500	40102	2010/8/12	308000.00	274700.00	1	263247.86	零售	郭博
20028397	3001008	10359	350200	40102	2011/9/24	309600.00	272500.00	1	264615.38	零售	郑仁
20028401	3001023	10262	350100	40104	2011/5/11	270800.00	251225.00	1	231452.99	批发	汤永君
20028402	3001023	10213	350100	40104	2011/10/9	273800.00	245177.00	1	234017.09	零售	林俊
20028403	3001034	10103	350200	40108	2011/1/27	145000.00	132818.40	1	123931.62	零售	解冰
20028406	3001022	10311	350500	40104	2011/8/23	255000.00	235100.00	1	217948.72	批发	杨维
20028411	3001039	10298	350200	40108	2011/7/26	94800.00	106800.00	1	81025.64	零售	徐远
20028413	3001023	10366	350100	40104	2010/7/7	280000.00	254600.00	1	239316.24	零售	周帅
20028423	3001008	10309	350200	40102	2011/2/16	276000.00	268000.00	1	235897.44	批发	杨林
20028432	3001035	10194	350800	40108	2011/1/31	77800.00	69938.00	1	66495.73	零售	李敏
20028438	3001039	10354	350200	40108	2011/7/17	69800.00	70087.60	1	59658.12	零售	[illegible]
20028452	3001024	10191	350800	40104	2011/8/1	233000.00	213230.00	1	199145.30	零售	李红
20028457	3001023	10169	350100	40104	2010/9/19	288800.00	264000.00	1	246837.61	零售	[illegible]
20028460	3001009	10180	350500	40102	2011/5/26	282000.00	266400.00	1	241025.64	批发	黄志
20028464	3001034	10160	350200	40108	2011/7/22	109800.00	111544.00	1	93846.15	零售	何健
20028465	3001008	10359	350200	40102	2011/8/10	435600.00	419220.00	1	372307.69	零售	郑仁
20028469	3001036		350800	40108	2011/2/13	108800.00	109208.00	1	92991.45	批发	
20028476	3001021	10122	350200	40104	2010/5/14	227000.00	211000.00	1	194017.09	零售	陈建
20028477	3001021	10125	350200	40104	2010/12/1	768000.00	716540.00	1	656410.26	零售	陈丽
20028478	3001030	10330	440500	40105	2010/8/30	700000.00	712800.00	1	598290.60	零售	袁婷
20028485	3001010	10196	350800	40102	2011/5/16	287300.00	266400.00	1	245555.56	零售	[illegible]
20028486	3001022	10176	350500	40104	2010/7/29	266800.00	232000.00	1	228034.19	零售	[illegible]
20028496	3001039	10361	350200	40108	2011/9/25	138900.00	132676.50	1	118717.95	零售	郑颖
20028500	3001039	10202	350200	40108	2011/3/30	140400.00	93669.80	1	120000.00	零售	李宇
20028501	3001008	10359	350200	40102	2011/3/10	215000.00	197050.00	1	183760.68	零售	郑仁
20028503	3001034	10293	350200	40108	2011/3/1	131200.00	121586.40	1	112136.75	零售	谢霖
20028508	3001023	10366	350100	40104	2010/8/18	279000.00	254000.00	1	238461.54	零售	周帅
20028509	3001008	10266	350200	40102	2011/7/8	460000.00	430660.00	1	393162.39	零售	王静
20028511	3001034	10326	350200	40108	2010/9/21	86800.00	45924.80	1	74188.03	零售	于

数据表
销售合同 - S...

图 8-5　汽车行业基本表效果图

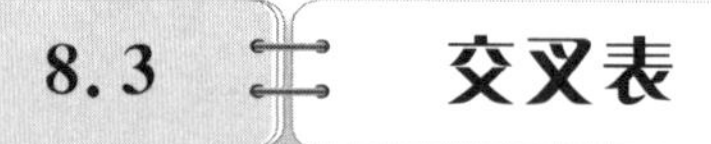

8.3　交叉表

交叉表是由列和行组成的双向表,是一种常用的分类汇总表格。在智速云大数据分析平台中也被称为数据透视表或多维表。其最大的优势是能够构造、汇总及显示大量数据且显示的数据非常直观明了。交叉表还可用于确定行变量与列变量之间是否存在关系。利用交叉表对数据进行分类汇总,使数据直观明了方便查看。

在某汽车销售的数据中,需要分析每个门店的销售金额与销售数量情况,使用交叉表将各个门店的销售车辆情况做描述性分析,具体的操作步骤如下:

步骤 1:导入数据表并管理关系。单击“工具栏”上的“添加数据表”按钮,打开“添加数据表”对话框,导入“销售合同、预算”数据表。导入完成单击“管理关系”按钮。

步骤 2:打开“管理关系”对话框,建立数据表之间的关系,单击“确定”按钮。

步骤 3:新建交叉表,单击“工具栏”上的“交叉表”按钮。

步骤 4:单击交叉表右上角的“属性”按钮,打开属性对话框,选择“常规”菜单,设置“标题”为“区域门店销售明细”,勾选显示标题栏。

步骤 5:选择“数据”菜单中“数据表”为“销售合同”数据表。

步骤 6:选择“外观”菜单,勾选“显示单元格边框”与“对标记项使用单独的颜色”。

步骤 7:选择“轴”菜单中“水平”为“列名称”,设置“垂直”为“省份”“城市”和“展厅名称”。右击“单元格值”选择“自定义表达式”,设置“表达式(E)”为“Sum([成交金额]) / 10000 as [销售金额:万元], Sum([数量]) as [销售数量]”,单击“确定”按钮。如图 8-6 所示。

步骤 8:选择“图例”菜单,取消勾选“显示图例”。

步骤 9:设置完成,单击“关闭”按钮。

步骤 10:选择“数据”菜单中“标记”为“无”,勾选“使用标记限制数据”中的“年、月”,选择“如果主图表中没有标记的项目,则显示”为“全部数据”。

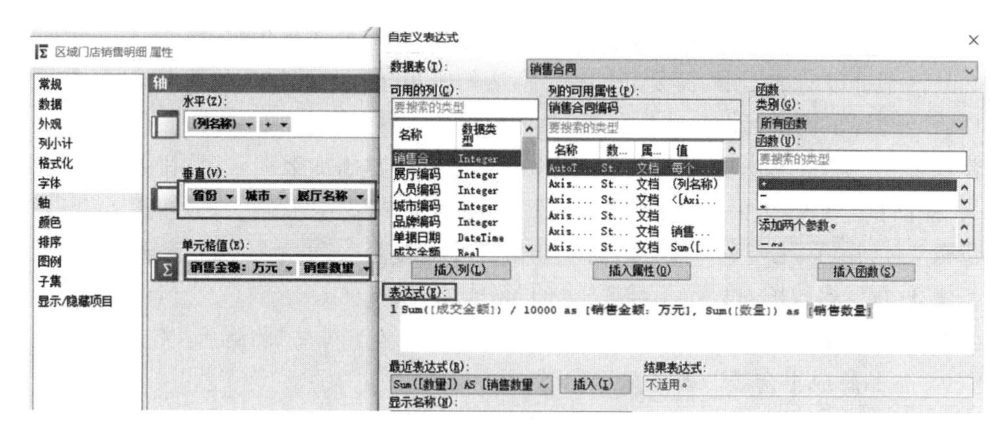

图 8-6　设置水平、垂直、单元格值的属性依据

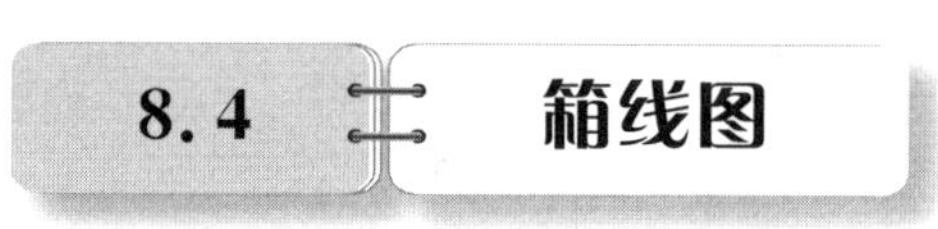

8.4 箱线图

箱线图，即我们常说的箱型图，是一种用于显示一组数据分散情况的统计图，因形状如箱子而得名。

箱线图用以显示数据的位置、分散程度、异常值等。箱线图主要包括 6 个统计量：上边缘、上四分位数、中位数、下四分位数、下边缘、异常值。如图 8-7 所示。

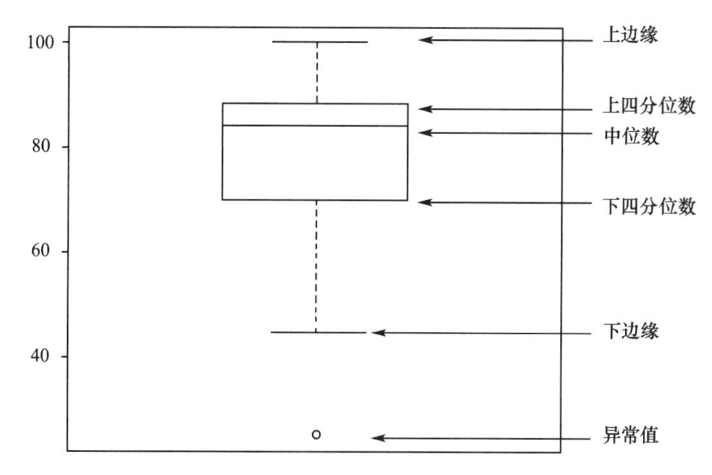

图 8-7　箱线图

上边缘、下边缘：一般上限是下四分位数与 1.5 倍的 IQR（四分位间距，下四分位数与上四分位数之差）之和的范围内最远的点，下限是上四分位数与 1.5 倍的 IQR 之差的范围内最远的点。也可直接设置上边缘为最大值，设置下边缘为最小值。

上四分位数（也称第一个四分位数）、下四分位数（也称第三个四分位数）：数据按照大小顺序排列，处于总观测数 25%位置的数据为上四分位数，处于总观测数 75%位置的数据为下四分位数。

中位数：数据按照大小顺序排列，处于中间位置，即总观测数 50%的数据。

异常值：在上边缘和下边缘之外的数据。

通过绘制箱线图，观测数据在同类群体中的位置，可以知道哪些表现好，哪些表现差；比较四分位全距及线段的长短，可以看出哪些群体分散，哪些群体更集中。

在某汽车销售的数据中，需要分析每个门店的销售金额与销售数量情况，使用交叉表将各个门店的销售车辆情况做描述性分析，具体的操作步骤如下：

步骤 1：导入数据表并管理关系。单击“工具栏”上的“添加数据表”按钮，打开“添加数据表”对话框，导入“销售合同、预算”数据表。导入完成单击“管理关系”按钮。

步骤 2：打开“管理关系”对话框，建立数据表之间的关系，单击“确定”按钮。

步骤 3：新建箱线图，单击“工具栏”上的“箱线图”按钮。

步骤 4：单击箱线图右上角的“属性”按钮，打开属性对话框，选择“常规”菜单，设置“标题”为“各品牌成本金额”，勾选显示标题栏。

步骤 5：选择“数据”菜单中“数据表”为“销售合同”数据表。

步骤 6：选择“外观”菜单，勾选“显示比较环图”设置“Alpha 级别”为“0.05”，勾选“在统计表中显示单元格边框”。

步骤 7：选择“X 轴”菜单中“列”为“品牌名称”。

步骤 8：选择“Y 轴”菜单中“列”为“成本金额”。

步骤 9：选择“参考点”菜单，勾选“UniqueCount（唯一计数）、Max（最大值）、Median（中值）、Q1（第一个四分位数）”。

步骤 10：选择“颜色”菜单中“列”为“品牌名称”，设置“颜色模式”为“类别”。

步骤 11：设置完成，单击“关闭”按钮。效果如图 8-8 所示，通过箱线图展示了各个品牌的成本金额对比分析。

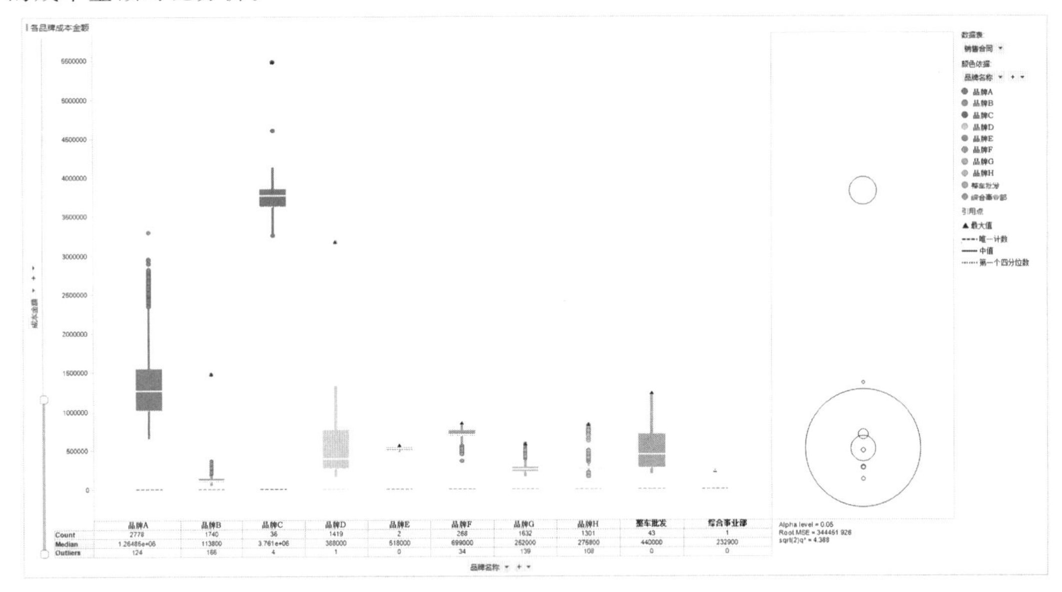

图 8-8　各品牌的成本金额分析

8.5　本章小结

本章讲解描述性分析，实现定量数据的整体情况分析，并分别使用基本表、交叉表和箱线图实现描述性分析。基本表展现数据的同时，还可以通过特定的筛选器对数据进行筛选，以便快速、准确、直观地查看所需的信息。交叉表能够构造、汇总及显示大量数据且显示的数据非常直观明了。箱线图用以显示一组数据分散情况的统计图，包括数据的位置、分散程度、异常值等。

8.6 习题

一、单选题

1. 要想对数据进行着色预警处理，应该导入(　　)形式的数据表。

A. 交叉表　　B. 图像表　　C. 基本表　　D. 条形图

2. 在交叉表中，如果想要显示数据表每行和每列的数据的和，应该选择属性的(　　)一栏进行修改。

A. 数据　　B. 外观　　C. 列小计　　D. 格式化

3. 在交叉表中，想要改变横坐标和纵坐标显示的数据种类，有(　　)操作方法。

A. 1 种　　B. 2 种　　C. 3 种　　D. 4 种

4. 如果基本表中的内容有几列是不想要的数据，应该选择属性的(　　)一栏进行修改。

A. 数据　　B. 外观　　C. 排序　　D. 显示/隐藏项目

5. 下列图表中不属于描述性分析的是(　　)。

A. 基本表　　B. 条形图　　C. 交叉表　　D. 箱线图

二、多选题

1. 箱线图中五个特征值分别为最大值、(　　)。

A. 上四分位数　　B. 中位数　　C. 下四分位数　　D. 最小值

2. 下列属于描述性分析的是(　　)。

A. 基本表　　B. 条形图　　C. 交叉表　　D. 箱线图

3. 下面属于描述性分析常用的描述指针有(　　)。

A. 中位数　　B. 方差　　C. IQR　　D. 变异系数

4. 智速云大数据分析平台的基本表可以用于展示(　　)

A. 文字　　B. 数字　　C. 图片　　D. 地图

三、判断题

1. 交叉表是一种常用的分类汇总表格，交叉表查询也是数据库的一个特点。(　　)

2. 箱线图用于显示分组的原始数据的分布。(　　)

3. 基本表由行、列、单元格三个部分组成，可用于显示文字，不可显示数字、图片等。(　　)

4. 在使用智速云大数据分析平台进行图表分析时，在设置图表标题时使用 ${AutoTitle}表示取数据表的名称。(　　)

5. 箱线图可用于确定行变量与列变量之间是否存在关系。(　　)

四、简答题

1. 描述性分析常用的描述指标有哪些？

2. 基本表与交叉表的不同之处有哪些？

3. 箱线图的 6 个统计量分别是什么？

第9章 复杂数据分析

9.1 散点图

散点图是用两组数据构成多个坐标点，考察坐标点的分布，判断两变量之间是否存在某种关联或总结坐标点的分布模式的图形。散点图通常用于比较数据的分布、聚合。

在智速云大数据分析平台中，散点图的制作注意事项：

(1)散点图的横轴、纵轴要选择指标，尽量不要选择维度，否则分析意义不大，散点图主要是为了体现两个指标之间的关系(相关性)。

(2)散点图可以很好地显示少量属性间的关系。多个属性间的关系并不是很直观，建议用平行坐标图。

在某汽车销售的数据中，需要分析零售车辆的销售利润情况，使用散点图查看其销售利润集中度，具体的操作步骤如下：

步骤1：导入数据表并管理关系。单击"工具栏"上的"添加数据表"按钮，打开"添加数据表"对话框，导入"销售合同、预算"数据表。导入完成单击"管理关系"。

步骤2：打开"管理关系"对话框，建立数据表之间的关系，单击"确定"按钮。

步骤3：新建散点图。单击"工具栏"上的"散点图"按钮。

步骤4：在新建的散点图右上角单击"属性"按钮，打开属性对话框。选择"常规"菜单中"标题"为"集中度"，勾选"显示标题栏"。

步骤5：选择"数据"菜单中"数据表"为"销售合同"数据表。

步骤6：选择"X轴"菜单，右击"列"选择"自定义表达式"，设置"表达式(E)"为"Sum([成交金额]) / 10000 as [销售金额:万元]"。

步骤7：选择“Y轴”菜单，右击“列”选择“自定义表达式”，设置“表达式(E)”为“(Sum([成交金额])－Sum([成本金额]))/Sum([成本金额]) as [利润]”，并设置“显示名称”为“利润”。

步骤8：选择“格式化”菜单中“销售金额：万元”的“类别”为“编号”，“小数位”为“0”；“Y：利润”的“类别”为“百分比”，“小数位”为“2”。

步骤9：选择“颜色”菜单中的“列”为“展厅名称”，设置“颜色模式”为“类别”。

步骤10：选择“标签”菜单，右击“标记者”选择“删除”，设置值为“无”。

步骤11：选择“标记方式”菜单，右击“针对每项显示一个标志”选择“删除”，设置值为“无”。

步骤12：选择“直线和曲线”菜单，勾选“可见线条和曲线”下的“竖线”和“横线”；选中“竖线”，单击右侧的“编辑”，编辑竖线1000，单击“确定”按钮；选中“横线”，单击右侧的“编辑”，编辑横线0.08，单击“确定”按钮。

步骤13：效果如图9-1所示。通过散点图对汽车销售中的零售销量利润进行分析。

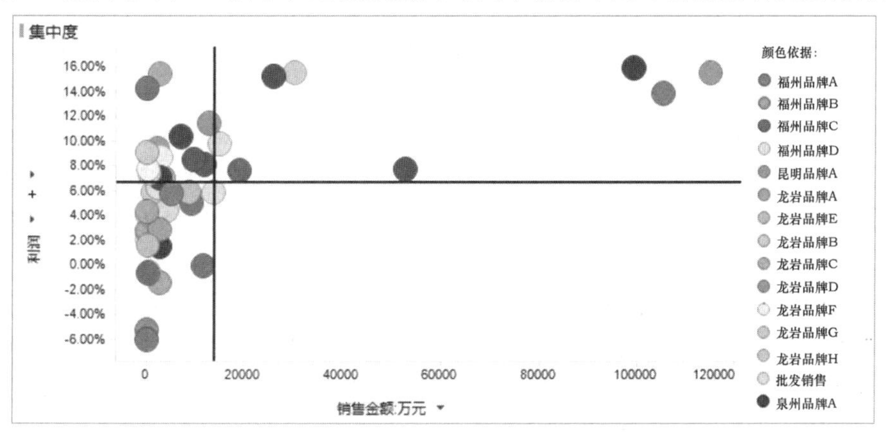

图9-1 汽车销售的零售销量利润情况

步骤14：选择“数据”菜单，单击“使用表达式限制数据”后的“编辑”按钮，打开“自定义表示”对话框，设置“表达式(E)”为“[年份]=${年} And[月份]=${月}”。

步骤15：效果如图9-2所示。通过选择树形图，展示了2021年3月汽车零售利润的集中度。

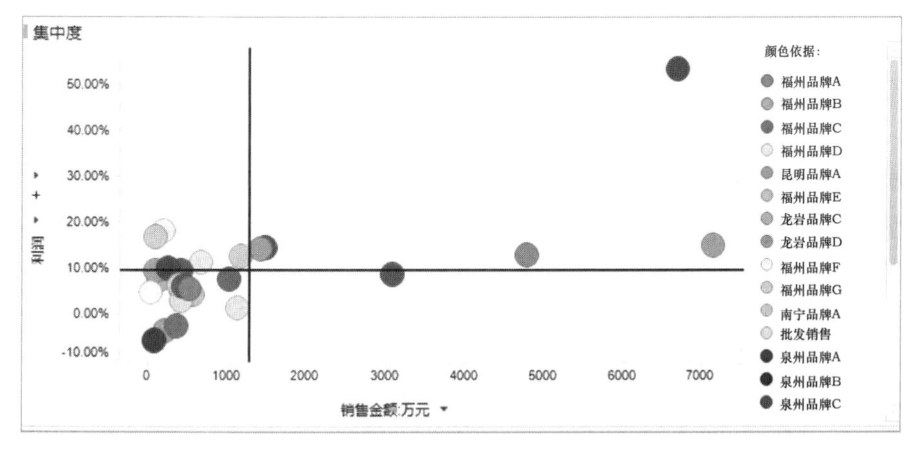

图9-2 2021年3月汽车零售利润的集中度

9.2 地图

当数据中有"地理位置数据"时，不管这些数据是邮编、区号、城市名或者是公司内部的地理区域划分，用地图来展示业务数据无疑是一种很好的选择。从地图上，我们可以直观地分析出数据所反映的每个地理位置的情况。

智速云大数据分析平台的地图使用不同的图层将数据放置在某一上下文中。地图中的这些图层可以是标记层或功能层等数据图层，也可以是地图层、Web 地图服务图层（WMS）或图像层等参考图层。地图通常由几个不同的图层构建而成。每个图层可以针对着色、标签和外观进行单独配置。可见，图层的顺序以及每个图层的透明度决定了最终地图中显示的内容。

绘制地图时是将三维地球上的位置转换为二维平面，转换时使用坐标参考系统表示结果。要添加的数据图层中的地理位置使用特定坐标参考系统表示。根据转换所用的模型，坐标的值会因系统不同而异。此外，在应当添加的图层上方，地图本身的外观由特定坐标参考系统确定，这两个系统会结合在一起执行数据定位。

智速云大数据分析平台中，地图使用的数据格式为 ESRI Shapefile(shp)图形格式。地图数据格式是为使不同的系统共享地图数据而制定的统一的地图数据安排形式。主要存在的地图数据标准/格式有以下几种：GDF(v3.0/ 4.0)、KIWI(v1.22)、NavTech(v3.0)、ESRI Shapefile 图形格式等。

在智速云大数据分析平台中创建地图时多个图层可结合使用，如果地图中包含多个数据图层，用户必须始终指定哪个图层应当是交互图层。交互图层是用户可以标记项目的唯一图层，但可以通过图层控件来轻松切换交互图层。图层控件也可用于隐藏或显示不同的图层。在某汽车销售的数据中，需要分析不同地区的车辆销售情况，使用地图展示销售地区，并结合树形图与交叉表使用。具体的操作步骤如下：

步骤 1：导入数据表并管理关系。单击"工具栏"上的"添加数据表"按钮，打开"添加数据表"对话框，导入"销售合同、bou2_4p"数据表。

步骤 2：单击"工具栏"上的"地图"按钮，新建地图。

步骤 3：单击新建地图右上角的"属性"按钮，打开属性对话框，选择"常规"菜单，设置"标题"为"地图"。

步骤 4：选择"图层"菜单，删除原有图层，单击右侧"添加">"功能层">"销售合同"数据表。

步骤 5：打开"功能层 设置"对话框，选择"数据"菜单中"标记"为"地图"。

步骤 6：选择"地理编码"菜单中"要素依据"为"省份"，单击"地理编码层级"右侧的"添加"，选择"bou2_4p"。如图 9-3 所示。

步骤 7：选择"颜色"菜单中"列"为"省份"，设置"颜色模式"为"类别"。

步骤 8：选择"标签"菜单中"标记者"为"省份"，设置数据函数为"UniqueConcatenate(唯一链接)"。

步骤 9：设置完成，单击"关闭"按钮。在"图层"菜单，选择"添加">"功能层">选择

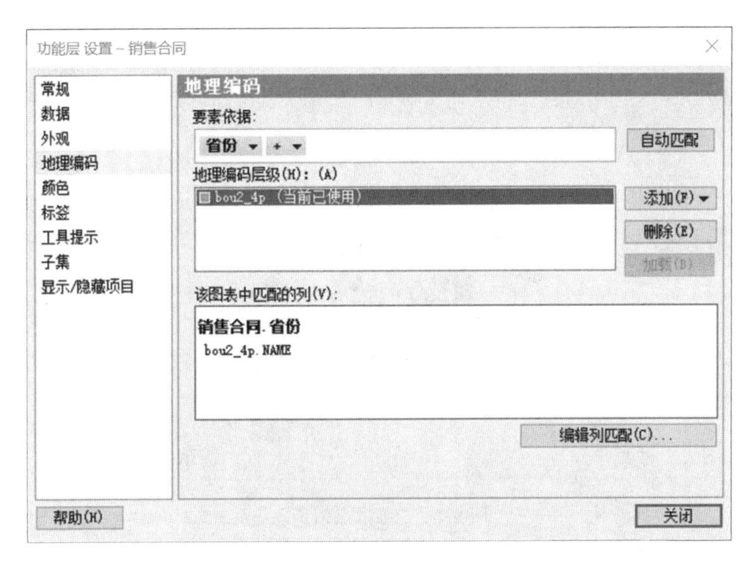

图 9-3 设置地理编码要素依据和层级

“bou2_4p”。打开“功能层设置”对话框。

步骤 10:选择“地理编码”菜单中“要素依据”为“NAME”。

步骤 11:选择“颜色”菜单中“列”为“NAME”,设置“颜色模式”为“类别”。

步骤 12:选择“标签”菜单,右击“标记者”选择“删除”,设置值为“无”。设置完成,单击“关闭”按钮。

9.3 三维散点图

三维散点图是由在三个轴上绘制数据点,以显示三个变量之间的关系的图形,常常可以发现在散点图中发现不了或不直观的信息。

智速云大数据分析平台在绘制散点图时可以使用鼠标单击图标中的按钮,对图表进行缩放、旋转、导航重置操作。见表 9-1。

表 9-1　三维散点图缩放、旋转、导航重置操作快捷键

按钮	快捷方式	说明
	同时按住 Shift 键以及鼠标右键,并向上移动鼠标	放大
	同时按住 Shift 键以及鼠标右键,并向下移动鼠标	缩小
	同时按住 Ctrl 键以及鼠标右键,并向右移动鼠标	向右旋转
	同时按住 Ctrl 键以及鼠标右键,并向左移动鼠标	向左旋转
	同时按住 Ctrl 键以及鼠标右键,并向上移动鼠标	向上旋转
	同时按住 Ctrl 键以及鼠标右键,并向下移动鼠标	向下旋转
		重置导航

如图 9-4 所示,三维散点销量图中,针对一些不同产品(按产品着色),根据销售量、成本和年份的彼此关系进行了绘图。

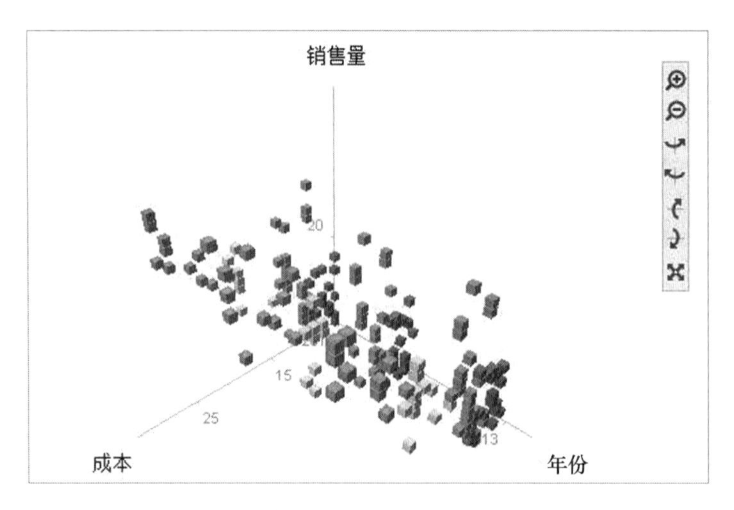

图 9-4　三维散点销量图

还可以使用三维散点图创建兔子模型。具体操作步骤如下：

步骤 1：单击“添加数据表”，在打开的“添加数据表”对话框中，选择“添加”，导入“兔子”数据表。

步骤 2：单击“工具栏”上的“三维散点图”按钮，新建三维散点图。

步骤 3：在新建的三维散点图中单击右上角的“属性”按钮，打开属性对话框。

步骤 4：选择“颜色”菜单中“列”为“置信度”，设置“颜色模式”为“梯度”，可通过调整颜色对图表进行更改。

步骤 5：选择“形状”菜单中形状为“固定”，并设置为“圆”。单击“关闭”按钮，设置完成。完整效果如图 9-5 所示。

图 9-5　三维散点图创建的兔子模型

9.4　KPI

KPI(Key Performance Indication)即关键业绩指标，KPI 是企业中业绩考评的方法。

KPI可以使部门主管明确部门的主要责任，并以此为基础，明确部门人员的业绩衡量指标，使业绩考评建立在量化的基础之上。建立明确的切实可行的KPI指标体系是做好绩效管理的关键。

智速云大数据分析平台的KPI图由网格状排列的图块组成，其中每个图块都显示了特定类别的多项KPI值。此外，还可以包括一种简单的折线图-迷你图，以显示绩效随时间变化的趋势。如图9-6所示。

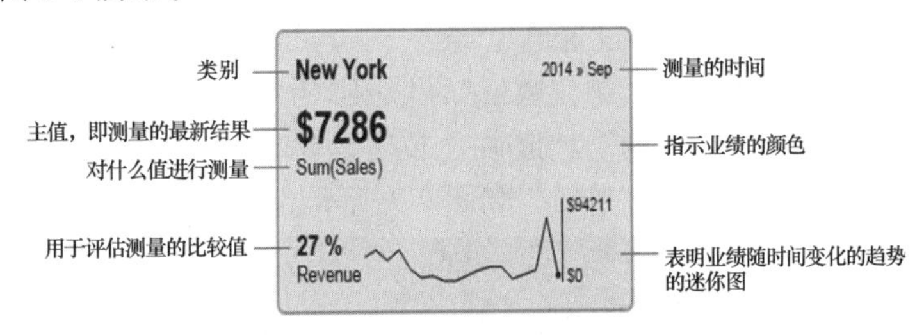

图9-6 KPI属性介绍

在某汽车销售的数据中，需要对汽车销售的销售金额、销售数量、利润金额与指标完成情况进行KPI分析，具体的操作步骤如下：

步骤1：导入数据表。单击“工具栏”上的“添加数据表”按钮，打开“添加数据表”对话框，导入“销售合同”数据表。

步骤2：单击“工具栏”上的“KPI图”按钮，新建KPI图。

步骤3：在新建的KPI图右上角单击“属性”按钮，打开属性对话框，选择“KPI”菜单，删除原有数据，单击“添加”按钮。

步骤4：打开设置对话框，选择“数据”菜单中“数据表”为“销售合同”数据表，设置“标记”为“无”。

步骤5：选择“外观”菜单，勾选“显示迷你图”并选择“多个刻度”。

步骤6：选择“值”菜单，右击“值(y轴)”选择“自定义表达式”，设置“表达式(E)”为“Sum([成交金额]) / 10000 AS [销售金额：万元]”，并设置“显示名称”为“销售金额：万元”。

步骤7：选择“值”菜单中“时间(X轴)”为“月份”，右击“图块依据”选择“删除”，设置值为“无”，右击“比较值”选择“删除”，设置值为“无”。

步骤8：选择“格式化”菜单中“销售金额：万元”的“类别”为“编号”，设置“小数位”为“2”。

步骤9：选择“颜色”菜单中“列”为“值轴 个值”，设置“颜色模式”为“固定”。

步骤10：设置完成，单击“关闭”按钮。如图9-7所示。

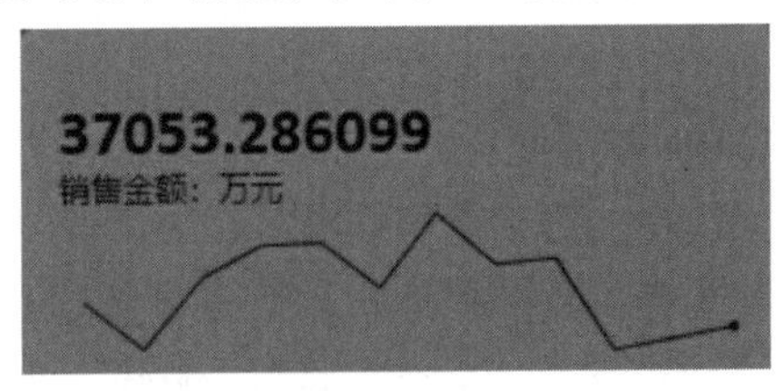

图9-7 各个月份的销售金额KPI

步骤 11：在“KPI”菜单中单击“添加”按钮，打开设置对话框，选择“数据”菜单中“数据表”为“销售合同”数据表，设置“标记”为“无”。

步骤 12：选择“外观”菜单，勾选“显示迷你图”并选择“多个刻度”。

步骤 13：选择“值”菜单，右击“值(Y 轴)”选择“自定义表达式”，设置“表达式(E)”为“Sum([数量])”，并设置“显示名称”为“销售数量”。

步骤 14：选择“值”菜单中“时间(X 轴)”为“月份”，右击“图块依据”选择“删除”，设置值为“无”，右击“比较值”选择“删除”，设置值为“无”。

步骤 15：选择“格式化”菜单中“销售数量”的“类别”为“编号”，设置“小数位”为“2”。

步骤 16：选择“颜色”菜单中“列”为“值轴 个值”，设置“颜色模式”为“固定”。

步骤 17：设置完成，单击“关闭”按钮。如图 9-8 所示。

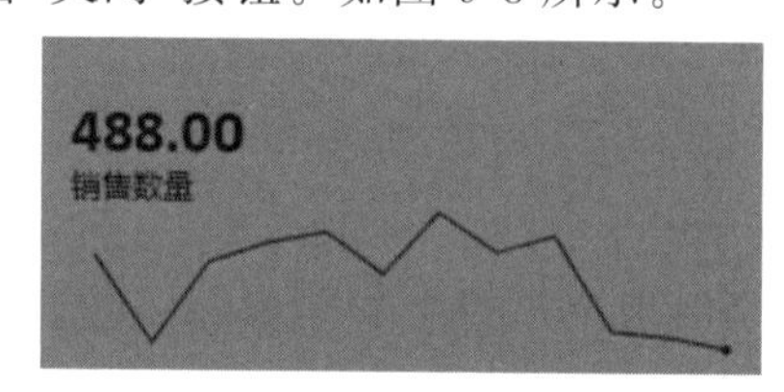

图 9-8　各个月份的销售数量 KPI

步骤 18：在“KPI”菜单中单击“添加”按钮，打开设置对话框。选择“数据”菜单中“数据表”为“销售合同”数据表，设置“标记”为“无”。

步骤 19：选择“外观”菜单中“多刻度”。

步骤 20：选择“值”菜单，右击“值(y 轴)”选择“自定义表达式”，设置“表达式(E)”为“(Sum([成交金额])－Sum([成本金额])) / 10000”，并设置“显示名称”为“利润金额”。

步骤 21：选择“值”菜单中“时间(X 轴)”为“月份”，右击“图块依据”选择“删除”，设置值为“无”，右击“比较值”选择“删除”，设置值为“无”。

步骤 22：选择“格式化”菜单中“利润金额”的“类别”为“编号”，设置“小数位”为“2”。

步骤 23：选择“颜色”菜单中“列”为“值轴 个值”，设置“颜色模式”为“固定”。

步骤 24：设置完成，单击“关闭”按钮。如图 9-9 所示。

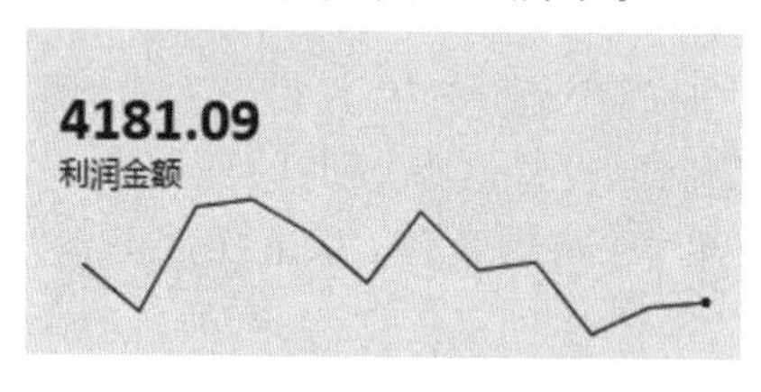

图 9-9　各个月份的利润金额 KPI

步骤 25：在“KPI”菜单中单击“添加”按钮，打开设置对话框，选择“数据”菜单中“数据表”为“销售合同”数据表，设置“标记”为“无”。

步骤 26：选择“外观”菜单中“多刻度”。

步骤 27：选择“值”菜单，右击“值(y 轴)”选择“自定义表达式”，设置“表达式(E)”为“Sum([成交金额]) / Sum([预算].[预算金额])”，并设置“显示名称”为“指标完成率”。

步骤 28：选择“值”菜单，右击“时间(X 轴)”选择“删除”，设置值为“无”，右击“图块依据”选择“删除”，设置值为“无”，右击“比较值”选择“删除”，设置值为“无”。

步骤 29：选择“格式化”菜单中“指标完成率”的“类别”为“百分比”，设置“小数位”为“1”。

步骤 30：选择“颜色”菜单，右击“列”选择“删除”，设置值为“无”，选择“颜色模式”为“固定”。

步骤 31：设置完成，单击“关闭”按钮。如图 9-10 所示。

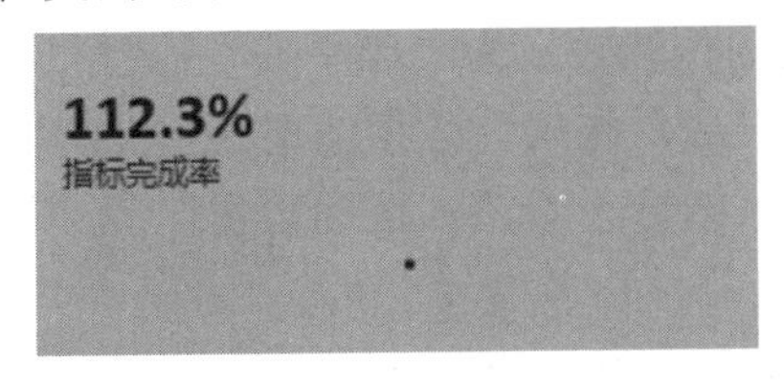

图 9-10　指标完成率 KPI

步骤 32：整体效果如图 9-11 所示。

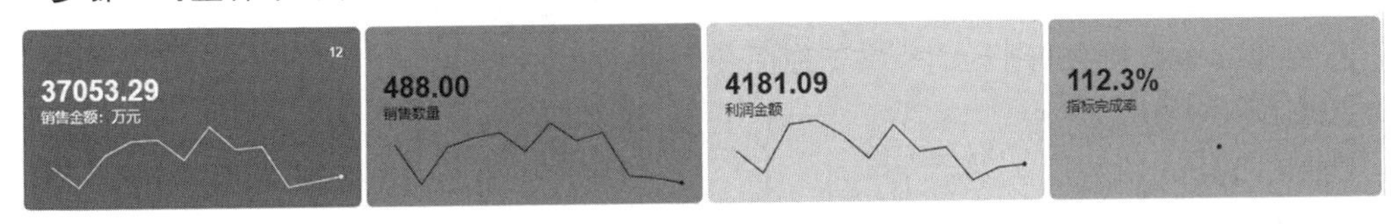

图 9-11　整体销售 KPI

9.5 本章小结

目前，真实世界和虚拟世界越来越密不可分，移动互联网、物联网等信息的产生和流动瞬息万变，涌现了无数复杂的数据，如视频影像数据、传感器网络数据、社交网络数据、三维时空数据、地理位置数据等。这些复杂的数据的解析、呈现和应用是数据可视化面临的新挑战，本章节学习使用散点图、地图、三维散点图、KPI 图对复杂的数据进行分析展示。

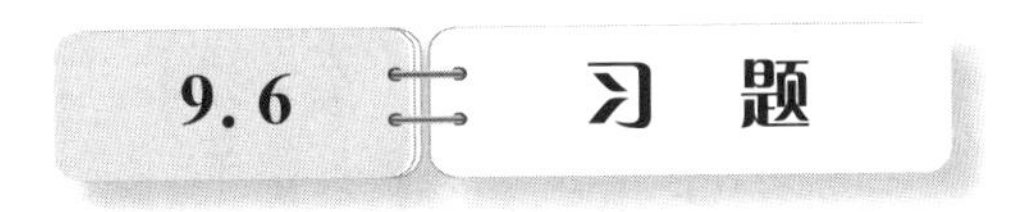

9.6 习　题

一、单选题

1. 地图是将三维地球上的位置转换为(　　)

A. 二维平面　　B. 一维平面　　C. 立体图　　D. 圆柱

2. 三维散点图以(　　)形式展现三对变量间的统计关系。

A. 扇形　　B. 立体图　　C. 方形　　D. 菱形

3. 海军军官通过对前人航海日志的分析，绘制了新的航海路线图，标明了大风与洋流可能发生的地点。这体现了大数据分析理念中的(　　)。

A. 在数据基础上倾向于全体数据而不是抽样数据

B. 在分析方法上更注重相关分析而不是因果分析

C. 在分析效果上更追求效率而不是绝对精度

D. 在数据规模上强调相对数据而不是绝对数据

4. (　　)图形通常用于比较数据的分布聚合。

A. 散点图　　B. 地图　　C. KPI 图　　D. 条形图

5. 在智速云大数据分析平台中(　　)是用户可以标记项目的唯一图层?

A. 功能图层　　B. 地图图层　　C. 交互图层　　D. 图像图层

二、多选题

1. 下列说法正确的是(　　)。

A. 地图是将三维地球上的位置转换为二维平面,将数据放置在某一图层

B. 这些图层可以是标记层或功能层等数据图层,也可以是地图层

C. 通过选择图层中的区域划分查看该区域的数据

D. 以上说法都不对

2. 三维散点图在可视化方面的缺点有(　　)。

A. 点与点相互遮挡　　B. 不同视角下点的分布不同

C. 交互不灵活　　D. 渲染效率低

3. 智速云大数据分析平台中,属于地图使用的数据格式的为(　　)。

A. GDF(v3.0/ 4.0)　　B. KIWI(v1.22)

C. NavTech(v3.0)　　D. ESRI Shapefile 图形格式(shp)

三、判断题

1. 散点图可以直观地表示各变量之间的相关情况。(　　)

2. 地图是按照一定的数学法则建立的图形。(　　)

3. 三维散点图用于实现业绩衡量指标的分析,是企业中业绩考评的方法。(　　)

4. 利用地图分析可以直观地分析出数据所反映的每个地理位置的情况。(　　)

四、简答题

1. 散点图的制作注意事项有哪些?

2. 构建地图的图层有哪几个?

3. 主要存在的地图数据标准/格式有哪几种?

4. KPI 图块的主要属性有哪些?

第10章 数据挖掘

10.1 数据挖掘的概念

古希腊哲学家说过:“需求乃发明之母。”由于我们生活在大量数据日积月累的年代,而分析这些数据进而从数据中发现有价值的信息本身就是一种重要需求。如不能对快速增长的海量数据进行分析,存储在大型数据库中的数据就变成了“数据坟墓”,决策者将无法从海量数据中提取出有价值的信息,数据和信息之间的鸿沟也将越来越宽,这就需要系统的开发数据挖掘工具,将“数据坟墓”转变成知识“金块”。

10.1.1 数据挖掘概念

大数据对于数据挖掘,既是机遇更是挑战。从发展之初的喧哗与浮躁,到现在的数据挖掘发展脉络已越来越清晰,无论是理论方法还是软件工具的应用都有了长足的进步,在很多领域也积累了成熟的应用案例。许多学者将数据挖掘视为“数据中的知识发现”的同义词,而有些学者则仅把数据挖掘视作知识发现过程的一个基本步骤。知识发现的过程主要由以下 7 个基本步骤组成:

(1)数据清洗:清除或删除原始数据中存在的噪声,使数据保持一致;

(2)数据集成:将多种数据源汇集组合在一起;

(3)数据选择:从数据库中提取与分析任务有关的数据集;

(4)数据变换:通过数据的单位变换、归一化变化、标准化变换、求和变换等汇总或聚集操作,把数据变换成适合挖掘的数据类型;

(5)数据挖掘:知识发现的核心步骤,使用机器学习算法、统计模型、数据库等方法提取变量、数据间的相关关系;

(6)模式评估:根据兴趣度度量,识别代表知识的真正有趣模式;

(7)知识表示:使用可视化和知识表示技术,向用户提供、展示挖掘的知识。

从知识发现的步骤来看,数据挖掘可使用机器学习、统计学和数据库等方法在大量的数据中发现知识和模式,其概念要比机器学习的概念更为广泛,但是机器学习算法是数据挖掘的重要支撑技术。当下数据挖掘与机器学习的关系越来越紧密。例如,在经营消费领域,通过分析企业的经营数据,可利用机器学习算法发现某一类客户在消费行为上与其他用户存在的显著区别,并通过可视化图表展示、输出数据间的模式或知识,企业决策人员可根据这些输出人为改变经营策略,进而实现提高盈利的目的,这是数据挖掘和机器学习在应用领域的核心任务。

机器学习有如下几种基本方法:

(1)统计分析:统计分析分为两种,一种是描述性统计,其以样本所包含的信息为基础,通过对样本进行整理,分析并根据数据的分析情况获取有意义的信息,从而得到结论。另一种是推断性统计,分为参数估计和假设检验两种。参数估计是根据样本数据选择统计量推断总体的分布和数字特征,其常用方法有最小二乘法、极大似然法和贝叶斯估计等。而假设检验是先对总体的参数提出某种假设,然后利用样本信息判断假设是否成立,从而选择决策方案。

(2)高维数据降维:降维是通过对数据的原始数据特征进行学习,得到一个映射函数,实现将输入样本映射到低维空间中之后,原始数据的特征并没有明显损失,通常情况下新空间的维度要小于原空间的维度。降维可分为特征选择和特征提取两类,特征选择是从冗余信息以及噪声信息的数据中找出主要变量,特征提取是去掉原来的数据,生成新的变量,可以寻找数据内部的本质结构特征。常用的方法有主成分分析、奇异值分解、线性判别分析等。

(3)特征工程:特征工程就是一个从原始数据提取特征的过程,目标是使这些特征能表征数据的本质特点。首先,进行特征构建,即针对时间型、数值型、文本型等不同种类的输入数据,结合数据的特点,通过分解或切分的方法基于原来的特征创建新特征,从而提高数据的预测能力。其次,进行特征选择,从特征集合中挑选一组最具有统计意义的特征子集来代表整体样本的特点。最后,进行特征提取,将原始数据转化为具有统计意义和机器可识别的特征。特征提取得越有效,意味着构建的模型性能越出色。

(4)模型训练:在建立模型之后需要进行训练,可以通过从专业数据公司购买、系统生成、人工标记和交换等途径搜集数据。然后,对搜集到的数据利用建立好的模型进行训练,检测模型的实用性。

(5)可视化分析:可视化分析是一种数据分析方法,利用人类的形象思维将数据关联,并映射为形象的图表。可视化分析的常用方法大致可以分为领域方法、基础方法以及方法论三类。而常见的可视化图表包含时间序列可视化、比例可视化、关系可视化、差异可视化和空间可视化五种。可视化分析在实际生活中有着广泛的应用,其将数据以图形的方式展现,提供友好的交互界面,还可以得到额外的记忆帮助。对于要分析的问题,不需要事先假设或猜想,可以自动从数据中挖掘出更多的隐含信息。除了辅助数据分析以外,可视化分析为看似冰冷的数据增加了趣味性,直观清晰的表达拥有更多的受众。

10.1.2 监督学习

机器学习是一门有着悠久历史的科学，在计算机未被发明出来之前，机器学习领域的研究主要集中在生物科学中。通过本节的学习，读者将了解到什么是机器学习以及机器学习领域中的重要成果。

机器学习可以分为有监督的机器学习和无监督的机器学习，有监督的机器学习适用于样本数据已事先分好类别的情形，适用算法学习不同类别样本间存在的差异后，将新样本放入已知的类别中。常用的有监督的机器学习主要有以下几种算法。

(1)决策树与分类算法：决策树算法是通过把数据样本分配到某个叶子节点来确定数据集中样本所属的分类。其实现过程为：从决策树根节点出发，自顶向下移动，在每个决策节点都会进行一次划分，通过划分的结果将样本进行分类并据此做出决策。在完成建模后，还需计算模型的准确率、精确率、召回率等评价指标，使用保留法、留一法等评价方法对模型的分类效果进行评价，并据此评价结果来调整模型的参数，使模型性能达到最优，当然，也还可以进一步组合使用不同的机器学习算法来提升模型的准确率和效率，如袋装法、提升法、随机森林等。作为机器学习中经典的有监督式算法，决策树算法被广泛应用于商业、农业、气象学等众多领域。

(2)神经网络：该算法最早是由生物神经网络抽象而成，一直沿用至今形成“M-P 神经元模型”，现已发展成一族算法。其基本思想是，神经元接收到来自 n 个其他神经元传递的输入信号，每个输入信号都通过带权重的“连接”进行传递，神经元接收到的总输入值将于神经元的阈值进行比较，然后通过“激活函数”处理以产生神经元的输出，如图 10-1(a)。阶跃函数是经典的激活函数，其基本形式是将输入值映射为输出为“0”或“1”的二值非连续函数，“0”对应神经元的抑制，“1”对应神经元的兴奋，如图 10-1(b)。将许多这样的神经元按一定的层次结构连接起来，就得到了神经网络模型。

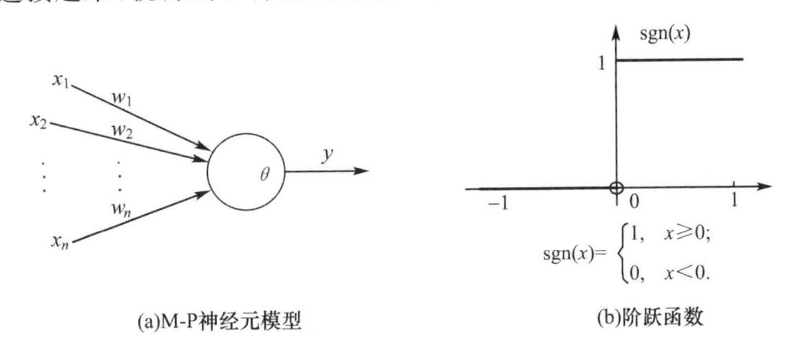

图 10-1 神经网络算法

采用仿生神经元的结构构造神经网络算法。训练神经网络模型时，随机初始化输入参数，并开启循环计算输出结果，与实际结果进行比较从而得到损失函数，并更新变量使损失函数结果值达到最小，当达到误差阈值时即可停止循环。神经网络可分为前馈型神经网络、反馈型神经网络和自组织神经网络三类，其都是通过在外界输入样本的刺激下，不断改变网络的连接权值来实现学习到一个模型以及输出一个期望的目标值的目的。在建立好神经网络结构之后，可以采用准确率、精确率、召回率等评价指标，辅以 ROC/AUC 曲线并结合实际应用场景进行结果评价。随着机器学习在不同领域的应用，神经网络的评价方式还需要与实际业务相结合，通过确定目标要求设计评价标准。

(3)贝叶斯网络：贝叶斯网络是一种通过有向无环图表示一组随机变量及其条件依赖概率的概率图模型。在概率图中，每个节点表示一个随机变量，有向边表示随机变量之间的依赖关系，两个节点若无连接则表示它们是相互独立的随机变量。用条件概率表示变量间的依赖关系的强度，无父节点的节点就用先验概率表达信息。而且，贝叶斯网络中的节点可以表示任意问题，其丰富的概率表达能力能较好地处理不确定性信息或问题。贝叶斯网络中所有的节点都是可见的，并且可以非常直观地观察到节点的因果关系。这些特性都使得贝叶斯网络在中文分词、机器翻译、故障判断等众多智能系统中有着重要的应用。

(4)支持向量机：支持向量机算法将每个样本数据表示为空间中的点，使不同类别的样本点尽可能明显地区分开。通过将样本的向量映射到高维空间中，寻找最优区分两类数据的超平面，使各分类到超平面的距离最大化，距离越大表示支持向量机的误差越小。如图10-2所示。该算法基于结构风险最小化原理，对样本集进行压缩，解决了以往需要大样本数量进行训练的问题。它将文本通过计算抽象向量化的训练数据，提高了分类的精确率。其通常应用于二元分类问题，而对于多元分类问题，可以将其分解为多个二元分类问题，再进行分类。该算法比较适合图像和文本等样本特征较多场合，主要的应用场景有图像分类、文本分类、面部识别、垃圾邮件检测等领域。

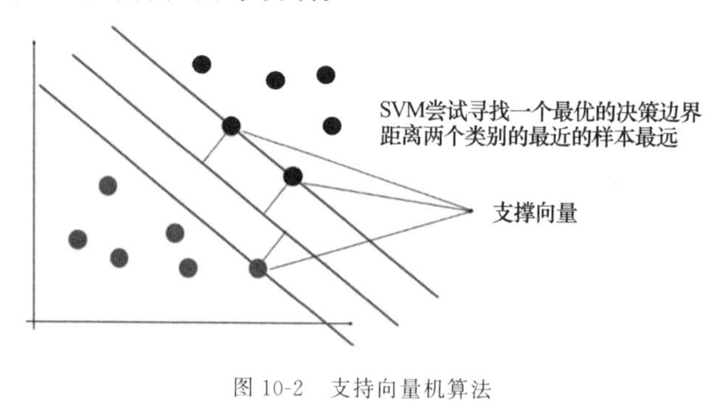

图 10-2　支持向量机算法

10.1.3 无监督学习

无监督的机器学习不同于有监督的机器学习，该类算法适用于不清楚样本数据类别的情形，如何为数据分类及究竟分多少个类别都需要算法自行判断。无监督的机器学习主要包含以下几种算法：

(1)聚类分析：聚类分析是指将抽象对象的集合分组为由类似的对象组成的多个类的分析过程，其目标就是将未知类别的样本按照一定的规则划分成若干个类簇，把相似(距离相近)的样本聚在同一个类簇中，把不相似的样本分为不同类簇。从机器学习的角度讲，簇相当于隐藏模式，聚类分析是搜索簇的无监督的学习过程，不依赖先定义的类或带类标记的训练实例，需要由聚类学习算法自动确定标记。因此，聚类分析是一种探索式的分析，在分类的过程中，不必先给出一个分类的标准，聚类分析能够从样本数据出发，自动进行分类。而且，聚类分析所使用的方法不同，也会得到不同的结论，组内相似性越大，组间差距越大，说明聚类效果越好。而聚类效果的好坏依赖于距离的计算和聚类算法两个因素。计算数据之间的距离是根据数据的类型来选择的，对于不同的数据需要采用不同的计算方法。

例如，在计算数值变量距离时，需要先对数据进行 Z-score 标准化，再采用 Minkowski 距离进行距离的计算，最后引入权重向量 $W=(w_1, w_2, \cdots\cdots, w_p)$ 得到 Mahalanobis 距离作为该数值型变量之间的距离。根据数据类型选择了相应的距离计算方法之后，接下来需要选择合适的聚类方法。聚类分析算法包括 K-均值聚类、层次聚类、根据密度的聚类和网络的聚类共四种聚类方法，并且每一类的聚类算法都有其特定的应用场景，在聚类算法的实际应用中，需要根据数据集的特点和挖掘目标选择合适的聚类算法，从而得到较优的聚类结果，作为机器学习中经典的无监督学习算法，在不同的应用领域，很多聚类分析技术都得到了发展，这些技术方法被用作描述数据，衡量不同数据源间的相似性以及把数据源分类到不同的簇中。

(2)文本分析：文本分析是通过对文本内部特征进行提取，获取隐含的语义信息或概括性主题，从而产生高质量的结构化信息，合理的文本分析技术能够获取作者的真实意图。由于计算机很难理解自然语言描述的非结构化文本，因此在获取文本数据之后，需要对其进行预处理。对于中文文本，由于中文的词并不像英文单词之间存在固定的间隔符号，因此需要进行分词处理。而对英文文本，由于英文单词之间都是用空格间隔，只需要将词形归一化即可。对于句子级别的分析一般使用句法分析和语义分析，有利于理解语意。结果分析或取词根后的文本含有大量的文本属性，存在着大量的冗余信息，因此在进行文本挖掘分析前需要进行文本属性选取，以便获得冗余度较低且具有代表性的文本特征集合，从而使文本分析更加高效。经过文本特征选择后，针对具体问题，对文本资源进行不同的知识或信息挖掘，例如文本分类、文本聚类和文本关联分析等。作为机器学习领域重要的方法之一，文本分析常应用于论文查重、垃圾邮件过滤、情感分析、智能机器和信息抽取等方面。

10.1.4 降维与度量学习

在降维与度量学习中有以下几种常用的方法：

(1)k 近邻学习：其工作机制比较简单，给定测试样本，基于某种距离度量找出训练集中与其最靠近的 k 个训练样本，然后基于这 k 个“邻居”的信息来进行预测，如图 10-3 所示。需要注意的是，一方面，k 是一个重要参数，当 k 取不同的值时，分类结果会有显著不同。在具体的应用中，该算法在分类任务中可以用“投票法”来预测，即选择这 k 个“邻居”中出现最多的类别作为预测结果，如图 10-4 所示。还可以基于距离远近进行加权评价或者加权投票，距离越近的样本权重越大。而且，该算法没有显式训练过程，其在训练阶段仅仅把样本保存起来，训练时间为零，待收到测试样本后再进行处理，是“懒惰学习”的经典代表。不过，该算法虽然简单，但在很多实际任务中的效果还是非常不错的，其泛化错误率不超过贝叶斯最优分类器的错误率的二倍。

(2)主成分分析：主成分分析是最常用的一种降维方法，通过正交变换将一组可能存在的变量转换为一组线性不相关的变量，转换后的这种变量叫作主成分。在主成分分析中，其目标就是为正交属性空间中的样本点找到一个可对所有样本进行恰当的超平面(直线的高维推广)。而且，该超平面应该满足最近重构性和最大可分性这两个性质。主成分分析算法的具体过程为：首先对所有样本进行中心化，然后计算样本的协方差矩阵，再对协方差矩阵做特征值分解，最后取 l 个特征值所对应的特征向量组成投影矩阵，该投影矩阵就是主成分

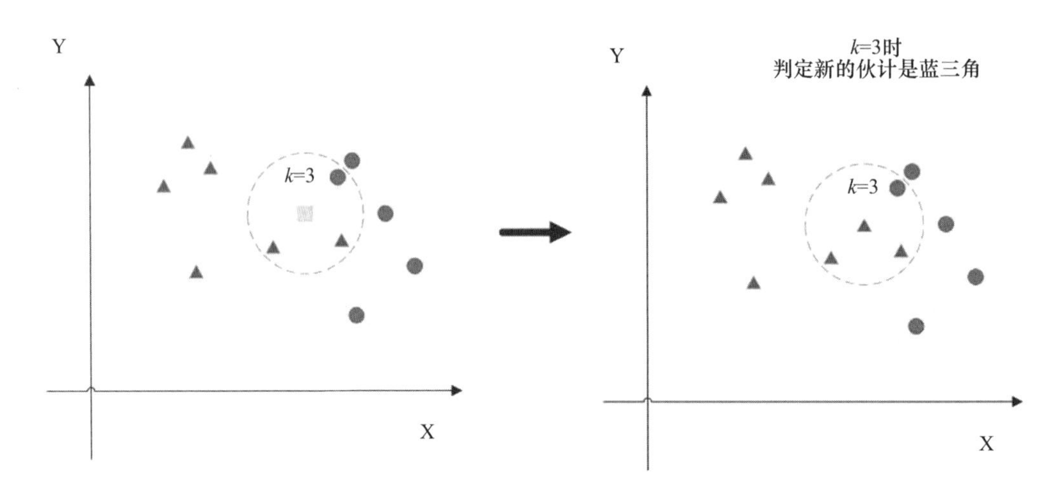

图 10-3　降维与度量学习算法原理

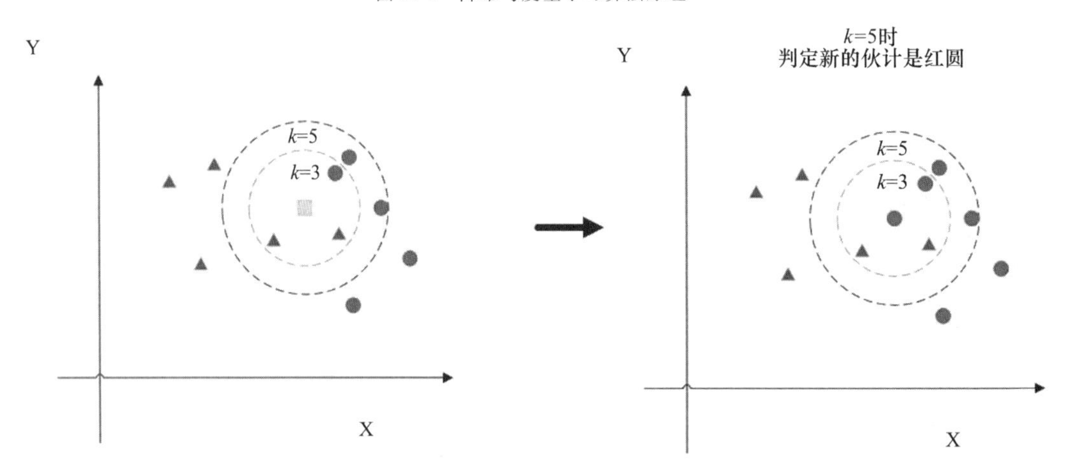

图 10-4　降维与度量学习算法修改 k 后的变化

分析的解。

需要注意的是,降维之后低维空间的维数 l' 通常是由用户事先指定或者通过在 l' 值不同的低维空间中对 k 近邻分类器进行交叉验证来选取较好的 l' 值。主成分分析仅需要保留投影矩阵与样本的均值向量即可通过简单的向量减法和矩阵-向量减法将新样本投影至低维空间中。从原始高维空间降维到低维空间之后,最小的 $l-l'$ 个特征值的特征向量所包含的信息被舍弃了,不仅能使样本密度增大,还能在一定程度上去噪。

10.2 扩展模型

10.2.1 K 均值聚类分析

K 均值聚类分析是典型的基于距离的聚类算法。采用相关相似性和欧氏距离两种距离度量方式作为相似性的评价指标,将数据表划分为子集的算法,主要应用于环境的污染程度、股票行情的分析、房地产投资风险的研究等。

(1)相关相似性

a 和 b 两个点(具有 k 维度)之间的相关性计算方法如下：

$$\frac{\mathrm{cov}(a,b)}{\mathrm{std}(a)\times\mathrm{std}(b)}$$

此相关性称为皮尔逊相关系数。范围从 +1 到 −1，其中 +1 是最高相关系数。完全相反的点具有相关系数 −1。如图 10-5 所示。

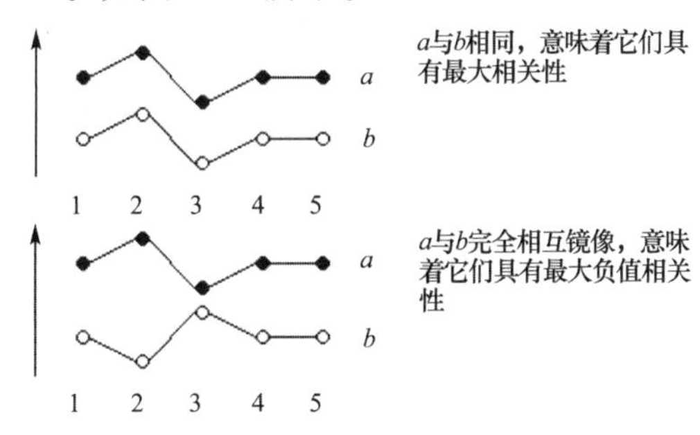

图 10-5 皮尔逊相关系数

①正相关

相关系数>0.95，存在显著性相关；

相关系数≥0.8，高度相关；

0.5≤相关系数<0.8，中度相关；

0.3≤相关系数<0.5，低度相关；

相关系数<0.3，关系极弱，认为不相关。

②负相关

相关系数<0；

无线性相关：相关系数=0。

③欧氏距离

a 和 b 两个点(具有 k 维度)之间的欧氏距离计算方法如下：

$$\sqrt{\sum_{j=1}^{k}(a_j-b_j)^2}$$

欧氏距离总是大于或等于零。对于相同的点，度量为零，对于显示较少相似度的点，度量较高。

如图 10-6 所示，显示的是称为 a 和 b 两个点的示例。每个点通过 5 个值说明。图中的虚线为距离 ($a1-b1$)、($a2-b2$)、($a3-b3$)、($a4-b4$) 和 ($a5-b5$)(在上面的计算方法中输入)。

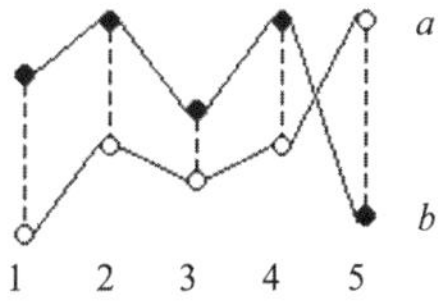

图 10-6 欧氏距离示例

采用 K 均值聚类分析方法对股票进行分析。对随着日期的变化已调整收盘价的变化，使用相关相似性来度量两条线之间的距离，设置最大群集数为 6，具体步骤如下：

步骤 1：导入数据表。单击“工具栏”上的“添加数据表”按钮，打开“添加数据表”对话框，选择“添加”，导入“股票分析”数据表。单击“确定”按钮。

步骤 2：单击“工具栏”上的“折线图”按钮，新建折线图。在新建的折线图右上角单击

“属性”按钮⚙，打开属性对话框。

步骤3：选择“X轴”菜单，右击“列”选择“自定义表达式”，设置“表达式(E)”为“＜BinByDateTime([日期],"Month",0) NEST BinByDateTime([日期],"DayOfMonth",0)＞”，单击“确定”按钮。如图10-7所示。

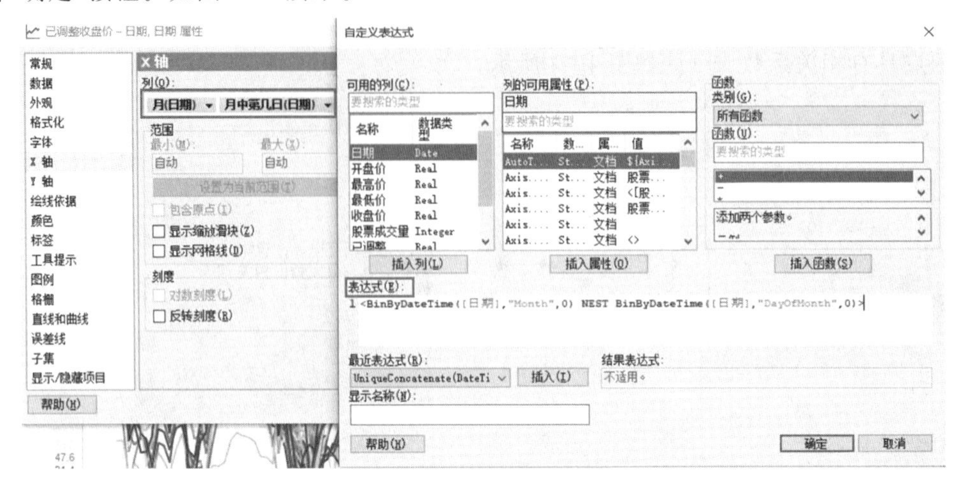

图10-7　设置月(日期)、月中第几日(日期)的计算方式

步骤4：选择“Y轴”菜单中“列”为“已调整收盘价”，设置聚合函数为“Sum(求和)”，选择“多刻度”。

步骤5：选择“颜色”菜单中“列”为“股票代码标志”，设置“颜色模式”为“类别”。单击“关闭”按钮。

步骤6：K均值聚类分析前原始效果如图10-8所示。

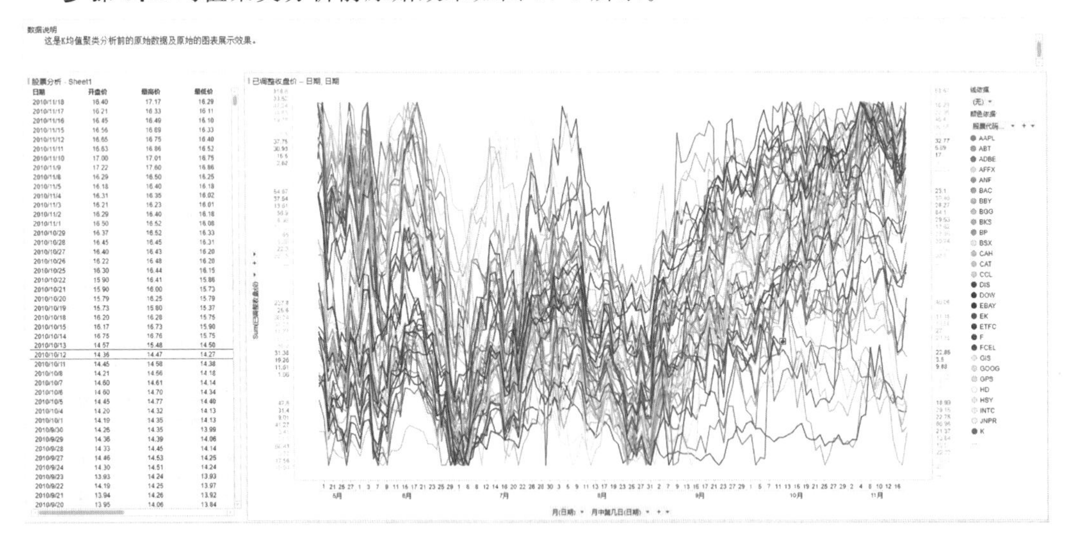

图10-8　K均值聚类分析前原始效果

步骤7：单击“菜单栏”的“工具”＞“K均值群集”，打开“K均值聚类分析”对话框。

步骤8：选择“距离度量”为“相关相似性”，设置“最大集群数”为“6”。单击“确定”按钮。

步骤9：单击图表右上角的“属性”按钮⚙，打开属性对话框。选择“X轴”菜单，勾选“显示缩放滑块”。

步骤 10:选择“Y 轴”菜单,右击“列”选择“自定义表达式”,设置“表达式(E)”为“Sum([已调整收盘价])

THEN Avg([Value]) OVER (LastPeriods(30,[Axis. X]))

THEN If(Count() OVER (LastPeriods(30,[Axis. X]))=30,[Value],null)”,

单击“确定”按钮,设置“列”为“多刻度”,选择“个人刻度”为“对于每一种颜色”。

步骤 11:选择“绘线依据”菜单中“针对每项显示一条直线”为“股票代码标志”。单击“关闭”按钮,属性设置完成。效果如图 10-9 所示。

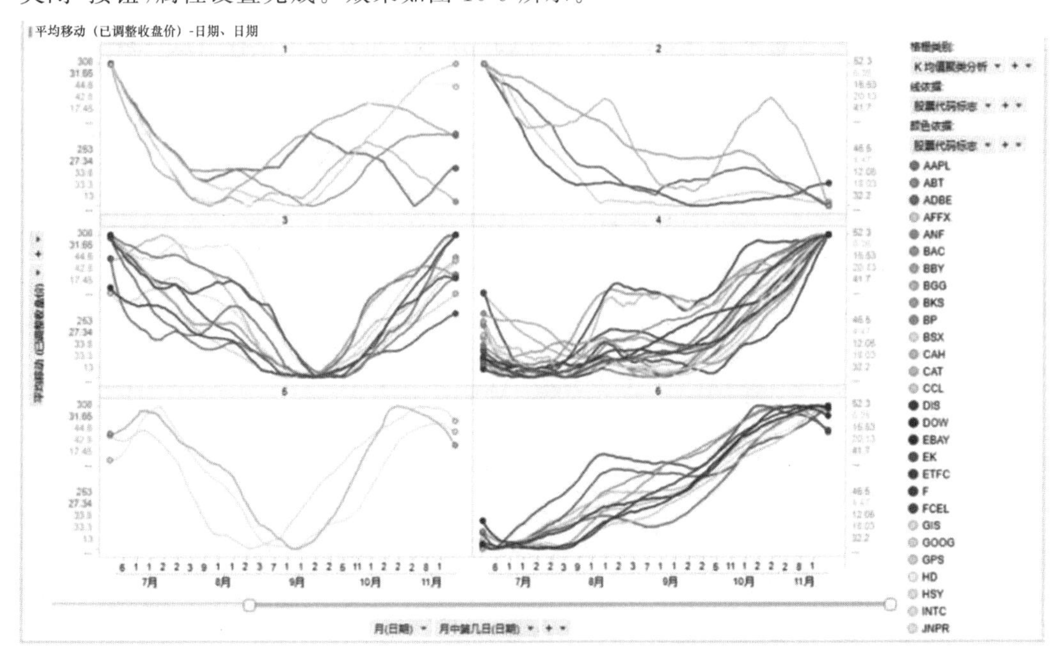

图 10-9　K 均值聚类分析后效果

对于凌乱的原始数据,我们采用相关相似性的距离度量方式来作为相似性的评价指标,按照最终调整的收盘价分成 6 类,从图 10-9 所示的分类结果,可以很明显地看出哪些股票之间具有相关性,以便于股民更有效地把握股票行情。

10.2.2 线相似性分析

线相似性用于将一组折线图中的线与选定主线进行比较,结果会产生两个新列。第一列为相似度列,为每个单独线提供了与主线间的相似度。第二列为相似度等级列,其中与主线最为相似的线等级为 1,然后依次排序。其中采用的度量方式包括相关相似性和欧氏距离。

相似性分析可用于评估消费者行为,产品购买同时发生的频率,优化产品陈列,增加交叉销售机会。或者用于股票分析中,从众多的股票中选择与自己最感兴趣的那只股票相似度较高的股票进行投资,增加经济收入。

通过线相似性分析,在众多股票中查找与选定的股票 ZQK(极速骑板)相似度最高的几只股票进行投资。具体操作步骤如下:

步骤 1:导入数据表。单击“工具栏”上的“添加数据表”按钮 ,打开“添加数据表”对话框,选择“添加”,导入“股票分析”数据表。单击“确定”按钮。

步骤 2:单击“工具栏”上的“折线图”按钮,新建折线图。在新建的折线图右上角单击“属性”按钮⚙,打开属性对话框。

步骤 3:选择“X 轴”菜单中“列”为“日期”。

步骤 4:选择“Y 轴”菜单中“列”为“已调整收盘价”,选择“多刻度”,设置“个人刻度”为“对于每一种颜色”。

步骤 5:选择“颜色”菜单中“列”为“股票代码标志”,设置“颜色模式”为“类别”。单击“确定”按钮,属性设置完成。

步骤 6:线相似性分析前的原始效果如图 10-10 所示。可在图中选择任意一条股票代码标志。

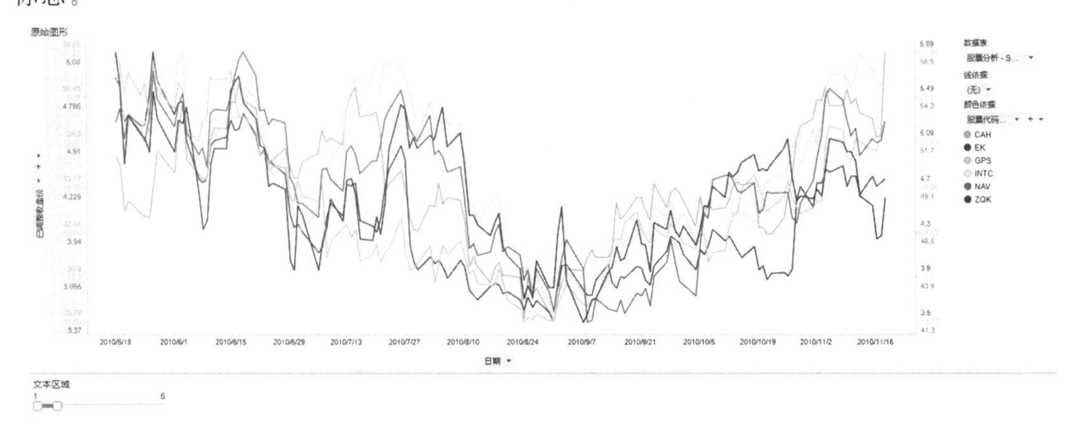

图 10-10 线相似性分析前的原始效果

步骤 7:选择“菜单栏”的“工具”>“线相似性”,打开“线相似性”对话框。将选中的股票代码定为主线,单击“确定”按钮,如图 10-11 所示。

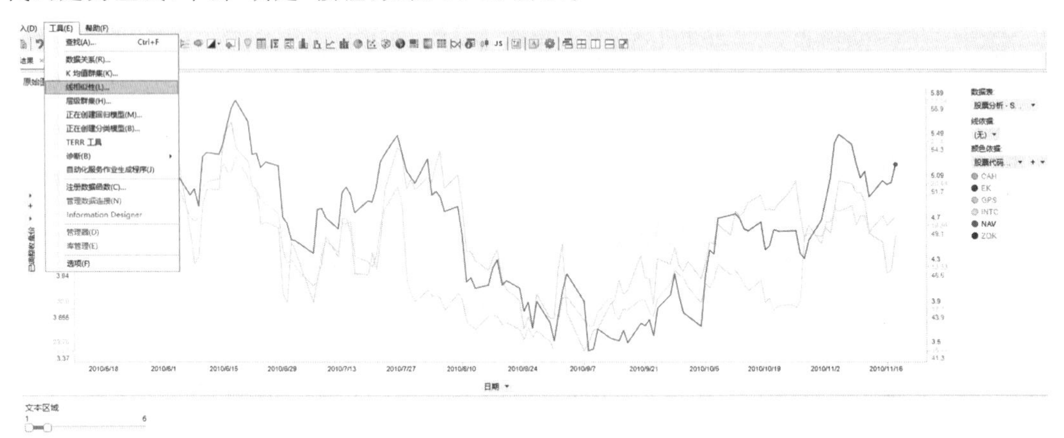

图 10-11 设置主线

步骤 8:单击“工具栏”上的“数据表”按钮▦,新建数据表。查看数据表中产生的两个新列。第一列为相似度列,为每个单独线提供了与主线间的相似度。第二列为相似度等级列,其中与主线最为相似的线等级为 1,然后依次排序。

步骤 9:新建折线图。设置“格栅”菜单,选择“面板”中“拆分依据”为“股票代码标志”。具体操作步骤请参照步骤 1～步骤 6。

步骤 10:单击“工具栏”上的“文本区域”按钮,新建文本区域。

步骤 11:单击右上角的“编辑文本区域”按钮,打开编辑文本区域对话框,选择“插入筛选器”按钮,打开“插入筛选器”对话框,选择“股票分析”中的“线相似度(rank)”。单击“确定”按钮。

步骤 12:单击“保存”按钮,完成文本区域的编辑。

步骤 13:可通过调整文本区域中的“线相似度(rank)”,查看在众多股票中选出与选定的股票相似度最高的几只股票进行投资。如图 10-12 所示。

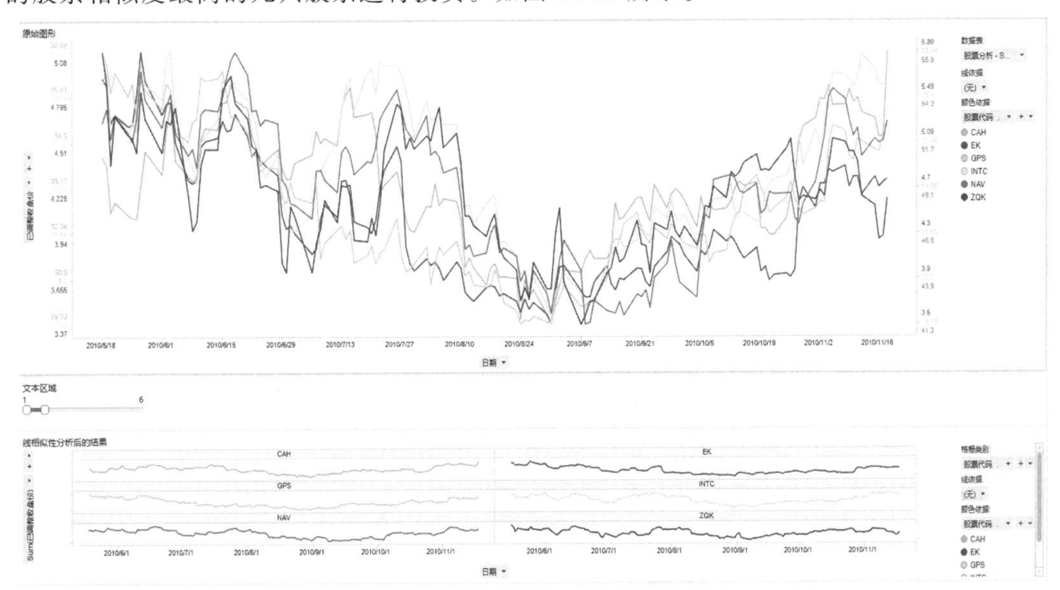

图 10-12 线相似性分析后效果

10.2.3 层级群集分析

层级群集工具在数据表中将行或列进行分组,根据项目之间的距离或相似度在采用树形结构的层级中排列项目。生成的层级图形表示为树形结构图表(称为树形图)。可以在热图中对行和列进行群集分析。行树形图显示了行之间的距离或相似度以及进行群集分析所得的各行所属节点。列树形图显示了变量(所选单元格值列)之间的距离或相似度。

在层级群集算法中编辑群集设置时有如下几种算法:

(1)群集分析法包括:UPGMA(非加权组平均法),是一种较常用的聚类分析方法,最早是用来解决分类问题的。通过 UPGMA 法所产生的系统发生树可以说是物种树的简单体现,在每一次趋势发生后,从共祖节点到 2 个 OTU 间的支的长度一样。因此 ,这种方法较多地用于物种树的重建。此外还有 WPGMA、单个链接、完全链接、沃德法等。

(2)距离度量方式包括:相关性、余弦相关性、Tanimoto 系数、欧氏距离、城市街区距离、平方欧氏距离、半平方欧氏距离等。

(3)排序权重方式包括:平均值和输入平均值。

(4)空值替换方法包括:常数值、列平均值、行平均值、行插值等。

(5)规范化方法包括:按平均值进行规范、按截尾平均值进行规范、按百分位数进行规范、0 到 1 之间的刻度、减去平均值、减去中位数、按带符号的比值进行规范、按对数比值进行规范、按标准偏差单位中的对数比值进行规范、Z 得分计算。

通过对世界各国固定宽带、固定电话、互联网用户等行业的人口占比情况进行分析，了解到发展程度相近的国家各行业的发展情况相接近。具体操作步骤如下：

步骤 1：导入数据表。单击“工具栏”上的“添加数据表”按钮，打开“添加数据表”对话框，选择“添加”，导入“世界银行数据”数据表。单击“确定”按钮。

步骤 2：单击“工具栏”上“表”按钮，新建数据表。单击“工具栏”上的“筛选器”按钮。在界面右侧出现筛选器面板，在“国家”复选框中勾选“巴基斯坦、白俄罗斯、德国、尼泊尔、委内瑞达、乌克兰、印度、中国、智利”九个国家。

步骤 3：单击“工具栏”上“热图”按钮，新建热图。在新建的热图中单击右上角的“属性”按钮，打开属性对话框。

步骤 4：选择“Y 轴”菜单中“列”为“国家”。

步骤 5：选择“树形图”菜单，在“设置对象”下拉列表中选择“行树形图”，并勾选“显示行树形图”。单击“计算层级群集”的“设置”，打开对话框，设置“距离度量”为“相关性”，单击“确定”按钮。单击“设置对象”后的“更新”按钮，显示行树形图。

步骤 6：在“树形图”菜单中选择“设置对象”下拉列表中的“列树形图”，并勾选“显示列树形图”。单击“计算层级群集”的“设置”，打开对话框，设置“距离度量”为“相关性”，单击“确定”按钮。单击“设置对象”后的“更新”按钮，显示列树形图。

步骤 7：设置完成，单击“关闭”按钮。如图 10-13 所示。

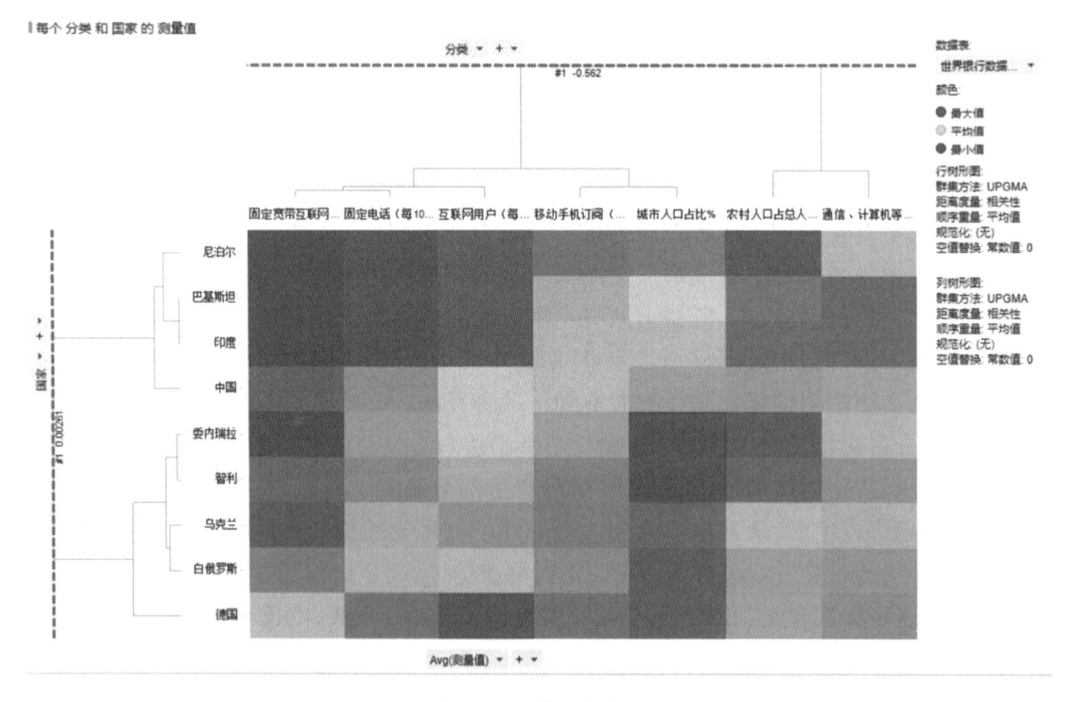

图 10-13　层级群集分析

10.2.4 Holt-Winters(指数平滑法)模型

Holt-Winters(指数平滑法):遵循重近轻远的原则,对全部历史数据采用逐步衰减的不等加权办法进行数据处理的一种预测方法。它是以指数方式对时间序列的级别、趋势和季节分量进行加权移动平均值筛选。可用于销售行业的预测、铁路运输旅客周转量的数据等。

Holt-Winters 预测的输出是三条不同的曲线:一条显示目标度量的一般变化的拟合曲线;一条预测未来趋势的预测曲线;一条显示不安全性随着预测值离已知值越远而不断增加的置信区间。

在 Holt-Winters 预测模型中,关键是参数:级别(alpha)、趋势(beta)、季节性(gamma)的取值范围的确定,三个参数的取值范围都是:0＜参数≤1,值较小表示 X 轴方向上较旧值的权重更高一些,值接近 1.0 表示最新值的权重较高。该字段留空可让 Holt-Winters 函数自动查找该参数的最佳值;也可手动选择,一般来说,如果数据波动较大,参数值应取大一些,可以增加近期数据对预测结果的影响。如果数据波动平稳,参数值应取小一些。应用最广泛的是经验判断法,这种方法主要依赖于时间序列的发展趋势和预测者的经验做出判断。

(1)当时间序列呈现较稳定的水平趋势时,应选较小的值,一般可在 0.05～0.20 取值;

(2)当时间序列有波动,但长期趋势变化不大时,可选稍大的值,常在 0.1～0.4 取值;

(3)当时间序列波动很大,长期趋势变化幅度较大,呈现明显且迅速地上升或下降趋势时,宜选择较大的值,如可在 0.6～0.8 取值,以使预测模型灵敏度高些,能迅速跟上数据的变化;

(4)当时间序列数据是上升或下降的发展趋势类型,应取较大的值,如可在 0.6～1 取值。

对于频率这个参数,只有模型中包含季节 (gamma) 分量时才适用。指定每个采样期间的观察次数。例如,每月数据的频率为 12。频率必须大于 1,以便拟合季节分量。

对于时间点提前这个参数,指定至未来的时间点(节点)数量,其用于预测时间序列的值。如果图表显示月份,则向前时间点数等于要向前预测的月数。如果图表显示年份,则向前时间点数代表要向前预测的年数。

对于置信级别这个参数,指定置信级别,此值应该大于 0 而小于 1。

我们对某费用数据采用 Holt-Winters 模型,做出拟合曲线并预测分析。具体操作步骤如下:

步骤 1:导入数据表。单击“工具栏”上的“添加数据表”按钮,打开“添加数据表”对话框,选择“添加”,导入“数据表”,单击“确定”按钮。

步骤 2:单击“工具栏”上的“折线图”按钮,新建折线图。在新建的折线图右上角单击“属性”按钮,打开属性对话框。

步骤 3:选择“X 轴”菜单,右击“列”选择“自定义表达式”,设置“表达式(E)”为“＜BinByDateTime([日期],"Year. Quarter",1)＞”,单击“确定”按钮。

步骤 4:选择“Y 轴”菜单中“列”为“金额”,设置聚合函数为“Sum(求和)”。

步骤 5:选择“直线和曲线”菜单,单击“可见线条和曲线”后的“添加”,在下拉列表中选择“预测-Holt-Winters”,打开属性对话框。

步骤 6:在“预测-Holt-Winters”对话框中,设置“时间点提前”为“12”,“置信级别”为

“0.95”。单击“确定”按钮。

步骤 7:在“直线和曲线”菜单中勾选“可见线条和曲线”中的“置信”。

步骤 8:在“直线和曲线”菜单中单击“可见线条和曲线”中的“预测”,选择“标签和工具提示”,打开属性对话框。如图 10-14 所示。

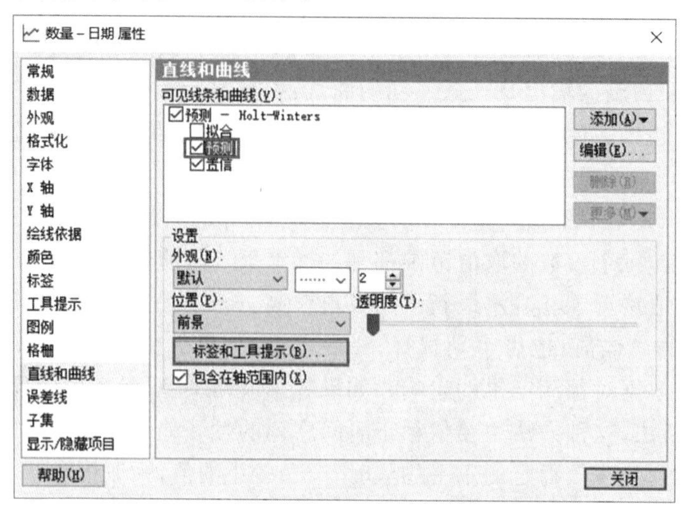

图 10-14 设置线条属性

步骤 9:在“标签和工具提示”对话框中勾选“标签”与“工具提示”下所有复选框,单击“确定”按钮。

步骤 10:选择“格栅”菜单中“面板”的“拆分依据”为“费用类型”,并勾选“手动布局”,设置“最大行数”与“最大列数”为“2”,单击“关闭”按钮。如图 10-15 所示。

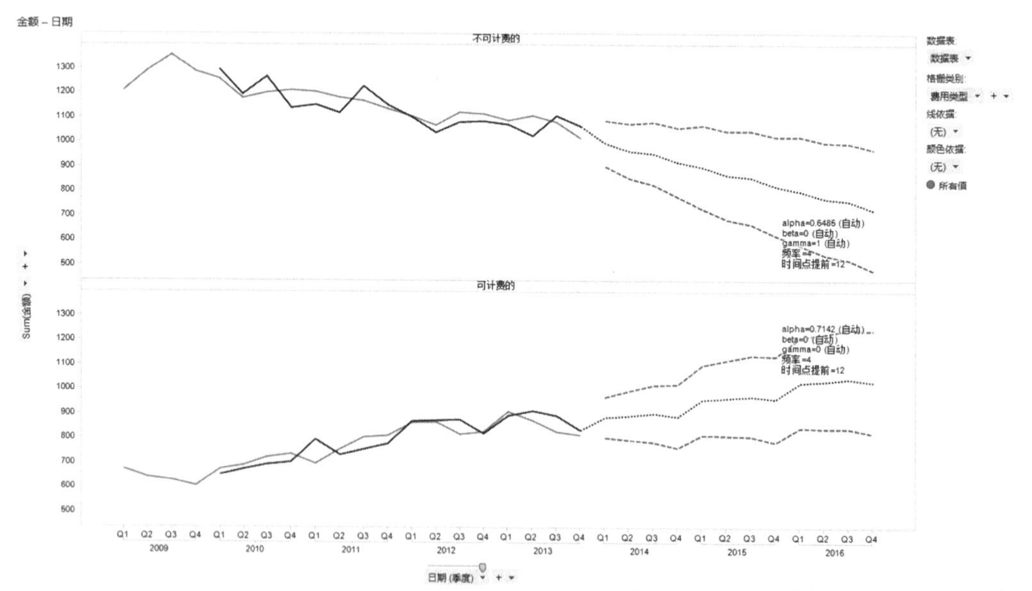

图 10-15 Holt-Winters(平滑指数)模型

级别(alpha)=0.6486,意味着当期预测是介于近期值的权重稍大一点,这也符合预测的方法,根据提供的最近的数据去预测未来几年的数据趋势;

趋势(beta)＝0,表明趋势部分的斜率在整个时间序列上变化基本不变,这个也符合人们的直观感受,水平改变非常多,但是趋势部分斜率是基本不变的;

季节性(gamma)未启用,表明当期数据的预测,季节性影响不大;

频率＝4,表明当前以 4 个季度为一个观测周期;

时间点提前＝12,表明向前预测未来 12 个季度的数据。

在实际应用预测过程中,可能要给不同时间段的数据设置不同的权重,比如节假日活动期间或者是市场因素等,来对预测结果进行修正。这时我们可以设置级别(alpha)、趋势(beta)和季节性(gamma)的值来满足需求,它们的取值范围在 0 到 1 之间,当值较小表示 X 轴方向上较旧值的权重更高一些,值接近 1 表示最近值的权重较高。

从 Holt-Winters 预测模型的结果可以看出,可计费的费用类型呈现稳步上升的趋势,不可计费的费用类型呈现下降趋势。

10.2.5 关联规则分析模型

关联规则反映一个事物与其他事物之间的相互依存性和关联性。如果两个或者多个事物之间存在一定的关联关系,那么,其中一个事物就能够通过其他事物被预测到。

关联规则挖掘是数据挖掘中最活跃的研究方法之一。典型的关联规则发现问题是对超市中的购物篮数据进行分析。通过发现顾客放入购物篮中的不同商品之间的关系来分析顾客的购买习惯。其中最经典的是 Apriori 算法,它是利用逐层搜索的迭代方法来完成频繁项集的挖掘,产生强关联规则。

关联规则分析模型应用于多个行业中。如在医疗方面,可找出可能的治疗组合方案;在银行方面,对顾客进行分析,可以推荐感兴趣的服务等;在保险业务方面,如果出现了不常见的索赔要求组合,则可能为欺诈,需要做进一步的调查等。

关联规则是指从大量数据中挖掘出有价值的数据项之间的相关关系,用关联规则表示出来,从而为当前市场经济发展提供准确的决策手段。

关联规则中三个重要的衡量指标:

(1)支持度(support)

支持度是指在所有项目集{X, Y}中出现的可能性,即项目集中同时含有 X 和 Y 的概率,记为 $P(X \cup Y)$;

(2)置信度(confidence)

置信度表示在先决条件 X 发生的条件下,关联结果 Y 发生的概率,记为 $P(Y|X)$;

(3)提升度(lift)

提升度表示在含有 X 的条件下同时含有 Y 的可能性与没有 X 这个条件下项目集中含有 Y 的可能性之比,记为 $P(Y|X)/P(Y)$。

关联规则挖掘总体过程主要包括两步:

(1)找出所有支持度≥最小支持度的频繁项目集;

(2)由频繁项目集生成满足≥最小置信度的关联规则。

构造 Apriori 算法模型:

关联规则挖掘算法中最经典的是 Apriori 算法,它利用逐层搜索的迭代方法来完成频繁项集的挖掘，即利用($k-1$)—项集产生 k—项集。具体做法如下：

(1)找出所有的频繁 1—项集，记为 L_1；

(2)利用挖掘频繁 2—项集 L_2，如此不断循环，直至找到所有的频繁 k—项集为止；

(3)计算每类中各个规则的支持度，找出所有支持度≥最小支持度的规则即为关联规则。

我们对某超市购物篮的数据集进行关联规则分析模型分析，查看数据运行结果。具体操作步骤如下：

步骤 1：单击“工具栏”上的“添加数据表”按钮，打开“添加数据表”对话框，选择“添加”，导入“超市购物篮数据集”数据表，单击“确定”按钮。

步骤 2：单击“工具栏”上的“工具”>“TERR 工具”，打开对话框，选择“程序包管理”面板。

步骤 3：在“CRAN 程序包存储库”的下拉列表中选择“0-Cloud [https]”，单击“加载”按钮，加载可用程序包。在“可用程序包”中选择“arules”，单击“安装”按钮，如图 10-16 所示。安装完成，单击“关闭”按钮。

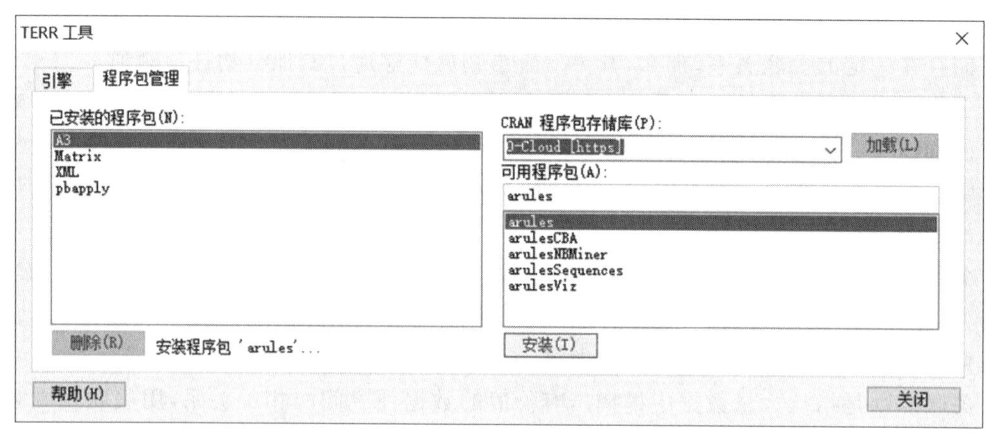

图 10-16 安装程序包

步骤 4：单击“工具栏”上的“工具”>“注册数据函数”，打开对话框，设置名称为“购物篮分析”。在“脚本”面板中输入脚本。

```
gouwuche <- function(x,y)
{
    library(arules);
    #将数据转化为合适的格式
    data <- as(split(y,x),"transactions");
    #求频繁项目集
    #frequentsets <- eclat(data, parameter=list(support=0.3,maxlen=10));
    #求关联规则
    rules <- apriori(data, parameter=list(support=0.3,confidence=0.5,minlen=2));
    out <- inspect(rules);
}
output <- gouwuche(x,y);
```

步骤 5：选择“输入参数”面板，单击“添加”，打开“输入参数”对话框，设置名称与显示名称为“x”,“类型”为“列”,“允许的数据类型”选择“全部”,单击“确定”按钮,添加完成。

步骤 6:参照参数 x 的添加,完成参数 y 的添加。如图 10-17 所示。

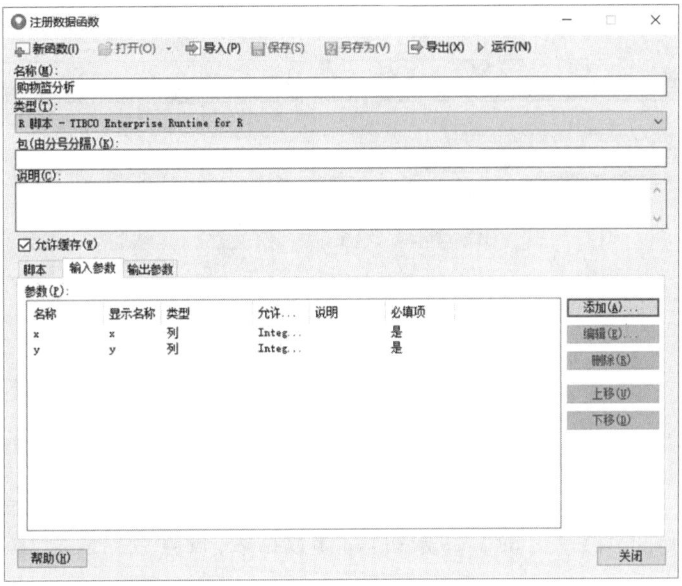

图 10-17 设置参数

步骤 7:选择“输出参数”面板,单击“添加”,打开“输出参数”对话框,设置名称与显示名称为“output”,“类型”为“表”,单击“确定”按钮,添加完成。

步骤 8:单击“注册数据函数”对话框中的“运行”按钮,打开“编辑参数”对话框,设置参数“x”的处理程序为“列”,“列”为“商品 ID”;设置参数“y”的处理程序为“列”,“列”为“商品名称”。如图 10-18 所示。

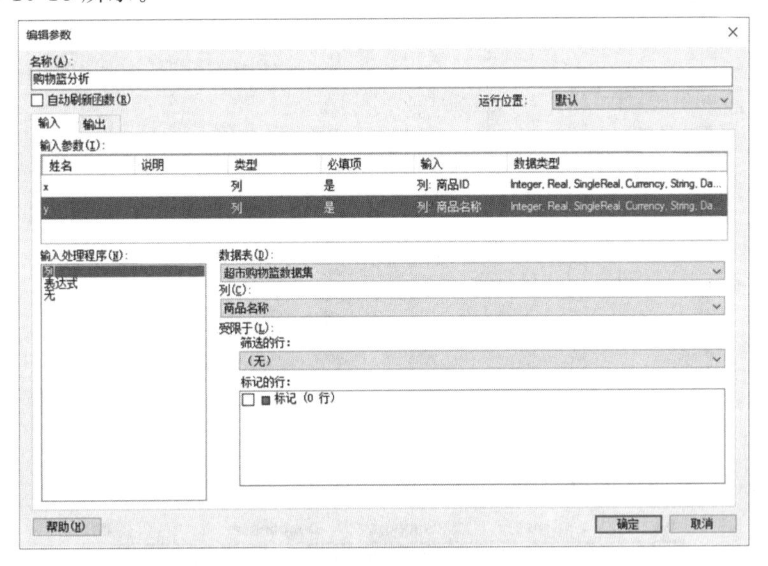

图 10-18 编辑参数

步骤 9:选择“输出”面板,设置参数“output”的处理程序为“数据表”,如图 10-19 所示。单击“确定”按钮,进行加载,加载完成单击“关闭”按钮。

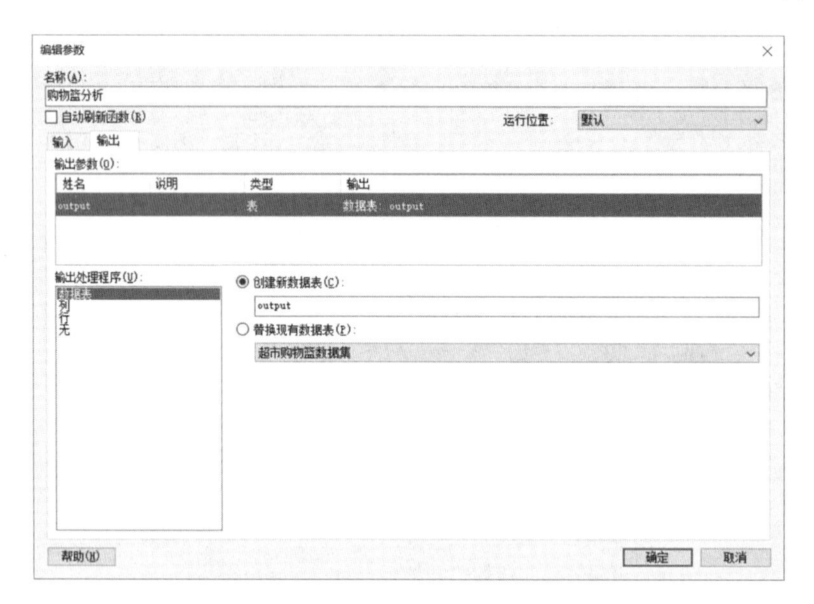

图 10-19 设置输出处理程序

步骤 10:单击“工具栏”上的“表”按钮,新建数据表,设置数据表为“output”,查看数据变化。如图 10-20 所示。

output

lhs	Column 2	rhs	support	confidence	lift	count
{奶酪}	=>	{果汁}	0.38	0.75	1.00	3.00
{果汁}	=>	{奶酪}	0.38	0.50	1.00	3.00
{奶酪}	=>	{面包}	0.38	0.75	1.00	3.00
{面包}	=>	{奶酪}	0.38	0.50	1.00	3.00
{奶酪}	=>	{牛奶}	0.38	0.75	1.00	3.00
{牛奶}	=>	{奶酪}	0.38	0.50	1.00	3.00
{牛肉}	=>	{果汁}	0.38	0.75	1.00	3.00
{果汁}	=>	{牛肉}	0.38	0.50	1.00	3.00
{牛肉}	=>	{面包}	0.50	1.00	1.33	4.00
{面包}	=>	{牛肉}	0.50	0.67	1.33	4.00
{牛肉}	=>	{牛奶}	0.38	0.75	1.00	3.00
{牛奶}	=>	{牛肉}	0.38	0.50	1.00	3.00
{薯片}	=>	{果汁}	0.38	0.60	0.80	3.00
{果汁}	=>	{薯片}	0.38	0.50	0.80	3.00
{薯片}	=>	{面包}	0.38	0.60	0.80	3.00
{面包}	=>	{薯片}	0.38	0.50	0.80	3.00
{薯片}	=>	{牛奶}	0.63	1.00	1.33	5.00
{牛奶}	=>	{薯片}	0.63	0.83	1.33	5.00
{果汁}	=>	{面包}	0.63	0.83	1.11	5.00
{面包}	=>	{果汁}	0.63	0.83	1.11	5.00
{果汁}	=>	{牛奶}	0.50	0.67	0.89	4.00
{牛奶}	=>	{果汁}	0.50	0.67	0.89	4.00
{面包}	=>	{牛奶}	0.50	0.67	0.89	4.00
{牛奶}	=>	{面包}	0.50	0.67	0.89	4.00
{奶酪,果汁}	=>	{面包}	0.38	1.00	1.33	3.00
{奶酪,面包}	=>	{果汁}	0.38	1.00	1.33	3.00
{果汁,面包}	=>	{奶酪}	0.38	0.60	1.20	3.00
{果汁,牛肉}	=>	{面包}	0.38	1.00	1.33	3.00
{牛肉,面包}	=>	{果汁}	0.38	0.75	1.00	3.00
{果汁,面包}	=>	{牛肉}	0.38	0.60	1.20	3.00
{牛肉,面包}	=>	{牛奶}	0.38	0.75	1.00	3.00
{牛奶,牛肉}	=>	{面包}	0.38	1.00	1.33	3.00
{牛奶,面包}	=>	{牛肉}	0.38	0.75	1.50	3.00
{果汁,薯片}	=>	{牛奶}	0.38	1.00	1.33	3.00
{牛奶,薯片}	=>	{果汁}	0.38	0.60	0.80	3.00
{果汁,牛奶}	=>	{薯片}	0.38	0.75	1.20	3.00
{薯片,面包}	=>	{牛奶}	0.38	1.00	1.33	3.00
{牛奶,薯片}	=>	{面包}	0.38	0.60	0.80	3.00
{牛奶,面包}	=>	{薯片}	0.38	0.75	1.20	3.00
{果汁,面包}	=>	{牛奶}	0.38	0.60	0.80	3.00

数据表:
output

图 10-20 运行后的数据表

对于规则,牛肉-面包的数据解释如图 10-21 所示。

lhs	...	rhs	support	confidence	lift
{牛肉}	=>	{面包}	0.50	1.00	1.33

图 10-21 数据解释

同时购买牛肉和面包的顾客比例是 0.5(指在 8 条交易项目中同时购买牛肉和面包的交易条目是 4,根据支持度的概念,项集{x,y}在总项集里出现的概率:Support(X→Y) =

P(X,Y)/P(I) =P(X U Y)=num(X U Y)/num(I) =4/8=0.5［注:num(I) 表示总的事务集的个数,num(X U Y)表示含有{X,Y}的事务集的个数］,它在关联规则中称作支持度(support),表示在所有顾客当中有 50%的人同时购买了牛肉和面包,它反映了同时购买牛肉和面包的顾客在所有顾客当中的覆盖范围。

在购买牛肉的顾客当中也买了面包的顾客比例是 1,指在 8 条交易项目中购买牛肉的条目是 4,在买了牛肉的条目中也买了面包的条目还是 4,根据置信度的概念,在含有 x 的项集中含有 y 的可能性:confidence(X→Y)=P(Y|X)=P(X,Y)/P(X)=P(X U Y)/P(X)=4/4=1),它在关联规则中称作置信度(confidence),表示在买了牛肉的顾客当中有 100%的人买了面包,它反映了可预测的程度,即顾客买了牛肉的情况下有多大可能性买面包。

在购买牛肉的顾客中也买了面包的顾客数与只买了面包的顾客数比例是 1.33(根据提升度的概念,表示含有 x 的条件下同时含有 y 的概率,与不含 x 的条件下却含 y 的概率之比:Lift(X→Y)=P(Y|X)/P(Y)=(4/4) / (6/8)=4/3=1.33,其中 4/4 是上面所说的置信度,指购买牛肉的条目是 4,在买了牛肉的条目中也买了面包的条目还是 4,所以为 4/4;6/8 是指在 8 条项目中只买了面包的条目是 6,所以为 6/8),它在关联规则中称作提升度(lift),说明顾客在买了牛肉的同时会去买面包,两者有非常强的关联关系,满足最小支持度和最小置信度的规则,叫作“强关联规则”,如果 lift(X→Y)>1,则规则“X→Y”是有效的强关联规则。如果 Lift(X→Y)<1,则规则“X→Y”是无效的强关联规则。特别地,如果 Lift(X→Y)=1,则表示 X 与 Y 相互独立,即是否有 X,对于 Y 的出现没有影响。

步骤 11:单击“工具栏”上的“散点图”按钮,新建散点图。单击新建散点图右上角的“属性”按钮,打开属性对话框。选择“数据”菜单中“数据表”为“output”。

步骤 12:选择“X 轴”菜单中“列”为“lhs”;选择“Y 轴”菜单中“列”为“rhs”;选择“颜色”菜单中“列”为“support”,设置“颜色模式”为“梯度”,并添加“点”进行调整。

步骤 13:选择“大小”菜单中“大小排序方式”为“lift”,选择“刻度”中“从最小值到最大值”,并设置“最小限制”为“自动”,“最大限制”为“值”并设置值为“1”。

步骤 14:设置完成,单击“关闭”按钮。如图 10-22 所示。

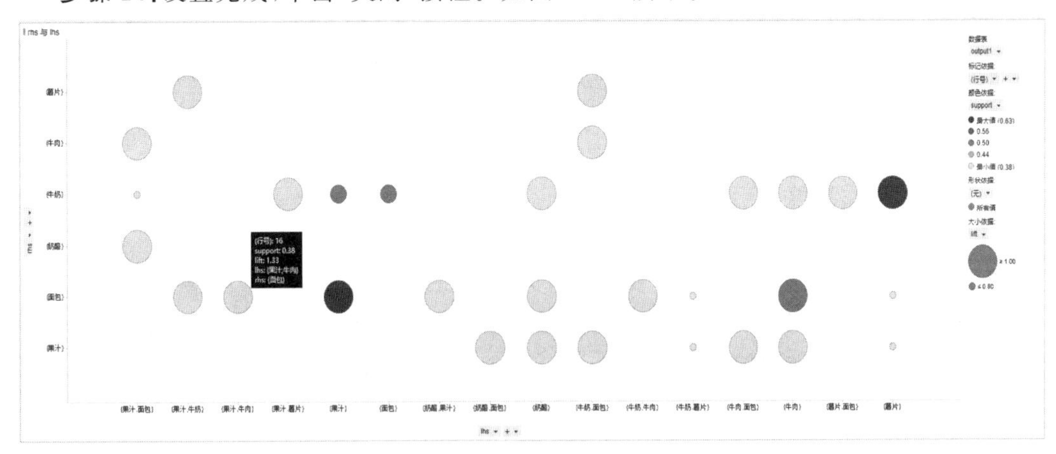

图 10-22　关联规则分析模型

从图中可看出,{果汁-面包}、{薯片-牛奶}这两种商品组合的支持度和提升度都很高,图形颜色越深,说明顾客在购买了牛肉之后,去购买面包的可能性越大;图形越大,说明顾客在买了牛奶之后去买面包这个关联规则的有效性；提升度(lift)大于1，说明通过分析两者的关联规则是有效的，等于1，说明两者是独立的，小于1，说明两者的关联规则是无效的。

10.3 数据挖掘实现语言

随着互联网发展以及大批海量数据的到来，之前传统的依靠SPSS、SAS等可视化工具实现数据挖掘建模已经越来越不能满足日常需求，依据美国对数据科学家(DataScientist)的要求，想成为一名真正的数据科学家，编程实现算法以及编程实现建模已经是必要条件，所以找到一门快速上手而又高效的编程语言是至关重要的，好的工具和编程语言可以起到事半功倍的效果。

目前在数据挖掘算法方面用得最多的编程语言有Java、C++、C、Python、R等。相较于其他语言，Python和R本身在数据分析和数据挖掘方面都有比较专业和全面的模块，很多常用的功能，比如矩阵运算、向量运算等高级的用法，本节重点介绍Python、R两种语言。

10.3.1 Python语言

Python的第一个公开发行版发行于1991年，它是纯粹的自由软件，源代码和解释器(CPython)都遵循GPL(GNU General Public License)协议。Python 2.0于2000年10月16日发布，实现了垃圾回收，并支持Unicode。Python 3.0被称为Python 3000，或简称Py3k，发布于2008年12月3日，相对于Python的早期版本，做了较大的升级。但是Python 3.0未考虑向下相容，导致早期Python版本设计的程序无法在Python 3.0上正常执行。2018年3月，Python核心团队宣布在2020年停止支持Python 2.0，只支持Python 3.0。

Python语言由于其开源性、面向对象、解释性且功能强大，在科学计算、数据分析、应用开发、数学建模、网络编程等方面得到了广泛的应用。尤其在数学建模方面，因为Python属于开源软件并且第三方库无论是在数量还是功能方面都极其丰富，因而称为继MAT-LAB等常规建模软件之后最流行的工具之一，甚至在某些功能模块上有过之而无不及。本节主要介绍Python语言的基本功能和常用模块，以达到快速入门的目的。

1. Python开发环境

(1)IDLE

IDLE是Python的内置集成开发工具，即Python安装完成，IDLE就安装完成。

IDLE代码执行方便快捷，但是必须逐条输入语句，不便于重复执行，适合测试少量的Python代码，不适合复杂的程序设计。

(2)PyCharm

PyCharm由JetBrains公司开发，带有一套可以帮助用户提高Python语言开发效率的工具，如调试、语法高亮、Project管理、代码跳转、智能提示等功能。PyCharm的操作界面如图10-23所示。

图 10-23 PyCharm 的操作界面

(3)Anaconda

Anaconda 是 Python 的一个发行版,相当于官方的 Python 集成了 IDE(集成开发环境)和常用的第三方库,免去了官方版本及下载配置编译器和功能包的步骤。Anaconda 的开发环境如图 10-24 所示。

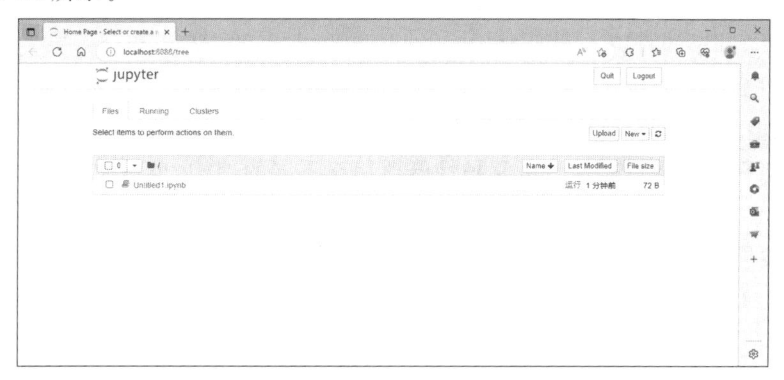

图 10-24 Anaconda 的开发环境

2. Python 语言的优缺点

(1)优点

①软件质量高

Python 秉承了简洁、清晰的语法以及高度一致的编程模式。始终如一的设计风格,可以保证开发出相当规范的代码。针对错误,Python 提供了"安全合理"的退出机制。Python 支持异常处理,能有效捕获和处理程序运行时发生的错误,使用户能够监控这些错误并进行处理。

Python 代码能打包成模块和包,方便管理和发布,很适合团队协同开发。

②开发速度快

Python 致力于开发速度的最优化:简洁的语法、动态的类型、不需要编译、丰富的库支

持等特性使得程序员可以快速地进行项目开发。Python 往往只要几十行代码就可以开发出需要几百行 C 代码的功能。

Python 解析器能很方便地进行代码调试和测试，也可作为一个编程接口嵌入一个应用程序中。这就使得在开发过程中可以直接进行调试，而避免了耗时而又麻烦的编译过程，大大提高了开发的速度和效率。

在 Python 中，由于内存管理是由 Python 解释器负责的，所以开发人员就可以从内存管理事务中解放出来，仅仅致力于开发计划中首要的应用程序设计。这使得 Python 编写的程序错误更少、更加健壮、开发周期更短。

③功能强大

Python 的功能足够强大，本身也足够强壮，它还有许多面向其他系统的接口，所以完全可以使用 Python 开发整个系统的原型。

为了完成更多特定的任务，Python 内置了许多预编码的库工具，从正则表达式到网络编程，再到数据库编程都可支持。在 Web 领域、数据分析领域等，Python 还有强大的框架帮助用户快速开发服务。例如 Django、TruboGears、Pylons 等。

④易于扩展

Python 易于扩展，可以通过 C 或 C++编写的模块进行功能扩展，使其能够成为一种灵活的黏合语言，可以脚本化处理其他系统和组件的行为。

⑤跨平台

Python 是跨平台的。在各种不同的操作系统上（Linux、Windows、MacOS、UNIX 等）都可以看到 Python 的身影。因为 Python 是用 C 语言写的，又由于 C 语言的可移植性，使得 Python 可以运行在任何带有 ANSI C 编译器的平台上。尽管有一些针对不同平台开发的特有模块，但是在任何一个平台上用 Python 开发的通用软件都可以稍事修改或者原封不动地在其他平台上运行。这种可移植性既适用于不同的架构，也适用于不同的操作系统。

（2）缺点

①运行速度慢

和 C/C++程序相比 Python 的运行速度非常慢，因为 Python 是解释型语言，代码在执行时会一行一行地翻译成 CPU 能理解的机器码，这个翻译过程非常耗时，所以很慢。而 C 程序是运行前直接编译成 CPU 能执行的机器码，所以非常快。不过，根据二八定律，大多数程序对速度要求不高。某些对运行速度要求很高的情况，Python 设计师倾向于使用 JIT 技术，或者使用 C/C++语言改写这部分程序。

②代码不能加密

如果要发布 Python 程序，实际上就是发布源代码。这一点跟 C 语言不同，C 语言不用发布源代码，只需要把编译后的机器码发布出去。要从机器码完整反推出 C 代码是不可能的。

3. Python 数据挖掘案例

实现疾病预测（使用 k 近邻算法）。

现有表示肿瘤疾病的数据 raw_x=[[5.12507381, 2.38868064],[4.06119858, 7.99152429],[9.80706885, 3.73822576],[3.53156339, 1.93738597],[5.64863127, 6.96960072],[6.62131479, 2.6924635],[2.11392891, 8.38364272],[1.5148967,

9.60347562],[9.95199519, 6.70521274],[7.237527, 4.53229011]];raw_y=[0,0,0,0,0,1,1,1,1,1],新增加的疾病数据[[4.12507381, 8.38868064]],判断此数据表示的是良性肿瘤还是恶性肿瘤。

说明:raw_y 数据集中的 0 表示良性肿瘤;1 表示恶性肿瘤。

实现代码如下:

(1)导入所需的包

```
import numpy as np
import matplotlib.pyplot as plt
```

(2)准备训练数据并绘制图像

```
raw_x=[[5.12507381, 2.38868064],[4.06119858,7.99152429],[9.80706885,3.73822576],[3.53156339,1.93738597],[5.64863127,6.96960072],
        [6.62131479, 2.6924635],[2.11392891, 8.38364272],[1.5148967 , 9.60347562],[9.95199519, 6.70521274],[7.237527, 4.53229011]]
raw_y=[0,0,0,0,0,1,1,1,1,1]  #0 表示良性  1 表示恶性
train_x=np.array(raw_x)
train_y=np.array(raw_y)
plt.scatter(train_x[train_y==0,0],train_x[train_y==0,1],marker="*")
plt.scatter(train_x[train_y==1,0],train_x[train_y==1,1],marker="^")
plt.show()
```

运行结果如图 10-25 所示。

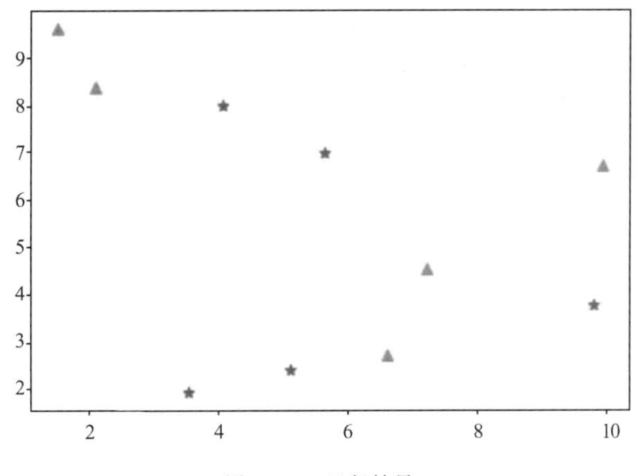

图 10-25 运行结果

说明:图中星号表示良性肿瘤,三角形表示恶性肿瘤。

(3)使用 Sklearn 中的 KNN 算法对进行训练

```
from sklearn.neighbors import KNeighborsClassifier
KNN_classfier=KNeighborsClassifier(n_neighbors=7)
KNN_classfier.fit(train_x,train_y)
```

(4)准备新的数据并绘图

```
newObject=[[1.12507381, 4.38868064]]
plt.scatter(train_x[train_y==0,0],train_x[train_y==0,1],marker=".")
plt.scatter(train_x[train_y==1,0],train_x[train_y==1,1],marker="^")
```

```
plt.scatter(newObject[0][0],newObject[0][1],marker="<")
plt.show()
```

(5)对新数据进行预测

```
xx=np.array(newObject).reshape(-1,2)
result=KNN_classfier.predict(xx)
print(result)
```

结果:[[0]]:良性肿瘤

10.3.2 R 语言

与 Python 类似,R 在机器学习领域也受到了非常多的关注,很大程度上是由于该类软件同属于开源类软件。像 SPSS 软件采用的是菜单式操作,对编程的要求很低,与多数分析者眼中的高级软件有些出入。而 SAS 软件的内存占有量很高,正常安装将会占用 8 GB 左右的内存,加之其购买价格昂贵,让多数非企业用户望而却步。Matlab 是专业的矩阵运算软件,并非为专业的统计分析、机器学习而设计,在实现较为复杂的数据挖掘、机器学习算法时缺乏可直接调用的各类软件包,其他统计软件的使用更为小众,如此一来,R 语言与 Python 语言就因其编程自由度高、容易安装的特性脱颖而出。

R 语言是目前应用最为广泛的数据挖掘与分析工具之一。该语言能广受统计分析者们的喜爱,主要归功于 R 语言的四个突出特征:第一,免费共享。分析者可以在 R 语言组织的官方网站选择不同的镜像进行免费下载和使用。第二,丰富的分析方法和软件包。R 语言不仅囊括了众多的经典、通用的统计和数据挖掘方法方便用户使用,还以开源的形式提供不同应用领域问题的专用模型算法和软件包。第三,便捷灵活的操作。R 语言属于解释性语言,方便新用户快速入门,集成了众多数据操作方法,可通过编程自动实现数据的批量整理。第四,巨大的成长空间。R 语言拥有开放的网络社区化平台,至今仍在不断吸引更多的专家学者和开发应用人员注册成为 R 语言的忠实开发者,与此同时,更多、更有效、更前沿的方法正不断融入 R 语言中,为 R 语言的方法包的更新迭代注入新的活力。

1. 输入 R 指令

用户只需要在 R 或 Rstudio 中的“>”符号后输入指令,然后按回车键就可以执行指令。比如,输入 1+2 后按回车键,R 就会显示答案:

```
>1+2
[1] 3
```

在数据挖掘中,向量数据是常用的数据类型,在 R 中用户可以以向量的形式输入。比如,要输入 1,2,3,4,5,6,7,8,9,10 这 10 个数字,用户可以使用向量类型把该组数据存储在一个变量中:

```
> data <- c(1,2,3,4,5,6,7,8,9,10)
> data
[1]  1  2  3  4  5  6  7  8  9 10
```

上例中,R 使用 c()指定了一个向量,并将该向量的数据存储在对象 data 中,通过调用 data,即可输出对象 data 的具体取值。“<-”在 R 中表示赋值符号,也可将其替换成等号“=”。在 R 中,所有的函数均使用()进行连接,比如上例中的 c()表示的就是向量函数,该

函数将括号中的数据转换成向量数据类型，并赋值给对象 data。除向量外，R 还提供了矩阵(matrix)、清单(list)、数据框(dataframe)等常用数据类型。

值得一提的是，无论是 R 还是 Rstudio，均为用户提供了丰富的帮助文档，用户通过帮助文档查阅某一函数的详细用法。比如，我们想输入一个矩阵数据，在已知矩阵数据类型使用 matrix 函数进行输入的前提下，用户可通过输入“？ matrix”查阅 matrix 函数的具体用法，如图 10-26 所示。

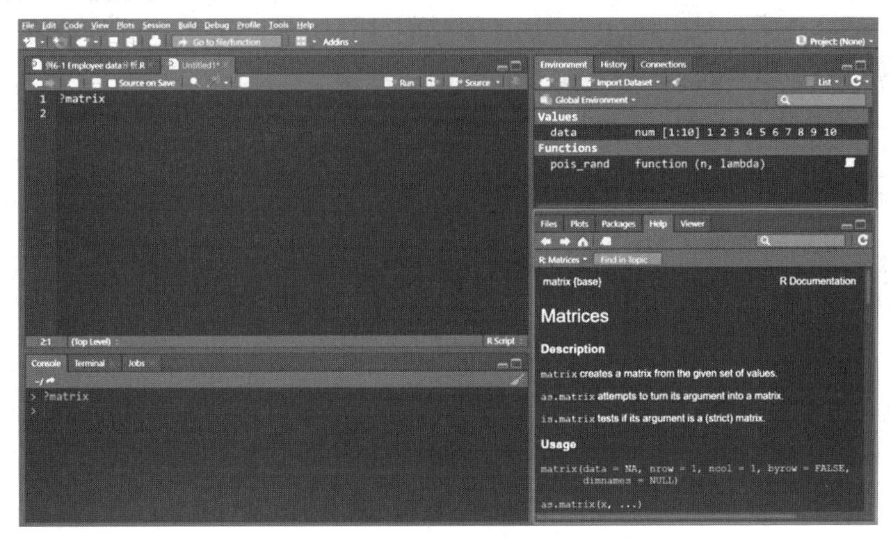

图 10-26　查阅 matrix 函数的用法

Rstudio 的右下角位置将显示该函数的详细帮助文档，具体包含该函数的具体描述(Description)、函数用法(Usage)、函数参数(Arguments)、函数详情(Details)、参考文献(References)、用法示例(Examples)等内容。当用户遇到某一陌生或不熟悉的函数时，可使用该方法查询该函数的具体含义或用法。

2. 读取外部数据

在实际操作中，用户的数据经常是以.txt 或.xlsx 等形式存储于本地磁盘，这就需要用户将此类数据导入 R 中。从流程上看，需要让 R 知道数据文件存储的本地位置(E 盘、F 盘等)、数据类型(.txt、.xlsx 等)、文件名称等信息，这样才能让 R 按照固定位置、数据的存储类型读取以该文件名称命名的数据文件。Rstudio 可以按照 Session→Set Working Directory→Choose Directory 的顺序将 R 的默认工作路径更改至该数据文件存储的具体位置，当输入数据读取命令时，R 将按照已设置好的工作路径寻找待读取的数据文件。如图 10-27 所示。

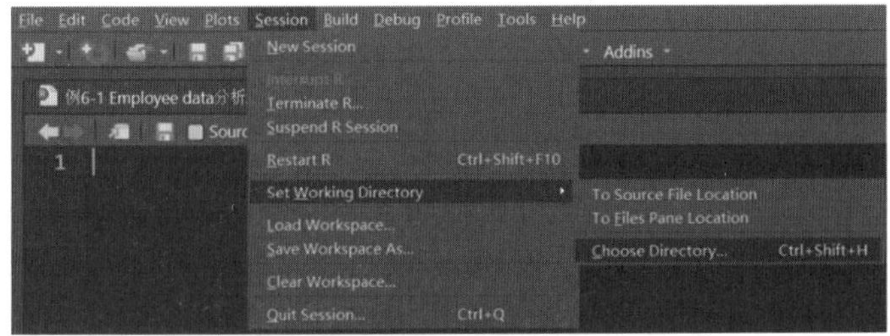

图 10-27　工作路径

比如，用户待读取的数据文件 data.txt 存储在 C:\Users\Public\Documents 目录下，则可通过以上图示方法将默认工作路径更改为 C:\Users\Public\Documents。读取.txt、.xlsx 等类型的文件使用 read.table 函数即可实现。如图 10-28 所示。

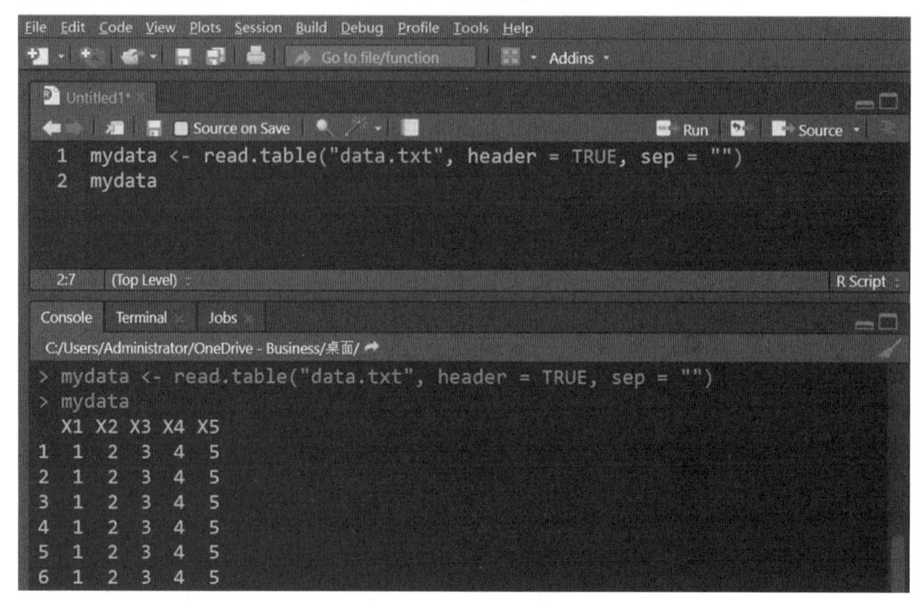

图 10-28 读取文件

上图中使用了 read.table 函数在默认工作路径下读取了 data.txt 数据文件并将该数据赋值给对象 mydata，再次输入 mydata 并敲回车键即可查看已存储的对象 mydata。在 read.table 函数中使用 file、header、sep 三个参数，其中 file 包含的内容是数据文件名称和文件类型。header 参数是一个逻辑参数，当取 TRUE 时表示将原数据文件的首行读取为变量名称，此例中将首行数据 X1、X2、……、X5 读取成了变量名称。sep 参数表示原数据文件中为区分不同数据使用的分隔符号类型，如果数据间使用空格做分隔，在引号内不需要添加任何符号；若使用逗号做分隔，则在引号内添加逗号即可。

这里需要注意的是，无论是 R 还是 Rstudio 的命令行，只能识别英文字符，并且对英文字符的大小写是敏感的。当不小心输入中文格式的字符时，程序将无法运行。当分别给两个不同的对象命名为 Name 和 name 时，Name 和 name 在 R 中将分别表示两个不同的对象。但使用英文格式的双引号引起来的中文字符，R 和 Rstudio 是可以正常识别的。

除了 read.table 函数，用户还可结合具体的数据文件类型，调用 read.csv、scan 等函数读取外部数据，读者可通过查询帮助文档做进一步了解，这里将不再一一介绍。

10.4 本章小结

本章讲解了什么是数据挖掘、监督与非监督学习、降维与度量学习，对 K 均值聚类分析、线相似性分析、层级群集分析、Holt-Winters 模型和关联规则分析模型进行了简单概述，并介绍了数据挖掘实现语言的 Python 语言和 R 语言。通过本章学习为深入了解大数据知识打下坚实的基础。

10.5 习题

一、单选题

1.(　　)采用相关相似性和欧氏距离两种距离度量方式作为相似性的评价指标,将数据表划分为子集的算法。

A. K 均值聚类分析　　B. 线相似性分析

C. 层级群集分析　　D. 关联规则分析

2.(　　)在数据表中将行或列进行分组,根据项目之间的距离或相似度在采用树形结构的层级中排列项目。

A. K 均值聚类分析　　B. 线相似性分析

C. 层级群集分析　　D. 关联规则分析

3.(　　)不是 Python 的优点。

A. 软件质量低　　B. 开发速度快　　C. 功能强大　　D. 易于扩展

二、多选题

1. 机器学习的基本方法有(　　)。

A. 统计分析　　B. 高维数据降维　　C. 特征工程　　D. 模型训练

2. 常用的有监督的机器学习主要有(　　)算法。

A. 决策树算法　　B. 神经网络　　C. 支持向量机　　D. 贝叶斯网络

3. 非监督的机器学习主要包含的算法有(　　)。

A. 聚类分析　　B. 文本分析　　C. 分类分析　　D. 对比分析

三、判断题

1. 机器学习算法主要包括两种:监督学习和非监督学习。(　　)

2. K 均值聚类分析是典型的基于距离的聚类算法。(　　)

3. 欧氏距离总是小于或等于零。(　　)

4. R 语言是目前应用最为广泛的数据挖掘与分析工具之一。(　　)

四、简答题

1. 知识发现过程的主要 7 个基本步骤组成是什么?

2. 层级群集算法中编辑群集设置时有哪几种算法?

3. 简述 Holt-Winters 预测的输出三条不同的曲线代表的意义。

4. 简述 Python 语言的优缺点。

第11章

财务行业数据分析

财务分析是以会计核算和报表资料及其他相关资料为依据，采用一系列专门的分析技术和方法，对企业等经济组织过去和现在有关筹资活动、投资活动、经营活动、分配活动的盈利能力、营运能力、偿债能力和增长能力状况等进行分析与评价的经济管理活动。它是为企业的投资者、债权人、经营者及其他关心企业的组织或个人了解企业过去、评价企业现状、预测企业未来做出正确决策提供准确的信息或依据。

企业管理以财务为核心。财务数据是企业运营的最终结果，忠实记录了企业的成长轨迹，这是企业的一笔管理财富。为挖掘专业而又烦琐的财务数据所蕴含的知识，用户可以借助智速云大数据分析平台来实现。

企业通常遇到的问题：

(1)企业过去24个月来的盈利能力变化情况如何？

(2)在企业壮大的过程中，企业的盈利能力是不是稳定的？我们的多元化业务有没有影响盈利？

(3)企业当前的偿债能力如何？我们的经营效率怎么样？

(4)过去12个月企业的费用变化情况怎么样？

(5)如果管理费用降低5%，我们的净利润会有怎样的变化？

本章节将从关键财务指标、应收账款、资金监控、费用、利润预测模型等几个方面进行分析。

11.1 关键财务指标分析

关键财务指标分析采用一系列专门的分析技术和方法，对企业等经济组织过去和现在盈利能力、偿债能力、资本结构和经营效率等进行分析与评价的经济管理活动。效果如图 11-1 所示。

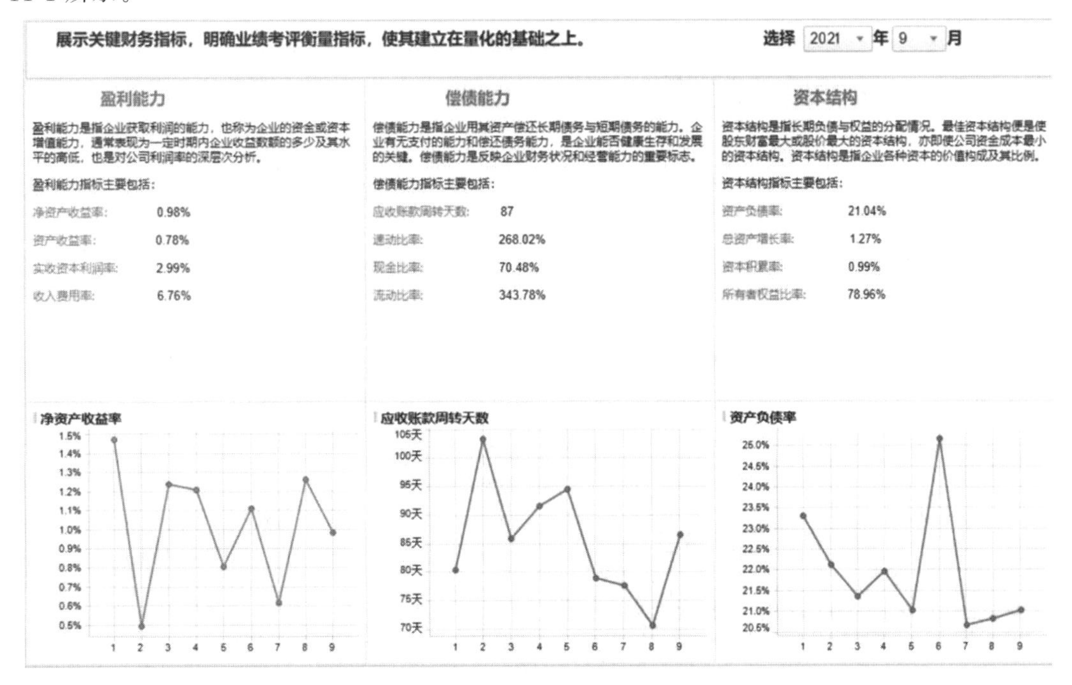

图 11-1 关键财务指标分析效果

使用“余额表组合表”数据表实现关键账务指标分析，为更好地展现每年每月份的关键账务指标，在做分析前，需先完成数据表导入和文本区域的操作，具体操作步骤如下：

步骤 1：导入数据表。单击工具栏上的“添加数据表”按钮，打开“添加数据表”对话框，导入“余额表组合表”数据表。

步骤 2：单击工具栏上的“文本区域”按钮，新建文本区域。

步骤 3：创建年份筛选控件。

①单击文本区域右上角的“编辑文本区域”按钮，打开“编辑文本区域”对话框，选择“插入属性控件”按钮，选择“下拉列表”，打开“属性控件”对话框。

②在“选择属性”右侧单击“新建”，在打开的“新属性”对话框中输入“属性名称”为“年”，“数据类型”修改为“Integer”。设置完成，单击“确定”按钮。

③在“属性控件”对话框中“通过以下方式设置属性和值”选择“列中的唯一值”，“数据表”选择“余额表组合表”，“列”选择“会计年度”。单击“确定”按钮，添加完成。

步骤 4：新建月份筛选控件。在同一文本区域的空白处单击鼠标，参照年份筛选控件的创建步骤，新建月份筛选控件。如图 11-2 所示。

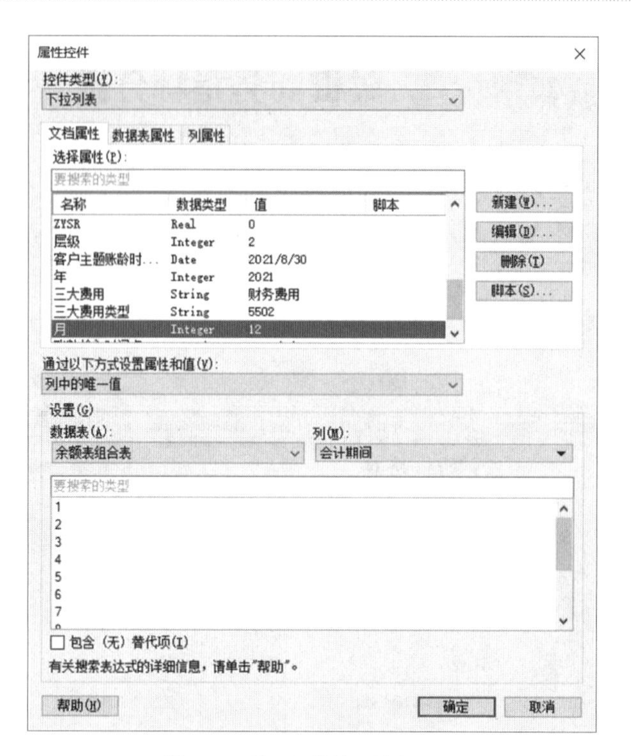

图 11-2 设置月份筛选控件属性

步骤 5：创建完成。单击文本区域中"保存"按钮，完成文本区域的编辑，如图 11-3 所示。

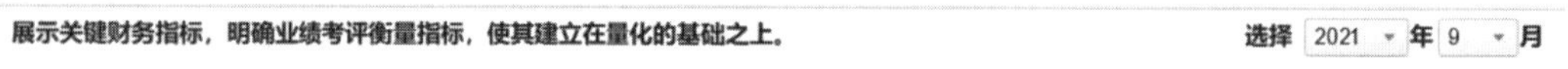

展示关键财务指标，明确业绩考评衡量指标，使其建立在量化的基础之上。 选择 2021 年 9 月

图 11-3 年份和月份筛选控件

11.1.1 盈利能力分析

盈利能力是指企业获取利润的能力，也称为企业的资金或资本增值能力，通常表现为一定时期内企业收益数额的多少及其水平的高低，也是对公司利润率的深层次分析。

本小节将在现有财务数据的基础上，对公司的盈利能力进行分析，分别从净资产收益率、资产收益率、实收资本利润率、收入费用率四个指标进行分析，如图 11-4 所示。

盈利能力

盈利能力是指企业获取利润的能力，也称为企业的资金或资本增值能力，通常表现为一定时期内企业收益数额的多少及其水平的高低，也是对公司利润率的深层次分析。

盈利能力指标主要包括：

净资产收益率：	0.98%
资产收益率：	0.78%
实收资本利润率：	2.99%
收入费用率：	6.76%

净资产收益率

1.4% 1.2% 1.0% 0.8% 0.6%

1 2 3 4 5 6 7 8 9

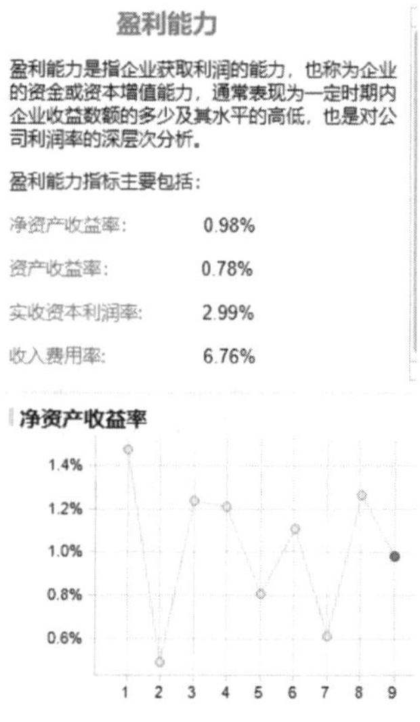

图 11-4 盈利能力分析

具体操作步骤如下：

步骤 1：单击"工具栏"上的"文本区域"按钮，新建文本区域。

步骤 2：计算净资产收益率。

①在新建的文本区域右上角单击"编辑文本区域"，打开"编辑文本区域"对话框，选择"插入动态项"，选择"计算的值"，打开"计算的值"对话框。选择"数据"菜单中"数据表"为"余额表组合表"，设置"标记"为"无"。

②选择“值”菜单，右击“使用以下项计算值”选择“自定义表达式”，设置“表达式(E)：”为“sum(if(([损益表行号]="R16") and([会计年度]=${年}) and ([会计期间]=${月}),[损益发生额]*[借贷方向]*[损益表计算标记]))*2/(sum(if(([会计年度]=${年}) and ([会计期间]=${月}) and ([资产负债表行号]="R74"),[本币期末余额]*[借贷方向]*[资产负债表计算标记]))+sum(if(([会计年度]=${年}) and ([会计期间]=${月}) and ([资产负债表行号]="R74"),[本币期初余额]*[资产负债表计算标记]*[借贷方向])))”。

③选择“格式化”菜单中“类别”为“百分比”，设置“小数位”为“2”，单击“确定”按钮添加完成。

步骤3：计算资产收益率。

①在同一文本区域的空白处单击鼠标。单击“插入动态项”，选择“计算的值”。打开“计算的值”设置对话框。选择“数据”菜单中“数据表”为“余额表组合表”。

②选择“值”菜单，右击“使用以下项计算值”选择“自定义表达式”，设置“表达式(E)：”为“sum(if(([损益表行号]="R16")and([会计年度]=${年})and([会计期间]=${月}),[损益发生额]*[借贷方向]*[损益表计算标记]))*2/(sum(if(([资产负债表行号]="R39") and([会计年度]=${年}) and ([会计期间]=${月}),[本币期初余额]*[借贷方向]*[资产负债表计算标记]))+sum(if(([资产负债表行号]="R39") and([会计年度]=${年}) and ([会计期间]=${月}),[本币期末余额]*[资产负债表计算标记]*[借贷方向]))) as [资产收益率]”。

③选择“格式化”菜单中“类别”为“百分比”，设置“小数位”为“2”，设置完成，单击“确定”按钮。

步骤4：计算实收资本利润率。

①在同一文本区域的空白处单击鼠标。单击“插入动态项”，选择“计算的值”。打开“计算的值”设置对话框。选择“数据”菜单中“数据表”为“余额表组合表”。

②选择“值”菜单，右击“使用以下项计算值”选择“自定义表达式”，设置“表达式(E)：”为“sum(if(([损益表行号]="R16") and([会计年度]=${年}) and ([会计期间]=${月}),[损益发生额]*[借贷方向]*[损益表计算标记]))/sum(if(([会计年度]=${年}) and ([会计期间]=${月}) and ([资产负债表行号]="R69"),[本币期末余额]*[借贷方向]*[资产负债表计算标记]))”。

③选择“格式化”菜单中“类别”为“百分比”，设置“小数位”为“2”，设置完成，单击“确定”按钮。

步骤5：计算收入费用率。

①在同一文本区域的空白处单击鼠标。单击“插入动态项”，选择“计算的值”。打开“计算的值”设置对话框。选择“数据”菜单中“数据表”为“余额表组合表”。

②选择“值”菜单，右击“使用以下项计算值”选择“自定义表达式”，设置“表达式(E)：”为“sum(if(([损益表行号]="R17") and ([会计年度]=${年}) and ([会计期间]=${月}),[损益发生额]*[借贷方向]*[损益表计算标记])) / sum(if(([损益表行号]="R1") and ([会计年度]=${年}) and ([会计期间]=${月}),[损益发生额]*[借贷方向]*[损益表计算标记]))as [收入费用率]”。

③选择“格式化”菜单中“类别”为“百分比”，设置“小数位”为“2”，设置完成单击“确定”按钮。

步骤 6：在同一文本区域中输入相应文本，单击“保存”按钮。可结合年份月份选择控件，查看不同年份不同月份的盈利能力指标值。

步骤 7：绘制净资产收益率月趋势分析图。

①单击“工具栏”上的“折线图”按钮，新建折线图。

②在新建的折线图右上角单击“属性”按钮，打开属性对话框。选择“常规”选项，输入标题为“净资产收益率”。选择“数据”菜单中“数据表”为“余额表组合表”。

③选择“外观”菜单，勾选“显示标记”与“遇到空值换行”。

④选择“X 轴”菜单中“列”为“会计期间”，勾选“显示网格线”。

⑤选择“Y 轴”菜单，右击“列”选择“自定义表达式”，设置“表达式(E)：”为“sum(if(([损益表行号]="R16") and([会计年度]= ${年}),[损益发生额]*[借贷方向]*[损益表计算标记]))*2/(sum(if(([会计年度]= ${年}) and ([资产负债表行号]="R74"),[本币期末余额]*[借贷方向]*[资产负债表计算标记]))+sum(if(([会计年度]= ${年}) and ([资产负债表行号]="R74"),[本币期初余额]*[资产负债表计算标记]*[借贷方向])))”。

⑥选择“绘线依据”菜单，右击“针对每项显示一条直线”选择删除设置值为“无”。

⑦选择“颜色”菜单，右击“列”选择删除设置值为“无”，设置“颜色模式”为“固定”。

⑧选择“格式化”菜单，设置 Y 的“类别”为“百分比”，“小数位”为“1”。

⑨设置完成，单击“关闭”按钮。

11.1.2 偿债能力分析

偿债能力是指企业用其资产偿还长期债务与短期债务的能力。企业有无支付的能力和偿还债务能力，是企业能否健康生存和发展的关键。偿债能力是反映企业财务状况和经营能力的重要标志。

本小节将在现有财务数据的基础上，对公司的偿债能力进行分析，分别从应收账款周转天数、速动比率、现金比率、流动比率四个指标进行分析，如图 11-5 所示。

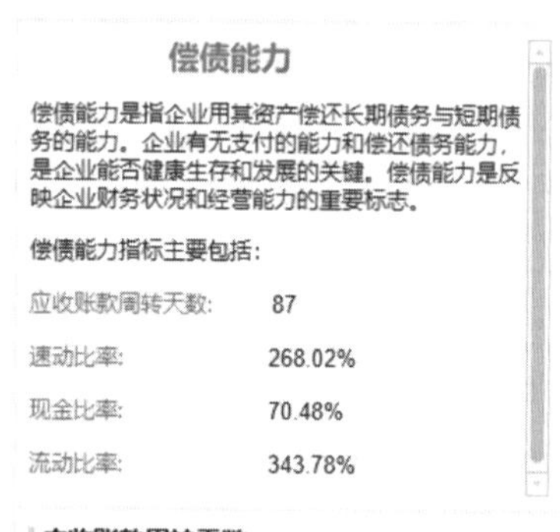

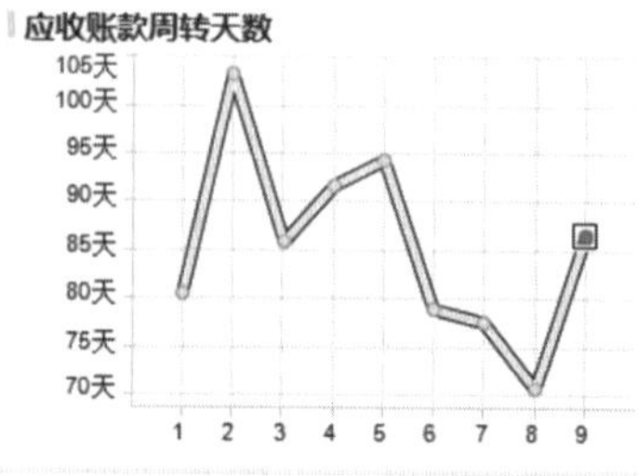

图 11-5　设置应收账款周转天数的计算方式

具体操作步骤如下：

步骤 1：单击工具栏上的“文本区域”按钮，新建文本区域。单击右上角的“编辑文本区域”按钮，打开“编辑文本区域”对话框。

步骤 2：计算应收账款周转天数。

①单击“插入动态项”，选择“计算的值”。打开“计算的值”对话框。选择“数据”菜单中“数据表”为“余额表组合表”。

②选择“值”菜单，右击“使用以下项计算值”选择

“自定义表达式”，设置“表达式(E)：”为“30 / (sum(if([损益表行号]="R1" and [会计年度]= ${年} and [会计期间]= ${月},[损益发生额] * [借贷方向] * [损益表计算标记])) * 2 / (sum(if([资产负债表行号]="R7" and [会计年度]= ${年} and [会计期间]= ${月},[本币期初余额] * [借贷方向] * [资产负债表计算标记])) + sum(if([资产负债表行号]="R7" and [会计年度]= ${年} and [会计期间]= ${月},[本币期末余额] * [借贷方向] * [资产负债表计算标记])))) as [周转天数]”。

③选择“格式化”菜单中“类别”为“编号”，设置“小数位”为“0”，设置完成单击“确定”按钮。

步骤 3：计算速动比率。

①在同一文本区域的空白处单击鼠标。单击“插入动态项”，选择“计算的值”。打开“计算的值”设置对话框。选择“数据”菜单中“数据表”为“余额表组合表”。

②选择“值”菜单，右击“使用以下项计算值”选择“自定义表达式”，设置“表达式(E)：”为“(sum(if(([资产负债表行号]="R15") and ([会计年度]= ${年}) and ([会计期间]= ${月}),[本币期末余额] * [借贷方向] * [资产负债表计算标记])) - sum(if(([资产负债表行号]="R11") and ([会计年度]= ${年}) and ([会计期间]= ${月}),[本币期末余额] * [借贷方向] * [资产负债表计算标记])) - sum(if(([资产负债表行号]="R9") and ([会计年度]= ${年}) and ([会计期间]= ${月}),[本币期末余额] * [借贷方向] * [资产负债表计算标记])))/sum(if(([资产负债表行号]="R55") and ([会计年度]= ${年}) and ([会计期间]= ${月}),[本币期末余额] * [借贷方向] * [资产负债表计算标记])) as [速动比率]”。

③选择“格式化”菜单中“类别”为“百分比”，设置“小数位”为“2”，设置完成单击“确定”按钮。

步骤 4：计算现金比率。

① 在同一文本区域的空白处单击鼠标。单击“插入动态项”，选择“计算的值”。打开“计算的值”设置对话框。选择“数据”菜单中“数据表”为“余额表组合表”。

②选择“值”菜单，右击“使用以下项计算值”选择“自定义表达式”，设置“表达式(E)：”为“sum(if(([资产负债表行号]="R2") and ([会计年度]= ${年}) and ([会计期间]= ${月}),[本币期末余额] * [借贷方向] * [资产负债表计算标记]))/sum(if(([资产负债表行号]="R55") and ([会计年度]= ${年}) and ([会计期间]= ${月}),[本币期末余额] * [借贷方向] * [资产负债表计算标记])) as [现金比率]”。

③选择“格式化”菜单中“类别”为“百分比”，设置“小数位”为“2”，设置完成单击“确定”按钮。

步骤 5：计算流动比率。

①在同一文本区域的空白处单击鼠标。单击“插入动态项”，选择“计算的值”。打开“计算的值”设置对话框。选择“数据”菜单中“数据表”为“余额表组合表”。

②选择“值”菜单，右击“使用以下项计算值”选择“自定义表达式”，设置“表达式(E)：”为“sum(if(([资产负债表行号]="R15") and ([会计年度]= ${年}) and ([会计期间]= ${月}),[本币期末余额] * [借贷方向] * [资产负债表计算标记]))/sum(if(([资产负债表行号]="R55") and ([会计年度]= ${年}) and ([会计期间]= ${月}),[本币期末余额]

[借贷方向][资产负债表计算标记])) as [流动比率]”。

③选择“格式化”菜单中“类别”为“百分比”，设置“小数位”为“2”，设置完成单击“确定”按钮。

步骤 6：输入相应文本，单击“保存”按钮。可结合年份月份选择控件，查看不同年份不同月份的偿债能力指标值。

步骤 7：绘制应收账款周转天数折线图。

①单击“工具栏”上的“折线图”按钮，新建折线图。在新建的折线图右上角单击“属性”按钮，打开属性对话框。

②选择“常规”选项，输入标题为“应收账款周转天数”。选择“数据”菜单中“数据表”为“余额表组合表”。

③选择“外观”菜单，勾选“显示标记”。

④选择“X 轴”菜单中“列”为“会计期间”，勾选“显示网格线”。

⑤选择“Y 轴”菜单，右击“列”选择“自定义表达式”，设置“表达式(E)：”为“30 / (sum(if([损益表行号]="R1" and [会计年度]= ${年},[损益发生额]*[借贷方向]*[损益表计算标记])) * 2/ (sum(if([资产负债表行号]="R7" and [会计年度]= ${年} ,[本币期初余额]*[借贷方向]*[资产负债表计算标记])) + sum(if([资产负债表行号]="R7" and [会计年度]= ${年},[本币期末余额]*[借贷方向]*[资产负债表计算标记])))) as [周转天数]”。选择“颜色”菜单，右击“列”选择删除设置值为“无”，设置“颜色模式”为“固定”。

⑥选择“格式化”菜单，设中“Y：周转天数”的“类别”为“自定义”，“格式字符串”设置为“#,##0 天”。

⑦设置完成，单击“关闭”按钮。可结合年份月份选择控件，查看不同年份不同月份的应收账款周转天数变化情况。

11.1.3 资本结构分析

资本结构是指长期负债与权益的分配情况。最佳资本结构便是使股东财富最大或股价最大的资本结构，即使公司资金成本最小的资本结构。资本结构是指企业各种资本的价值构成及其比例。

本小节将在现有财务数据的基础上，对公司的资本结构进行分析，分别从资产负债率、总资产增长率、资本积累率、所有者权益比率四个指标进行分析，如图 11-6 所示，具体操作步骤如下：

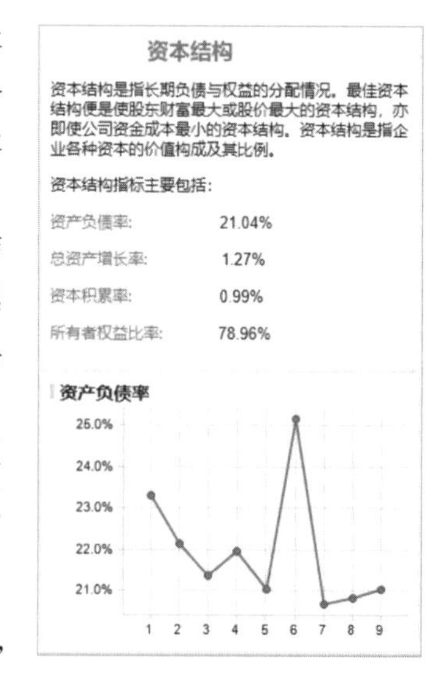

图 11-6 资本结构分析

步骤 1：单击工具栏上的“文本区域”按钮，新建文本区域。单击右上角的“编辑文本区域”按钮，打开“编辑文本区域”对话框。

步骤 2：计算资产负债率。

①单击“插入动态项”，选择“计算的值”。打开“计算的值”对话框。选择“数据”菜单中“数据表”为“余额表组合表”。

②选择“值”菜单，右击“使用以下项计算值”选择“自定义表达式”，设置“表达式(E)：”为“sum(if(([资产负债表行号]="R65") and ([会计年度]=${年}) and ([会计期间]=${月}),[本币期末余额]*[借贷方向]*[资产负债表计算标记]))/sum(if(([资产负债表行号]="R39") and ([会计年度]=${年}) and ([会计期间]=${月}),[资产负债表计算标记]*[本币期末余额]*[借贷方向])) as [资产负债率]”。

③选择“格式化”菜单中“类别”为“百分比”，设置“小数位”为“2”，设置完成，单击“确定”按钮。

步骤3：计算总资产增长率。

①在同一文本区域的空白处单击鼠标。单击“插入动态项”，选择“计算的值”。打开“计算的值”设置对话框。选择“数据”菜单中“数据表”为“余额表组合表”。

②选择“值”菜单，右击“使用以下项计算值”选择“自定义表达式”，设置“表达式(E)：”为“(sum(if(([资产负债表行号]="R39") and ([会计年度]=${年}) and ([会计期间]=${月}),[本币期末余额]*[借贷方向]*[资产负债表计算标记]))－sum(if(([资产负债表行号]="R39") and ([会计年度]=${年}) and ([会计期间]=${月}),[本币期初余额]*[借贷方向]*[资产负债表计算标记])))/sum(if(([资产负债表行号]="R39") and ([会计年度]=${年}) and ([会计期间]=${月}),[本币期初余额]*[借贷方向]*[资产负债表计算标记])) as [总资产增长率]”。

③选择“格式化”菜单中“类别”为“百分比”，设置“小数位”为“2”，设置完成单击“确定”按钮。

步骤4：计算资本积累率。

①在同一文本区域的空白处单击鼠标。单击“插入动态项”，选择“计算的值”。打开“计算的值”设置对话框。选择“数据”菜单中“数据表”为“余额表组合表”。

②选择“值”菜单，右击“使用以下项计算值”选择“自定义表达式”，设置“表达式(E)：”为“(sum(if(([资产负债表行号]="R74") and ([会计年度]=${年}) and ([会计期间]=${月}),[本币期末余额]*[借贷方向]*[资产负债表计算标记]))－sum(if(([资产负债表行号]="R74") and ([会计年度]=${年}) and ([会计期间]=${月}),[本币期初余额]*[借贷方向]*[资产负债表计算标记])))/sum(if(([资产负债表行号]="R74") and ([会计年度]=${年}) and ([会计期间]=${月}),[本币期初余额]*[借贷方向]*[资产负债表计算标记])) as [资本积累率]”。

③选择“格式化”菜单中“类别”为“百分比”，设置“小数位”为“2”，设置完成单击“确定”按钮。

步骤5：计算所有者权益比率。

①在同一文本区域的空白处单击鼠标。单击“插入动态项”，选择“计算的值”。打开“计算的值”设置对话框。选择“数据”菜单中“数据表”为“余额表组合表”。

②选择“值”菜单，右击“使用以下项计算值”选择“自定义表达式”，设置“表达式(E)：”为“sum(if(([资产负债表行号]="R74") and ([会计年度]=${年}) and ([会计期间]=${月}),[本币期末余额]*[借贷方向]*[资产负债表计算标记]))/sum(if(([资产负债表行号]="R39") and ([会计年度]=${年}) and ([会计期间]=${月}),[资产负债表计算标记]*[本币期末余额]*[借贷方向])) as [所有者权益比率]”。

③选择“格式化”菜单中“类别”为“百分比”，设置“小数位”为“2”，设置完成单击“确定”按钮。

步骤 6：输入相关文本，单击“保存”按钮。可结合年份月份选择控件，查看不同年份不同月份的资本结构指标值。

步骤 7：绘制资产负债率折线图。

①单击“工具栏”上的“折线图”按钮，新建折线图。

②在新建的折线图右上角单击“属性”按钮，打开属性对话框。选择“常规”选项，输入标题为“资产负债率”。选择“数据”菜单中“数据表”为“余额表组合表”。

③选择“外观”菜单，勾选“显示标记”。

④选择“X 轴”菜单中“列”为“会计期间”，勾选“显示网格线”。

⑤选择“Y 轴”菜单，右击“列”选择“自定义表达式”，设置“表达式(E)：”为“sum(if(([资产负债表行号]="R65") and ([会计年度]=${年}),[本币期末余额]*[借贷方向]*[资产负债表计算标记]))/sum(if(([资产负债表行号]="R39") and ([会计年度]=${年}),[资产负债表计算标记]*[本币期末余额]*[借贷方向])) as [资产负债率]”。

⑥选择“颜色”菜单，右击“列”选择删除设置值为“无”，设置“颜色模式”为“固定”。

⑦选择“格式化”菜单，设中“Y:周转天数”的“类别”为“自定义”。

⑧设置完成，单击“关闭”按钮。可结合年份月份选择控件，查看不同年份不同月份的资产负债率。

11.2 应收账款分析

应收账款是指企业在正常的经营过程中因销售商品、产品、提供劳务等业务，被购买单位所占用的资金，属于企业的一项债权。

在本小节，我们将通过对应收账款周转天数进行查询，并提供明细项的分析，以便经营者及时了解应收款情况，合理进行资金配置、保证企业资金充足。如图 11-7 所示，对某公司的应收账款分析效果图。

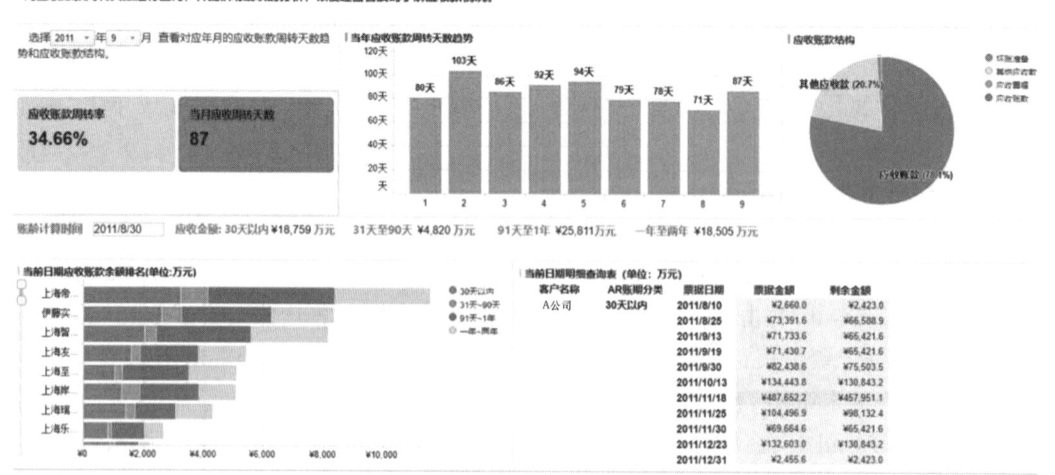

图 11-7 对某公司的应收账款分析效果

在进行分析前，需要准备数据并绘制年份、月份控件，具体操作步骤如下：

步骤 1：导入数据。单击工具栏上的“添加数据表”按钮，打开“添加数据表”对话框，导入“余额表组合表”“往来表”数据表。

步骤 2：新建文本区域。单击工具栏上的“文本区域”按钮，单击“编辑文本区域”按钮，打开“编辑文本区域”对话框，输入文本“对应收账款周转天数进行查询，并提供明细项的分析，以便经营者及时了解应收款情况。”设置字体为“微雅软黑”，字号 14 号。创建完成后，单击文本区域中“保存”按钮，完成文本区域的编辑。

步骤 3：创建年份筛选控件。

①单击工具栏上的“文本区域”按钮，单击“编辑文本区域”，打开“编辑文本区域”对话框，选择“插入属性控件”按钮，选择“下拉列表”，打开“属性控件”对话框。

②在“选择属性”右侧单击“新建”，在打开的“新属性”对话框中输入“属性名称”为“年”，“数据类型”修改为“Integer”。设置完成，单击“确定”按钮。

步骤 4：在“属性控件”对话框中“通过以下方式设置属性和值”选择“列中的唯一值”，“数据表”选择“余额表组合表”，“列”选择“会计年度”。单击“确定”按钮，添加完成。

步骤 5：创建月份筛选控件。在同一文本区域的空白处单击鼠标，参照年份筛选控件的创建步骤，新建月份筛选控件。

步骤 6：在“属性控件”对话框中“通过以下方式设置属性和值”选择“列中的唯一值”，“数据表”选择“余额表组合表”，“列”选择“会计期间”。单击“确定”按钮，添加完成。

步骤 7：在文本区域中输入文字，设置字体为“微雅软黑”，字号 12 号。创建完成，单击文本区域中“保存”按钮 ，完成文本区域的编辑。

11.2.1 应收账款 KPI

如图 11-8 所示，在本小节的应收账款 KPI 中，主要分析应收账款的周转率和当月应收周转天数两个信息。

应收账款周转率
34.66%

当月应收周转天数
87

图 11-8 应收账款周转率和当月应收周转天数的分析

通过查看应收账款周转率，可以了解企业在一定时期内赊销净收入与平均应收账款余额之比。它是衡量企业应收账款周转速度及管理效率的指标。应收账款周转率越高，说明企业收回账款的速度越快，资产流动性强，企业偿债能力强。反之，说明营运资金过多被占用，不利于企业正常资金周转，影响偿债能力。

应收账款周转天数＝360/应收账款周转率，表明从销售开始到回收现金平均需要的天数。一般情况下，企业的应收账款周转率越高，应收账款的周转天数越短，说明企业经营状况越好。

应收账款 KPI,可以按照如下的步骤实现：

步骤 1:单击“工具栏”上的“KPI”按钮,新建 KPI 图。

步骤 2:计算应收账款周转率。

①在新建的 KPI 图右上角单击“属性”按钮,打开属性对话框。选择“KPI”菜单,单击右侧“添加”按钮,打开“KPI 设置”对话框,选择“数据”菜单中“数据表”为“余额表组合表”,设置“标记”为“无”。

②选择“值”菜单,右键单击“值(y 轴)”选择“自定义表达式”,在弹出的对话框中,设置表达式为:“sum(if([损益表行号]="R1" and [会计年度]= $ {年} and [会计期间]= $ {月},[损益发生额] * [借贷方向] * [损益表计算标记])) * 2/ (sum(if([资产负债表行号]="R7" and [会计年度]= $ {年} and [会计期间]= $ {月},[本币期初余额] * [借贷方向] * [资产负债表计算标记])) + sum(if([资产负债表行号]="R7" and [会计年度]= $ {年} and [会计期间]= $ {月},[本币期末余额] * [借贷方向] * [资产负债表计算标记]))) as []”,单击“确定”按钮。右击“图块依据”选择自定义表达式,设置表达式为“＜"应收账款周转率"＞”。

③选择“格式化”菜单,设置“值轴”的“类别”为“百分比”,“小数位”选择“2”。

④选择“颜色”菜单中“列”为“值轴 个值”,设置“颜色模式”为“固定”。

⑤设置完成,单击“关闭”按钮。可结合年份、月份选择控件,查看不同年份不同月份的应收账款周转率。

步骤 3:计算当月应收周转天数。

①继续在“属性”对话框的“KPI”菜单右侧单击添加,“数据表”选择“余额表组合表”,“标记”选择“标记”。

②选择“值”菜单,右击“值(y 轴)”选择“自定义表达式”,设置表达式为:“30 / (sum(if([损益表行号]="R1" and [会计年度]= $ {年} and [会计期间]= $ {月},[损益发生额] * [借贷方向] * [损益表计算标记])) * 2/ (sum(if([资产负债表行号]="R7" and [会计年度]= $ {年} and [会计期间]= $ {月},[本币期初余额] * [借贷方向] * [资产负债表计算标记])) + sum(if([资产负债表行号]="R7" and [会计年度]= $ {年} and [会计期间]= $ {月},[本币期末余额] * [借贷方向] * [资产负债表计算标记])))) as []”,右击“图块依据”选择自定义表达式,设置表达式为:＜"当月应收周转天数"＞。

③选择“格式化”菜单,设置“轴”中“值轴”的“类别”为“编号”,“小数位”选择“0”。

④选择“颜色”菜单,设置“列”为“值轴 个值”,“颜色模式”为“固定”,“所有值”选择蓝色。单击“关闭”按钮,设置完成。可结合年份、月份选择控件,查看不同年份不同月份的当月应收周转天数。

11.2.2 应收账款周转天数分析

在企业中,应收账款周转天数越少,周转次数越多,企业资产的流动性越强,应收账款的变现能力越强,企业应收账款的管理水平越高;反之,应收账款周转天数越多,周转次数越少,应收账款的变现能力越弱,企业应收账款的管理水平越低。应收账款周转次数,每个企业都不一样,没有标准值。本小节将使用条形图对公司每个月的应收账款周转天数进行对比分析，让管理者了解到每个月的账款管理情况。具体操作步骤如下：

步骤 1：单击工具栏上的“条形图”按钮，新建条形图。

步骤 2：单击条形图右上角“属性”按钮，打开属性对话框，选择“常规”菜单，设置标题为“当年应收账款周转天数趋势”，勾选显示标题栏。

步骤 3：选择“数据”菜单，“数据表”选择“余额表组合表”。

步骤 4：在“数据”菜单中，单击“使用表达式限制数据”右侧“编辑”按钮，在弹出的对话框中，设置“表达式”为“[会计年度]＝＄{年} and [会计期间]＜＝＄{月} and [会计期间]＜13”。

步骤 5：选择“外观”菜单，在“方向”中选择“垂直栏”，在“布局”中选择“堆叠条形图”。

步骤 6：选择“类别轴”菜单，设置“列”为“会计期间”。

步骤 7：选择“值轴”菜单，右键单击“值(y 轴)”选择“自定义表达式”，在打开的对话框中，设置表达式为：“30 / (sum(if([损益表行号]＝"R1" and [会计年度]＝＄{年}，[损益发生额] * [借贷方向] * [损益表计算标记])) * 2/ (sum(if([资产负债表行号]＝"R7" and [会计年度]＝＄{年}，[本币期初余额] * [借贷方向] * [资产负债表计算标记])) ＋ sum(if([资产负债表行号]＝"R7" and [会计年度]＝＄{年}，[本币期末余额] * [借贷方向] * [资产负债表计算标记])))) as [周转天数]”，勾选下方的“显示网格线”。

步骤 8：选择“格式化”菜单，设置“轴”中“类别轴”的“类别”为“文本”，“周转天数”的“类别”为“自定义”。

步骤 9：选择“颜色”菜单，设置“列”为“无”，“颜色模式”为“固定”。

步骤 10：选择“标签”菜单，设置“显示标签”为“全部”。设置完成，单击“关闭”按钮。如图 11-9 所示为当年应收账款周转天数。

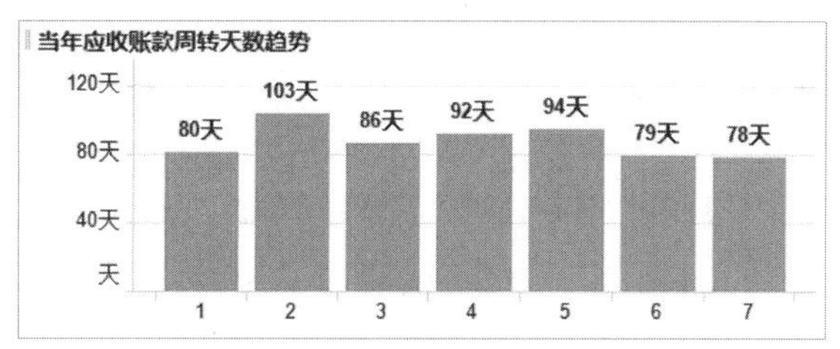

图 11-9　当年应收账款周转天数

11.2.3 应收账款占比分析

一个企业进行财务记账时，除要记录应收账款外，还需要记录坏账准备、其他应收款及应收票据三个方面。坏账准备是企业对预计可能无法收回的应收票据、应收账款、预付账款、其他应收款、长期应收款等应收预付款项所提取的坏账准备金。其他应收款是指企业因销售商品、材料、提供劳务等以外的其他非营业活动而引起的应收、暂付款项，包括应收的各种赔款、罚款、备用金以及应向职工收取的各种垫付款项等。应收票据是由付款人或收款人签发，由付款人承兑，到期无条件付款的一种书面凭证。本小节将使用饼图分析每月应收账款、坏账准备、其他应收款及应收票据四个方面的占比。具体操作步骤如下：

步骤 1：单击“工具栏”上的“饼图”按钮，新建饼图。

步骤 2：单击饼图右上角“属性”按钮，打开属性对话框，选择“常规”菜单，设置“标题”为

“应收账款结构”，勾选“显示标题栏”。

步骤 3：选择“数据”菜单中“数据表”为“余额表组合表”。单击“使用表达式限制数据”右侧“编辑”按钮，设置“表达式”为“(([资产负债表行号]="R4") or ([资产负债表行号]="R5") or ([资产负债表行号]="R6") or ([资产负债表行号]="R7") or ([资产负债表行号]="R8") or ([资产负债表行号]="R10")) and [会计年度]= ${年} and [会计期间]= ${月}”。

步骤 4：选择“外观”菜单，在“外观”中勾选“按大小对扇区排序”。

步骤 5：选择“颜色”菜单，设置“列”为“会计科目”。

步骤 6：选择“大小”菜单，右击“扇区大小区域”选择“自定义表达式”，设置“表达式(E)”为“Sum([本币期末余额] * [借贷方向] * [资产负债表计算标记])”，“显示名称”为“金额”，右击“饼图大小依据”选择“删除”，设置值为“无”。

步骤 7：选择“标签”菜单，在“标签中显示”勾选“扇区百分比”和“扇区类型”。

步骤 8：选择“工具提示”菜单，在“显示下列值”中勾选“比值”“扇区大小依据”“颜色依据”。

步骤 9：选择“图例”菜单，在“图例”中勾选“显示图例”，在“显示以下图例项”中选择“颜色依据”。

步骤 10：设置完成，单击“关闭”按钮。

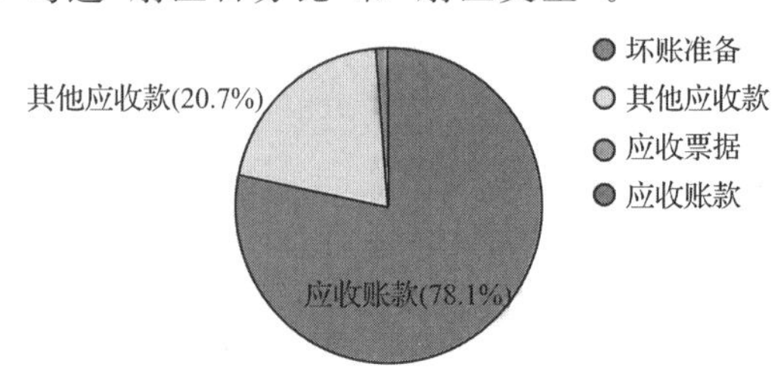

图 11-10　应收账款占比

如图 11-10 显示了 2021 年 9 月的应收账款（占比 78.1%）、其他应收款（20.7%）、坏账准备和应收票据相对占比较少，整体公司运营情况较好。

11.2.4 应收账款账龄分析

应收账款账龄是指资产负债表中的应收账款从销售实现、产生应收账款之日起，至资产负债表日止所经历的时间。简言之，就是应收账款在账面上存在的时间。

对应收账款的账龄进行分析，有利于评价销售部门的经营绩效，加快货款回笼，减少坏账损失；有利于会计报表使用者更好地理解公司资产状况。

本小节提供指定时间的应收账款账龄分析，并使用文本区域的方式进行展示，具体操作步骤如下：

步骤 1：新建文本区域。

步骤 2：添加账龄计算时间文本输入框。

①单击“工具栏”上的“文本区域”按钮，单击“编辑文本区域”按钮，打开“编辑文本区域”对话框，选择“插入属性控件”中“输入字段”，打开“属性控件”对话框。单击“新建”，添加“客户主题账龄时间点”属性控件，设置“数据类型”为“Data”，值输入“2021/8/30”。

步骤 3：创建 AR 账期分类计算列。

为能够根据分析账龄计算时间文本输入框输入的时间计算应收账款账龄，需要创建账期分类计算列，操作步骤如下：

①添加 AR 账期。单击“菜单栏”>“插入”>“计算列”，“数据表”选择“往来表”，在“表

达式”中输入“Abs(datediff("day",[票据日期],Date("${客户主题账龄时间点}")))”,“列名称”输入“AR 账期”,设置完成后,单击“确定”按钮。

②添加 AR 账期分类。以同样的步骤添加 AR 账期分类。表达式为“if([AR 账期]＜＝30,"30 天以内",if([AR 账期]＜＝90,"31 天～90 天",if([AR 账期]＜＝365,"91 天～1 年",if([AR 账期]＜＝730,"一年～两年","两年以上"))))”,名称为“AR 账期分类”。

步骤 4:计算 30 天以内应收金额。

①回到文本区域对话框,选择“插入动态项”按钮,选择“计算的值”,打开“属性控件”对话框,选择“数据”菜单,“数据表”选择“往来表”。

②选择“值”菜单,右击“使用以下项计算值”,选择自定义表达式,设置“表达式”为“Sum(if(([系统类型]=1) and ([AR 账期分类]="30 天以内"),[剩余金额_本位币],0)) / 10000”,“显示名称”为“应收账款”,单击“确定”按钮。

③选择“格式化”菜单,设置“轴”中“值”的类别为“货币”,“小数位”选择“0”。设置完成,单击“确定”按钮关闭当前设置窗口。

步骤 5:计算 31 天至 90 天的应收金额。

①再次回到文本区域对话框,选择“插入动态项”按钮中“计算的值”,打开“属性控件”对话框,选择“数据”菜单,“数据表”选择“往来表”。

②选择“值”菜单,右击“使用以下项计算值”,单击“自定义表达式”,设置“表达式”为“Sum(if(([系统类型]=1) and ([AR 账期分类]="31 天～90 天"),[剩余金额_本位币],0)) / 10000”,显示名称为“应收账款”,单击“确定”按钮。

③选择“格式化”菜单,设置“轴”中“值”的“类型”为“货币”,“小数位”选择“0”。设置完成,单击“确定”按钮关闭当前设置窗口。

步骤 6:91 天至 1 年的应收金额。

①再次回到文本区域对话框,选择“插入动态项”按钮中“计算的值”,打开“属性控件”对话框,“数据表”选择“往来表”。

②选择“值”菜单,右击“使用以下项计算值”,单击“自定义表达式”,设置“表达式”为“Sum(if(([系统类型]=1) and ([AR 账期分类]="91 天～1 年"),[剩余金额_本位币],0)) / 10000”,显示名称为“应收账款”。

③选择“格式化”菜单,设置“轴”中“值”的“类型”为“货币”,“小数位”选择“0”。设置完成,单击“确定”按钮关闭当前设置窗口。

步骤 7:计算一年至两年的应收金额。

①在文本区域对话框中再次选择“插入动态项”中的“计算的值”,打开“属性控件”对话框,选择“数据”菜单,“数据表”选择“往来表”。

②选择“值”菜单,右击“使用以下项计算值”,单击“自定义表达式”,设置“表达式”为“Sum(if(([系统类型]=1) and ([AR 账期分类]="一年～两年"),[剩余金额_本位币],0)) / 10000”,显示名称为“应收账款”。

③选择“格式化”菜单,设置“轴”中“值”的“类型”为“货币”,“小数位”选择“0”。设置完成,单击“确定”按钮关闭当前设置窗口。

步骤 8:在文本框中输入文本,设置字体为“微雅软黑”,字号 12 号,添加的“属性控件”按顺序排列。

步骤 9:创建完成后,单击文本区域中“保存”按钮,完成文本区域的编辑,如图 11-10 所示。

账龄计算时间 2021/8/30 应收金额: 30天以内 ¥18,759 万元 31天至90天 ¥4,820 万元 91天至1年 ¥25,811万元 一年至两年 ¥18,505 万元

图 11-10 文本区域编辑完成图

11.2.5 应收账款余额排名分析

应收账款余额等于账面余额,是指某一会计科目的账面实际余额,不扣除作为该科目备抵的项目,如累计折旧、相关资产的减值准备等。

本小节将使用堆叠条形图分析每个公司的应收账款余额排名情况,及每个公司不同时期(30 天以内,31 天~90 天,91 天~1 年,1 年~2 年)的应收账款余占比情况。具体操作步骤如下:

步骤 1:单击工具栏上的“条形图”按钮,新建条形图。

步骤 2:单击条形图右上角“属性”按钮,打开属性对话框,选择“常规”菜单,设置标题为:“当前日期应收账款余额排名(单位:万元)”,勾选“显示标题栏”。

步骤 3:选择“数据”菜单,“数据表”选择“往来表”,单击“使用标记限制数据”后的“新建”按钮,新建“标记(2)”,并在“标记(M)”的下拉列表中选择“标记(2)”。

步骤 4:选择“外观”菜单,方向选择“水平栏”,“布局”选择“堆叠条形图”,并勾选“排序”中的“按值排序条形图(O)”及“反转分段条形图顺序(R)”。

步骤 5:选择“类别轴”菜单,设置“列”为“客户名称”,并勾选下方的“显示缩放滑块”。

步骤 6:选择“值轴”菜单,右击“列”,选择“自定义表达式”,设置“表达式”为“Sum(if([系统类型]=1,[剩余金额_本位币],0)) / 10000”,勾选“显示网格线”。

步骤 7:选择“格式化”菜单,设置“轴”中“类别轴:客户名称”的“类别”为“文本”,“值轴:Sum(if…)的“类别”为“货币”,“小数位”选择“0”。

步骤 8:选择“颜色”菜单,设置“列”为“AR 账期分类”,设置列后,修改“账龄计算时间”文本框,条形图会发生变化 ,“颜色模式”为“类别”。

步骤 9:选择“标签”菜单,在“显示标签”中选择“标记的行”,在“标签方向”中选择“水平”。

步骤 10:选择“工具提示”菜单,在“显示下列值”中选择“类别轴”“值轴”“颜色依据”。

步骤 11:设置完成,单击“关闭”按钮。可通过滑动滑块,如图 11-11 所示的效果。

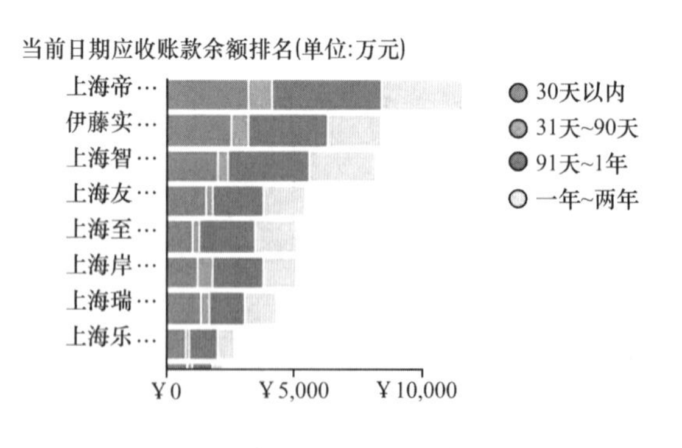

图 11-11 当前日期应收账款余额排名

11.2.6 往来资金明细分析

往来资金明细就是公司与供应商和客户之间的贸易往来账目。

本小节将使用交叉表显示与客户往来账目中的票据日期、票据金额、剩余金额等信息，同时安排好账期分类进行显示，且与应收账款余额排名图表形成关联。具体操作步骤如下：

步骤 1：新建交叉表，单击工具栏上的“交叉表”按钮，新建交叉表。

步骤 2：单击交叉表右上角“属性”按钮，打开属性对话框，选择“常规”菜单，设置“标题”为“当前日期明细查询表(单位：万元)”，勾选“显示标题栏”。

步骤 3：选择“数据”菜单，“数据表”选择“往来表”，“标记”选择“无”，“使用标记限制数据”选择“标记(2)”，通过此设置可以与应收账款余额排名图表形成关联。在下方的“如果主图表中没有标记的项目，则显示(I)”中选择“全部数据”。

步骤 4：选择“轴”菜单，设置“水平”为“列名称”，“垂直”为“客户名称”“AR 账期分类”“票据日期”，右击“单元格值”选择自定义表达式，设置“表达式”为“Sum([金额_本位币]) as [票据金额], Sum([剩余金额_本位币]) as [剩余金额]”。

步骤 5：选择“列小计”菜单，在“显示以下项的小计”中勾选“AR 账期分类”，设置“显示小计”为“之后值”。

步骤 6：选择“格式化”菜单，设置“值轴(A)”中“票据金额”的“类别”为“货币”，“小数位”为 1，“剩余金额”的“类别”为“货币”，“小数位”为“1”。

步骤 7：选择“颜色”菜单，在“配色方案分组”右侧单击“添加”选择“票据金额”，再次添加“剩余金额”；设置“颜色模式”为“梯度”。

步骤 8：设置完成，单击“关闭”按钮。如图 11-12 所示，显示了 91 天～1 年内上海某公司的票据日期、票据金额、剩余金额的数据。

当前日期明细查询表 (单位：万元)

客户名称	AR账期分类	票据日期	票据金额	剩余金额
上海某公司	91天~1年	2020/8/31	¥3,035,073.3	¥3,035,073.3
		2020/9/16	¥272,500.0	¥272,500.0
		2020/9/30	¥3,481,841.9	¥3,481,841.9
		2020/10/29	¥5,230,153.2	¥5,230,153.2
		2020/11/15	¥3,148.5	¥3,148.5
		2020/11/30	¥4,409,083.9	¥4,409,083.9
		2020/12/29	¥4,034,425.3	¥4,034,425.3

图 11-12 明细查询表

11.3 资金监控

资金监控用于及时地监控企业资金流量情况，反映企业的现金流入流出的金额。如图 11-13 所示，分别从银行资金监控 KPI、银行头寸月度趋势、银行资金对比及明细查询表四个方面进行分析。

进行资金监控前需要先导入数据。同时为更好地了解每年份及月份的资金情况，特创建日期选择器。具体操作步骤如下：

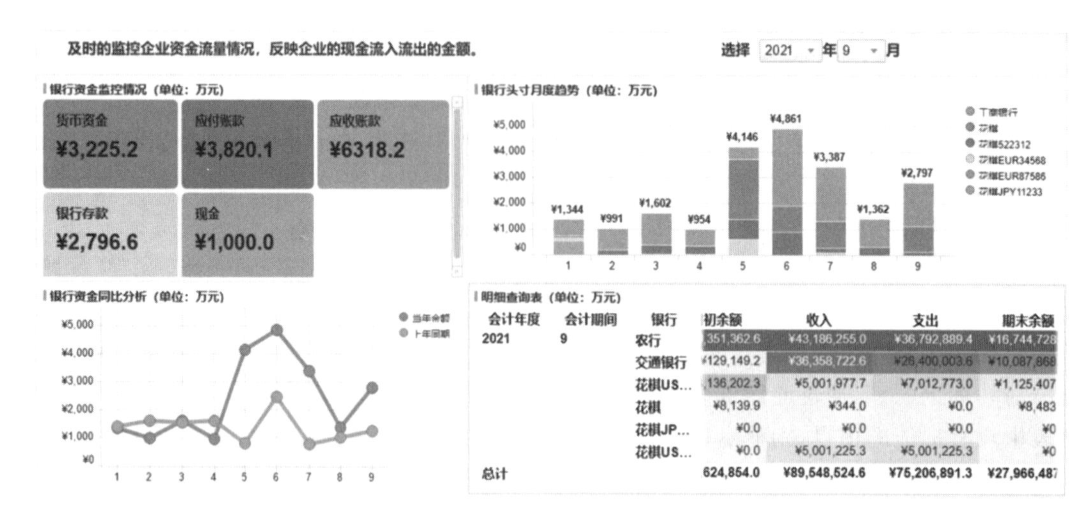

图 11-13　资金监控图

步骤 1：导入数据表。单击工具栏上的“添加数据表”按钮，打开“添加数据表”对话框，导入“余额表组合表”数据表。

步骤 2：创建年份筛选控件。

①单击右上角的“编辑文本区域”按钮，打开“编辑文本区域”对话框，选择“插入属性控件”，选择“下拉列表”，打开“属性控件”对话框。

②在“选择属性”右侧单击“新建”，在打开的“新属性”对话框中输入“属性名称”为“年”，“数据类型”修改为“Integer”。设置完成，单击“确定”按钮。

在“属性控件”对话框中“通过以下方式设置属性和值”选择“列中的唯一值”，“数据表”选择“余额表组合表”，“列”选择“会计年度”。单击“确定”按钮，添加完成。

步骤 3：新建月份筛选控件。在同一文本区域的空白处单击鼠标，参照年份筛选控件的创建步骤，新建月份筛选控件。“通过以下方式设置属性和值”选择“列中的唯一值”，“数据表”选择“余额表组合表”，“列”选择“会计期间”。单击“确定”按钮，添加完成。

步骤 4：创建完成。单击文本区域中的“保存”按钮 ，完成文本区域的编辑。

11.3.1　银行资金 KPI 图

本小节将通过银行货币资金、应付账款、应收账款、银行存款及现金五个方面展示银行资金的 KPI。具体操作步骤如下：

步骤 1：单击工具栏上的“文本区域”按钮，新建文本区域。

步骤 2：计算货币资金。

①单击工具栏上的“KPI”按钮，新建 KPI 图。

②在新建的 KPI 图中单击右上角的“属性”按钮，在打开的 KPI 属性对话框中选择“常规”，输入标题为“银行资金监控情况(单位：万元)”；选择“KPI”，将原有的 KPI 删除后，单击“添加”按钮。

③在弹出来的设置框中，选择“常规”菜单，输入名称为“货币资金”；选择“数据”菜单中“数据表”为“余额表组合表”。

④选择“外观”菜单勾选“显示迷你图”。

⑤选择“值”菜单，右击“值(y 轴)”选择“自定义表达式”，设置“值(y 轴)”的“表达式(E)：”为“sn(Sum(if([资产负债表行号]="R2" and [会计年度]= ${年} and [会计期间]= ${月},[本币期末余额] * [借贷方向] * [资产负债表计算标记]))/10000,0) as[]”；“图块依据”设置为“＜"货币资金"＞”。

⑥选择“格式化”菜单，设置“类别”为“货币”，“小数位”为“1”，并勾选“使用千分位分隔符”。

⑦选择“颜色”菜单中“列”为“(值轴个值)”，设置“颜色模式”为“固定”。单击“关闭”按钮，添加完成。

步骤 3：计算应付账款。

参照“步骤 2：计算货币资金”实现计算应付账款。

①“数据”菜单中“数据表”为“余额表组合表”。

②“值”菜单的“值(y 轴)”的“表达式(E)：”为“sn(Sum(if([资产负债表行号]="R43" and [会计年度]= ${年} and [会计期间]= ${月},[本币期末余额] * [借贷方向] * [资产负债表计算标记]))/10000,0) as []”；“图块依据”设置为“＜"应付账款"＞”。

步骤 4：计算应收账款。

参照“步骤 2：计算货币资金”的实现计算应付账款。

①“数据”菜单中“数据表”为“余额表组合表”。

②“值”菜单的“值(y 轴)”的“表达式(E)：”为“sn(Sum(if([资产负债表行号]="R7" and [会计年度]= ${年} and [会计期间]= ${月},[本币期末余额] * [借贷方向] * [资产负债表计算标记]))/10000,0) as []”；“图块依据”设置为“＜"应收账款"＞”。

步骤 5：计算银行存款。

参照“步骤 2：计算货币资金”的实现计算应付账款。

①选择“数据”菜单中“数据表”为“余额表组合表。

②“值”菜单的“值(y 轴)”的“表达式(E)：”为“[银行科目名称] is not null”。设置“值(y 轴)”的“表达式(E)：”为“sn(Sum(if([会计年度]= ${年} and [会计期间]= ${月},[本币期末余额]))/10000,0) as []”；“图块依据”设置为“＜"银行存款"＞”。

步骤 6：计算银行现金。

参照“步骤 2：计算货币资金”的实现计算应付账款。

①“数据”菜单的“数据表”为“余额表组合表”。

②“值”菜单的“值(y 轴)”的“表达式(E)：”为“sn(Sum(if([资产负债表行号]="R100" and [会计年度]= ${年} and [会计期间]= ${月},[本币期末余额] * [资产负债表计算标记] * [借贷方向]))/10000,0) as []”；“图块依据”设置为“＜"银行现金"＞”。

步骤 7：全部添加完成之后，单击 KPI 图右上角的“属性”按钮，选择“属性”，单击“外观”，设置“图块宽度不超过(像素)(T)”为“100”，可根据自己的要求调整图块宽度。全部设置完成，单击“关闭”按钮。银行资金 KPI 图分析完成。

11.3.2 银行头寸月度对比分析

头寸是指投资者拥有或借用的资金数量。银行头寸是银行系统对于可用资金调度的一个专业的叫法，每个银行或者证券业都有自己的资金头寸。

本小节将使用堆叠条形图对各银行每个月的头寸进行分析，具体操作步骤如下：

步骤1：单击“工具栏”上的“条形图”按钮，新建条形图。

步骤2：单击右上角的“属性”按钮，打开属性对话框。将“常规”菜单中的“标题”修改为“银行头寸月度趋势（单位：万元）”。

步骤3：选择“数据”菜单中“数据表”为“余额表组合表”。单击“使用表达式限制数据”后的“编辑”按钮，设置“表达式（E）：”为“[会计期间]<13 and [银行科目名称]is not null and [会计年度]=${年} and [会计期间]<=${月}”。

步骤4：选择“外观”菜单，“方向”选择“垂直栏”，“布局”选择“堆叠条形图”。

步骤5：选择“类别轴”菜单中“列”为“会计期间”，勾选“显示标签”并“水平”显示。

步骤6：选择“值轴”菜单，右击“列”选择“自定义表达式”，设置“列”的“表达式（E）：”为“sum(if([银行科目代码] is not null,[本币期末余额])) / 10000”；勾选“显示网格线”与“显示标签”。

步骤7：设置“格式化”菜单“值轴：sum(if…)”的“类别”为“货币”，保留“小数位”为0，并勾选“使用千分位分隔符”。

步骤8：选择“颜色”菜单中“列”为“银行科目名称”，设置“颜色模式”为“类别”。

步骤9：选择“标签”菜单，“显示标签”选择“全部”，“标签类型”勾选“完整条形图”，“标签方向”选择“水平”。

步骤10：单击“关闭”按钮，属性设置完成。

11.3.3 银行资金同比分析

本小节将使用折线图对银行的资金进行同比分析。具体操作步骤如下：

步骤1：单击“工具栏”上的“折线图”按钮，新建折线图。

步骤2：单击右上角的“属性”按钮，打开属性对话框。选择“常规”菜单中“标题”为“银行资金同比分析（单位：万元）”。

步骤3：选择“数据”菜单中“数据表”为“余额表组合表”，单击“使用表达式限制数据”后的“编辑”按钮，设置“表达式（E）：”为“[会计期间]<13 and [会计期间]<=${月}”。

步骤4：选择“X轴”菜单“列”，选择“会计期间”，勾选“显示网格线”。

步骤5：选择“Y轴”菜单，右击“列”选择“自定义表达式”设置“列”的“表达式（E）：”为“sum(if([会计年度]=${年} and [会计期间]<=${月} and ([银行科目名称]is not null),[本币期末余额])) / 10000 as [当年金额], sum(if([会计年度]=(${年}-1) and [会计期间]<=${月} and ([银行科目名称]is not null),[本币期末余额])) / 10000 as [上年同期]”。勾选“显示网格线”。

步骤6：选择“颜色”菜单中“列”为“列名称”，设置“颜色模式”为“类别”。

步骤 7:选择“标签”菜单,勾选“个别值”,“显示标签”选择“标记的行”。

步骤 8:选择“格式化”菜单,选择“Y:当年金额,上年同期”,设置“类别”为“货币”,“小数位”为 0,勾选“使用千分位分隔符”。

步骤 9:单击“关闭”按钮,属性设置完成。如图 11-14 所示,显示了 2021 年 9 月及前各月份的金额与上年同期的对比。

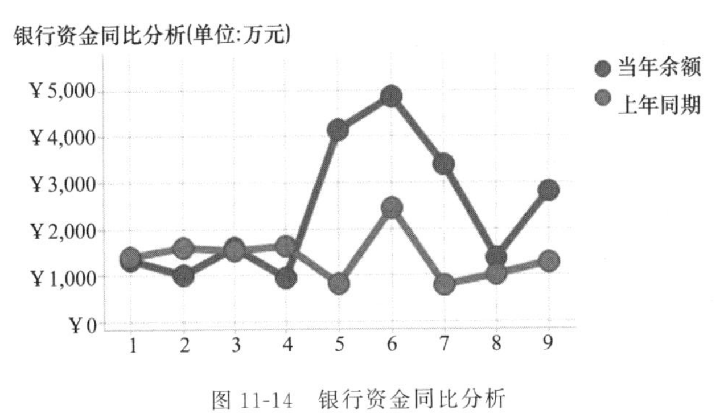

图 11-14 银行资金同比分析

11.3.4 银行资金明细

本小节将通过交叉表显示银行资金的明细。包括期初余额、收入金额、支出金额及期末金额等,具体操作步骤如下:

步骤 1:单击工具栏上的“交叉表”按钮,新建交叉表。

步骤 2:单击右上角的“属性”按钮,打开属性对话框。将“常规”菜单中的“标题”修改为“明细查询表(单位:万元)”。

步骤 3:选择“数据”菜单中“数据表”为“余额表组合表”。单击“使用表达式限制数据”后的“编辑”按钮,设置“表达式(E):”为“[银行科目代码] is not null and [会计年度] = ${年} and [会计期间]= ${月}”。

步骤 4:选择“外观”菜单,勾选“列总计”。

步骤 5:选择“轴”菜单,右击“水平”选择“列名称”;右击“垂直”选择“自定义表达式”设置“表达式(E):”为“<[会计年度] NEST [会计期间] NEST [会计科目] as [银行]>”;右击“单元格值”选择“自定义表达式”设置“表达式(E):”为“sum([本币期初余额]) as [期初余额], sum([本币借方发生额]) as [收入], Sum([本币贷方发生额]) as [支出], sum([本币期末余额]) as [期末余额]”。

步骤 6:选择“颜色”菜单中“配色方案分组”右侧的“添加”,在下拉列表中选择“期初余额”“期末余额”“收入”“支出”;设置“颜色模式”为“梯度”。

步骤 7:选择“格式化”菜单,单击“值轴”下方的“期初余额”“收入”“支出”,统一选择“类别”为“货币”,设置“小数位”为“1”;单击“值轴”下方的“期末余额”,选择“类别”为“货币”,设置“小数位”为“2”,并全部勾选“使用千分位分隔符”。

步骤 8:选择“排序”菜单中“行的排序方式”为“期末余额”,并“降序”排列。

步骤 9:单击“确定”按钮,属性设置完成。

11.4 费用分析

通过费用分析对不同费用类型对比，直观地反映各项期间费用的占比。本小节将进行期间费用（包括月度对比分析、期间费用占比分析和期间费用）、上期发生费用类型占比、上期部门发生费用占比、部门费用明细等方面进行分析。如图 11-15 所示。

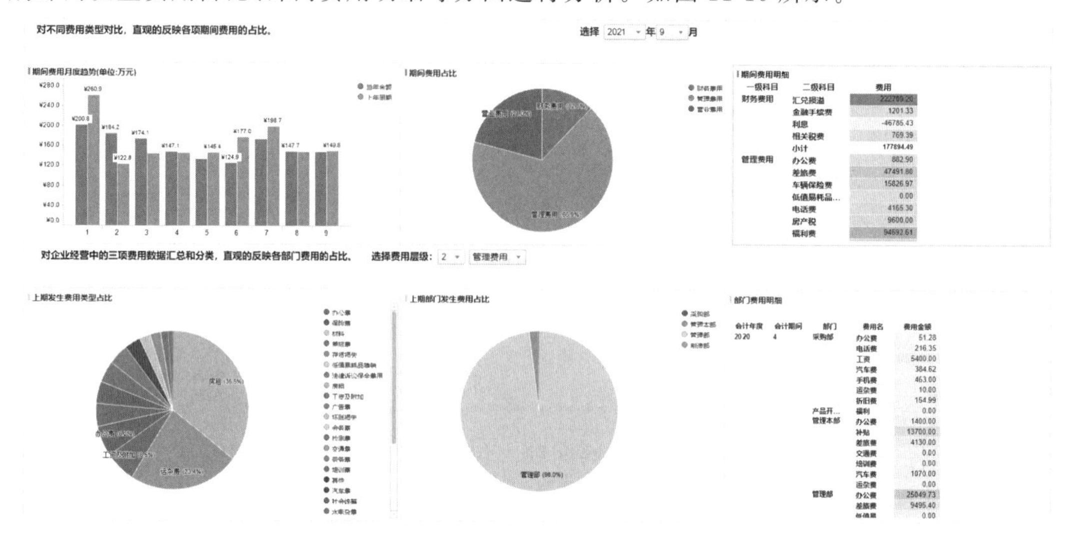

图 11-15　费用分析

在做分析前，需先完成数据表导入操作。单击工具栏上的“添加数据表”按钮，打开“添加数据表”对话框，导入“费用表”“部门费用表”数据表。

11.4.1 期间费用月度对比分析

期间费用是指企业日常活动中不能直接归属于某个特定成本核算对象的，在发生时应直接计入当期损益的各种费用。期间费用包括管理费用、销售费用、财务费用和研发费用。

在分析期间费用前，需要创建年份、月份筛选控件。具体操作步骤如下：

步骤 1：新建年份、月份筛选控件。

请参考 11.1 小节中创建年份、月份筛选控件的步骤进行操作。“数据表”使用“余额表组合表”。

步骤 2：在文本区域中输入文字，设置字体为“微雅软黑”，字号 12 号。单击文本区域中“保存”按钮，完成文本区域的编辑。

本小节将使用条形图对当年的期间费用和上年同期的期间费用进行对比分析，具体的操作步骤如下：

步骤 1：单击“工具栏”上的“条形图”按钮，新建条形图。

步骤 2：单击条形图右上角“属性”按钮，打开“属性”对话框，选择“常规”标题，设置标题为“当年应收账款周转天数趋势”，勾选“显示标题栏”。

步骤 3：选择“数据”菜单，“数据表”选择“费用表”。单击“使用表达式限制数据”右侧“编辑”按钮，在弹出的对话框中，设置“表达式”为“[会计期间]<= ${月}”。

步骤 4:选择"外观"菜单,在"方向"中选择"垂直栏",在"布局"中选择"并排条形图"。

步骤 5:选择"类别轴"菜单,设置"列"为"会计期间"。

步骤 6:选择"值轴"菜单,右击"列(0)"选择"自定义表达式",在弹出的对话框中,设置"表达式"为:"Sum(if(([层级]=1) and ([会计年度]=${年}) and([会计期间]<=${月})and ([核算项目筛选 ID]=0),[费用额])) / 10000 as [当年金额], Sum(if(([层级]=1) and ([会计年度]=${年}-1) and ([核算项目筛选 ID]=0),[费用额])) / 10000 as [上年同期]"。

步骤 7:选择"颜色"菜单,设置"列"为"列名称","颜色模式"为"类别","当年金额"选择蓝色,"上年同期"选择绿色。

步骤 8:选择"标签"菜单,在"显示标签"中选择"全部","标签方向"选择"水平"。

步骤 9:选择"工具提示"菜单,在"显示下列值"中选择"类别轴""值轴""颜色依据"。

步骤 10:选择"图例"菜单,勾选"显示图例",在"显示以下图例项"中选择"颜色依据"。

步骤 11:设置完成,单击"关闭"按钮。

11.4.2 期间费用占比分析

本小节将使用饼图分析期间费用中财务费用、管理费用及营业费用的占比情况。具体操作步骤如下:

步骤 1:单击工具栏上的"饼图"按钮,新建饼图。

步骤 2:在饼图右上角单击"属性"按钮,打开属性对话框,选择"常规"标题,设置标题为"期间费用占比",勾选"显示标题栏"。

步骤 3:选择"数据"菜单中"数据表"为"费用表",单击"使用表达式限制数据"后的侧"编辑"按钮,设置"表达式"为"[层级]=1 and [会计年度]=${年} and [会计期间]=${月}"。

步骤 4:选择"颜色"菜单中"列"为"一级科目",设置"颜色模式"为"类别"。

步骤 5:选择"大小"菜单中"扇区大小依据"为"费用额",设置聚合函数为"Sum(求和)",右击"饼图大小依据"选择"删除",设置值为"无"。

步骤 6:选择"标签"菜单,在"标签中显示"选择"扇区百分比""扇区类型"。

步骤 7:选择"工具提示"菜单,在"显示下列值"中选择"比值""扇区大小依据""颜色依据"。

步骤 8:选择"图例"菜单,在"图例"中选择"显示图例",在"显示以下图例项"中选择"颜色依据"。

步骤 9:设置完成,单击"关闭"按钮。

11.4.3 期间费用明细分析

本小节将使用交叉表分析期间费用的明细,使用管理者可以一目了然地看到每一时间的期间费用明细,具体操作步骤如下:

步骤 1:单击"工具栏"上的"交叉表"按钮,新建交叉表。

步骤 2:单击交叉表右上角“属性”按钮,打开属性对话框,选择“常规”菜单,设置“标题”为“期间费用明细”。

步骤 3:选择“数据”菜单中“数据表”为“费用表”,设置“标记”为“无”。单击“使用表达式限制数据”右侧“编辑”按钮,设置“表达式”为“[会计年度]=${年} and [会计期间]=${月} and [层级]=2”。

步骤 4:选择“轴”菜单中“水平”为“列名称”,设置“垂直”为“一级科目”“二级科目”,右击“单元格值”选择“自定义表达式”,设置“表达式(E)”为“Sum([费用额])”,“显示名称”为“费用”。

步骤 5:选择“列小计”菜单,在“显示以下项的小计”中选择“一级科目”。

步骤 6:选择“颜色”菜单,设置“颜色模式”为“梯度”,颜色选择蓝色。

步骤 7:选择“图例”菜单,在“图例”中选择“显示图例”。

步骤 8:设置完成,单击“关闭”按钮。

11.4.4 上期发生费用类型占比分析

以上三小节是对期间费用进行分析,下面小节对企业经营中的三项费用数据(营业费用、管理费用、财务费用)汇总和分类,直观地反映各部门费用的占比。

在对费用数据进行分析时,需要先创建层级和费用类型筛选控件,具体操作步骤如下:

步骤 1:新建文本区域。单击工具栏上的“文本区域”按钮,单击“编辑文本区域”按钮,打开“编辑文本区域”对话框,选择“插入属性控件”,选择“下拉列表”,打开“属性控件”对话框,单击“新建”,添加层级控件。

步骤 2:在“属性控件”对话框中“通过以下方式设置属性和值”选择“列中的唯一值”,“数据表”选择“部门费用表”,“列”选择“层级”。单击“确定”按钮,添加完成。如图 11-16 所示。

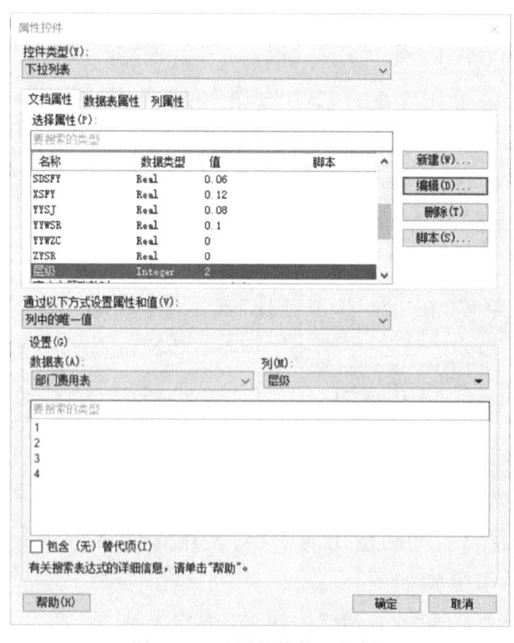

图 11-16 “属性控件”对话框

步骤3:在同一文本区域的空白处单击鼠标,参照层级筛选控件的创建步骤,新建“三大费用类型”筛选控件。

步骤4:在文本区域中输入文字,设置字体为“微雅软黑”,字号14号,单击文本区域中“保存”按钮,完成文本区域的编辑。

本小节将使用饼图分析这些费用的占比情况,且利用计算字段进行上一期费用的分析。具体操作步骤如下:

步骤1:单击“工具栏”上的“饼图”按钮,新建饼图。

步骤2:单击饼图右上角“属性”按钮,打开属性对话框,选择“常规”标题,设置标题为“上期发生费用类型占比”,勾选“显示标题栏”。

步骤3:选择“数据”菜单中“数据表”为“部门费用表”,单击“使用标记限制数据”右侧的“新建”按钮,新建标记,设置“标记(M)”为“标记(9)”。单击“使用表达式限制数据”后的“编辑”按钮,设置“表达式”为“[层级]=${层级} and [会计年度]=[当前年] and [会计期间]=[当前月]-1 and left([费用科目代码],4)="${三大费用类型}"”。

步骤4:选择“颜色”菜单中“列”为“费用名”,设置“颜色模式”为“类别”。

步骤5:选择“大小”菜单中“扇区大小依据”为“费用额”,设置聚合函数为“Sum(求和)”,右击“饼图大小依据”选择“删除”,设置值为“无”。

步骤6:选择“标签”菜单,在“在标签中显示”选择“扇区百分比”“扇区类型”。

步骤7:选择“工具提示”菜单,在“显示下列值”中选择“比值”“扇区大小依据”“颜色依据”。

步骤8:选择“图例”菜单,在“图例”中选择“显示图例”,在“显示以下图例项”中选择“颜色依据”。

步骤9:设置完成,单击“关闭”按钮。

11.4.5 部门费用明细分析

本小节使用交叉表分析各部门的费用明细。使所有的费用能够一目了然。具体操作步骤如下:

步骤1:单击“工具栏”上的“交叉表”按钮,新建交叉表。

步骤2:单击交叉表右上角“属性”按钮,打开属性对话框,选择“常规”菜单,设置“标题”为“部门费用明细”,勾选“显示标题栏”。

步骤3:选择“数据”菜单中“数据表”为“部门费用表”,设置“标记”为“标记(9)”。单击“使用表达式限制数据”后的“编辑”按钮,设置“表达式”为“[核算项目类别]=2 and left([费用科目代码],4)="${三大费用类型}" and [会计年度]=[当前年] and [会计期间]=[当前月]-1”。

步骤4:选择“轴”菜单中“水平”为“列名称”;右击“垂直”选择“自定义表达式”,设置“表达式(E)”为“<[会计年度] NEST [会计期间] NEST [部门] NEST [费用名]>”;右击“单元格值”选择“自定义表达式”,设置“表达式(E)”为“Sum([费用额])”,“显示名称”为“费用金额”。

步骤5:选择“颜色”菜单,在“配色方案分组”右侧单击“添加”选择“费用金额”,设置“颜色模式”为“梯度”。

步骤 6：设置完成，单击“关闭”按钮。

11.5 利润预测模型

在本小节，将通过利润预测模型提供一张明晰的管理效率的分解图和是否能获得最大利润的路线图，有助于管理者清晰地看到净利润组合的决定因素。如图 11-17 所示。

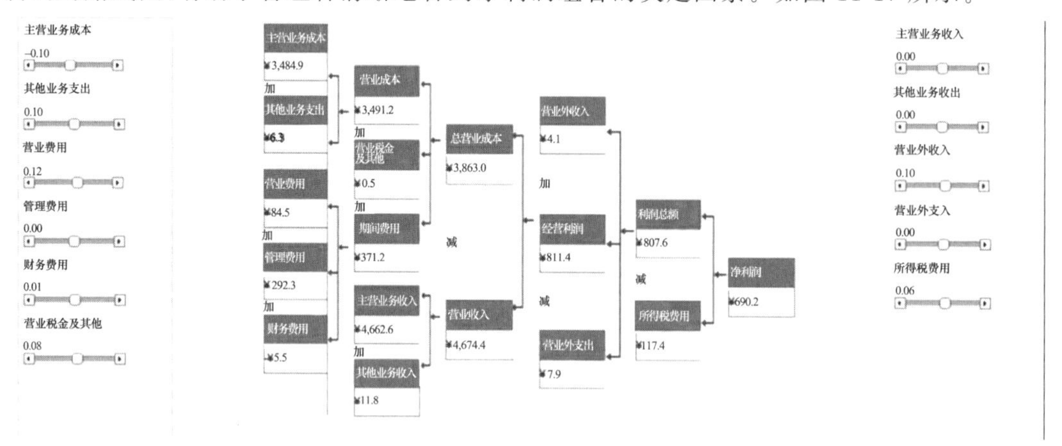

图 11-17　利润预测模型

利润预测模型操作步骤如下：

步骤 1：导入数据。单击工具栏上的“添加数据表”按钮，打开“添加数据表”对话框，导入“余额表组合表. xlsx”数据表。

步骤 2：创建主营业务成本等筛选控件。

①新建文本区域。单击“工具栏”上的“文本区域”按钮，新建文本区域。

②在文本区域中输入文本“主营业务成本”。

③单击右上角的“编辑文本区域”按钮，打开“编辑文本区域”对话框，选择“插入属性控件”，选择“滑块”，打开“属性控件”对话框。“文档属性”单击“新建”按钮，设置“属性名称”为“CC”，然后在“通过以下方式设置属性和值”选择“数值范围”；修改“设置”，设置“最小”为－1，“最大”为 1，“值间隔”为 0.01。单击“确定”按钮。如图 11-18 所示。

步骤 3：创建其他业务支出、营业费用、管理费用、财务费用、营业税金及其他筛选控件。

①“其他业务支出”属性控件名称为“QTCB”，“通过以下方式设置属性和值”选择“数值范围”，“最小”为－1，“最大”为 1，“值间隔”为 0.01。

②“营业费用”名称为“XSFY”，“通过以下方式设置属性和值”选择“数值范围”，“最小”为－1，“最大”为 1。

③“管理费用”名称为“GLFY”，“通过以下方式设置属性和值”选择“数值范围”，“最小”为－1，“最大”为 1，“值间隔”为 0.01。单击“确定”按钮。

④“财务费用”名称为“CWFY”，“通过以下方式设置属性和值”选择“数值范围”，“最小”为－1，“最大”为 1，“值间隔”为 0.01。

⑤“营业税金及其他”名称为“YYSJ”，“通过以下方式设置属性和值”选择“数值范围”，“最小”为－1，“最大”为 1，“值间隔”为 0.01。

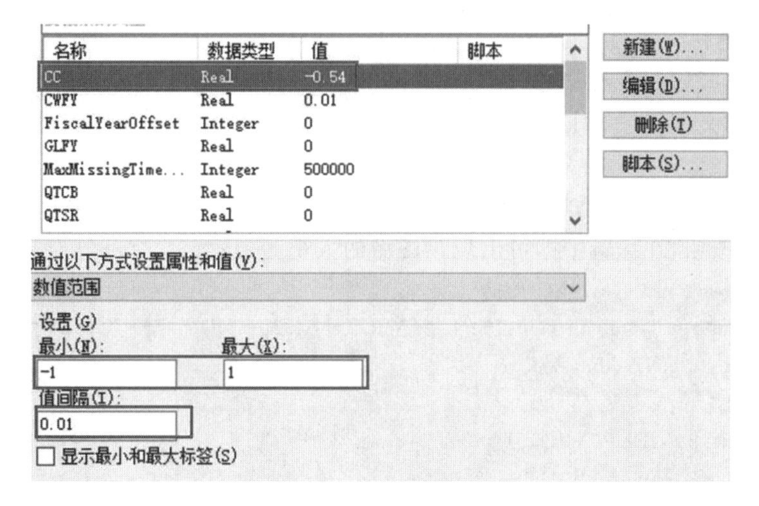

图 11-18 设置属性和值

⑥输入相应文本，整体效果(1)如图 11-19 所示。

步骤 4:按照步骤 3 的操作，创建主营业务收入、其他业务收入、营业外收入、营业外支出、所得税费用等筛选控件。

①“主营业务收入”名称为“ZYSR”，“通过以下方式设置属性和值”选择“数值范围”，“最小”为－1，“最大”为 1，“值间隔”为 0.01。

②“其他业务收入”名称为“QTSR”，“通过以下方式设置属性和值”选择“数值范围”，“最小”为－1，“最大”为 1，“值间隔”为 0.01。

③“营业外收入”名称为“YYWSR”，“通过以下方式设置属性和值”选择“数值范围”，“最小”为－1，“最大”为 1，“值间隔”为 0.01。

④“营业外支出”名称为“YYWZC”，“通过以下方式设置属性和值”选择“数值范围”，“最小”为－1，“最大”为 1，“值间隔”为 0.01。

⑤“所得税费用”名称为“SDSFY”，“通过以下方式设置属性和值”选择“数值范围”，“最小”为－1，“最大”为 1，“值间隔”为 0.01。

⑥输入相应文本，整体效果(2)如图 11-20 所示。

图 11-19 整体效果(1)　　图 11-20 整体效果(2)

步骤 5:创建利润预测模型。

①新建文本区域。单击“工具栏”上的“文本区域”按钮,新建文本区域。

②在新建的文本区域右上角单击“编辑 HTML”,打开“编辑 HTML”对话框,编辑 HTML 区域。

③编辑下面代码,需要添加图像时单击“插入图像”按钮,打开对话框选择需要添加的图像,单击“确定”按钮,在编辑中即可出现该图像的大小等内容。

```
<DIV align=center>
<TABLE width=663 align=center style="WIDTH: 497pt; BORDER-COLLAPSE: collapse" border=0 cellSpacing=0 cellPadding=0>
<COLGROUP>
<COL width=83 style="WIDTH: 62pt">
<COL width=33 style="WIDTH: 25pt">
<COL width=83 style="WIDTH: 62pt">
<COL width=33 style="WIDTH: 25pt">
<COL width=83 style="WIDTH: 62pt">
<COL width=33 style="WIDTH: 25pt">
<COL width=83 style="WIDTH: 62pt">
<COL width=33 style="WIDTH: 25pt">
<COL width=83 style="WIDTH: 62pt">
<COL width=33 style="WIDTH: 25pt">
<COL width=83 style="WIDTH: 62pt"></COLGROUP>
<TBODY>
<TR style="HEIGHT: 12pt">
<TD width=83 height=32 class=xl68 style="BORDER-TOP: #00b2ee 0.5pt solid; HEIGHT: 24pt; BORDER-RIGHT: #00b2ee 0.5pt solid; WIDTH: 62pt; BORDER-BOTTOM: #00b2ee 0.5pt solid; BORDER-LEFT: #00b2ee 0.5pt solid; BACKGROUND-COLOR: #00b2ee" rowSpan=2><STRONG><FONT color=#ffffff face=微软雅黑>主营业务成本</FONT></STRONG></TD>
<TD width=33 class=xl66 style="BORDER-TOP-COLOR: #f0f0f0; WIDTH: 25pt; BORDER-LEFT-COLOR: #f0f0f0; BORDER-BOTTOM-COLOR: #f0f0f0; BORDER-RIGHT-COLOR: #f0f0f0; BACKGROUND-COLOR: transparent" rowSpan=27>
<P><STRONG><FONT color=#ffffff face=微软雅黑><IMG src="499ed27ab86d497abc0ff15f2526e2ba.png" border=0></FONT></STRONG></P>
<P><STRONG><FONT color=#ffffff face=微软雅黑></FONT></STRONG> </P></TD>
<TD width=83 class=xl66 style="BORDER-TOP-COLOR: #f0f0f0; WIDTH: 62pt; BORDER-LEFT-COLOR: #f0f0f0; BORDER-BOTTOM-COLOR: #f0f0f0; BORDER-RIGHT-COLOR: #f0f0f0; BACKGROUND-COLOR: transparent" rowSpan=3><STRONG><FONT color=#ffffff face=微软雅黑></FONT></STRONG></TD>
<TD width=33 class=xl66 style="BORDER-TOP-COLOR: #f0f0f0; WIDTH: 25pt; BORDER-LEFT-COLOR: #f0f0f0; BORDER-BOTTOM-COLOR: #f0f0f0; BORDER-RIGHT-COLOR: #f0f0f0; BACKGROUND-COLOR: transparent" rowSpan=27><STRONG><FONT col
```

```
or=#ffffff face=微软雅黑><IMG width=31 height=379 style="HEIGHT：404px；WIDTH：31px"
src="f704d8009fce4269b490a1163d4914a3.png" border=0></FONT></STRONG></TD>
    <TD width=83 class=xl66 style="BORDER-TOP-COLOR：#f0f0f0；WIDTH：62pt；BOR-
DER-LEFT-COLOR：#f0f0f0；BORDER-BOTTOM-COLOR：#f0f0f0；BORDER-RIGHT-
COLOR：#f0f0f0；BACKGROUND-COLOR：transparent" rowSpan=7><STRONG><FONT color
=#ffffff face=微软雅黑></FONT></STRONG></TD>
    <TD width=33 class=xl66 style="BORDER-TOP-COLOR：#f0f0f0；WIDTH：25pt；BOR-
DER-LEFT-COLOR：#f0f0f0；BORDER-BOTTOM-COLOR：#f0f0f0；BORDER-RIGHT-
COLOR：#f0f0f0；BACKGROUND-COLOR：transparent" rowSpan=27><STRONG><FONT col-
or=#ffffff face=微软雅黑><IMG width=31 height=313 style="HEIGHT：339px；WIDTH：31px"
src="abbe346db3cc486caa5644ea0ab5c7e3.png" border=0></FONT></STRONG></TD>
    <TD width=83 class=xl66 style="BORDER-TOP-COLOR：#f0f0f0；WIDTH：62pt；BOR-
DER-LEFT-COLOR：#f0f0f0；BORDER-BOTTOM-COLOR：#f0f0f0；BORDER-RIGHT-
COLOR：#f0f0f0；BACKGROUND-COLOR：transparent" rowSpan=5><STRONG><FONT color
=#ffffff face=微软雅黑></FONT></STRONG></TD>
    <TD width=33 class=xl66 style="BORDER-TOP-COLOR：#f0f0f0；WIDTH：25pt；BOR-
DER-LEFT-COLOR：#f0f0f0；BORDER-BOTTOM-COLOR：#f0f0f0；BORDER-RIGHT-
COLOR：#f0f0f0；BACKGROUND-COLOR：transparent" rowSpan=27><STRONG><FONT col-
or=#ffffff face=微软雅黑><IMG width=38 height=434 style="HEIGHT：455px；WIDTH：38px"
src="31be2d0d1ee441d2bede3161a9e72346.png" border=0></FONT></STRONG></TD>
    <TD width=83 class=xl66 style="BORDER-TOP-COLOR：#f0f0f0；WIDTH：62pt；BOR-
DER-LEFT-COLOR：#f0f0f0；BORDER-BOTTOM-COLOR：#f0f0f0；BORDER-RIGHT-
COLOR：#f0f0f0；BACKGROUND-COLOR：transparent" rowSpan=12><STRONG><FONT col-
or=#ffffff face=微软雅黑></FONT></STRONG></TD>
    <TD width=33 class=xl66 style="BORDER-TOP-COLOR：#f0f0f0；WIDTH：25pt；BORDER-
LEFT-COLOR：#f0f0f0；BORDER-BOTTOM-COLOR：#f0f0f0；BORDER-RIGHT-COLOR：
#f0f0f0；BACKGROUND-COLOR：transparent" rowSpan=27><STRONG><FONT color=#ffffff
face=微软雅黑><IMG width=34 height=419 style="HEIGHT：470px；WIDTH：34px" src="
7143fb879c1c404d99ffaba37a869e66.png" border=0></FONT></STRONG></TD>
    <TD width=83 class=xl66 style="BORDER-TOP-COLOR：#f0f0f0；WIDTH：62pt；BOR-
DER-LEFT-COLOR：#f0f0f0；BORDER-BOTTOM-COLOR：#f0f0f0；BORDER-RIGHT-
COLOR：#f0f0f0；BACKGROUND-COLOR：transparent" rowSpan=16><STRONG><FONT col-
or=#ffffff face=微软雅黑></FONT></STRONG></TD></TR>
    <TR style="HEIGHT：12pt"><STRONG><FONT color=#ffffff face=微软雅黑></FONT
></STRONG></TR>
    <TR style="HEIGHT：12pt">
    <TD width=83 height=32 class=xl69 style="HEIGHT：24pt；BORDER-RIGHT：#00b2ee
0.5pt solid；BORDER-TOP-COLOR：#00b2ee；WIDTH：62pt；BORDER-BOTTOM：#00b2ee
0.5pt solid；BORDER-LEFT：#00b2ee 0.5pt solid；BACKGROUND-COLOR：white" rowSpan=2>
<FONT face=微软雅黑><SpotfireControl id="0bc8b552f9374ad7afc5a1de1dcd0b46" />  </FONT
></TD></TR>
    <TR style="HEIGHT：12pt">
    <TD width=83 height=32 class=xl68 style="BORDER-TOP：#00b2ee 0.5pt solid；HEIGHT：
```

```
24pt; BORDER-RIGHT: #00b2ee 0.5pt solid; WIDTH: 62pt; BORDER-BOTTOM: #00b2ee 0.5pt solid; BORDER-LEFT: #00b2ee 0.5pt solid; BACKGROUND-COLOR: #00b2ee" rowSpan=2><FONT color=#ffffff face=微软雅黑><STRONG>营业成本</STRONG></FONT></TD></TR>
    <TR style="HEIGHT: 12pt">
    <TD width=83 height=16 class=xl65 style="HEIGHT: 12pt; BORDER-TOP-COLOR: #f0f0f0; WIDTH: 62pt; BORDER-LEFT-COLOR: #f0f0f0; BORDER-BOTTOM-COLOR: #f0f0f0; BORDER-RIGHT-COLOR: #f0f0f0; BACKGROUND-COLOR: transparent"><FONT color=#fd2d85 face=微软雅黑><STRONG>加</STRONG></FONT></TD></TR>
    <TR style="HEIGHT: 12pt">
    <TD width=83 height=32 class=xl68 style="BORDER-TOP: #00b2ee 0.5pt solid; HEIGHT: 24pt; BORDER-RIGHT: #00b2ee 0.5pt solid; WIDTH: 62pt; BORDER-BOTTOM: #00b2ee 0.5pt solid; BORDER-LEFT: #00b2ee 0.5pt solid; BACKGROUND-COLOR: #00b2ee" rowSpan=2><STRONG><FONT color=#ffffff face=微软雅黑>其他业务支出</FONT></STRONG></TD>
    <TD width=83 class=xl69 style="BORDER-RIGHT: #00b2ee 0.5pt solid; BORDER-TOP-COLOR: #00b2ee; WIDTH: 62pt; BORDER-BOTTOM: #00b2ee 0.5pt solid; BORDER-LEFT: #00b2ee 0.5pt solid; BACKGROUND-COLOR: white" rowSpan=2><FONT face=微软雅黑><SpotfireControl id="61b670441dca4251aacf37d94782f9c1" />  </FONT></TD>
    <TD width=83 class=xl68 style="BORDER-TOP: #00b2ee 0.5pt solid; BORDER-RIGHT: #00b2ee 0.5pt solid; WIDTH: 62pt; BORDER-BOTTOM: #00b2ee 0.5pt solid; BORDER-LEFT: #00b2ee 0.5pt solid; BACKGROUND-COLOR: #00b2ee" rowSpan=2><STRONG><FONT color=#ffffff face=微软雅黑>营业外收入</FONT></STRONG></TD></TR>
    <TR style="HEIGHT: 12pt"><STRONG><FONT color=#ffffff face=微软雅黑></FONT></STRONG></TR><TR style="HEIGHT: 12pt">
    <TD width=83 height=32 class=xl69 style="HEIGHT: 24pt; BORDER-RIGHT: #00b2ee 0.5pt solid; BORDER-TOP-COLOR: #00b2ee; WIDTH: 62pt; BORDER-BOTTOM: #00b2ee 0.5pt solid; BORDER-LEFT: #00b2ee 0.5pt solid; BACKGROUND-COLOR: white" rowSpan=2><FONT face=微软雅黑><SpotfireControl id="2cbb69c61dca45e18494ec80a61149e5" />  </FONT></TD>
    <TD width=83 class=xl65 style="BORDER-TOP-COLOR: #f0f0f0; WIDTH: 62pt; BORDER-LEFT-COLOR: #f0f0f0; BORDER-BOTTOM-COLOR: #f0f0f0; BORDER-RIGHT-COLOR: #f0f0f0; BACKGROUND-COLOR: transparent"><FONT color=#fd2d85 face=微软雅黑><STRONG>加</STRONG></FONT></TD>
    <TD width=83 class=xl68 style="BORDER-TOP: #00b2ee 0.5pt solid; BORDER-RIGHT: #00b2ee 0.5pt solid; WIDTH: 62pt; BORDER-BOTTOM: #00b2ee 0.5pt solid; BORDER-LEFT: #00b2ee 0.5pt solid; BACKGROUND-COLOR: #00b2ee" rowSpan=2><STRONG><FONT color=#ffffff face=微软雅黑>总营业成本</FONT></STRONG></TD>
    <TD width=83 class=xl69 style="BORDER-RIGHT: #00b2ee 0.5pt solid; BORDER-TOP-COLOR: #00b2ee; WIDTH: 62pt; BORDER-BOTTOM: #00b2ee 0.5pt solid; BORDER-LEFT: #00b2ee 0.5pt solid; BACKGROUND-COLOR: white" rowSpan=2><FONT face=微软雅黑><SpotfireControl id="2ea04460fc1a452e975de46516d4b74c" />  </FONT></TD></TR>
    <TR style="HEIGHT: 12pt">
    <TD width=83 height=32 class=xl68 style="BORDER-TOP: #00b2ee 0.5pt solid; HEIGHT:
```

```
24pt; BORDER-RIGHT: #00b2ee 0.5pt solid; WIDTH: 62pt; BORDER-BOTTOM: #00b2ee 0.5pt solid; BORDER-LEFT: #00b2ee 0.5pt solid; BACKGROUND-COLOR: #00b2ee" rowSpan=2><FONT color=#ffffff face=微软雅黑><STRONG>营业税金<BR>及其他</STRONG></FONT></TD></TR>
    <TR style="HEIGHT: 12pt"><TD width=83 height=16 class=xl65 style="HEIGHT: 12pt; BORDER-TOP-COLOR: #f0f0f0; WIDTH: 62pt; BORDER-LEFT-COLOR: #f0f0f0; BORDER-BOTTOM-COLOR: #f0f0f0; BORDER-RIGHT-COLOR: #f0f0f0; BACKGROUND-COLOR: transparent"><STRONG><FONT color=#d8181c face=微软雅黑></FONT></STRONG></TD>
    <TD width=83 class=xl69 style="BORDER-RIGHT: #00b2ee 0.5pt solid; BORDER-TOP-COLOR: #00b2ee; WIDTH: 62pt; BORDER-BOTTOM: #00b2ee 0.5pt solid; BORDER-LEFT: #00b2ee 0.5pt solid; BACKGROUND-COLOR: white" rowSpan=2><FONT face=微软雅黑><SpotfireControl id="5063824eeac34e6da482b5485552158f" />  </FONT></TD>
    <TD width=83 class=xl65 style="BORDER-TOP-COLOR: #f0f0f0; WIDTH: 62pt; BORDER-LEFT-COLOR: #f0f0f0; BORDER-BOTTOM-COLOR: #f0f0f0; BORDER-RIGHT-COLOR: #f0f0f0; BACKGROUND-COLOR: transparent" rowSpan=4><FONT color=#fd2d85 face=微软雅黑><STRONG>加</STRONG></FONT></TD></TR>
    <TR style="HEIGHT: 12pt">
    <TD width=83 height=32 class=xl68 style="BORDER-TOP: #00b2ee 0.5pt solid; HEIGHT: 24pt; BORDER-RIGHT: #00b2ee 0.5pt solid; WIDTH: 62pt; BORDER-BOTTOM: #00b2ee 0.5pt solid; BORDER-LEFT: #00b2ee 0.5pt solid; BACKGROUND-COLOR: #00b2ee" rowSpan=2><STRONG><FONT color=#ffffff face=微软雅黑>营业费用</FONT></STRONG></TD>
    <TD width=83 class=xl69 style="BORDER-RIGHT: #00b2ee 0.5pt solid; BORDER-TOP-COLOR: #00b2ee; WIDTH: 62pt; BORDER-BOTTOM: #00b2ee 0.5pt solid; BORDER-LEFT: #00b2ee 0.5pt solid; BACKGROUND-COLOR: white" rowSpan=2><FONT face=微软雅黑><SpotfireControl id="886774d3ac56441f96752678e14a7345" />  </FONT></TD></TR>
    <TR style="HEIGHT: 12pt">
    <TD width=83 height=128 class=xl65 style="HEIGHT: 96pt; BORDER-TOP-COLOR: #f0f0f0; WIDTH: 62pt; BORDER-LEFT-COLOR: #f0f0f0; BORDER-BOTTOM-COLOR: #f0f0f0; BORDER-RIGHT-COLOR: #f0f0f0; BACKGROUND-COLOR: transparent" rowSpan=8><STRONG><FONT color=#fd2d85 face=微软雅黑>减</FONT></STRONG></TD></TR>
    <TR style="HEIGHT: 12pt">
    <TD width=83 height=32 class=xl69 style="HEIGHT: 24pt; BORDER-RIGHT: #00b2ee 0.5pt solid; BORDER-TOP-COLOR: #00b2ee; WIDTH: 62pt; BORDER-BOTTOM: #00b2ee 0.5pt solid; BORDER-LEFT: #00b2ee 0.5pt solid; BACKGROUND-COLOR: white" rowSpan=2><FONT face=微软雅黑><SpotfireControl id="054d11aa965142cbad8d305b329208bb" />  </FONT></TD>
    <TD width=83 class=xl65 style="BORDER-TOP-COLOR: #f0f0f0; WIDTH: 62pt; BORDER-LEFT-COLOR: #f0f0f0; BORDER-BOTTOM-COLOR: #f0f0f0; BORDER-RIGHT-COLOR: #f0f0f0; BACKGROUND-COLOR: transparent"><FONT color=#fd2d85 face=微软雅黑><STRONG>加</STRONG></FONT></TD>
```

＜TD width＝83 class＝xl68 style＝"BORDER－TOP：＃00b2ee 0.5pt solid；BORDER－RIGHT：＃00b2ee 0.5pt solid；WIDTH：62pt；BORDER－BOTTOM：＃00b2ee 0.5pt solid；BORDER－LEFT：＃00b2ee 0.5pt solid；BACKGROUND－COLOR：＃00b2ee" rowSpan＝2＞＜FONT color＝＃ffffff face＝微软雅黑＞＜STRONG＞利润总额＜/STRONG＞＜/FONT＞＜/TD＞＜/TR＞

＜TR style＝"HEIGHT：12pt"＞

＜TD width＝83 height＝32 class＝xl68 style＝"BORDER－TOP：＃00b2ee 0.5pt solid；HEIGHT：24pt；BORDER－RIGHT：＃00b2ee 0.5pt solid；WIDTH：62pt；BORDER－BOTTOM：＃00b2ee 0.5pt solid；BORDER－LEFT：＃00b2ee 0.5pt solid；BACKGROUND－COLOR：＃00b2ee" rowSpan＝2＞＜FONT color＝＃ffffff face＝微软雅黑＞＜STRONG＞期间费用＜/STRONG＞＜/FONT＞＜/TD＞

＜TD width＝83 class＝xl68 style＝"BORDER－TOP：＃00b2ee 0.5pt solid；BORDER－RIGHT：＃00b2ee 0.5pt solid；WIDTH：62pt；BORDER－BOTTOM：＃00b2ee 0.5pt solid；BORDER－LEFT：＃00b2ee 0.5pt solid；BACKGROUND－COLOR：＃00b2ee" rowSpan＝2＞＜FONT color＝＃ffffff face＝微软雅黑＞＜STRONG＞经营利润＜/STRONG＞＜/FONT＞＜/TD＞＜/TR＞

＜TR style＝"HEIGHT：12pt"＞

＜TD width＝83 height＝16 class＝xl65 style＝"HEIGHT：12pt；BORDER－TOP－COLOR：＃f0f0f0；WIDTH：62pt；BORDER－LEFT－COLOR：＃f0f0f0；BORDER－BOTTOM－COLOR：＃f0f0f0；BORDER－RIGHT－COLOR：＃f0f0f0；BACKGROUND－COLOR：transparent"＞＜STRONG＞＜FONT color＝＃fd2d85 face＝微软雅黑＞加＜/FONT＞＜/STRONG＞＜/TD＞

＜TD width＝83 class＝xl69 style＝"BORDER－RIGHT：＃00b2ee 0.5pt solid；BORDER－TOP－COLOR：＃00b2ee；WIDTH：62pt；BORDER－BOTTOM：＃00b2ee 0.5pt solid；BORDER－LEFT：＃00b2ee 0.5pt solid；BACKGROUND－COLOR：white" rowSpan＝2＞＜FONT face＝微软雅黑＞＜SpotfireControl id＝"0dd4a932d6034c01af18ca4ad1b9cb69" /＞ ＜/FONT＞＜/TD＞＜/TR＞

＜TR style＝"HEIGHT：12pt"＞

＜TD width＝83 height＝32 class＝xl68 style＝"BORDER－TOP：＃00b2ee 0.5pt solid；HEIGHT：24pt；BORDER－RIGHT：＃00b2ee 0.5pt solid；WIDTH：62pt；BORDER－BOTTOM：＃00b2ee 0.5pt solid；BORDER－LEFT：＃00b2ee 0.5pt solid；BACKGROUND－COLOR：＃00b2ee" rowSpan＝2＞＜STRONG＞＜FONT color＝＃ffffff face＝微软雅黑＞管理费用＜/FONT＞＜/STRONG＞＜/TD＞

＜TD width＝83 class＝xl69 style＝"BORDER－RIGHT：＃00b2ee 0.5pt solid；BORDER－TOP－COLOR：＃00b2ee；WIDTH：62pt；BORDER－BOTTOM：＃00b2ee 0.5pt solid；BORDER－LEFT：＃00b2ee 0.5pt solid；BACKGROUND－COLOR：white" rowSpan＝2＞＜FONT face＝微软雅黑＞＜SpotfireControl id＝"878cd16510ae4da999bf2c7cea8c02c6" /＞ ＜/FONT＞＜/TD＞

＜TD width＝83 class＝xl69 style＝"BORDER－RIGHT：＃00b2ee 0.5pt solid；BORDER－TOP－COLOR：＃00b2ee；WIDTH：62pt；BORDER－BOTTOM：＃00b2ee 0.5pt solid；BORDER－LEFT：＃00b2ee 0.5pt solid；BACKGROUND－COLOR：white" rowSpan＝2＞＜FONT face＝微软雅黑＞＜SpotfireControl id＝"6c18768ce3eb4dd9a1da136fdb4853d5" /＞ ＜/FONT＞＜/TD＞＜/TR＞

＜TR style＝"HEIGHT：12pt"＞

＜TD width＝83 height＝48 class＝xl65 style＝"HEIGHT：36pt；BORDER－TOP－COLOR：＃f0f0f0；WIDTH：62pt；BORDER－LEFT－COLOR：＃f0f0f0；BORDER－BOTTOM－COLOR：＃f0f0f0；BORDER－RIGHT－COLOR：＃f0f0f0；BACKGROUND－COLOR：transparent" rowSpan＝3＞＜FONT color＝＃fd2d85 face＝微软雅黑＞＜STRONG＞减＜/STRONG＞＜/FONT＞＜/TD＞

＜TD width＝83 class＝xl72 style＝"BORDER－TOP：＃00b2ee 0.5pt solid；BORDER－RIGHT：＃00b2ee 0.5pt solid；WIDTH：62pt；BORDER－BOTTOM：＃00b2ee 0.5pt solid；BORDER－LEFT：＃00b2ee 0.5pt solid；BACKGROUND－COLOR：＃00b2ee" rowSpan＝2＞＜STRONG＞＜FONT color

```
＝＃ffffff face＝微软雅黑＞净利润＜/FONT＞＜/STRONG＞＜/TD＞＜/TR＞
    ＜TR style＝"HEIGHT：12pt"＞
    ＜TD width＝83 height＝32 class＝xl69 style＝"HEIGHT：24pt；BORDER－RIGHT：＃00b2ee 0.5pt solid；BORDER－TOP－COLOR：＃00b2ee；WIDTH：62pt；BORDER－BOTTOM：＃00b2ee 0.5pt solid；BORDER－LEFT：＃00b2ee 0.5pt solid；BACKGROUND－COLOR：white" rowSpan＝2＞＜FONT face＝微软雅黑＞＜SpotfireControl id＝"030e75ebc4104c5ebfee6dd0346f1a0f" /＞ ＜/FONT＞＜/TD＞
    ＜TD width＝83 class＝xl66 style＝"BORDER－TOP－COLOR：＃f0f0f0；WIDTH：62pt；BORDER－LEFT－COLOR：＃f0f0f0；BORDER－BOTTOM－COLOR：＃f0f0f0；BORDER－RIGHT－COLOR：＃f0f0f0；BACKGROUND－COLOR：transparent"＞＜FONT face＝微软雅黑＞＜/FONT＞＜/TD＞
    ＜TD width＝83 class＝xl65 style＝"BORDER－TOP－COLOR：＃f0f0f0；WIDTH：62pt；BORDER－LEFT－COLOR：＃f0f0f0；BORDER－BOTTOM－COLOR：＃f0f0f0；BORDER－RIGHT－COLOR：＃f0f0f0；BACKGROUND－COLOR：transparent" rowSpan＝4＞＜FONT color＝＃fd2d85 face＝微软雅黑＞＜STRONG＞减＜/STRONG＞＜/FONT＞＜/TD＞＜/TR＞
    ＜TR style＝"HEIGHT：12pt"＞
    ＜TD width＝83 height＝32 class＝xl68 style＝"BORDER－TOP：＃00b2ee 0.5pt solid；HEIGHT：24pt；BORDER－RIGHT：＃00b2ee 0.5pt solid；WIDTH：62pt；BORDER－BOTTOM：＃00b2ee 0.5pt solid；BORDER－LEFT：＃00b2ee 0.5pt solid；BACKGROUND－COLOR：＃00b2ee" rowSpan＝2＞＜STRONG＞＜FONT color＝＃ffffff face＝微软雅黑＞主营业务收入＜/FONT＞＜/STRONG＞＜/TD＞
    ＜TD width＝83 class＝xl70 style＝"BORDER－RIGHT：＃00b2ee 0.5pt solid；BORDER－TOP－COLOR：＃00b2ee；WIDTH：62pt；BORDER－BOTTOM：＃00b2ee 0.5pt solid；BORDER－LEFT：＃00b2ee 0.5pt solid；BACKGROUND－COLOR：white" rowSpan＝2＞＜FONT face＝微软雅黑＞＜SpotfireControl id＝"9226af7e6e564089bb316c304b7f7bab" /＞ ＜/FONT＞＜/TD＞＜/TR＞＜TR style＝"HEIGHT：12pt"＞
    ＜TD width＝83 height＝16 class＝xl65 style＝"HEIGHT：12pt；BORDER－TOP－COLOR：＃f0f0f0；WIDTH：62pt；BORDER－LEFT－COLOR：＃f0f0f0；BORDER－BOTTOM－COLOR：＃f0f0f0；BORDER－RIGHT－COLOR：＃f0f0f0；BACKGROUND－COLOR：transparent"＞＜FONT color＝＃fd2d85 face＝微软雅黑＞＜STRONG＞加＜/STRONG＞＜/FONT＞＜/TD＞
    ＜TD width＝83 class＝xl68 style＝"BORDER－TOP：＃00b2ee 0.5pt solid；BORDER－RIGHT：＃00b2ee 0.5pt solid；WIDTH：62pt；BORDER－BOTTOM：＃00b2ee 0.5pt solid；BORDER－LEFT：＃00b2ee 0.5pt solid；BACKGROUND－COLOR：＃00b2ee" rowSpan＝2＞＜STRONG＞＜FONT color＝＃ffffff face＝微软雅黑＞营业收入＜/FONT＞＜/STRONG＞＜/TD＞
    ＜TD width＝83 class＝xl72 style＝"BORDER－TOP：＃00b2ee 0.5pt solid；BORDER－RIGHT：＃00b2ee 0.5pt solid；WIDTH：62pt；BORDER－BOTTOM：＃00b2ee 0.5pt solid；BORDER－LEFT：＃00b2ee 0.5pt solid；BACKGROUND－COLOR：＃00b2ee" rowSpan＝2＞＜STRONG＞＜FONT color＝＃ffffff face＝微软雅黑＞所得税费用＜/FONT＞＜/STRONG＞＜/TD＞＜/TR＞
    ＜TR style＝"HEIGHT：12pt"＞
    ＜TD width＝83 height＝32 class＝xl68 style＝"BORDER－TOP：＃00b2ee 0.5pt solid；HEIGHT：24pt；BORDER－RIGHT：＃00b2ee 0.5pt solid；WIDTH：62pt；BORDER－BOTTOM：＃00b2ee 0.5pt solid；BORDER－LEFT：＃00b2ee 0.5pt solid；BACKGROUND－COLOR：＃00b2ee" rowSpan＝2＞＜STRONG＞＜FONT color＝＃ffffff face＝微软雅黑＞财务费用＜/FONT＞＜/STRONG＞＜/TD＞
```

```
<TD width=83 class=xl69 style="BORDER-RIGHT：#00b2ee 0.5pt solid；BORDER-TOP-COLOR：#00b2ee；WIDTH：62pt；BORDER-BOTTOM：#00b2ee 0.5pt solid；BORDER-LEFT：#00b2ee 0.5pt solid；BACKGROUND-COLOR：white" rowSpan=2><FONT face=微软雅黑><SpotfireControl id="0c21ed7cbbc64a3a8e447325f92dc2c8" />  </FONT></TD>
<TD width=83 class=xl66 style="BORDER-TOP-COLOR：#f0f0f0；WIDTH：62pt；BORDER-LEFT-COLOR：#f0f0f0；BORDER-BOTTOM-COLOR：#f0f0f0；BORDER-RIGHT-COLOR：#f0f0f0；BACKGROUND-COLOR：transparent" rowSpan=7><FONT face=微软雅黑></FONT></TD></TR>
<TR style="HEIGHT：12pt">
<TD width=83 height=32 class=xl69 style="HEIGHT：24pt；BORDER-RIGHT：#00b2ee 0.5pt solid；BORDER-TOP-COLOR：#00b2ee；WIDTH：62pt；BORDER-BOTTOM：#00b2ee 0.5pt solid；BORDER-LEFT：#00b2ee 0.5pt solid；BACKGROUND-COLOR：white" rowSpan=2><FONT face=微软雅黑><SpotfireControl id="b32b64bab0894f4189edf8627f039fce" />  </FONT></TD>
<TD width=83 class=xl68 style="BORDER-TOP：#00b2ee 0.5pt solid；BORDER-RIGHT：#00b2ee 0.5pt solid；WIDTH：62pt；BORDER-BOTTOM：#00b2ee 0.5pt solid；BORDER-LEFT：#00b2ee 0.5pt solid；BACKGROUND-COLOR：#00b2ee" rowSpan=2><STRONG><FONT color=#ffffff face=微软雅黑>营业外支出</FONT></STRONG></TD>
<TD width=83 class=xl70 style="BORDER-RIGHT：#00b2ee 0.5pt solid；BORDER-TOP-COLOR：#00b2ee；WIDTH：62pt；BORDER-BOTTOM：#00b2ee 0.5pt solid；BORDER-LEFT：#00b2ee 0.5pt solid；BACKGROUND-COLOR：white" rowSpan=2><FONT face=微软雅黑><SpotfireControl id="3690fa8251484629a3a341a83daa2cbc" />  </FONT></TD></TR>
<TR style="HEIGHT：12pt">
<TD width=83 height=32 class=xl69 style="HEIGHT：24pt；BORDER-RIGHT：#00b2ee 0.5pt solid；BORDER-TOP-COLOR：#00b2ee；WIDTH：62pt；BORDER-BOTTOM：#00b2ee 0.5pt solid；BORDER-LEFT：#00b2ee 0.5pt solid；BACKGROUND-COLOR：white" rowSpan=2><FONT face=微软雅黑><SpotfireControl id="c0b5f95b3e504dda928a5a43b93b5b7f" />  </FONT></TD>
<TD width=83 class=xl65 style="BORDER-TOP-COLOR：#f0f0f0；WIDTH：62pt；BORDER-LEFT-COLOR：#f0f0f0；BORDER-BOTTOM-COLOR：#f0f0f0；BORDER-RIGHT-COLOR：#f0f0f0；BACKGROUND-COLOR：transparent"><FONT color=#fd2d85 face=微软雅黑><STRONG>加</STRONG></FONT></TD></TR>
<TR style="HEIGHT：12pt">
<TD width=83 height=32 class=xl68 style="BORDER-TOP：#00b2ee 0.5pt solid；HEIGHT：24pt；BORDER-RIGHT：#00b2ee 0.5pt solid；WIDTH：62pt；BORDER-BOTTOM：#00b2ee 0.5pt solid；BORDER-LEFT：#00b2ee 0.5pt solid；BACKGROUND-COLOR：#00b2ee" rowSpan=2><STRONG><FONT color=#ffffff face=微软雅黑>其他业务收入</FONT></STRONG></TD>
<TD width=83 class=xl66 style="BORDER-TOP-COLOR：#f0f0f0；WIDTH：62pt；BORDER-LEFT-COLOR：#f0f0f0；BORDER-BOTTOM-COLOR：#f0f0f0；BORDER-RIGHT-COLOR：#f0f0f0；BACKGROUND-COLOR：transparent" rowSpan=4><STRONG><FONT color=#ffffff face=微软雅黑></FONT></STRONG></TD>
<TD width=83 class=xl69 style="BORDER-RIGHT：#00b2ee 0.5pt solid；BORDER-TOP-
```

```
COLOR：#00b2ee；WIDTH：62pt；BORDER-BOTTOM：#00b2ee 0.5pt solid；BORDER-LEFT：#00b2ee 0.5pt solid；BACKGROUND-COLOR：white" rowSpan=2><FONT face=微软雅黑><SpotfireControl id="d61e387731a04e529cbeb2a8573bf524" />  </FONT></TD>
    <TD width=83 class=xl66 style="BORDER-TOP-COLOR：#f0f0f0；WIDTH：62pt；BORDER-LEFT-COLOR：#f0f0f0；BORDER-BOTTOM-COLOR：#f0f0f0；BORDER-RIGHT-COLOR：#f0f0f0；BACKGROUND-COLOR：transparent" rowSpan=4><FONT face=微软雅黑></FONT></TD></TR>
    <TR style="HEIGHT：12pt">
    <TD width=83 height=48 class=xl66 style="HEIGHT：36pt；BORDER-TOP-COLOR：#f0f0f0；WIDTH：62pt；BORDER-LEFT-COLOR：#f0f0f0；BORDER-BOTTOM-COLOR：#f0f0f0；BORDER-RIGHT-COLOR：#f0f0f0；BACKGROUND-COLOR：transparent" rowSpan=3><FONT face=微软雅黑></FONT></TD></TR>
    <TR style="HEIGHT：12pt">
    <TD width=83 height=32 class=xl69 style="HEIGHT：24pt；BORDER-RIGHT：#00b2ee 0.5pt solid；BORDER-TOP-COLOR：#00b2ee；WIDTH：62pt；BORDER-BOTTOM：#00b2ee 0.5pt solid；BORDER-LEFT：#00b2ee 0.5pt solid；BACKGROUND-COLOR：white" rowSpan=2><FONT face=微软雅黑><SpotfireControl id="1546829bd4694cb786b7e16dcc4aaec2" /> </FONT></TD>
    <TD width=83 class=xl66 style="BORDER-TOP-COLOR：#f0f0f0；WIDTH：62pt；BORDER-LEFT-COLOR：#f0f0f0；BORDER-BOTTOM-COLOR：#f0f0f0；BORDER-RIGHT-COLOR：#f0f0f0；BACKGROUND-COLOR：transparent" rowSpan=2></TD></TR>
    <TR style="HEIGHT：12pt"></TR></TBODY></TABLE></DIV>
    <DIV align=right><FONT color=#00b2ee face=微软雅黑><STRONG>注：本预测模型基于<SpotfireControl id="b566ae7970b1428fa6db55a13171b340" />年汇总数据，所显示数值均以万元为单位</STRONG></FONT></DIV>
```

④编辑完成，单击“保存”按钮，文本区域设置完成。

⑤在文本区域右上角单击“编辑文本区域”，打开“编辑文本区域”对话框，选择“插入动态项”，单击“计算的值”按钮，打开“计算的值”对话框。选择“数据”菜单中“数据表”为“余额表组合表”。

⑥选择“值”菜单，右击“使用以下项计算值”选择“自定义表达式”，设置“表达式(E)：”为“sn((sum(if(([损益表行号]="R2") and ([会计年度]=[当前年]),[损益发生额]*[借贷方向]*[损益表计算标记]))/10000),0)*(1+${CC}) as [主营业务成本]”。

⑦选择“格式化”菜单中“值”的“类别”为“货币”，设置“小数位”为“1”，并勾选“使用千分位分隔符”，单击“确定”按钮添加完成。

⑧在同一文本区域的空白处单击鼠标。单击“插入动态项”，选择“计算的值”。打开“计算的值”对话框。选择“数据”菜单中“数据表”为“余额表组合表”。

⑨选择“值”菜单，右击“使用以下项计算值”选择“自定义表达式”，设置“表达式(E)：”为“sn((sum(if(([损益表行号]="R18") and ([会计年度]=[当前年]),[损益发生额]*[借贷方向]*[损益表计算标记]))/10000),0)*(1+${QTCB}) as [其他业务支出]”。

⑩选择“格式化”菜单中“值”的“类别”为“货币”，设置“小数位”为“1”，并勾选“使用千分位分隔符”，单击“确定”按钮添加完成。

⑪在同一文本区域的空白处单击鼠标。单击“插入动态项”,选择“计算的值”。打开“计算的值”对话框。选择“数据”菜单中“数据表”为“余额表组合表”。选择“值”菜单,右击“使用以下项计算值”选择“自定义表达式”,设置“表达式(E):”为“sn((sum(if(([损益表行号]="R6") and ([会计年度]=[当前年]),[损益发生额]*[借贷方向]*[损益表计算标记]))/10000),0)*(1+${XSFY}) as [营业费用]”。

⑫选择“格式化”菜单中“值”的“类别”为“货币”,设置“小数位”为“1”,并勾选“使用千分位分隔符”,单击“确定”按钮添加完成。

⑬在同一文本区域的空白处单击鼠标。单击“插入动态项”,选择“计算的值”,修改“数据表”;选择“值”菜单,修改“自定义表达式”为“sn((sum(if(([损益表行号]="R7") and ([会计年度]=[当前年]),[损益发生额]*[借贷方向]*[损益表计算标记]))/10000),0)*(1+${GLFY}) as [管理费用]”。详细步骤参考上面“计算的值”创建过程。

⑭在同一文本区域的空白处单击鼠标。单击“插入动态项”,选择“计算的值”,修改“数据表”;选择“值”菜单,修改“自定义表达式”为“sn((sum(if(([损益表行号]="R8") and ([会计年度]=[当前年]),[损益发生额]*[借贷方向]*[损益表计算标记]))/10000),0)*(1+${CWFY}) as [财务费用]”。详细步骤参考上面“计算的值”创建过程。

⑮在同一文本区域的空白处单击鼠标。单击“插入动态项”,选择“计算的值”,修改“数据表”;选择“值”菜单,修改“自定义表达式”为“sn((sum(if(([损益表行号]="R2") and ([会计年度]=[当前年]),[损益发生额]*[借贷方向]*[损益表计算标记]))/10000),0)*(1+${CC})+sn((sum(if(([损益表行号]="R18") and ([会计年度]=[当前年]),[损益发生额]*[借贷方向]*[损益表计算标记]))/10000),0)*(1+${QTCB}) as [营业成本]”。详细步骤参考上面“计算的值”创建过程。

⑯在同一文本区域的空白处单击鼠标。单击“插入动态项”,选择“计算的值”,修改“数据表”;选择“值”菜单,修改“自定义表达式”为“sn((sum(if(([损益表行号]="R3") and ([会计年度]=[当前年]),[损益发生额]*[借贷方向]*[损益表计算标记]))/10000),0)*(1+${YYSJ})”。详细步骤参考上面“计算的值”创建过程。

⑰在同一文本区域的空白处单击鼠标。单击“插入动态项”,选择“计算的值”,修改“数据表”;选择“值”菜单,修改“自定义表达式”为“sn((sum(if(([损益表行号]="R6") and ([会计年度]=[当前年]),[损益发生额]*[借贷方向]*[损益表计算标记]))/10000),0)*(1+${XSFY})+sn((sum(if(([损益表行号]="R7") and ([会计年度]=[当前年]),[损益发生额]*[借贷方向]*[损益表计算标记]))/10000),0)*(1+${GLFY})+sn((sum(if(([损益表行号]="R8") and ([会计年度]=[当前年]),[损益发生额]*[借贷方向]*[损益表计算标记]))/10000),0)*(1+${CWFY})”。详细步骤参考上面“计算的值”创建过程。

⑱在同一文本区域的空白处单击鼠标。单击“插入动态项”,选择“计算的值”,修改“数据表”;选择“值”菜单,修改“自定义表达式”为“sn((sum(if(([损益表行号]="R1") and ([会计年度]=[当前年]),[损益发生额]*[借贷方向]*[损益表计算标记]))/10000),0)*(1+${ZYSR}) as [主营业务收入]”。详细步骤参考上面“计算的值”创建过程。

⑲在同一文本区域的空白处单击鼠标。单击“插入动态项”,选择“计算的值”,修改“数据表”;选择“值”菜单,修改“自定义表达式”为“sn((sum(if(([损益表行号]="R19") and

([会计年度]=[当前年]),[损益发生额]*[借贷方向]*[损益表计算标记]))/10000),0)*(1+${QTSR}) as [其他业务收入]”。详细步骤参考上面“计算的值”创建过程。

⑳在同一文本区域的空白处单击鼠标。单击“插入动态项”,选择“计算的值”,修改“数据表”;选择“值”菜单,修改“自定义表达式”为“sn((sum(if(([损益表行号]="R2") and ([会计年度]=[当前年]),[损益发生额]*[借贷方向]*[损益表计算标记]))/10000),0)*(1+${CC})+sn((sum(if(([损益表行号]="R18") and ([会计年度]=[当前年]),[损益发生额]*[借贷方向]*[损益表计算标记]))/10000),0)*(1+${QTCB})+sn((sum(if(([损益表行号]="R3") and ([会计年度]=[当前年]),[损益发生额]*[借贷方向]*[损益表计算标记]))/10000),0)*(1+${YYSJ})+sn((sum(if(([损益表行号]="R6") and ([会计年度]=[当前年]),[损益发生额]*[借贷方向]*[损益表计算标记]))/10000),0)*(${XSFY}+1)+sn((sum(if(([损益表行号]="R7") and ([会计年度]=[当前年]),[损益发生额]*[借贷方向]*[损益表计算标记]))/10000),0)*(1+${GLFY})+sn((sum(if(([损益表行号]="R8") and ([会计年度]=[当前年]),[损益发生额]*[借贷方向]*[损益表计算标记]))/10000),0)*(1+${CWFY})”。详细步骤参考上面“计算的值”创建过程。

㉑在同一文本区域的空白处单击鼠标。单击“插入动态项”,选择“计算的值”,修改“数据表”;选择“值”菜单,修改“自定义表达式”为“sn((sum(if(([损益表行号]="R1") and ([会计年度]=[当前年]),[损益发生额]*[借贷方向]*[损益表计算标记]))/10000),0)*(1+${ZYSR})+sn((sum(if(([损益表行号]="R19") and ([会计年度]=[当前年]),[损益发生额]*[借贷方向]*[损益表计算标记]))/10000),0)*(1+${QTSR})”。详细步骤参考上面“计算的值”创建过程。

㉒在同一文本区域的空白处单击鼠标。单击“插入动态项”,选择“计算的值”,修改“数据表”;选择“值”菜单,修改“自定义表达式”为“sn((sum(if([损益表行号]="R12" and ([会计年度]=[当前年]) ,[损益发生额]*[借贷方向]*[损益表计算标记]))/10000),0)*(1+${YYWSR}) as [营业外收入]”。详细步骤参考上面“计算的值”创建过程。

㉓在同一文本区域的空白处单击鼠标。单击“插入动态项”,选择“计算的值”,修改“数据表”;选择“值”菜单,修改“自定义表达式”为“sn((sum(if(([损益表行号]="R1") and ([会计年度]=[当前年]),[损益发生额]*[借贷方向]*[损益表计算标记]))/10000),0)*(1+${ZYSR})+sn((sum(if(([损益表行号]="R19") and ([会计年度]=[当前年]),[损益发生额]*[借贷方向]*[损益表计算标记]))/10000),0)*(1+${QTSR})-(sn((sum(if(([损益表行号]="R2") and ([会计年度]=[当前年]),[损益发生额]*[借贷方向]*[损益表计算标记]))/10000),0)*(1+${CC})+sn((sum(if(([损益表行号]="R18") and ([会计年度]=[当前年]),[损益发生额]*[借贷方向]*[损益表计算标记]))/10000),0)*(1+${QTCB})+sn((sum(if(([损益表行号]="R3") and ([会计年度]=[当前年]),[损益发生额]*[借贷方向]*[损益表计算标记]))/10000),0)*(1+${YYSJ})+sn((sum(if(([损益表行号]="R6") and ([会计年度]=[当前年]),[损益发生额]*[借贷方向]*[损益表计算标记]))/10000),0)*(${XSFY}+1)+sn((sum(if(([损益表行号]="R7") and ([会计年度]=[当前年]),[损益发生额]*[借贷方向]*[损益表计算标记]))/10000),0)*(1+${GLFY})+sn((sum(if(([损益表行号]="R8") and ([会计年度]=[当前年]),[损益发生额]*[借贷方向]*[损益表计算标记]))/10000),0)*(1+${CWFY}))"。详细步骤参考上面"计算的值"创建过程。

㉔在同一文本区域的空白处单击鼠标。单击"插入动态项",选择"计算的值",修改"数据表";选择"值"菜单,修改"自定义表达式"为"sn((sum(if(([损益表行号]="R13") and ([会计年度]=[当前年]),[损益发生额]*[借贷方向]*[损益表计算标记]))/10000),0)*(1+${YYWZC}) as [营业外支出]"。详细步骤参考上面"计算的值"创建过程。

㉕在同一文本区域的空白处单击鼠标。单击"插入动态项",选择"计算的值",修改"数据表";选择"值"菜单,修改"自定义表达式"为"sn((sum(if([损益表行号]="R12" and ([会计年度]=[当前年]) ,[损益发生额]*[借贷方向]*[损益表计算标记]))/10000),0)*(1+${YYWSR})+sn((sum(if(([损益表行号]="R1") and ([会计年度]=[当前年]),[损益发生额]*[借贷方向]*[损益表计算标记]))/10000),0)*(1+${ZYSR})+sn((sum(if(([损益表行号]="R19") and ([会计年度]=[当前年]),[损益发生额]*[借贷方向]*[损益表计算标记]))/10000),0)*(1+${QTSR})-(sn((sum(if(([损益表行号]="R2") and ([会计年度]=[当前年]),[损益发生额]*[借贷方向]*[损益表计算标记]))/10000),0)*(1+${CC})+sn((sum(if(([损益表行号]="R18") and ([会计年度]=[当前年]),[损益发生额]*[借贷方向]*[损益表计算标记]))/10000),0)*(1+${QTCB})+sn((sum(if(([损益表行号]="R3") and ([会计年度]=[当前年]),[损益发生额]*[借贷方向]*[损益表计算标记]))/10000),0)*(1+${YYSJ})+sn((sum(if(([损益表行号]="R6") and ([会计年度]=[当前年]),[损益发生额]*[借贷方向]*[损益表计算标记]))/10000),0)*(${XSFY}+1)+sn((sum(if(([损益表行号]="R7") and ([会计年度]=[当前年]),[损益发生额]*[借贷方向]*[损益表计算标记]))/10000),0)*(1+${GLFY})+sn((sum(if(([损益表行号]="R8") and ([会计年度]=[当前年]),[损益发生额]*[借贷方向]*[损益表计算标记]))/10000),0)*(1+${CWFY}))-sn((sum(if(([损益表行号]="R13") and ([会计年度]=[当前年]),[损益发生额]*[借贷方向]*[损益表计算标记]))/10000),0)*(1+${YYWZC})"。详细步骤参考上面"计算的值"创建过程。

㉖在同一文本区域的空白处单击鼠标。单击"插入动态项",选择"计算的值",修改"数据表";选择"值"菜单,修改"自定义表达式"为"sn((sum(if(([损益表行号]="R15") and ([会计年度]=[当前年]),[损益发生额]*[借贷方向]*[损益表计算标记]))/10000),0)*(1+${SDSFY}) as [所得税]"。详细步骤参考上面"计算的值"创建过程。

㉗在同一文本区域的空白处单击鼠标。单击"插入动态项",选择"计算的值",修改"数据表";选择"值"菜单,修改"自定义表达式"为"sn((sum(if([损益表行号]="R12" and ([会计年度]=[当前年]) ,[损益发生额]*[借贷方向]*[损益表计算标记]))/10000),0)*(1+${YYWSR})+sn((sum(if(([损益表行号]="R1") and ([会计年度]=[当前年]),[损益发生额]*[借贷方向]*[损益表计算标记]))/10000),0)*(1+${ZYSR})+sn((sum(if(([损益表行号]="R19") and ([会计年度]=[当前年]),[损益发生额]*[借贷方向]*[损益表计算标记]))/10000),0)*(1+${QTSR})-(sn((sum(if(([损益表行号]="R2") and ([会计年度]=[当前年]),[损益发生额]*[借贷方向]*[损益表计算标记]))/10000),0)*(1+${CC})+sn((sum(if(([损益表行号]="R18") and ([会计年度]

=[当前年]),[损益发生额]*[借贷方向]*[损益表计算标记]))/10000),0)*(1+${QTCB})+sn((sum(if(([损益表行号]="R3") and ([会计年度]=[当前年]),[损益发生额]*[借贷方向]*[损益表计算标记]))/10000),0)*(1+${YYSJ})+sn((sum(if(([损益表行号]="R6") and ([会计年度]=[当前年]),[损益发生额]*[借贷方向]*[损益表计算标记]))/10000),0)*(${XSFY}+1)+sn((sum(if(([损益表行号]="R7") and ([会计年度]=[当前年]),[损益发生额]*[借贷方向]*[损益表计算标记]))/10000),0)*(1+${GLFY})+sn((sum(if(([损益表行号]="R8") and ([会计年度]=[当前年]),[损益发生额]*[借贷方向]*[损益表计算标记]))/10000),0)*(1+${CWFY}))-sn((sum(if(([损益表行号]="R13") and ([会计年度]=[当前年]),[损益发生额]*[借贷方向]*[损益表计算标记]))/10000),0)*(1+${YYWZC})-sn((sum(if(([损益表行号]="R15") and ([会计年度]=[当前年]),[损益发生额]*[借贷方向]*[损益表计算标记]))/10000),0)*(1+${SDSFY})"。详细步骤参考上面"计算的值"创建过程。

㉘在同一文本区域的空白处单击鼠标。单击"插入动态项",选择"计算的值"。打开"计算的值"设置对话框。选择"数据"菜单中"数据表"为"余额表组合表"。

㉙选择"值"菜单中"使用以下项计算值"为"当前年",设置聚合函数为"Max(最大值)"。

㉚最后经过格式调整,效果如图 11-21 所示。

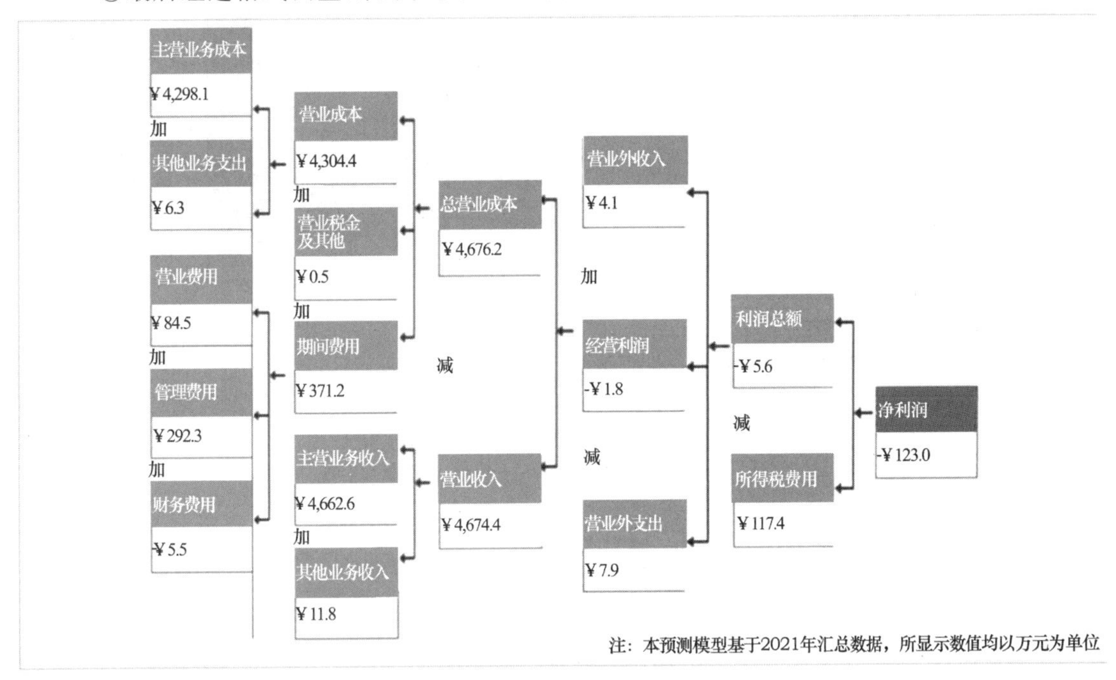

图 11-21 效果图

11.6 本章小结

本章介绍了大数据在财务行业的主要应用,基于大数据的财务案例分析,已经受到广泛关注,并证明了预测的有效性和巨大实用价值。

进入大数据时代以后，数据分析为企业的投资者、债权人、经营者及其他关心企业的组织或个人了解企业过去、评价企业现状、预测企业未来做出正确决策提供准确的信息或依据，提升企业业务水平。

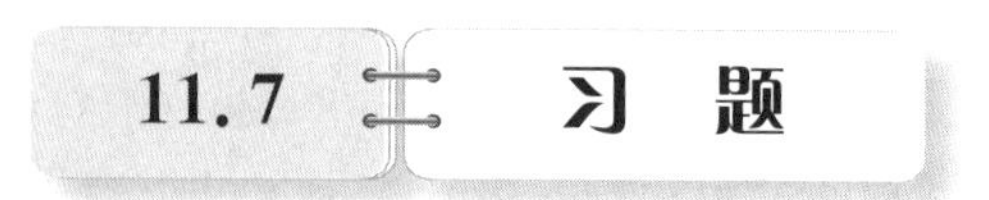

11.7 习题

1. 对企业经营效率进行分析。如图 11-22 所示。
2. 对当前日期应收账龄进行分析。如图 11-23 所示。

经营效率

经营效率是指企业利用资产的效率，经营效率的高低直接关系到企业的成败，企业经营效率分析一直是财务报表分析的重要内容之一，它是对企业价值的收入分析。

经营效率指标主要包括：

存货周转天数:	55
总资产周转率:	10.07%
其他应收帐款比率:	10.76%
流动资产周转率:	14.02%

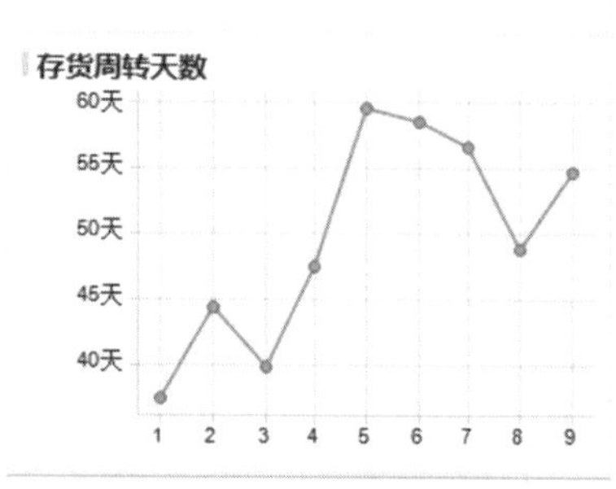

图 11-22 实践(1)

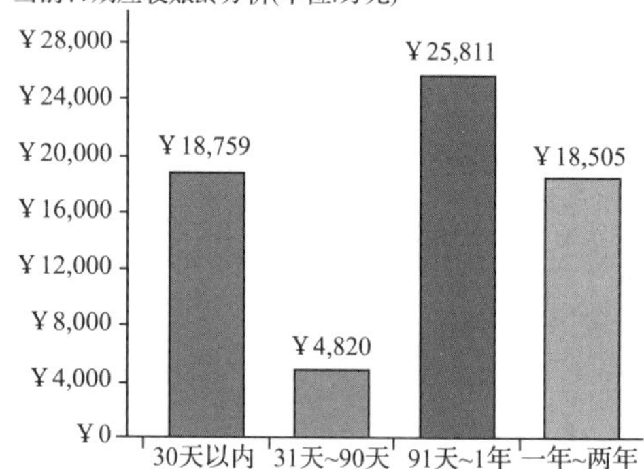

图 11-23 实践(2)

3. 对上期部门发生费用占比情况进行分析。如图 11-24 所示。

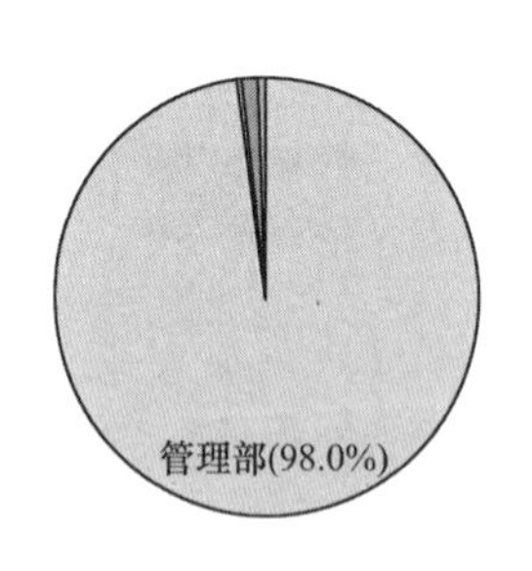

图 11-24 实践(3)

第12章 销售行业数据分析

对于企业来说，公司的产品销售情况是企业能正常运转的关键因素，销售数据真实展现了公司盈亏的情况。但企业在销售过程当中通常会遇到的问题有：

(1)某个地区的某个时间段的销售金额、销售成本、销售毛利是多少？

(2)销售的回款情况怎么样？包括客户回款、部门回款、职员回款。

(3)公司的销售环比、同比情况如何？

(4)公司销售额、销售数量的完成率是多少？

(5)公司的客户、部门、地区、产品的销售排名情况如何？

在做分析前，需先完成数据表导入和文本区域的操作，具体操作步骤如下：

第一步：导入数据表并管理关系。单击"添加数据表"，在打开的"添加数据表"对话框中，选择"添加"，导入"年月日历、销售 & 预算、销售出库"数据表。单击"管理关系"，在"管理关系"对话框中，单击"新建"按钮，建立数据表的关系。如图 12-1 所示。

第二步：创建年份和大区筛选文本区域。

步骤 1：单击"工具栏"上的"文本区域"按钮，新建文本区域。单击右上角的"编辑文本区域"，打开"编辑文本区域"对话框，选择"插入属性控件"中的"下拉列表"，打开"属性控件"对话框。

步骤 2：单击"新建"按钮，打开"新属性"对话框，设置"属性名称"为"年份"，"数据类型"为"integer"，"值"为"2010"。单击"确定"按钮。

步骤 3：在"属性控件"对话框中"通过以下方式设置属性和值"选择"列中的唯一值"，"数据表"选择"年月日历"，"列"选择"应收款_年度"，单击"确定"按钮添加完成。

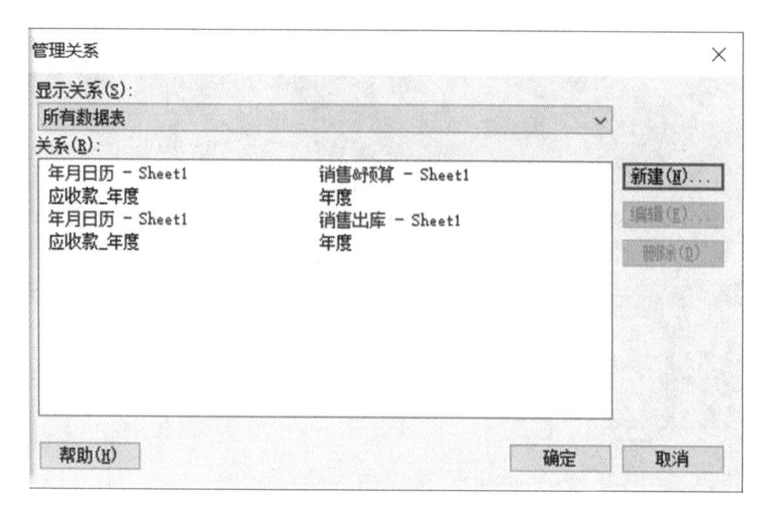

图 12-1　设置数据表关联关系

步骤 4:在同一文本区域的空白处单击鼠标,参照年份筛选控件的创建步骤,新建大区筛选控件,如图 12-2 所示。

步骤 5:单击文本区域中"保存"按钮,完成文本区域的编辑,如图 12-3 所示。

图 12-2　设置年份控件属性

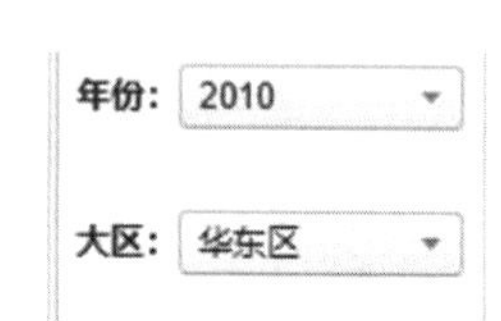

图 12-3　年份和大区筛选文本区域效果

12.1 产品销售情况分析

本节在现有数据的基础上，对各省份的产品收入、产品的毛利率及毛利率的明细进行分析，如图 12-4 所示，当选择某个省份时，可以显示该省份的产品收入情况和毛利率及毛利率明细。

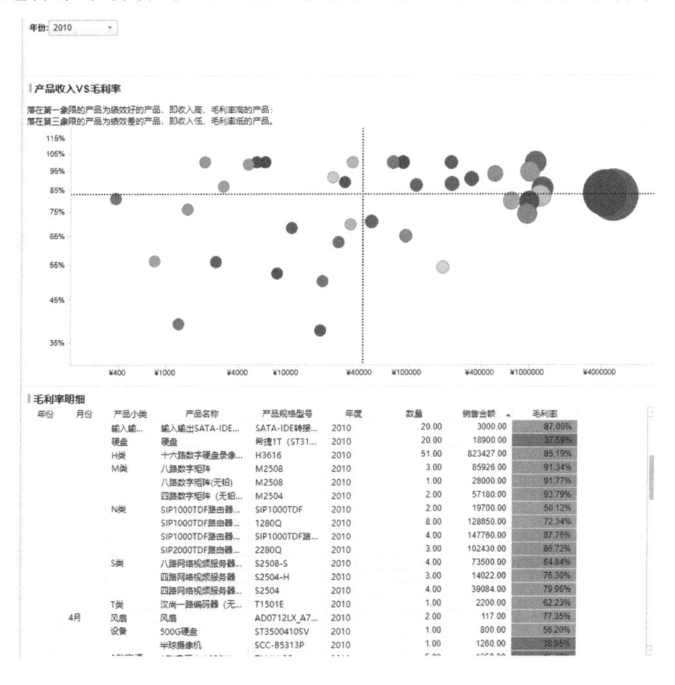

年份	月份	产品小类	产品名称	产品规格型号	年度	数量	销售金额	毛利率
		输入输...	输入输出SATA-IDE...	SATA-IDE转接...	2010	20.00	3000.00	87.00%
		硬盘	硬盘	希捷1T（ST31...	2010	20.00	18900.00	37.59%
		H类	十六路数字硬盘录像...	H3616	2010	51.00	823427.00	85.19%
		M类	八路数字矩阵	M2508	2010	3.00	85926.00	91.34%
			八路数字矩阵(无铅)	M2508	2010	1.00	28000.00	91.77%
			四路数字矩阵（无铅...	M2504	2010	2.00	57180.00	93.79%
		N类	SIP1000TDF路由器...	SIP1000TDF	2010	2.00	19700.00	50.12%
			SIP1000TDF路由器...	1280Q	2010	8.00	128850.00	72.34%
			SIP1000TDF路由器...	SIP1000TDF路...	2010	4.00	147760.00	87.76%
			SIP2000TDF路由器...	2280Q	2010	3.00	102430.00	86.72%
		S类	八路网络视频服务器...	S2508-S	2010	4.00	73500.00	84.84%
			四路网络视频服务器	S2504-H	2010	3.00	14022.00	76.30%
			四路网络视频服务器...	S2504	2010	4.00	39084.00	79.96%
		T类	汉尚一路编码器（无...	T1501E	2010	1.00	2200.00	62.23%
	4月	风扇	风扇	AD0712LX_A7...	2010	2.00	117.00	77.35%
		设备	500G硬盘	ST3500410SV	2010	1.00	800.00	56.20%
			半球摄像机	SCC-B5313P	2010	1.00	1260.00	38.95%

图 12-4　某省份销售情况

为了能够更好地分析每个省份的销售数据，可以通过选择不同年份显示具体年份的省份销售情况，具体制作步骤如下：

步骤 1：新建文本区域，打开“编辑文本区域”对话框，单击“插入属性控件”，选择“下拉列表”，打开“属性控件”对话框，选择“新建”，在“新属性”对话框中输入“属性名称”并选择“数据类型”为“Integer”，新建“年份”属性。

步骤 2：在“属性控件”对话框中，“通过以下方式设置属性和值”选择“列中的唯一值”，“数据表”选择“年月日历”，“列”选择“应收款_年度”，单击“确定”按钮添加完成。

步骤 3：单击“保存”按钮，文本区域编辑完成。如图 12-5 所示。

图 12-5　“年份”控件

12.1.1 省份销售金额分析

为更清晰地展示公司产品的销售地区，在本小节，将制作产品销售地图，通过地图，管理者可清晰地看到公司产品的销售地区及每个地区的产品销售金额的多少。

产品销售地图的制作步骤如下：

步骤 1：单击“工具栏”的“地图”按钮，新建地图。单击地图右上角的“属性”按钮，打开

“属性”对话框。

步骤2:选择“图层”菜单,将原有的图层数据删除,单击“添加”＞“标记层”＞“销售出库”,设置“销售出库”数据表为“标记层”,打开“标记层 设置-销售出库”对话框。

步骤3:选择“数据”菜单,单击“使用标记限制数据”后的“新建”按钮,新建“产品”标记;设置“标记”为“产品”。单击“使用表达式限制数据”后的“编辑”按钮,设置“表达式(E)”为“[销售金额]Is Not Null and [销售金额]＞0 and [年度]=${年份}”。

步骤4:选择“外观”菜单,勾选“对标记项使用单独的颜色”。

步骤5:选择“位置”菜单中“地理编码依据”为“一级组织”,单击“地理编码层级”后的“添加”按钮,添加“bou2_4p”。如图12-6所示。

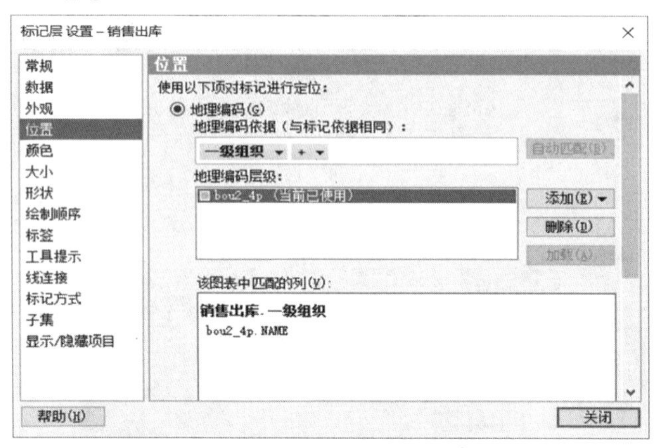

图12-6 设置地理编码层级

注意:如果选择“地理编码依据”后出现警示框如图12-7所示,可选择“添加匹配”或选择“编辑”菜单中“数据表属性”,打开“数据表属性”对话框,选择“匹配列”,新建“NAME”与“一级组织”的匹配列,如图12-8所示。

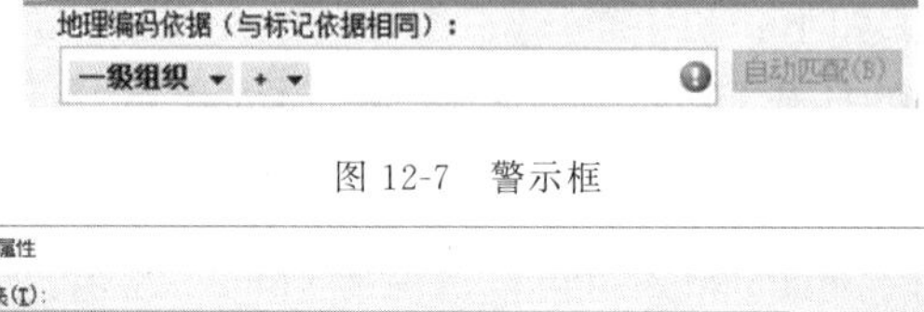

图12-7 警示框

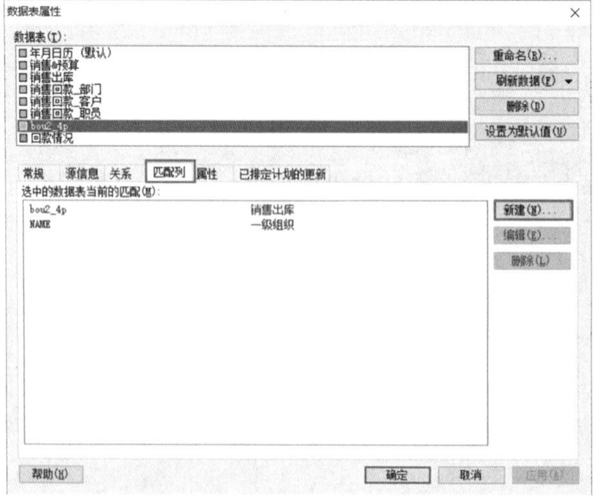

图12-8 “数据表属性”对话框

步骤 6:选择“颜色”菜单中“列”为“产品大类”,设置“颜色模式”为“类别”。

步骤 7:选择“大小”菜单中“大小排序方式”为“销售金额”,设置聚合函数为“Sum(求和)”。

步骤 8:选择“形状”菜单中“饼图(只能和标记依据组合使用)”,右击“扇区大小依据”选择“自定义表达式”,设置“表达式(E)”为“Sum([出库数量])”,“显示名称”为“销售数量”。勾选“按大小对扇区排序”。

步骤 9:选择“标签”菜单中“标记者”为“一级组织”,设置聚合函数为“First(第一个)”。

步骤 10:设置完成,单击“关闭”按钮。

步骤 11: 在“图层”菜单,单击“添加”＞“bou2_4p”＞“功能层”,打开“功能层 设置”对话框。

步骤 12:选择“地理编码”菜单中“要素依据”为“AREA”,单击“地理编码层级”后的“添加”,添加“bou2_4p”。

步骤 13:选择“颜色”菜单中“列”为“NAME”,设置“颜色模式”为“类别”。设置完成,单击“关闭”按钮。

步骤 14:在“图层”菜单中,设置“交互层”为“销售出库”。

步骤 15:属性设置完成,单击“关闭”按钮。

12.1.2 产品收入与毛利率分析

在本小节,使用散点图来分析不同产品的销售金额与毛利率之间的关系。通过散点图可以将绩效好的、毛利率高的产品与绩效差的、毛利率低的产品进行划分,使用者根据现有情况制作销售策略,以控制成本、提高毛利率。具体的操作步骤如下:

步骤 1:单击工具栏的“散点图”按钮,新建散点图。单击新建散点图右上角的“属性”按钮,打开“属性”对话框。

步骤 2:选择“数据”菜单中“数据表”为“销售出库”,单击“使用标记限制数据”后的“新建”按钮,新建“产品分析 2-8”标记,并勾选“产品”。设置“标记”为“产品分析 2-8”。通过此操作,可以将散点图与地图之间建立关联,选择地图中的省份,散点图中只显示该省份的数据。

步骤 3:在“数据”菜单中“如果主图表中没有标记的项目,则显示”为“全部数据”。单击“使用表达式限制数据”后的“编辑”按钮,设置“表达式(E)”为“[销售金额]Is Not Null and [销售金额]＞0 and [年度]＝$ {年份}”。

步骤 4:选择“X 轴”菜单中“列”为“销售金额”,勾选“对数刻度”和“显示标签”。

步骤 5:选择“Y 轴”菜单,右击“列”选择“自定义表达式”设置“表达式(E)”为“(Sum([销售金额])－Sum([成本金额])) / Sum([销售金额])”,设置“显示名称”为“毛利率”,勾选“对数刻度”和“显示标签”。

步骤 6:选择“格式化”菜单中“销售金额”的“类别”为“货币”,“小数位”为“自动”;设置“毛利率”的“类别”为“百分比”,“小数位”为“0”。

步骤 7:选择“颜色”菜单中“列”为“物料名称”,设置“颜色模式”为“类别”。

步骤 8:选择“大小”菜单中“大小排序方式”为“销售金额”,设置聚合函数为“Sum(求和)”。

步骤 9:选择“标记方式”菜单,右击“针对每项显示一个标志”选择“删除”选项,设置值为“无”。

步骤 10:属性设置完成,单击“关闭”按钮。如图 12-9 所示。

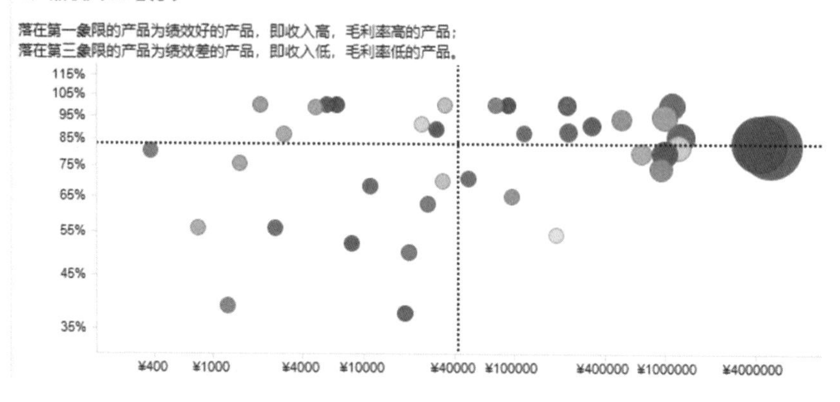

图 12-9 产品收入 VS 毛利率

12.1.3 毛利率明细分析

在本小节,使用交叉表来分析不同年份每月的产品销售金额与毛利率。通过交叉表可以更好地展示每月产品的规格型号、数量、毛利率等详细信息。方便管理者根据现有数据调整销售计划,控制成本。具体操作步骤如下:

步骤 1:单击“工具栏”上的“交叉表”按钮,新建交叉表。单击新建交叉表右上角的“属性”按钮,打开属性对话框。

步骤 2:选择“数据”菜单中“数据表”为“销售出库”,设置“标记”为“无”;在“使用标记限制数据”中勾选“产品”,在“如果主图表中没有标记的项目,则显示”中选择“全部数据”;单击“使用表达式限制数据”后的“编辑”按钮,设置“表达式(E)”为“[销售金额]Is Not Null and [销售金额]>0 and [年度]= ${年份}”。

步骤 3:选择“轴”菜单中“水平”为“列名称”,右击“垂直”选择“自定义表达式”选项,设置“表达式(E)”为“<Year([单据日期]) as [年份] NEST Month([单据日期]) as [月份] NEST [物料小类] as [产品小类] NEST [物料名称] as [产品名称] NEST [物料规格型号] as [产品规格型号] NEST [年度]>”。

步骤 4:选择“轴”菜单,右击“单元格”选择“自定义表达式”选项,设置“表达式(E)”为“Sum([出库数量]) as [数量], Sum([销售金额]) as [销售金额], (Sum([销售金额])−Sum([成本金额])) / Sum([销售金额]) as [毛利率]”。

步骤 5:选择“格式化”菜单中“毛利率”的“类别”为“百分比”,设置“小数位”为“2”。

步骤 6:选择“颜色”菜单中“配色方案分组”后的“添加”,选择“毛利率”。设置“颜色模式”为“固定”;选择“添加规则”,分别添加三个“大于 0.8、大于 0.5 和小于或等于 0.5”的规则。

步骤 7:选择“排序”菜单中“行的排序方式”为“销售金额”并选择“升序”。属性设置完成,单击“关闭”按钮。如图 12-10 所示。

毛利率明细

年份	月份	产品小类	产品名称	产品规格型号	年度		毛利率
		输入输...	输入输出SATA-IDE...	SATA-IDE转接...	2010	)0	87.00%
		硬盘	硬盘	希捷1T（ST31...	2010	)0	37.59%
		H类	十六路数字硬盘录像...	H3616	2010	)0	85.19%
		M类	八路数字矩阵	M2508	2010	)0	91.34%
			八路数字矩阵(无铅)	M2508	2010	)0	91.77%
			四路数字矩阵（无铅...	M2504	2010	)0	93.79%
		N类	SIP1000TDF路由器...	SIP1000TDF	2010	)0	50.12%
			SIP1000TDF路由器...	1280Q	2010	)0	72.34%
			SIP1000TDF路由器...	SIP1000TDF路...	2010	)0	87.76%
			SIP2000TDF路由器...	2280Q	2010	)0	86.72%
		S类	八路网络视频服务器...	S2508-S	2010	)0	84.84%
			四路网络视频服务器	S2504-H	2010	)0	76.30%

图 12-10 毛利率明细

12.2 销售回款分析

本节在现有数据的基础上，对每年职员回款、客户回款、部门回款的执行情况与具体数据进行分析，如图 12-11 所示为职员回款执行情况界面。

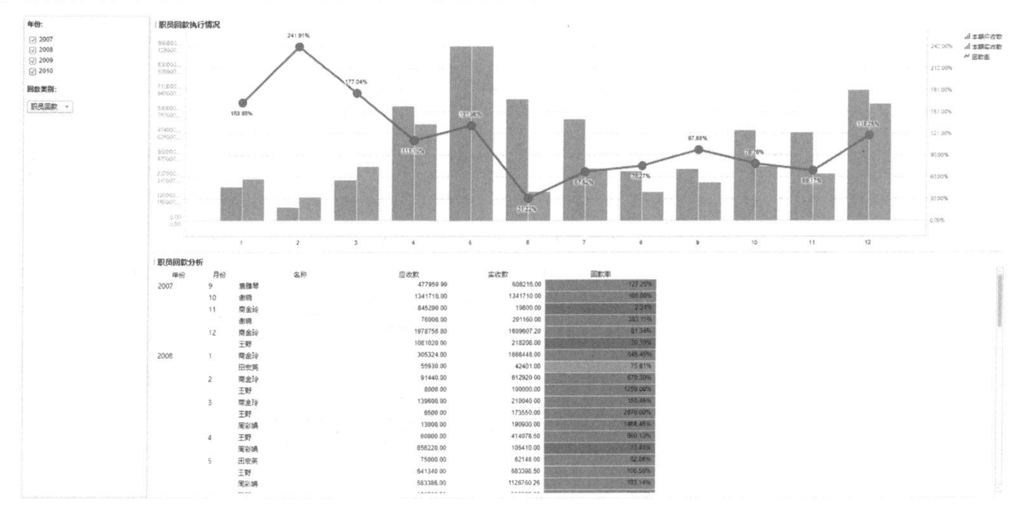

图 12-11 职员回款执行情况界面

12.2.1 年份选择器

为能够更好地分析每年的回款情况，特制作年份与回款类别筛选器，可以通过选择不同年份及回款类型筛选不同数据，具体操作步骤如下：

步骤 1：新建“文本区域”，单击“插入筛选器”，打开“插入筛选器”对话框，“筛选器”选择“回款情况”中“应收款_年底”，单击“确定”按钮，添加完成。

步骤 2：在同一文本区域空白处单击。单击“插入属性控件”，选择“下拉列表”，打开“属性控件”对话框。单击“新建”按钮，新建“回款类型”。选择“通过以下方式设置属性和值”为“固定值”，在“设置”中添加相应数据，添加完成，单击“确定”按钮。如图 12-12 所示。

步骤 3：单击“保存”按钮，文本区域设置完成。如图 12-13 所示。

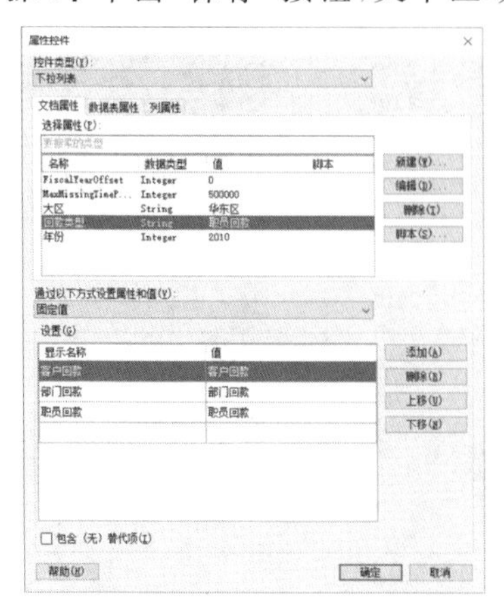

图 12-12　设置回款类型控件属性

图 12-13　文本区域年份、回款类别控件显示效果

12.2.2 职员回款执行情况分析

在本小节，使用组合图分析不同回款类别的回款率、应收款以及实收款。通过组合图可以更直观地展示回款情况。方便管理者快速地发现问题并及时处理。具体操作步骤如下：

步骤 1：单击“工具栏”上的“组合图”按钮，新建组合图。单击新建组合图右上角的“属性”按钮，打开“属性”对话框。

步骤 2：选择“数据”菜单中“数据表”为“回款情况”，单击“使用表达式限制数据”后的“编辑”按钮，设置“表达式(E)”为“[回款类别]='${回款类型}' and [回款金额]>0 and [应收款]>0”。

步骤 3：选择“外观”菜单中“布局”为“并排条形图”，勾选“显示线条标记”。

步骤 4：选择“X 轴”菜单中“列”为“应收款_月份”，勾选“显示标签”。

步骤 5：选择“Y 轴”菜单，右击“列”选择“自定义表达式”选项，设置“表达式(E)”为“Sum([应收款]) as [本期应收款], Sum([回款金额]) as [本期实收款], Sum([回款金额]) / Sum([应收款]) as [回款率]”。

步骤 6：选择“格式化”菜单中“回款率”的“类别”为“百分比”，设置“小数位”为“2”。

步骤 7：选择“系列”菜单中“系列的分类方式”为“列名称”，设置“系列”中“回款率”的“类型”为“线条”。

步骤 8：全部设置完成，单击“关闭”按钮。如图 12-14 所示。

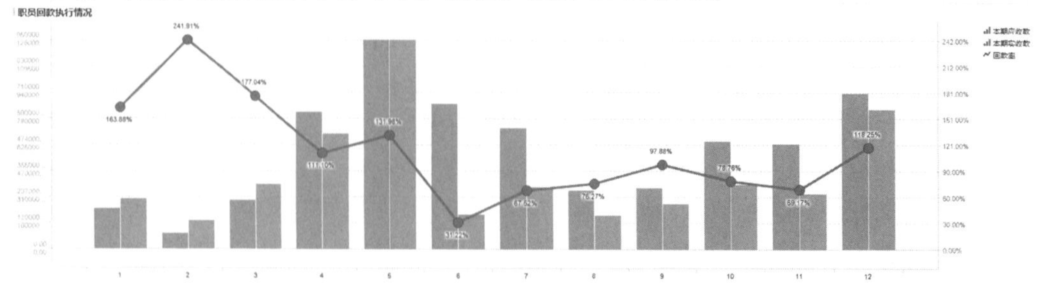

图 12-14　职员回款执行情况

12.2.3 职员回款分析

在本小节，使用交叉表分析不同年份每月的回款类别情况。通过交叉表可以更直观地展示客户、部门、职员的应收款、实收款与回款率的详细数据。方便管理者根据现有数据调整销售计划，控制成本。具体操作步骤如下：

步骤 1：单击“工具栏”上的“交叉表”按钮，新建交叉表。单击新建交叉表右上角的“属性”按钮，打开“属性”对话框。

步骤 2：选择“数据”菜单中“数据表”为“回款情况”；单击“使用表达式限制数据”后的“编辑”按钮，设置“表达式(E)”为“[回款类别]='${回款类型}' and [回款金额]>0 and [应收款]>0”。

步骤 3：选择“轴”菜单中“水平”为“列名称”。右击“垂直”选择“自定义表达式”选项，设置“表达式(E)”为“<[应收款_年度] as [年份] NEST [应收款_月份] as [月份] NEST [销售员名称] as [名称]>”。

步骤 4：选择“轴”菜单，右击“单元格值”选择“自定义表达式”选项，设置“表达式(E)”为“Sum([应收款]) as [应收款], Sum([回款金额]) as [实收款], Sum([回款金额]) / Sum([应收款]) as [回款率]”。

步骤 5：选择“格式化”菜单中“回款率”的“类别”为“百分比”，设置“小数位”为“2”。

步骤 6：选择“颜色”菜单中“配色方案分组”为“回款率”；设置“颜色模式”为“固定”；选择“添加规则”，添加“小于 0.5”“小于 0.8”和“大于或等于 0.8”三个规则。

步骤 7：属性设置完成，单击“关闭”按钮。如图 12-15 所示。

职员回款分析

年份	月份	名称	应收款	实收款	回款率
2007	9	袁雅琴	477959.99	608216.00	127.25%
	10	谢晓	1341710.00	1341710.00	100.00%
	11	商金玲	845290.00	19800.00	2.34%
		谢晓	76000.00	291160.00	383.11%
	12	商金玲	1978756.80	1609607.20	81.34%
		王野	1081020.00	218208.00	20.19%
2008	1	商金玲	305324.00	1668448.00	546.45%
		田宏英	55930.00	42401.00	75.81%
	2	商金玲	91440.00	612920.00	670.30%
		王野	8000.00	100000.00	1250.00%
	3	商金玲	139600.00	210040.00	150.46%
		王野	6500.00	173550.00	2670.00%
		周彩娟	13000.00	190900.00	1468.46%

图 12-15 职员回款分析

12.3 定价分析

本节在现有数据的基础上，对每年产品大类的每月销售环比进行差额对比分析，对上一年销售额进行趋势分析以及销售摘要分析，如图 12-16 所示。

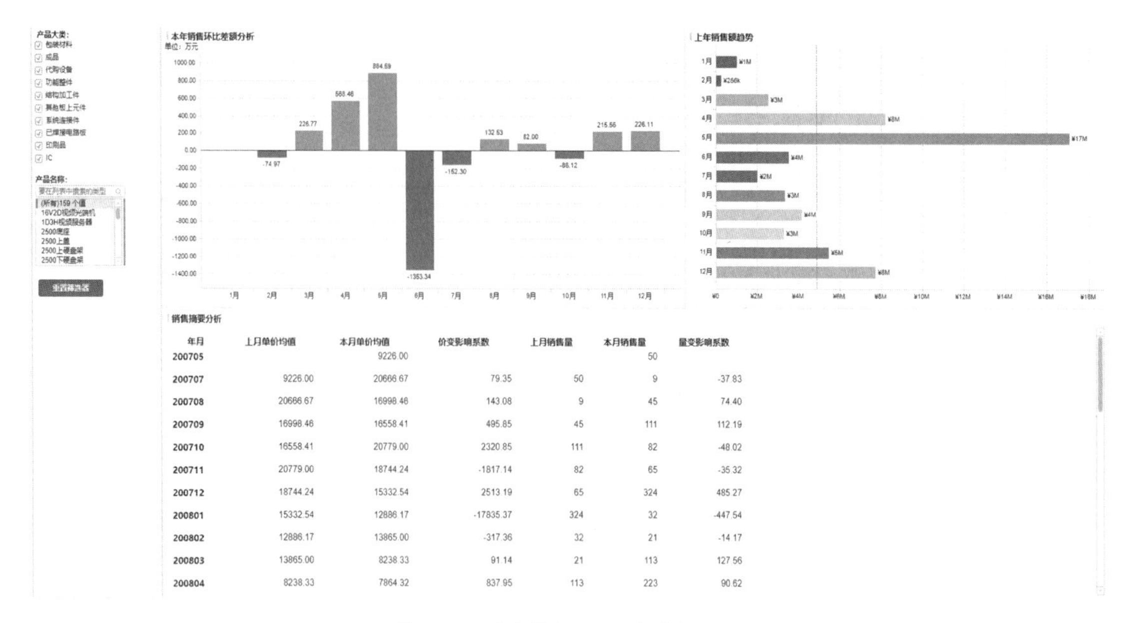

图 12-16　本年销售环比差额分析界面

在做分析前，需先完成添加计算列的操作。具体操作步骤如下：

步骤 1：选择“菜单栏”中“插入”>“计算列”，打开“插入计算列”对话框，设置“表达式(E)”为“[年度]”，并设置“列名称”为“本年”。

步骤 2：参照“本年”的创建步骤，新建“上年”计算列。如图 12-17 所示。

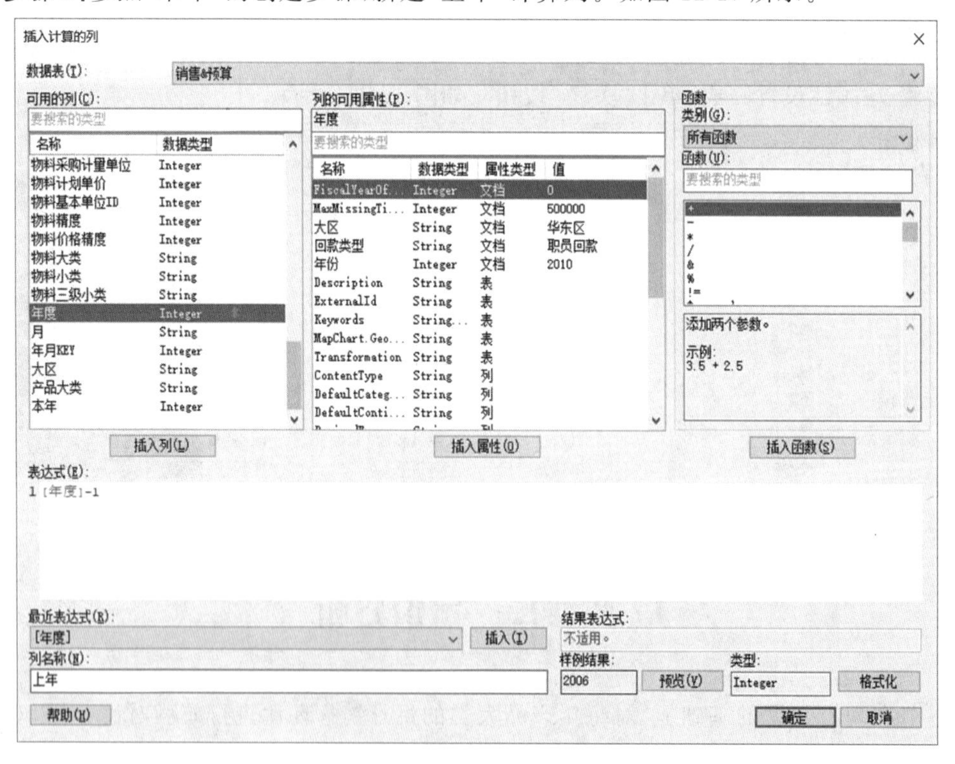

图 12-17　设置插入计算的列

12.3.1 产品选择器

为了能够更好地查看各产品大类以及产品名称的数据分析情况，制作产品大类复选框筛选器和产品名称列表框筛选器，具体操作步骤如下：

步骤1：新建“文本区域”，单击“插入筛选器”，打开“插入筛选器”对话框，“筛选器”选择“销售&预算”中“产品大类”，单击“确定”按钮，添加完成。

步骤2：在同一文本区域空白处单击。单击“插入筛选器”，打开“插入筛选器”对话框，“筛选器”选择“销售&预算”中“产品名称”，单击“确定”按钮，添加完成。

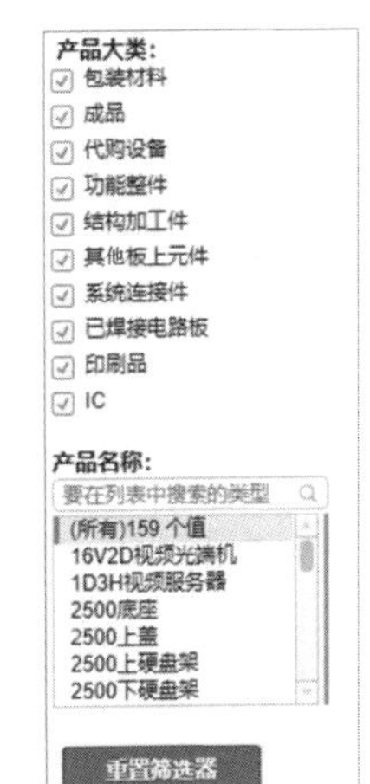

图 12-18 文本区域控件效果

步骤3：在同一文本区域空白处单击。单击“插入操作控件”，打开“操作控件”对话框，“控件类型”选择“图像”，“可用操作”选择“函数”中“重置所有筛选器”，单击“添加”按钮，添加到“所选操作”，单击“确定”按钮，添加完成。

步骤4：单击“保存”按钮，文本区域设置完成。如图12-18所示。

12.3.2 本年销售环比差额分析

在本小节将对不同月份的销售环比差额进行分析，通过条形图直观地展示销售情况分析，来快速调整销售方案。具体操作步骤如下：

步骤1：单击“工具栏”上的“条形图”按钮，新建条形图。单击新建条形图右上角的“属性”按钮，打开“属性”对话框。

步骤2：选择“数据”菜单中“数据表”为“销售&预算”，设置“标记”为“无”，单击“使用表达式限制数据”后的“编辑”按钮，设置“表达式(E)”为“[年度]=[本年]”。

步骤3：选择“类别轴”菜单，右击“列”选择“自定义表达式”，设置“表达式(E)”为“＜BinByDateTime([票据日期],"Month",0)＞”。

步骤4：选择“值轴”菜单，右击“列”选择“自定义表达式”，设置“表达式(E)”为“(Sum([价税合计])－Sum([价税合计]) OVER (Previous([Axis.X]))) / 10000”。

步骤5：选择“颜色”菜单，右击“列”选择“自定义表达式”，设置“表达式(E)”为“(Sum([价税合计])－Sum([价税合计]) OVER (Previous([Axis.X]))) / 10000”。设置“颜色模式”为“固定”，选择“添加规则”，添加“小于0”“大于0”两个规则。

步骤6：选择“标签”菜单中“显示标签”为“全部”，勾选“完整条形图”。

步骤7：属性设置完成，单击“关闭”按钮。如图12-19所示。

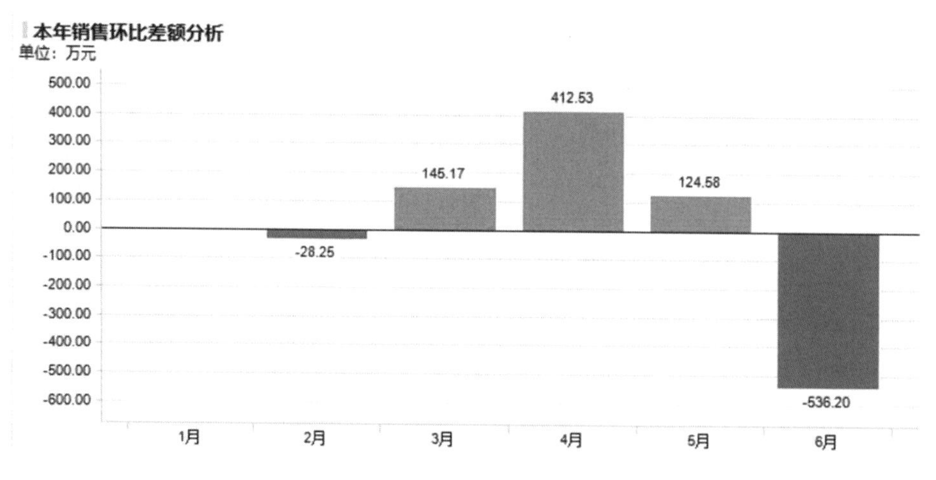

图 12-19　本年销售环比差额分析

12.3.3 上年销售额趋势分析

在本小节将对上年不同月份的销售额进行分析，通过条形图直观展示数据的变化以及销售额情况，来快速调整销售方案。具体步骤如下：

步骤 1：单击“工具栏”上的“条形图”按钮，新建条形图。单击新建条形图右上角的“属性”按钮，打开“属性”对话框。

步骤 2：选择“数据”菜单中“数据表”为“销售 & 预算”，设置“标记”为“无”。

步骤 3：选择“外观”菜单中“方向”为“垂直”，设置“布局”为“堆叠条形图”，勾选“对标记项实用单独的颜色”和“反转分段条形图顺序”。

步骤 4：选择“类别轴”菜单，右击“列”选择“自定义表达式”，设置“表达式(E)”为“＜BinByDateTime([票据日期],"Month",0)＞”，并勾选“反转刻度”。

步骤 5：选择“值轴”菜单，右击“列”选择“自定义表达式”，设置“表达式(E)”为“Sum(if(([年度]－1)=[上年],[价税合计]))”，并勾选“显示网格线”。

步骤 6：选择“格式化”菜单中“上年销售趋势”为“货币”，设置“小数位”为“0”。

步骤 7：选择“颜色”菜单，右击“列”选择“自定义表达式”，设置“表达式(E)”为“＜BinByDateTime([票据日期],"Month",0)＞”，“颜色模式”选择“类别”。

步骤 8：选择“标签”菜单中“显示标签”为“全部”，勾选“完整条形图”和“分段条形图”。

步骤 9：选择“直线和曲线”菜单中“添加”＞“垂直线”＞“直线”，打开“竖线”对话框，选择“聚合值”为“平均值”。单击“确定”按钮，添加完成。

步骤 10：属性设置完成，单击“关闭”按钮。如图 12-20 所示。

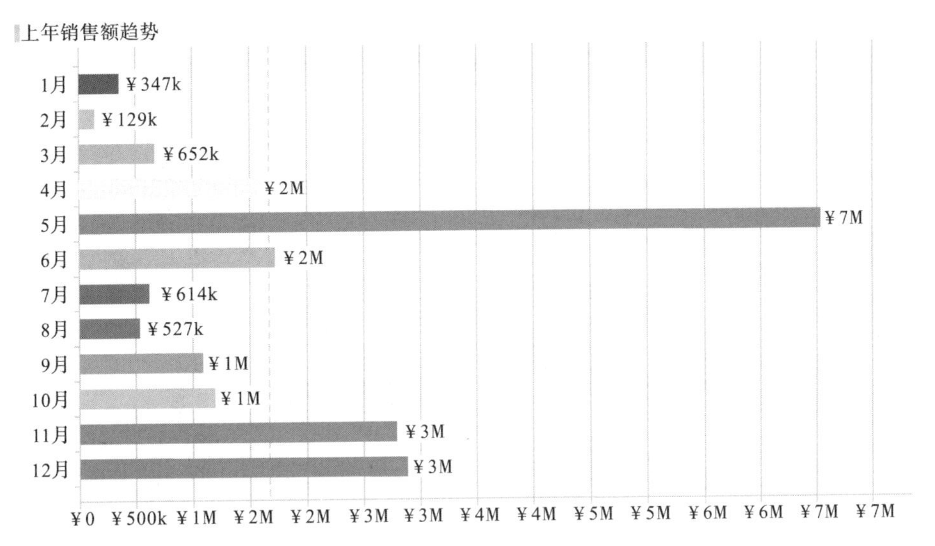

图 12-20 上年销售额趋势分析

12.3.4 销售摘要分析

在本小节，使用交叉表分析本年每月的销售情况。通过交叉表可以更直观地展示上月单价均值、本月单价均值、价变影响系数、上月销售量、本月销售量、量变影响系数的详细数据，方便管理者根据现有数据调整销售计划，控制成本。具体操作步骤如下：

步骤 1：单击“工具栏”上的“交叉表”按钮，新建交叉表。单击新建交叉表右上角的“属性”按钮，打开“属性”对话框。

步骤 2：选择“数据”菜单中“数据表”为“销售 & 预算”，设置“标记”为“无”。单击“使用表达式限制数据”后的“编辑”按钮，设置“表达式(E)”为“[年度]=[本年]”。

步骤 3：选择“轴”菜单中“水平”为“列名称”，“垂直”选择“年月 KEY”，设置“显示名称”为“年月”。

步骤 4：选择“轴”菜单，右击“单元格值”选择“自定义表达式”，设置“表达式(E)”为“avg([实际含税单价])-(avg([实际含税单价])-avg([实际含税单价]) OVER (Previous([Axis. Rows]))) as [上月单价均值],avg([实际含税单价]) as [本月单价均值],(Sum([实际含税单价])-Sum([实际含税单价]) OVER (Previous([Axis. Rows]))) * (Sum([销售发票_数量])-(Sum([销售发票_数量])-Sum([销售发票_数量]) OVER (Previous([Axis. Rows])))) / 10000 as [价变影响系数], Sum([销售发票_数量])-(Sum([销售发票_数量])-Sum([销售发票_数量]) OVER (Previous([Axis. Rows]))) as [上月销售量], Sum([销售发票_数量]) as [本月销售量], (Sum([销售发票_数量])-Sum([销售发票_数量]) OVER (Previous([Axis. Rows]))) * (avg([实际含税单价])-(avg([实际含税单价])-avg([实际含税单价]) OVER (Previous([Axis. Rows])))) / 10000 as [量变影响系数]”。

步骤 5：选择“格式化”菜单中“上月销售量”与“本月销售量”的“类别”为“编号”，设置“小数位”为“0”。

步骤 6：属性设置完成，单击“关闭”按钮。如图 12-21 所示。

销售摘要分析

年月	上月单价均值	本月单价均值	价变影响系数	上月销售量	本月销售量	量变影响系数
201001		15176.74			26	
201002	15176.74	6287.50	-684.34	26	5	-31.87
201003	6287.50	11699.34	221.41	5	170	103.74
201004	11699.34	12751.04	12203.83	170	499	384.91
201005	12751.04	10285.06	39878.58	499	890	498.57
201006	10285.06	47432.69	-66907.19	890	57	-856.75

图 12-21　销售摘要分析

12.4 预算分析

本节在现有数据的基础上，对各个月份的销售量完成率和销售额完成率进行分析汇总。

12.4.1 大区选择器

为能够更好地查看各大区以及每年的数据分析情况，制作年份筛选器和大区名称列表框筛选器，具体操作步骤如下：

步骤 1：新建“文本区域”，单击“插入筛选器”，打开“插入筛选器”对话框，“筛选器”选择“销售 & 预算”数据表中的“年份”，单击“确定”按钮，添加完成。

步骤 2：在同一文本区域空白处单击。单击“插入筛选器”，打开“插入筛选器”对话框，“筛选器”选择“销售 & 预算”数据表中的“大区”，单击“确定”按钮，添加完成。

步骤 3：单击“插入操作控件”，打开“操作控件”对话框，“控件类型”选择“图像”，“可用操作”选择“函数”中“重置所有筛选器”，单击“添加”，添加到“所选操作”，单击“确定”按钮，添加完成。

步骤 4：单击“保存”按钮，文本区域设置完成。如图 12-22 所示。

图 12-22　年份、大区控件

12.4.2 销售量完成率分析

在本小节将对不同月份的销售量完成率进行分析，通过组合图可以更直观地展示销售情况，方便管理者快速发现问题，并及时处理。具体操作步骤如下：

步骤 1：单击“工具栏”上的“组合图”按钮，新建组合图。单击新建组合图右上角的“属性”按钮，打开“属性”对话框。

步骤 2：选择“数据”菜单中“数据表”为“销售 & 预算”，设置“标记”为“无”。

步骤 3：选择“X 轴”菜单，右击“列”选择“自定义表达式”，设置“表达式(E)”为“<BinByDateTime([票据日期],"Month",0)>”。

步骤 4：选择“Y 轴”菜单，右击“列”选择“自定义表达式”，设置“表达式(E)”为“Sum([预算销售量]) as [预算量], Sum([销售发票_数量]) as [实际销量], Sum([销售发票_

数量]) / Sum([预算销售量]) as [完成率]"。

步骤5:选择"格式化"菜单中"完成率"的"类别"为"百分比",设置"小数位"为"0"。

步骤6:选择"系列"菜单中"系列的分类方式"为"列名称",设置"系列"中"完成率"的"类型"为"线条"。

步骤7:选择"标签"菜单中"显示标签"为"全部",勾选"显示线条标记标签"。

步骤8:属性设置完成,单击"关闭"按钮。如图12-23所示。

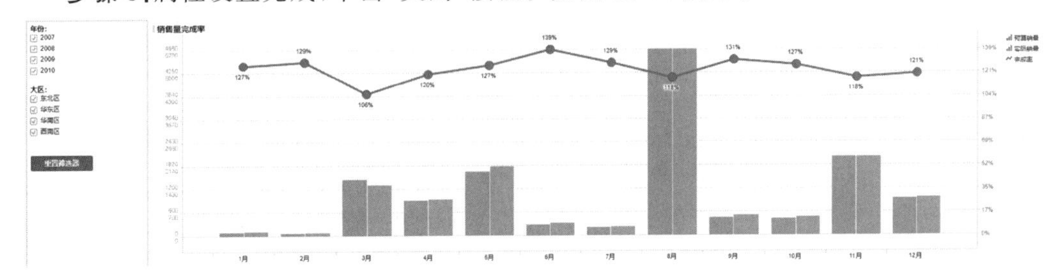

图12-23 销售量完成率分析

12.4.3 销售额完成率分析

在本小节将对不同月份的销售额完成率进行分析,通过组合图可以更直观地展示销售情况,方便管理者快速发现问题,并及时处理。具体操作步骤如下:

步骤1:单击"工具栏"上的"组合图"按钮,新建组合图。单击新建组合图右上角的"属性"按钮,打开"属性"对话框。

步骤2:选择"数据"菜单中"数据表"为"销售 & 预算",设置"标记"为"无"。

步骤3:选择"X轴"菜单,右击"列"选择"自定义表达式",设置"表达式(E)"为"＜BinByDateTime([票据日期],"Month",0)＞"。

步骤4:选择"Y轴"菜单,右击"列"选择"自定义表达式"设置"表达式(E)"为"Sum([预算销售额]) as [预算额], Sum([价税合计]) as [销售额], Sum([价税合计]) / Sum([预算销售额]) as [收入完成率]"。

步骤5:选择"格式化"菜单中"预算额"与"销售额"的"类别"为"货币","收入完成率"的"类别"为"百分比","小数位"全部设置为"0"。

步骤6: 选择"系列"菜单中"系列的分类方式"为"列名称",设置"系列"中"收入完成率"的"类型"为"线条"。

步骤7:选择"标签"菜单中"显示标签"为"全部",勾选"显示线条标记标签"。

步骤8:属性设置完成,单击"关闭"按钮。如图12-24所示。

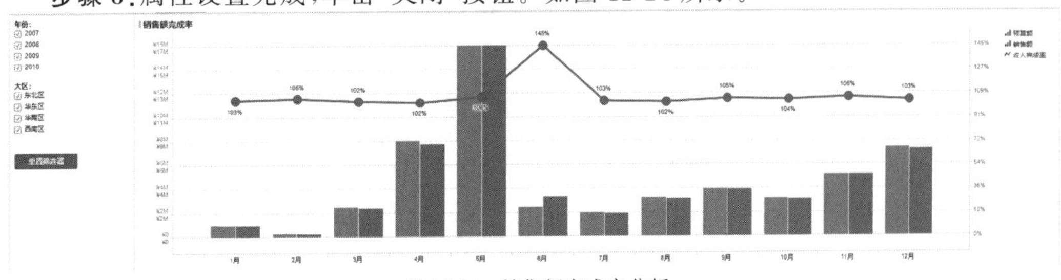

图12-24 销售额完成率分析

12.5 本章小结

本章介绍了销售行业典型的数据可视化案例，从中我们可以深刻地感受到大数据对我们日常生活的影响和重要价值。我们已经身处大数据时代，大数据已经触及社会每个角落，并为我们带来各种欣喜的变化。利用好大数据，是各行各业的必然选择。生活中每天都在不断生成各种数据，点点滴滴汇成大数据的海洋，我们贡献数据的同时，也从数据中收获价值。

12.6 习题

1. 分析本年产品销售后十名的产品。如图 12-25 所示。

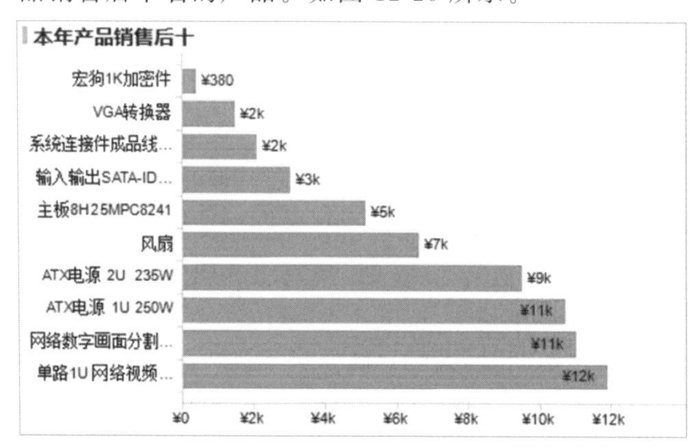

图 12-25 实践(1)

2. 分析本年地区销售排名后五名的地区。如图 12-26 所示。

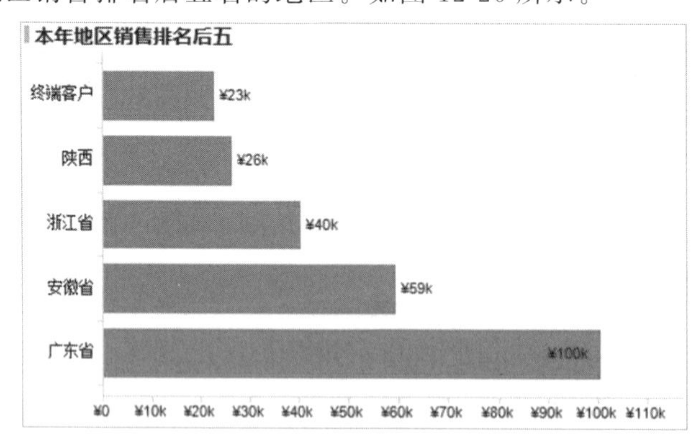

图 12-26 实践(2)

第13章 医疗行业数据分析

医疗行业是一个与居民生命和健康息息相关的行业。目前，我国城市医疗体系已基本健全，农村以及社区医疗体系正在逐步完善中，医疗行业平稳发展。

医院各指标的监控对于医院的正常运转起着关键的作用。

医院通常会遇到的问题：

(1)医院的各指标监控情况，比如入院人数，出院人数同比、环比情况。

(2)医院的人力资源、床位资源配置情况如何？

(3)医院的门急诊工作量、住院工作量趋势如何？

(4)医院的工作效率(床位周转次数)怎么样？

(5)门诊、住院人次费用同比分析情况如何？

通过我们提供的方案，您可以直观明了地查看上述问题的答案。此外，您还可以自助式地查看您所关注的医院指标情况，方便您快速准确地掌握医院各指标具体的运行情况。

本章将从管理驾驶舱、人力资源配置、床位资源配置、门急诊工作量、门诊人次分时段、住院工作量、工作效率、门诊人次费用、门诊人次费用同比、住院人次费用分析、住院人次费用同比等方面进行分析。

在做分析前，需先完成数据表导入操作。具体操作步骤如下：

步骤1：单击“工具栏”上的“添加数据表”按钮，打开“添加数据表”对话框，选择“添加”，导入“人力资源配置、床位资源配置、门急诊工作量、住院工作量、工作效率、管理驾驶舱(每日管理)-工作负荷、管理驾驶舱(每日管理)-住院质量安全、管理驾驶舱(每日管理)-时间维度、管理驾驶舱(每日管理)-单病种填报、管理驾驶舱(每日管理)-医院科室维度、患者负担-时间维度、患者负担-医院科室维度、患者负担-每门诊费用分析、患者负担-占比分析、患者负担-住院人次费用分析-时间维度、患者负担-住院人次费用分析-医院科室维度、患者负担-住院人次费用分析-每门诊费用分析”数据表。

步骤 2:单击“管理关系”,建立数据表之间的关系。在“管理关系”对话框中“显示关系”选择“所有数据表”,单击“新建”按钮,建立数据表的关系。如图 13-1 所示。

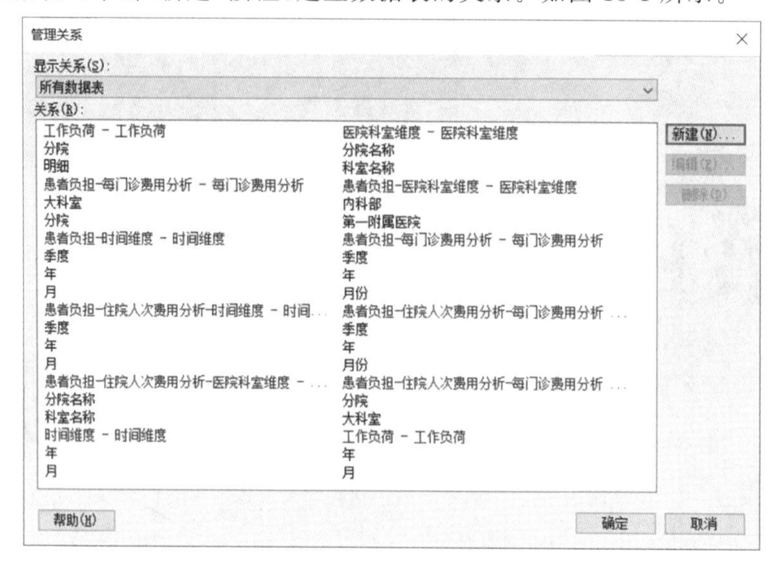

图 13-1 “管理关系”对话框

13.1 人力资源配置分析

本节在现有数据的基础上对医院职工在各院的分布与人力资源配置明细进行分析。分析不同年份各分院及科室人力资源配置的占比情况及明细数据,直观地了解各分院及科室的人员配置,方便人员调配及管理。

13.1.1 年份、科室筛选

为了能够对某医院的不同年份、不同科室的医院职工在各院的分布与人力资源配置进行查看,特添加年份、科室筛选器。具体操作步骤如下:

步骤 1:单击“工具栏”上的“文本区域”按钮,单击右上角的“编辑文本区域”,打开“编辑文本区域”对话框,单击“插入属性控件”,选择“下拉列表”,打开“属性控件”对话框,单击“新建”按钮,新建“年份”属性。

步骤 2:在“属性控件”对话框中“通过以下方式设置属性和值”选择“列中的唯一值”,“数据表”选择“人力资源配置”,“列”选择“年份”,如图 13-2 所示。设置完成,单击“确定”按钮。

步骤 3: 在同一文本区域空白处单击。单击“插入属性控件”,选择“下拉列表”,打开“属性控件”对话框,单击“新建”按钮,新建“大科室”属性。

步骤 4:在“属性控件”对话框中“通过以下方式设置属性和值”选择“列中的唯一值”,“数据表”选择“人力资源配置”,“列”选择“大科室”,如图 13-3 所示。设置完成,单击“确定”按钮。

属性控件
控件类型(Y):
下拉列表
文档属性 数据表属性 列属性
选择属性(P):
要搜索的类型
名称 数据类型 值 脚本
FiscalYearOffset Integer 0
MaxMissingTimeP... Integer 500000
大科室 String 内科部
分院名称 String 第一附属医院
年份 Integer 2012
月 Integer 2
新建(W)...
编辑(D)...
删除(T)
脚本(S)...
通过以下方式设置属性和值(V):
列中的唯一值
设置(G)
数据表(A):
人力资源配置
列(M):
年份
要搜索的类型
2012
2013
2014
包含(无)替代项(I)
有关搜索表达式的详细信息，请单击"帮助"。
帮助(H)
确定
取消

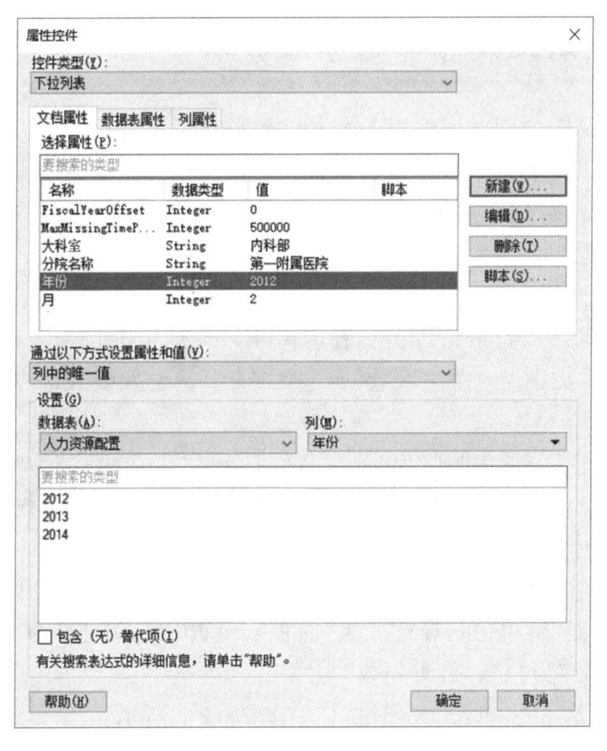

图 13-2　设置年份控件

步骤 5:单击“保存”,文本区域设置完成。控件显示如图 13-4 所示。

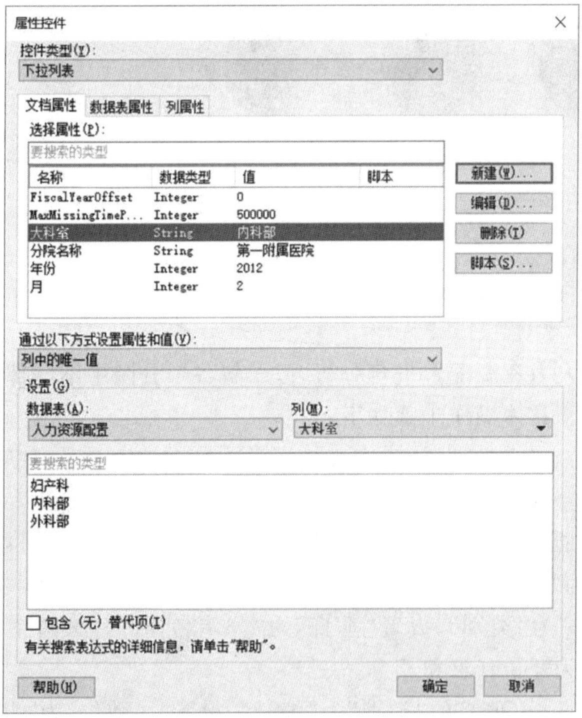

属性控件
控件类型(Y):
下拉列表
文档属性 数据表属性 列属性
选择属性(P):
要搜索的类型
名称 数据类型 值 脚本
FiscalYearOffset Integer 0
MaxMissingTimeP... Integer 500000
大科室 String 内科部
分院名称 String 第一附属医院
年份 Integer 2012
月 Integer 2
新建(W)...
编辑(D)...
删除(T)
脚本(S)...
通过以下方式设置属性和值(V):
列中的唯一值
设置(G)
数据表(A):
人力资源配置
列(M):
大科室
要搜索的类型
妇产科
内科部
外科部
包含(无)替代项(I)
有关搜索表达式的详细信息，请单击"帮助"。
帮助(H)
确定
取消

图 13-3　设置大科室控件

年份
2012
大科室
内科部

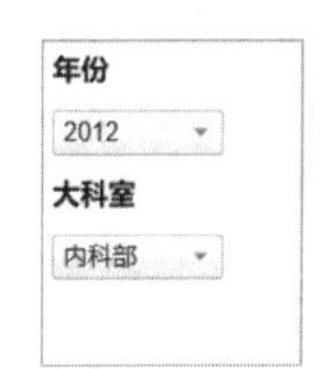

图 13-4　年份、大科室控件显示

13.1.2 医院职工在各院的分布分析

本小节,将通过饼图分别对医院职工在各院的分布情况进行分析,以了解整个医院职工在各院的分布情况,以此为依据进行人员调整。具体操作步骤如下:

步骤 1:单击“工具栏”上的“饼图”按钮,新建饼图。单击新建饼图右上角的“属性”按钮,打开“属性”对话框。

步骤 2:选择“数据”菜单中“数据表”为“人力资源配置”,设置“标记”为“无”;单击“使用表达式限制数据”后的“编辑”按钮,设置“表达式(E)”为“[年份] = ${年份} and [大科室] ='${大科室}' and [类别]='医生人数' or [类别]='护士人数' or [类别]='药剂人员' or [类别]='医技人数'”。

步骤 3:选择“颜色”菜单中“列”为“分院名称”,设置“颜色模式”为“类别”。

步骤 4:选择“大小”菜单中“扇区大小依据”为“值”,设置聚合函数为“Sum(求和)”,右击“饼图大小依据”选择“删除”,设置值为“无”。

步骤 5:选择“标签”菜单,勾选“扇区百分比”,设置“标签位置”为“内部饼图”。

步骤 6:选择“格栅”菜单中格栅样式为“面板”,设置“拆分依据”为“类别”,并勾选“手动布局”,设置“最大行数”为“1”,“最大列数”为“4”。

步骤 7: 属性设置完成,单击“关闭”按钮。如图 13-5 所示。

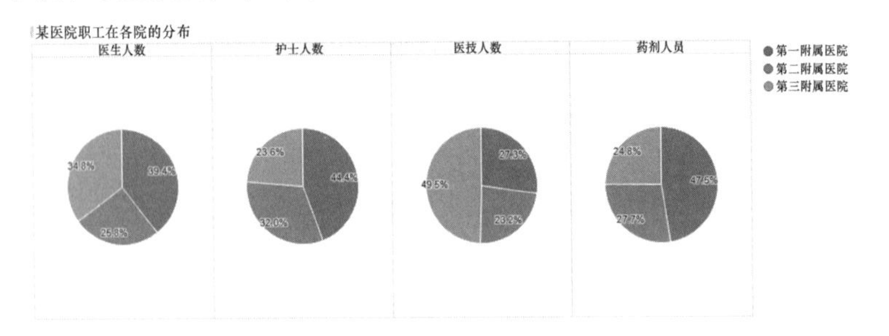

图 13-5 某医院职工在各院的分布分析

13.1.3 人力资源配置明细分析

本小节,将通过交叉表对医院人力资源配置进行分析,以了解各个分院中不同部门的人员情况,以此为依据进行人员调整。具体操作步骤如下:

步骤 1:单击“工具栏”上的“交叉表”按钮,新建交叉表。单击新建交叉表右上角的“属性”按钮,打开“属性”对话框。

步骤 2:选择“数据”菜单中“数据表”为“人力资源配置”,单击“使用表达式限制数据”后的“编辑”按钮,设置“表达式(E)”为“[年份] = ${年份}”。

步骤 3:选择“轴”菜单中“水平”为“类别”,设置“垂直”为“分院名称”与“大科室”,选择“单元格值”为“值”,设置聚合函数为“Sum(求和)”。

步骤 4:选择“格式化”菜单中“Sum(值)”的“类别”为“编号”,设置“小数位”为“自动”。

步骤 5:选择“列小计”菜单,勾选“显示以下项的小计”中“分院名称”,设置“显示小计”为“之后值”。

步骤 6：属性设置完成，单击“关闭”按钮。如图 13-6 所示。

人力资源配置明细表

分院名称	大科室	医生人数	护士人数	医技人数	药剂人员	护理人员	其他	卫生技术人员	助产人员
第一附属医院	妇产科	166	307	3	35	4	0	4	3
	内科部	365	421	27	48	3	1	4	0
	外科部	314	212	34	31	3	3	3	0
	小计	**845**	**940**	**64**	**114**	**10**	**4**	**11**	**3**
第二附属医院	妇产科	177	356	7	5	13	3	0	4
	内科部	239	303	23	28	17	2	0	0
	外科部	239	307	38	41	11	1	0	0
	小计	**655**	**966**	**68**	**74**	**41**	**6**	**0**	**4**
第三附属医院	妇产科	391	273	50	21	19	3	4	2
	内科部	323	224	49	25	4	0	1	0
	外科部	380	445	22	41	3	1	0	0
	小计	**1094**	**942**	**121**	**87**	**26**	**4**	**5**	**2**

图 13-6　人力资源配置明细

13.2 床位资源配置分析

本节在现有数据的基础上对不同年份月份、各分院及科室床位资源配置占比及明细数据进行分析，直观地了解各分院及科室的床位配置，方便管理者对各分院及科室床位的调整及管理。

13.2.1 床位分布分析

本小节，将通过饼图对医院床位分布情况进行分析，以了解整个医院床位情况，以此为依据进行床位调整。具体操作步骤如下：

步骤 1：单击“工具栏”上的“饼图”按钮，新建饼图。单击新建饼图右上角的“属性”按钮，打开“属性”对话框。

步骤 2：选择“数据”菜单中“数据表”为“床位资源配置”，设置“标记”为“无”；单击“使用表达式限制数据”后的“编辑”，设置“表达式(E)”为“[年份] = ${年份} and [大科室]='${大科室}'”。

步骤 3：选择“外观”菜单，勾选“按大小对扇区排序”。

步骤 4：选择“颜色”菜单中“列”为“分院名称”，“颜色模式”选择“类别”。

步骤 5：选择“大小”菜单中“扇区大小依据”为“值”，设置聚合函数为“Sum(求和)”，右击“饼图大小依据”选择“删除”，设置值为“无”。

步骤 6：选择“标签”菜单中勾选“扇区百分比”，“标签位置”选择“内部饼图”。

步骤 7：属性设置完成，单击“关闭”按钮。如图 13-7 所示。

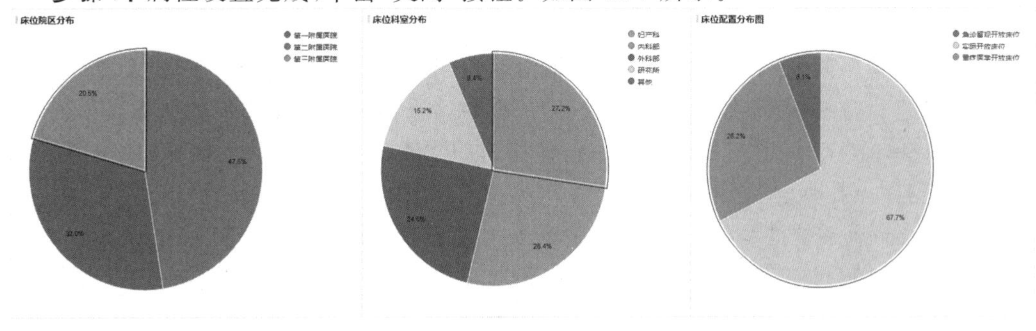

图 13-7　床位分布分析

13.2.2 床位资源配置明细分析

本小节，将通过交叉表对医院床位分布情况进行分析，以了解整个医院床位情况，以此为依据进行床位调整。具体操作步骤如下：

步骤 1：单击“工具栏”上的“交叉表”按钮，新建交叉表。单击新建交叉表右上角的“属性”按钮，打开“属性”对话框。

步骤 2：选择“数据”菜单中“数据表”为“床位资源配置”。

步骤 3：选择“轴”菜单中“水平”为“大科室”，“垂直”选择“分院名称”与“年份”；“单元格值”选择“值”，设置聚合函数为“Sum(求和)”。

步骤 4：选择“列小计”菜单，在“显示以下项的小计”中勾选“分院名称”，设置“显示小计”为“之后值”。

步骤 5：属性设置完成，单击“关闭”按钮。如图 13-8 所示。

床位资源配置明细表

分院名称	年份	妇产科	内科部	外科部	研究所	其他
第一附属医院	2012	343	380	344	167	112
	2013	420	501	413	240	123
	2014	287	465	336	184	103
	小计	**1050**	**1346**	**1093**	**591**	**338**
第二附属医院	2012	534	564	457	239	111
	2013	507	580	463	171	176
	2014	558	417	379	201	163
	小计	**1599**	**1561**	**1299**	**611**	**450**
第三附属医院	2012	268	244	266	256	57
	2013	248	216	301	164	97
	2014	267	262	223	153	79
	小计	**783**	**722**	**790**	**573**	**233**

图 13-8 床位资源配置明细

13.3 门急诊工作量分析

本节在现有数据的基础上对不同年份各分院及科室门诊的工作量以及一天中各时段的医院工作量趋势进行分析，方便管理者对医院的人力资源和床位资源进行合理的调配与管理。

13.3.1 年月筛选

为能够对某医院的不同年份、月份，不同分院、不同科室的门诊趋势，留观人次，门诊时段累计人次进行分析，特添加年份、月份、分院、科室筛选器。具体操作步骤如下：

步骤 1：单击“工具栏”上的“文本区域”按钮，打开“编辑文本区域”对话框，单击“插入属性控件”，选择“下拉列表”，打开“属性控件”对话框，单击“新建”按钮，新建“年份”控件。

步骤 2：在“属性控件”对话框中“通过以下方式设置属性和值”选择“列中的唯一值”，“数据表”选择“门急诊工作量”，“列”选择“年份”，设置完成，单击“确定”按钮。

步骤 3:在同一文本区域空白处单击。单击“插入属性控件”,选择“下拉列表”,打开“属性控件”对话框,单击“新建”按钮,新建“月”属性。

步骤 4:在“属性控件”对话框中“通过以下方式设置属性和值”选择“列中的唯一值”,“数据表”选择“门急诊工作量”,“列”选择“月份”,设置完成,单击“确定”按钮。

步骤 5:在同一文本区域空白处单击。单击“插入属性控件”,选择“下拉列表”,打开“属性控件”对话框,单击“新建”按钮,新建“分院名称”属性。

步骤 6:在“属性控件”对话框中“通过以下方式设置属性和值”选择“列中的唯一值”,“数据表”选择“门急诊工作量”,“列”选择“分院名称”,设置完成,单击“确定”按钮。

步骤 7:在同一文本区域空白处单击。单击“插入属性控件”,选择“下拉列表”,打开“属性控件”对话框,单击“新建”按钮,新建“大科室”属性。

步骤 8:在“属性控件”对话框中“通过以下方式设置属性和值”选择“列中的唯一值”,“数据表”选择“门急诊工作量”,“列”选择“大科室”,设置完成,单击“确定”按钮。

图 13-9 文本区域控件显示

步骤 9:单击“保存”按钮,文本区域设置完成。如图 13-9 所示。

13.3.2 门诊趋势分析

本小节,将通过组合图对医院急诊人次、门诊人次、门(急)诊总人次进行分析,以了解整个医院的就诊情况。具体操作步骤如下:

步骤 1:单击“工具栏”上的“组合图”按钮,新建组合图。单击“属性”按钮,打开“属性”对话框。

步骤 2:选择“数据”菜单中的“数据表”为“门急诊工作量”,设置“标记”为“无”;单击“使用表达式限制数据”后的“编辑”,设置“表达式(E)”为“[年份] = ${年份} and [分院名称] ='${分院名称}' and [大科室]='${大科室}'”。

步骤 3:选择“外观”菜单中“布局”为“堆叠条形图”,勾选“显示线条标记”。

步骤 4:选择“X 轴”菜单中“列”为“月份”。

步骤 5:选择“Y 轴”菜单,右击“列”选择“自定义表达式”,设置“表达式(E)”为“Sum([急诊人次]) as [急诊人次], Sum([门诊人次]) as [门诊人次], Sum([门诊人次]) + Sum([急诊人次]) as [门(急)诊总人次]”。

步骤 6: 选择“系列”菜单中“系列的分类方式”为“列名称”,设置“系列”中“急诊人次”与“门诊人次”的“类型”为“条形”,“门(急)诊总人次”的“类型”为“线条”。

步骤 7:选择“格式化”菜单中“Y:急诊人次,门诊人次,门(急)诊总人次”的“类别”为“编号”,设置“小数位”为“0”。

步骤 8:选择“标签”菜单中“显示标签”选择“全部”,勾选“显示线条标记标签”。

步骤 9: 属性设置完成,单击“关闭”按钮。如图 13-10 所示。

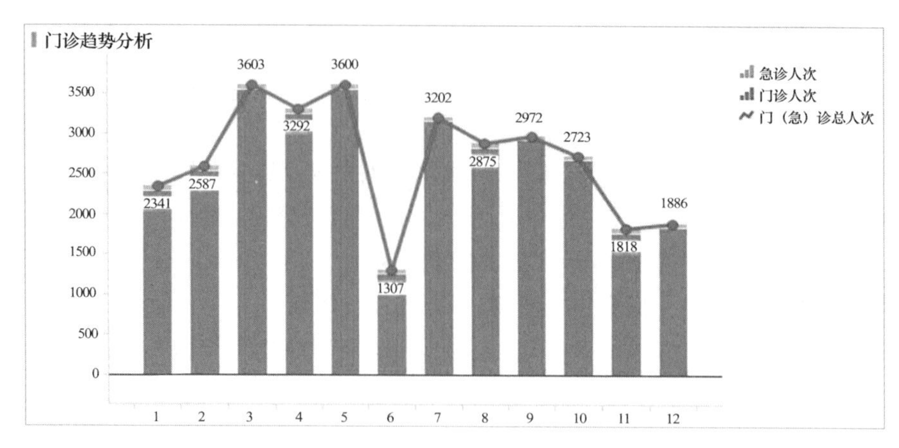

图 13-10　门诊趋势分析

13.3.3 留观人次分析

本小节，将通过折线图对医院留观人次进行分析，以了解整个医院的留观人次情况。具体操作步骤如下：

步骤 1：单击“工具栏”上的“折线图”按钮，新建折线图。单击“属性”按钮，打开“属性”对话框。

步骤 2：选择“数据”菜单中“数据表”为“门急诊工作量”，设置“标记”为“无”；单击“使用表达式限制数据”后的“编辑”，设置“表达式(E)”为“[年份] = ${年份} and [分院名称] ='${分院名称}' and [大科室]='${大科室}'”。

步骤 3：选择“外观”菜单，勾选“显示标记”。

步骤 4：选择“X 轴”菜单中“列”为“月份”。

步骤 5：选择“Y 轴”菜单中“列”为“留观人次”，设置聚合函数为“Sum(求和)”。

步骤 6：选择“格式化”菜单中“Y:Sum(留观人次)”的“类别”为“编号”，设置“小数位”为“自动”。

步骤 7：选择“标签”菜单，勾选“个别值”。

步骤 8：属性设置完成，单击“关闭”按钮。如图 13-11 所示。

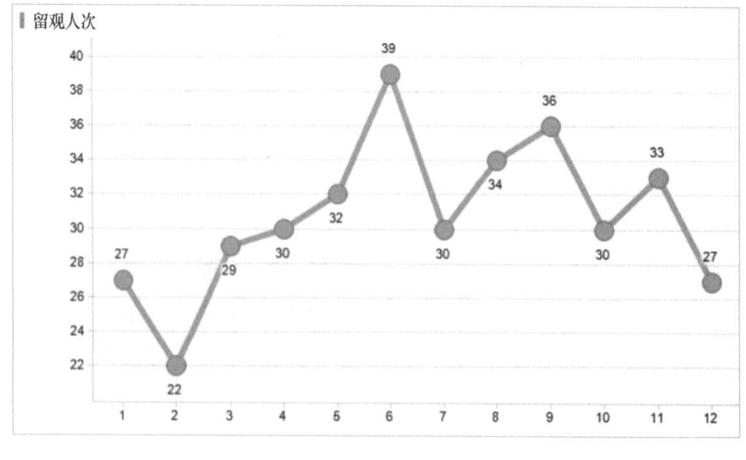

图 13-11　留观人次分析

13.3.4 门诊时段累计人次趋势分析

本小节，将通过折线图对医院的挂号人次、就诊人次、收费人次进行分析，以了解整个医院的挂号、就诊、收费情况。具体操作步骤如下：

步骤1：单击“工具栏”上的“插入”>“计算列”，打开“插入计算的列”对话框，选择“数据表”为“门急诊工作量”，设置“表达式(E)”为“Concatenate([时段],"时")”，名称为“小时”。

步骤2：单击“工具栏”上的“插入”>“计算列”，打开“插入计算的列”对话框，选择“数据表”为“门诊工作量”，设置“表达式(E)”为“Concatenate([时段],"时")”名称为“小时1”。

步骤3：单击“工具栏”上的“折线图”按钮，新建折线图。在新建折线图右上角单击“属性”按钮，打开“属性”对话框。

步骤4：选择“数据”菜单中“数据表”为“门急诊工作量”，单击“使用表达式限制数据”后的“编辑”，设置“表达式(E)”为“[年份] = ${年份} and [月份]= ${月份} and [分院名称] ='${分院名称}' and [大科室]='${大科室}'”。

步骤5：选择“外观”菜单，勾选“显示标记”。

步骤6：选择“X轴”菜单中“列”为“小时”。

步骤7：在“Y轴”菜单中右击“列”选择“自定义表达式”，设置“表达式(E)”为“Sum([挂号人次]) as [挂号人次], Sum([就诊人次]) as [就诊人次], Sum([收费人次]) as [收费人次]”。

步骤8：选择“颜色”菜单中“列”为“列名称”，“颜色模式”选择“类别”。

步骤9：选择“格式化”菜单中“Y:挂号人次，就诊人次，收费人次”的“类别”为“编号”，设置“小数位”为“0”。

步骤10：选择“标签”菜单，勾选“个别值”，设置“显示标签”为“标记的行”。

步骤11：属性设置完成，单击“关闭”按钮。如图13-12所示。

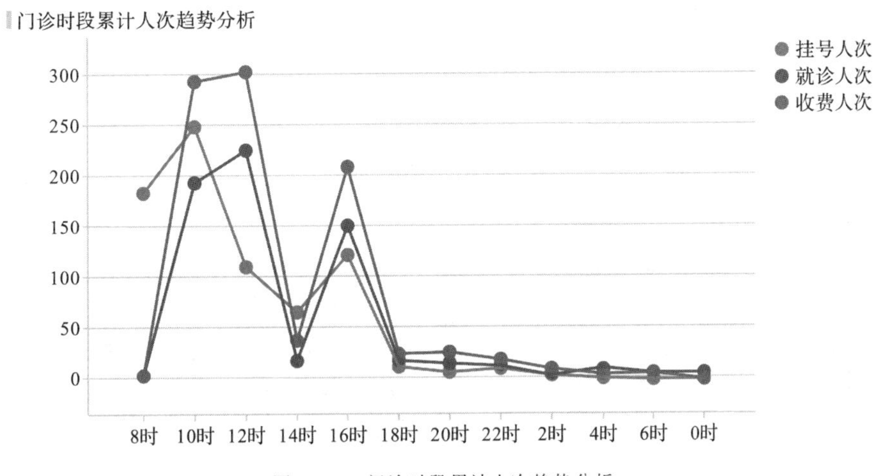

图13-12 门诊时段累计人次趋势分析

13.4 门诊人次分时段分析

本节在现有数据的基础上对不同年份各分院及科室的门急诊工作量及手术人次以及每日门急诊的就诊高峰时段进行分析,通过分析每日门诊与急诊的就诊高峰时段,方便管理者对前往医院的就诊人员进行人力资源调配及管理。

为能够对某医院的不同年份月份、不同分院不同科室的门诊时段日均人次趋势分布与急诊时段日均人次趋势分布进行分析,特添加年份、月份、分院、科室筛选器。具体操作步骤可参照 13.3.1 小节,此处不再详细介绍。

13.4.1 门诊趋势分析

本小节将通过组合图对医院急诊人次、门诊人次、门(急)诊总人次、手术人次进行分析,以了解整个医院的详细情况。具体操作步骤如下:

步骤 1:单击“工具栏”上的“组合图”按钮,新建组合图。单击“属性”按钮,打开“属性”对话框。

步骤 2:选择“数据”菜单中的“数据表”为“门急诊工作量”,设置“标记”为“无”;单击“使用表达式限制数据”后的“编辑”,设置“表达式(E)”为“[年份] = ${年份} and [分院名称]='${分院名称}' and [大科室]='${大科室}'”。

步骤 3:选择“外观”菜单中“布局”为“并排条形图”,勾选“显示线条标记”。

步骤 4:选择“X 轴”菜单中“列”为“月份”。

步骤 5:选择“Y 轴”菜单,右击“列”选择“自定义表达式”,设置“表达式(E)”为“Sum([门诊人次]) / 12 as [门诊人次], (Sum([门诊人次]) + Sum([急诊人次])) / 12 as [门(急)诊总人次], Sum([手术人次]) / 12 as [手术人次], Sum([急诊人次]) / 12 as [急诊人次]”。

步骤 6:选择“系列”菜单中“系列的分类方式”为“列名称”,设置“系列”中“急诊人次”与“门诊人次”的“类型”为“条形”,“门(急)诊总人次”与“手术人次”的“类型”为“线条”。

步骤 7:选择“格式化”菜单中“Y:门(急)诊总人次”与“手术人次”的“类别”为“编号”,设置“小数位”为“1”。

步骤 8:选择“标签”菜单中“显示标签”为“全部”,勾选“显示线条标记标签”。

步骤 9:属性设置完成,单击“关闭”按钮。如图 13-13 所示。

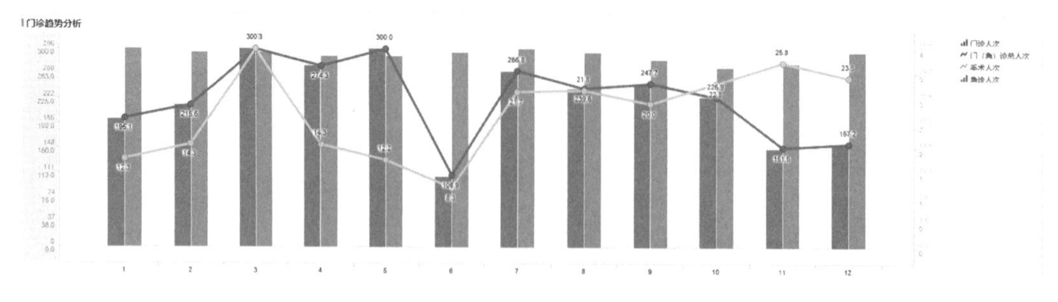

图 13-13 门诊趋势分析

13.4.2 门诊时段日均人次趋势分布分析

本小节将通过组合图对医院每天的挂号人次、就诊人次、收费人次进行分析，以了解整个医院每日的详细情况。具体操作步骤如下：

步骤 1：单击“工具栏”上的“组合图”按钮，新建组合图。单击新建组合图右上角的“属性”按钮，打开“属性”对话框。

步骤 2：选择“数据”菜单中的“数据表”为“门急诊工作量”，单击“使用表达式限制数据”后的“编辑”，设置“表达式(E)”为“[年份] = ${年份} and [月份]= ${月份} and [分院名称] ='${分院名称}' and [大科室]='${大科室}'”。

步骤 3：选择“外观”菜单，勾选“显示标记”。

步骤 4：选择“X 轴”菜单中“列”为“小时”。

步骤 5：选择“Y 轴”菜单，右击“列”选择“自定义表达式”，设置“表达式(E)”为“Sum([挂号人次]) / 30 as [挂号人次], Sum([就诊人次]) / 30 as [就诊人次], Sum([收费人次]) / 30 as [收费人次]”。

步骤 6：选择“格式化”菜单中“Y：挂号人次，就诊人次，收费人次”的“类别”为“编号”，设置“小数位”为“1”。

步骤 7：选择“颜色”菜单中“列”为“列名称”，“颜色模式”选择“类别”。

步骤 8：选择“标签”菜单中“显示标签”为“标记的行”，勾选“个别值”。

步骤 9：属性设置完成，单击“关闭”按钮。如图 13-14 所示。

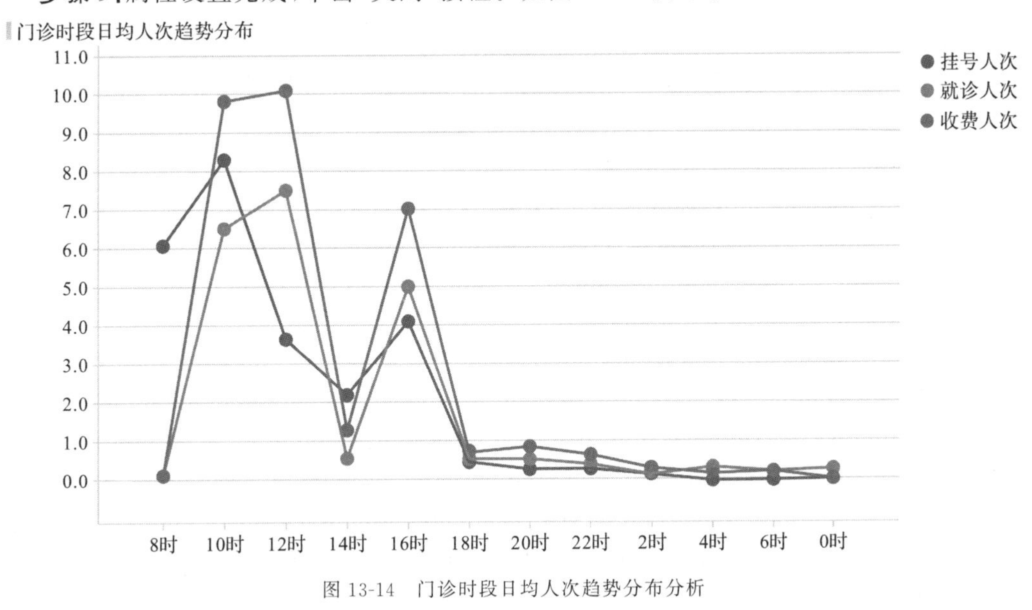

图 13-14 门诊时段日均人次趋势分布分析

13.4.3 急诊时段日均人次趋势分布分析

本小节将通过组合图对医院每天急诊时段进行分析，以了解整个医院每天急诊的详细情况。具体操作步骤如下：

步骤 1：单击“工具栏”上的“组合图”按钮，新建组合图。单击新建组合图右上角的“属性”按钮，打开“属性”对话框。

步骤 2：选择“数据”菜单中的“数据表”为“门急诊工作量”，设置“标记”为“无”，单击“使用表达式限制数据”后的“编辑”，设置“表达式(E)”为“[年份] = ${年份} and [月份]=${月份} and [分院名称] ='${分院名称}' and [大科室]='${大科室}'”。

步骤 3：选择“外观”菜单，勾选“显示标记”。

步骤 4：选择“X 轴”菜单中“列”为“小时 1”。

步骤 5：选择“Y 轴”菜单中“列”为“急诊人次”，设置“表达式(E)”为“Sum(求和)”。

步骤 6：选择“格式化”菜单中“Y：Sum([急诊人次])”的“类别”为“编号”，设置“小数位”为“1”。

步骤 7：选择“标签”菜单中“显示标签”为“全部”，勾选“个别值”。

步骤 8：属性设置完成，单击“关闭”按钮。如图 13-15 所示。

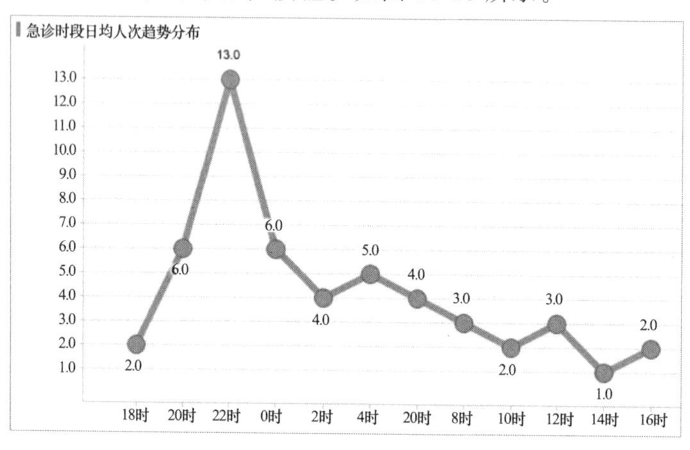

图 13-15　急诊时段日均人次分布分析

13.5 住院工作量分析

本节在现有数据的基础上对不同年份月份、各分院及科室的住院人数、出院人数、患者总床日数、入院人数、住院手术例数等的月趋势变化情况进行分析，可使管理者对医院的人力资源做出相应的调整。如图 13-16 所示。

为能够对某医院的不同年份月份、不同分院不同科室的出院人数、患者总床日数、入院人数、住院手术例数等进行详细分析，特添加年份、月份、分院、科室筛选器。

具体操作步骤可参照 13.3.1 小节，此处不再详细介绍。

本节将通过条形图对医院出院人数、患者总床日数、入院人数、住院手术例数进行分析，以了解整个医院的住院详细情况。具体操作步骤如下：

步骤 1：单击“工具栏”上的“组合图”按钮，新建组合图。单击新建组合图右上角的“属性”按钮，打开“属性”对话框。

步骤 2：选择“数据”菜单中的“数据表”为“住院工作量”，设置“标记”为“无”，单击“使用表达式限制数据”后的“编辑”，设置“表达式(E)”为“[年份] = ${年份} and [分院名称] ='${分院名称}' and [大科室]='${大科室}' and [类别]="入院人数" or [类别]="出院人数" or [类别]="住院手术例数" or [类别]="患者总床日数""。

步骤 3:选择“外观”菜单,勾选“显示标记”。

步骤 4:选择“X 轴”菜单中“列”为“月份”。

步骤 5:选择“Y 轴”菜单中“列”为“值”,设置聚合函数为“Sum(求和)”。

步骤 6:选择“格式化”菜单中“Y:Sum(值)”的“类别”为“编号”,设置“小数位”为“0”。

步骤 7:选择“颜色”菜单中“列”为“列名称”,“颜色模式”选择“类别”。

步骤 8:选择“标签”菜单中“显示标签”为“全部”,勾选“个别值”。

步骤 9:属性设置完成,单击“关闭”按钮,效果如图 13-16 所示。

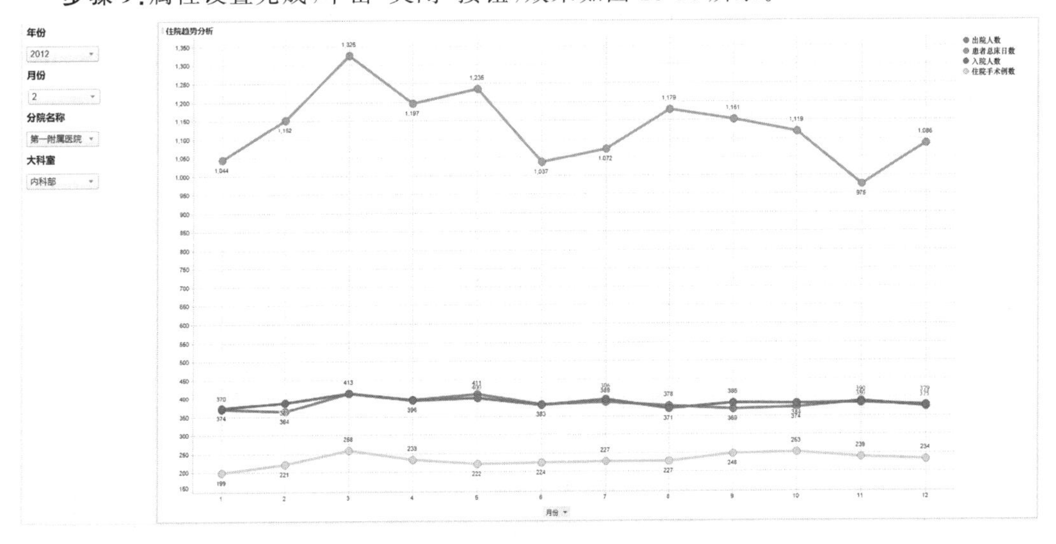

图 13-16 住院工作量分析

13.6 门诊人次费用分析

本节在现有数据的基础上对不同年份月份、各分院及科室的门诊人次费用、药费及其占比情况进行分析,通过门诊发生的各项费用,清晰地反映出各科室门诊费用和药费,以及门诊费用中各项费用的占比情况。

为能够对某医院的不同年份月份、不同分院不同科室的门诊人次费用、药费及其占比情况进行分析,特添加年份、月份、分院、科室筛选器。具体操作步骤可参照 13.3.1,具体步骤不再详细介绍。

13.6.1 门诊人次费用

本小节将通过组合图对医院门诊人均药费及总费用和药占比进行分析,以了解整个医院的人均费用情况以及药占比情况。具体操作步骤如下:

步骤 1:单击“工具栏”上的“组合图”按钮,单击新建组合图右上角的“属性”按钮,打开“属性”对话框。

步骤 2:选择“数据”菜单中的“数据表”为“患者负担-每门诊费用分析”,设置“标记”为

“无”;单击“使用表达式限制数据”后的“编辑”,设置“表达式(E)”为“[年]=${年份} and [分院]='${分院名称}' and [大科室]='${大科室}'”。

步骤 3:选择“外观”菜单中“布局”为“并排条形图”,勾选“显示线条标记”。

步骤 4:选择“X 轴”菜单中“列”为“月份”。

步骤 5:选择“Y 轴”菜单,右击“列”选择“自定义表达式”,设置“表达式(E)”为“Sum(If(([表应用]="每门诊人次费用") and ([指标]="门诊人均总费用"),[费用])) as [门诊人均总费用], Sum(If(([表应用]="每门诊人次费用") and ([指标]="门诊人均药费"),[费用])) as [门诊人均药费],Sum(If(([表应用]="每门诊人次费用") and ([指标]="门诊人均药费"),[费用])) / Sum(If(([表应用]="每门诊人次费用") and ([指标]="门诊人均总费用"),[费用])) as [药占比]”。

步骤 6:选择“格式化”菜单中“Y:药占比”的“类别”为“百分比”,设置“小数位”为“2”。

步骤 7:选择“系列”菜单中“系列的分类方式”为“列名称”,设置“系列”中“门诊人均总费用”与“门诊人均药费”的“类型”为“条形”;“药占比”的“类型”为“线条”。

步骤 8:在“显示/隐藏项目”菜单中选择“添加”,打开“编辑规则”对话框,设置“列”为“表应用”,聚合函数为“First(第一个)”。“规则类型”选择“等于”,“值”选择“每门诊人次费用”。单击“确定”按钮,添加完成。

步骤 9:属性设置完成,单击“关闭”按钮。如图 13-17 所示。

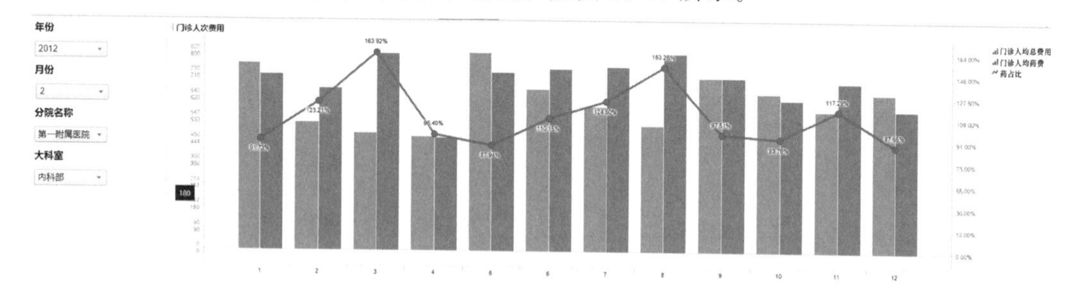

图 13-17　门诊人次费用分析

13.6.2 门诊人次费用及科室

本小节将通过条形图对医院门诊人均药费及总费用和药占比进行分析,以了解整个医院的人均费用情况以及药占比情况。具体操作步骤如下:

步骤 1:单击“工具栏”上的“条形图”按钮,新建条形图。单击新建条形图右上角的“属性”按钮,打开“属性”对话框。

步骤 2:选择“数据”菜单中的“数据表”为“患者负担-每门诊费用分析”,设置“标记”为“无”;单击“使用表达式限制数据”后的“编辑”,设置“表达式(E)”为“[年]=${年份} and [月份]=${月} and [分院]='${分院名称}' and [大科室]='${大科室}'”。

步骤 3:选择“外观”菜单中“布局”为“并排条形图”,勾选“按值排序条形图”。

步骤 4:选择“类别轴”菜单中“列”为“小科室”,勾选“反转刻度”与“显示缩放滑块”。

步骤 5:选择“值轴”菜单,右击“列”选择“自定义表达式”,设置“表达式(E)”为“Sum(If

([表应用]="门诊费用科室",[费用]))"。

步骤 6:选择"格式化"菜单中"值轴"的"类别"为"编号",设置"小数位"为"1"。

步骤 7:选择"颜色"菜单中"列"为"指标","颜色模式"选择"类别"。

步骤 8:选择"标签"菜单中"显示标签"为"全部",勾选"完整条形图"。

步骤 9:选择"显示/隐藏项目"菜单,选择"添加",打开"编辑规则"对话框,设置"列"为"表应用",聚合函数为"First(第一个)";"规则类型"选择"等于","值"选择"门诊费用科室"。单击"确定"按钮,添加完成。

步骤 10:属性设置完成,单击"关闭"按钮。如图 13-18 所示。

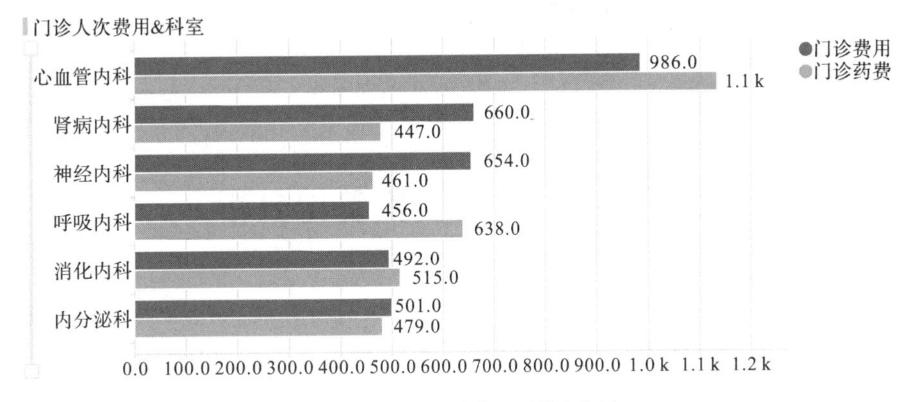

图 13-18 门诊人次费用及科室分析

13.6.3 门诊人次费用占比

本小节将通过饼图对医院门诊人次的化验费、检查费、手术费、药费、治疗费等费用的占比情况进行分析,以了解整个门诊人次的费用占比情况。具体操作步骤如下:

步骤 1:单击"工具栏"上的"饼图"按钮,单击新建饼图右上角的"属性"按钮,打开"属性"对话框。

步骤 2:选择"数据"菜单中"数据表"为"患者负担-每门诊费用分析",设置"标记"为"无",单击"使用表达式限制数据"后的"编辑",设置"表达式(E)"为"[年]=${年份} and [月份]=${月} and [分院]='${分院名称}' and [大科室]='${大科室}'"。

步骤 3:选择"外观"菜单,勾选"按大小对扇区排序"。

步骤 4:选择"颜色"菜单中"列"为"指标","颜色模式"选择"类别"。

步骤 5:选择"大小"菜单中"扇区大小依据"为"费用",设置聚合函数为"Sum(求和)"。

步骤 6:选择"标签"菜单,勾选"扇区百分比",设置"标签位置"为"内部饼图"。

步骤 7:选择"显示/隐藏项目"菜单,选择"添加",打开"编辑规则"对话框,"列"选择"表应用",聚合函数为"First(第一个)","规则类型"选择"等于","值"选择"门诊人均消费"。单击"确定"按钮,添加完成。

步骤 8: 属性设置完成,单击"关闭"按钮。如图 13-19 所示。

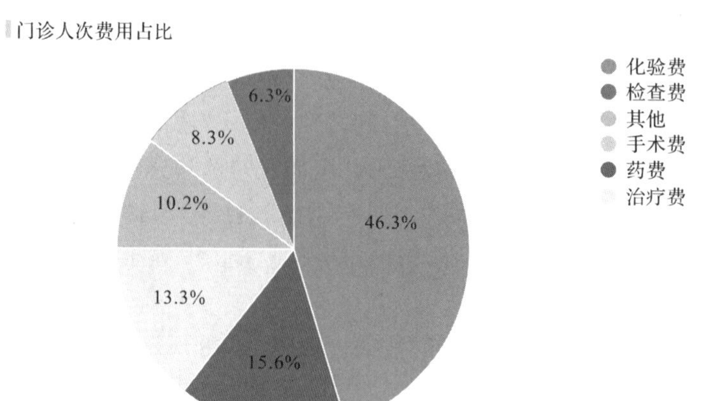

图 13-19　门诊人次费用占比分析

13.7　住院人次费用分析

本节在现有数据的基础上展示不同年份各分院大科室住院人次费用及占比情况，通过住院人次费用分析，使管理者对住院科室费用及住院费用占比做到心中有数。

为能够对某医院的不同年份月份、不同分院不同科室的整体住院情况进行详细分析，特添加年份、月份、分院、科室筛选器。具体操作步骤不再赘述。

13.7.1　住院人次费用

本小节将通过组合图对医院的住院人均费用进行分析，以了解整个住院人均费用情况。具体操作步骤如下：

步骤 1：单击“工具栏”上的“组合图”按钮，新建组合图。单击新建组合图右上角的“属性”按钮，打开“属性”对话框。

步骤 2：选择“数据”菜单中的“数据表”为“患者负担-每门诊费用分析”，单击“使用表达式限制数据”后的“编辑”，设置“表达式(E)”为“[年]= ${年份} AND [分院]='${分院名称}' and [大科室]='${大科室}'”。

步骤 3：选择“外观”菜单中“布局”为“并排条形图”，勾选“显示线条标记”。

步骤 4：选择“X 轴”菜单中“列”为“月份”。

步骤 5：选择“Y 轴”菜单中“列”为“费用”，设置聚合函数为“Sum(求和)”。

步骤 6：选择“格式化”菜单中“Y:Sum(费用)”的“类别”为“编号”，设置“小数位”为“1”。

步骤 7：选择“系列”菜单中“系列的分类方式”为“列名称”，设置“系列”中“住院床日费用”的“类型”为“线条”，其他“类型”设置为“条形”。

步骤 8：选择“标签”菜单中“显示标签”为“全部”，勾选“显示线条标记标签”。

步骤 9：选择“显示/隐藏项目”菜单，选择“添加”，打开“编辑规则”对话框，“列”选择“表应用”，聚合函数为“First(第一个)”。“规则类型”选择“等于”，“值”选择“每门诊人次费用(住院)”。单击“确定”按钮，添加完成。

步骤 10:属性设置完成,单击“关闭”按钮。如图 13-20 所示。

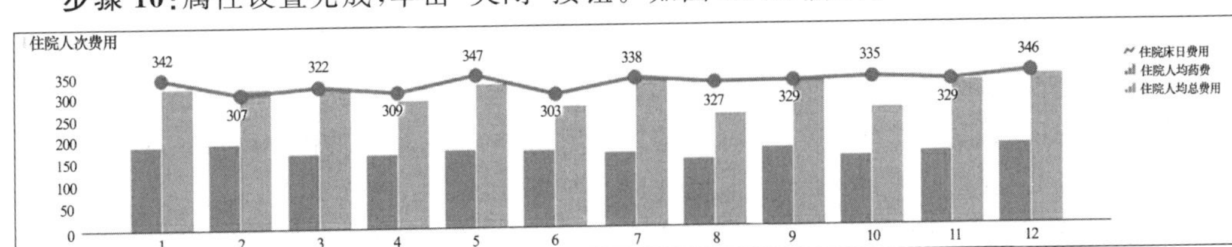

图 13-20 住院人次费用分析

13.7.2 药费占比

本小节将通过折线图对医院的药费进行分析,以了解整个医院的药费占比情况。具体操作步骤如下:

步骤 1:单击“工具栏”上的“折线图”按钮,新建折线图。单击新建折线图右上角的“属性”按钮,打开“属性”对话框。

步骤 2:选择“数据”菜单中的“数据表”为“患者负担-每门诊费用分析”,单击“使用表达式限制数据”后的“编辑”,设置“表达式(E)”为“[年]=${年份} AND [分院]='${分院名称}' and [大科室]='${大科室}'”。

步骤 3:选择“外观”菜单,勾选“显示标记”。

步骤 4:选择“X 轴”菜单中“列”为“月份”。

步骤 5:选择“Y 轴”菜单中右击“列”选择“自定义表达式”,输入“Sum(If([指标]="住院人均药费",[费用])) / Sum(If([指标]="住院人均总费用",[费用]))”。

步骤 6:选择“格式化”菜单中“Y:药费占比”的“类别”为“百分比”,设置“小数位”为“2”。

步骤 7:选择“颜色”菜单中“列”为“列名称”,“颜色模式”选择“类别”。

步骤 8:选择“标签”菜单,勾选“个别值”,设置“显示标签”为“全部”。

步骤 9:属性设置完成,单击“关闭”按钮。如图 13-21 所示。

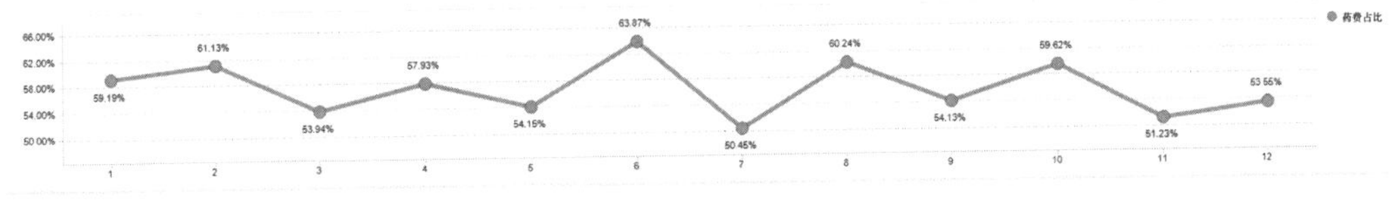

图 13-21 药费占比分析

13.7.3 住院人次费用及科室

本小节将通过条形图对医院的各科室的住院人次费用进行分析,以了解整个医院各科室的人次费用情况。具体操作步骤如下:

步骤 1:单击“工具栏”上的“条形图”按钮,新建条形图。单击新建条形图右上角的“属性”按钮,打开“属性”对话框。

步骤 2:选择“数据”菜单中的“数据表”为“患者负担-每门诊费用分析”,单击“使用表达式限制数据”后的“编辑”,设置“表达式(E)”为“[表应用]='门诊费用科室(住院)' and [年]=${年份} and [月份]=${月} AND [分院]='${分院名称}' and [大科室]='${大科室}'"。

步骤 3:选择"外观"菜单中"布局"为"并排条形图",勾选"按值排序条形图"。

步骤 4:选择"类别轴"菜单中"列"为"小科室",勾选"显示缩放滑块"与"反转刻度"。

步骤 5:选择"值轴"菜单中"列"为"费用",设置聚合函数为"Sum(求和)"。

步骤 6:选择 "颜色"菜单中"列"为"指标","颜色模式"选择"类别"。

步骤 7:选择"格式化"菜单中"值轴"的"类别"为"编号",设置"小数位"为"1"。选择"标签"菜单中"显示标签"为"全部",勾选"完整条形图"。

步骤 8:属性设置完成,单击"关闭"按钮。如图 13-22 所示。

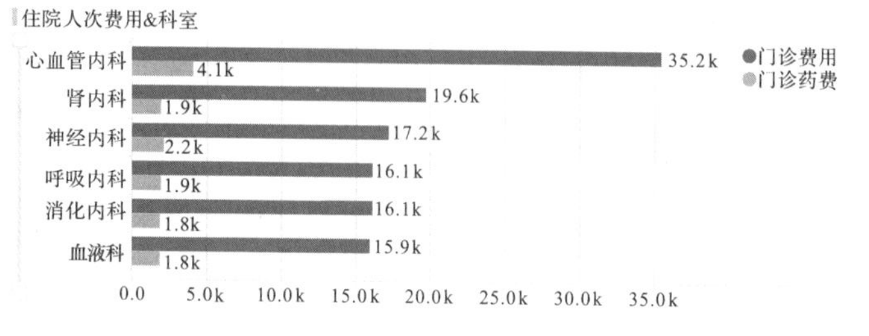

图 13-22 住院人次费用及科室分析

13.7.4 住院人次费用占比

本小节将通过饼图对医院的住院人次费用占比进行分析,以了解整个医院的住院人次费用占比情况。具体操作步骤如下:

步骤 1:单击"工具栏"上的"饼图"按钮,新建饼图。单击新建饼图右上角的"属性"按钮,打开"属性"对话框。

步骤 2:选择"数据"菜单中的"数据表"为"患者负担-每门诊费用分析",单击"使用表达式限制数据"后的"编辑",设置"表达式(E)"为"[表应用]='门诊人均消费(住院)' and [年] = ${年份} and [月份]= ${月} AND [分院]='${分院名称}' and [大科室]='${大科室}'"。

步骤 3:选择"颜色"菜单中"列"为"指标","颜色模式"选择"类别"。

步骤 4:选择"大小"菜单中"扇区大小依据"为"费用",设置聚合函数为"Sum(求和)",右击"饼图大小依据"选择"删除",设置值为"无"。

步骤 5:选择"标签"菜单,勾选"扇区百分比",设置"标签位置"为"内部饼图"。

步骤 6: 属性设置完成,单击"关闭"按钮。如图 13-23 所示。

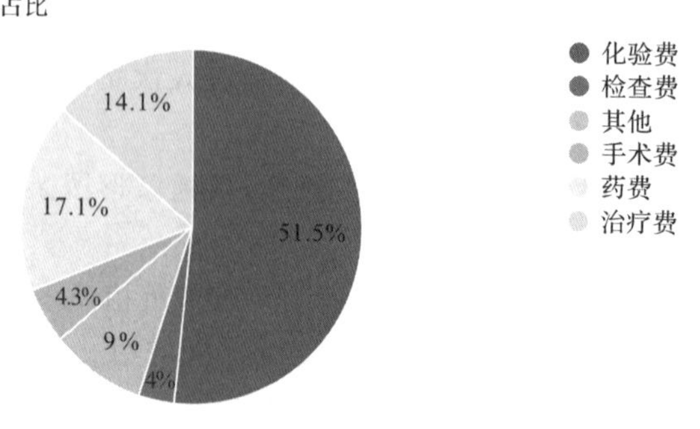

图 13-23 住院人次费用占比分析

13.8 本章小结

本章介绍了医疗行业的经典案例，首先介绍了医院通常会遇到的问题，分析了医院的各指标监控情况、工作效率、门诊人数、住院人数等，接着从管理驾驶舱、人力资源配置、床位资源配置、门急诊工作量、门诊人次分时段、住院工作量、工作效率、门诊人次费用、门诊人次费用同比、住院人次费用分析、住院人次费用同比等方面进行分析，用户可以直观明了地查看上述问题的答案。

此外，本章介绍了自助式查看所关注的医院指标情况，方便快速准确地掌握医院各指标具体的运行情况。

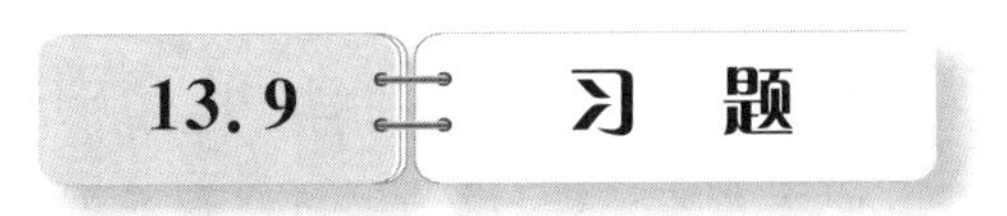

13.9 习 题

1. 分析每天各个时间段的急诊人次情况。如图 13-24 所示。

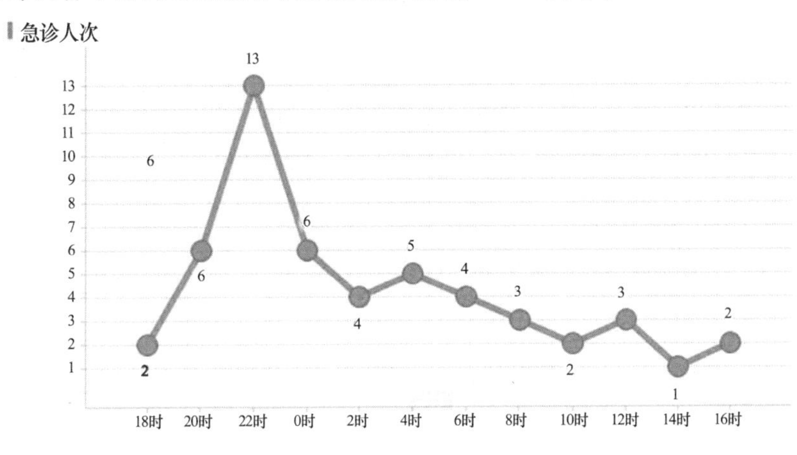

图 13-24 实践(1)

2. 分析科室的床位周转次数情况。如图 13-25 所示。

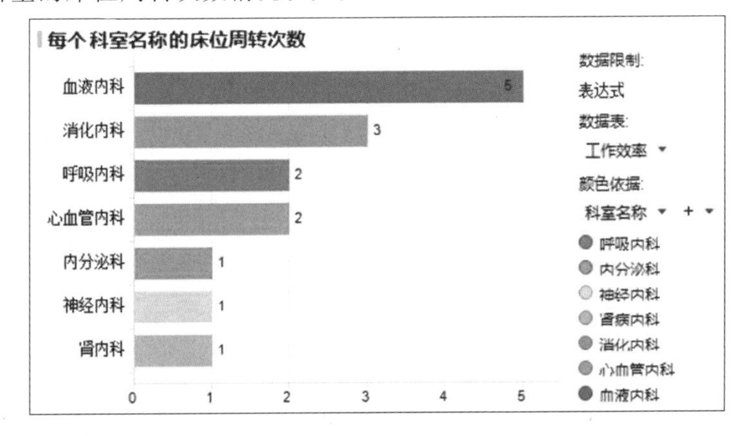

图 13-25 实践(2)

3. 对门诊人次药费进行同比分析。如图 13-26 所示。

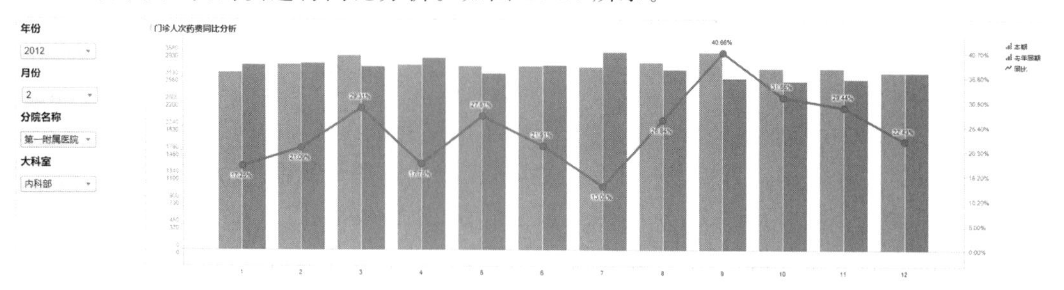

图 13-26　实践(3)

4. 对住院人次药费进行同比分析。如图 13-27 所示。

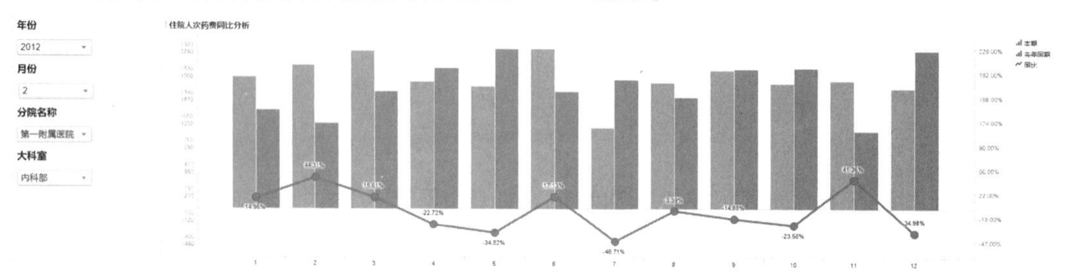

图 13-27　实践(4)

第14章

贷款行业数据分析

近年来，受互联网金融和金融科技快速发展的影响，贷款公司发展趋缓，行业优胜劣汰形势加剧。

本章节将从存贷款(每月)、贷款业务地区分布、客户分类统计、信用卡等几个方面进行分析。

14.1 存贷款分析(每月)

本节在现有数据的基础上对盈利趋势、风险趋势、关键指标及关键指标月趋势进行分析。通过存贷关键指标分析，使银行管理者对银行的盈利和风险做出相应的调整及应对方案。

为更好地展现每年每月份的盈利、风险和关键指标分析，在做分析前，需先完成数据表导入和文本区域的操作，具体操作步骤如下：

步骤1：导入数据。单击“工具栏”上的“添加数据表”按钮，打开“添加数据表”对话框，导入“管理驾驶舱、管理驾驶舱-每日分析”数据表。

步骤2：添加文本区域。单击“工具栏”的“文本区域”按钮，单击右上角的“编辑文本区域”，打开“编辑文本区域”对话框。单击“插入属性控件”按钮，选择“下拉列表”，打开“属性控件”对话框。单击“新建”，添加年份控件。

步骤3：在“属性控件”对话框中“通过以下方式设置属性和值”选择“列中的唯一值”，设置“数据表”为“管理驾驶舱”，“列”选择“年份”，单击“确定”按钮添加完成。

步骤 4:在同一文本区域的空白处单击鼠标,参照年份控件的创建步骤,新建“月份”控件。

步骤 5:创建完成后,单击文本区域中“保存”按钮,完成文本区域的编辑。

14.1.1 盈利趋势分析

在本小节将制作盈利趋势折线图,通过折线图,管理者可清晰看到公司产品的盈利趋势。具体操作步骤如下:

步骤 1:单击“工具栏”上的“折线图”按钮,新建折线图。

步骤 2:在新建的折线图右上角单击“属性”按钮,打开属性对话框,选择“常规”菜单中“标题”为“盈利趋势分析”。勾选“显示标题栏”。

步骤 3:选择“数据”菜单中“数据表”为“管理驾驶舱”。单击“使用表达式限制数据”后的“编辑”按钮,设置“表达式(E)”为“[年份]= ${年份}”。选择“外观”菜单,勾选“显示标记”。

步骤 4:选择“X 轴”菜单中“列”为“月份”。

步骤 5:选择“Y 轴”菜单中“列”为“率”。

步骤 6:选择“格式化”菜单中“率”的“类别”为“百分比”,设置“小数位”为“自动”。

步骤 7:选择“颜色”菜单中“列”为“项目名称”,设置“颜色模式”为“类别”。

步骤 8:选择“标签”菜单,勾选“个别值”。

步骤 9:选择“显示/隐藏项目”菜单,单击“添加”按钮,打开“编辑规则”对话框,选择“列”为“列 2”,设置聚合函数为“First(第一个)”,“规则类型”为“等于”,“值”为“盈利趋势分析”,单击“确定”按钮。

步骤 10:设置完成,单击“关闭”按钮。如图 14-1 所示。

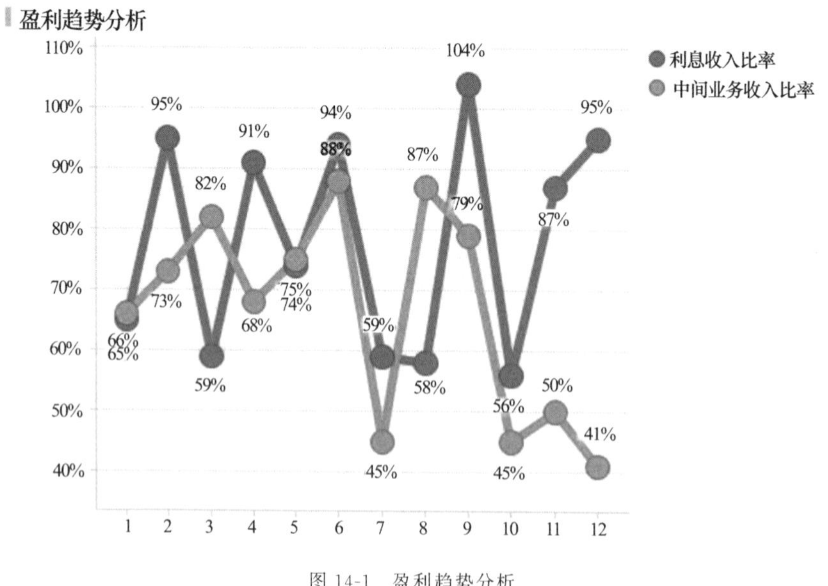

图 14-1 盈利趋势分析

14.1.2 风险趋势分析

在本小节将制作风险趋势折线图，通过折线图，管理者可清晰地看到公司风险情况的变化情况。具体操作步骤如下：

步骤 1：单击“工具栏”上的“折线图”按钮，新建折现图。

步骤 2：在新建的折线图右上角单击“属性”按钮，打开“属性”对话框，选择“常规”菜单中“标题”为“风险趋势分析”，勾选“显示标题栏”。

步骤 3：选择“数据”菜单中“数据表”为“管理驾驶舱”，单击“使用表达式限制数据”后的“编辑”按钮，设置“表达式(E)”为“[年份]＝$\{年份\}”。

步骤 4：选择“外观”菜单，勾选“显示标记”。

步骤 5：选择“X 轴”菜单中“列”为“月份”。

步骤 6：选择“Y 轴”菜单中“列”为“率”，勾选“显示网格线”。

步骤 7：选择“格式化”菜单中“率”的“类别”为“百分比”。

步骤 8：选择“颜色”菜单中“列”为“项目名称”，设置“颜色模式”为“类别”。

步骤 9：选择“标签”菜单，勾选“个别值”。

步骤 10：选择“显示/隐藏项目”菜单，单击“添加”按钮，打开“编辑规则”对话框，设置“列”为“列 2”，聚合函数为“First(第一个)”，“规则类型”为“等于”，“值”为“风险趋势分析”，单击“确定”按钮。

步骤 11：设置完成，单击“关闭”按钮。如图 14-2 所示。

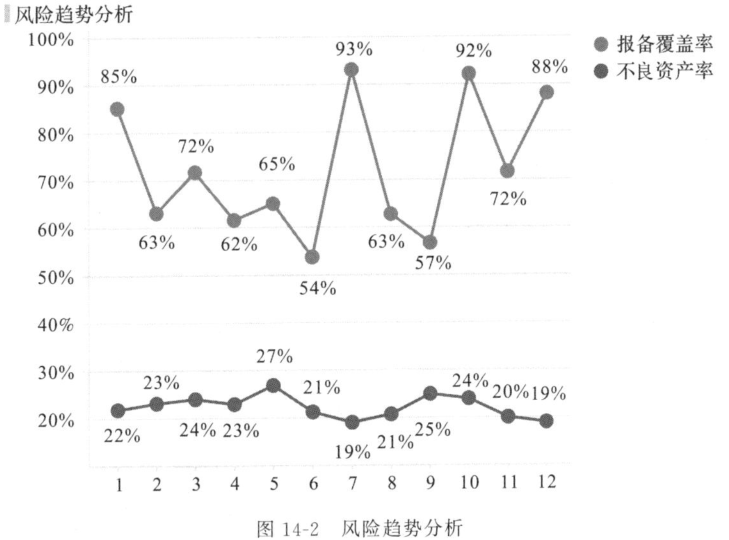

图 14-2 风险趋势分析

14.1.3 关键指标分析

在本小节将制作关键指标交叉表，通过交叉表管理者可清晰地看到公司的关键指标变化。具体操作步骤如下：

步骤 1：单击“工具栏”上的“交叉表”按钮，新建交叉表。

步骤 2：单击交叉表右上角“属性”按钮，打开“属性”对话框，选择“常规”菜单中“标题”

为“关键指标分析(单位:亿元)”,勾选“显示标题栏”。

步骤 3:选择“数据”菜单中“数据表”为“管理驾驶舱”。

步骤 4:选择“轴”菜单中“水平”为“列名称”,“垂直”为“项目名称”,右击“单元格值”,选择“自定义表达式”,设置“表达式(E)”为“Sum(If([年份]= ${年份} and [月份]= ${月份},[期末数])) as [本期值], Sum(If([年份]= ${年份} and [月份]= ${月份},[期末数]))－Sum(If([年份]= ${年份} and [月份]=1,[期末数])) as [比年初], Sum(If([年份]= ${年份} and [月份]= ${月份},[期末数]))－Sum(If([年份]= ${年份} and [月份]= ${月份}－1,[期末数])) as [比上期],Sum(If([年份]= ${年份} and [月份]= ${月份},[期末数]))－Sum(If([年份]= ${年份}－1 and [月份]= ${月份},[期末数]))as [比同期]”。

步骤 5:选择“颜色”菜单,单击“配色方案组”右侧“添加”按钮,分别添加“比年初”“比上期”“比同期”,再次单击“添加”按钮,选择“新建分组”,将“可用的值轴”中的“比年初”“比上期”“比同期”添加到“选定的值轴”中,单击“确定”按钮。如图 14-3 所示。

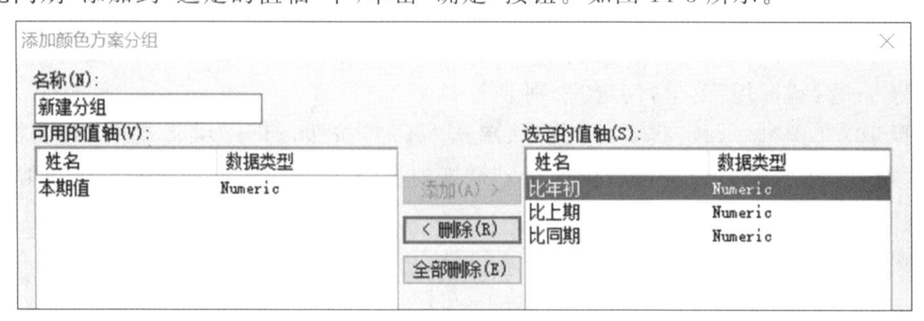

图 14-3　添加颜色方案分组

步骤 6:选择“颜色”菜单,设置“颜色模式”为“梯度”,单击“添加规则”按钮,打开“添加规则”对话框,设置“规则类型”为“小于”,“值”为“0.00”,单击“确定”按钮。

步骤 7:设置完成,单击“关闭”按钮。如图 14-4 所示。

关键指标分析 (单位: 亿元)

项目名称	本期值	比年初	比上期	比同期
各项存款	142.00	2.00	26.00	-31.00
各项存款 (日均)	123.00	-21.00	-16.00	-41.00
各项贷款	199.00	13.00	95.00	78.00
各项贷款 (无贴)	161.00	-28.00	14.00	6.00
各项贷款日均	182.00	0.00	60.00	74.00
四级不良	149.00	-30.00	-9.00	23.00
所有者权益	197.00	95.00	43.00	4.00
贴现	112.00	-75.00	-25.00	-36.00
银行承兑汇票 (...	200.00	71.00	18.00	6.00
资产总额	184.00	6.00	65.00	-6.00

图 14-4　关键指标分析

14.1.4 关键指标月趋势

在本小节将制作关键指标月趋势条形图,通过条形图,管理者可清晰地看到公司的关键指标月趋势分析。具体操作步骤如下:

步骤 1:单击“工具栏”上的“条形图” 按钮,新建条形图。

步骤 2:单击条形图右上角"属性"按钮,打开"属性"对话框,选择"常规"菜单中"标题"为"关键指标月趋势(单位:亿元)",勾选"显示标题栏"。

步骤 3:选择"数据"菜单中"数据表"为"管理驾驶舱",设置"标记"为"无",勾选"使用标记限制数据"中"标记",设置"如果主图表中没有标记的项目,则显示"为"全部数据"。

步骤 4:选择"外观"菜单中"方向"为"垂直栏",设置"布局"为"堆叠条形图"。

步骤 5:选择"类别轴"菜单中"列"为"月份"。

步骤 6:选择"值轴"菜单中"列"为"期末数",设置聚合函数为"Sum(求和)",并设置"显示名称"为"本期值"。

步骤 7:选择"外观"菜单中"值轴:本期值"的"类别"为"编号",设置"小数位数"为"0"。

步骤 8:选择"颜色"菜单中"列"为"月份",设置"颜色模式"为"唯一值"。

步骤 9:选择"标签"菜单中"显示标签"为"全部",设置"标签方向"为"水平"。

步骤 10:设置完成,单击"关闭"按钮。如图 14-5 所示。

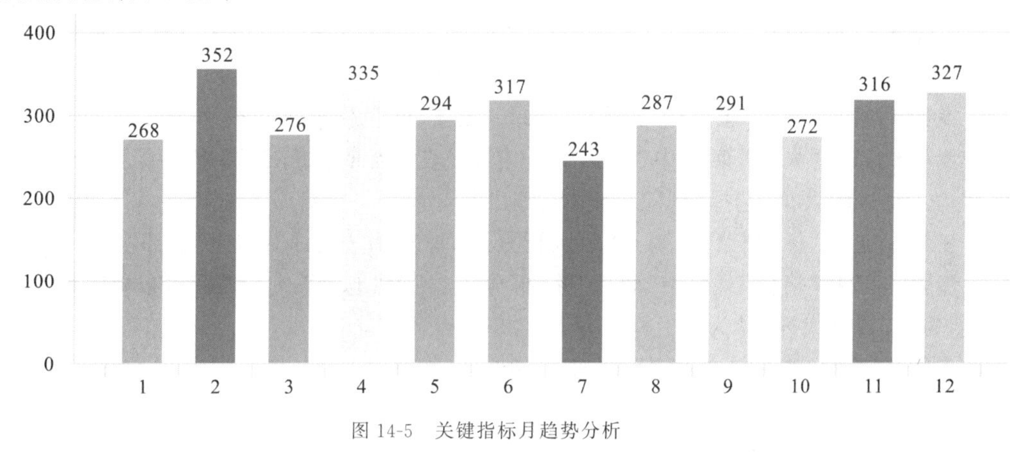

图 14-5 关键指标月趋势分析

14.2 贷款业务地区分布

本节在现有数据的基础上,对贷款指标地区、各地区贷款指标及贷款地区分布进行分析,对各地市级银行的贷款业务做一个直观明了的分析,有助于管理者对各地市级银行的业务发展有一个清晰的认知。

为更好地展现各地区的存贷款情况,在做分析前,需先完成数据表导入和计算列的添加等操作,具体操作步骤如下:

步骤 1:导入数据表。单击工具栏上的"添加数据表"按钮,打开"添加数据表"对话框,导入"综合汇总、地区分布、jilin_xianjie"数据表。

步骤 2:插入年份计算列。单击"工具栏"上的"插入"按钮,单击"计算列",打开"插入计算列"对话框,选择"数据表"为"综合汇总",设置"表达式(E)"为" DatePart("year",[日期])","列名称"为"年份"。

步骤 3:插入月份计算列。单击"工具栏"上的"插入"按钮,单击"计算列",打开"插入计算列”对话框，选择“数据表”为“综合汇总”，设置“表达式(E)”为“DatePart("month",[日期])”,“列名称”为月份。

步骤 4:参照“综合汇总”数据表年份、月份计算列的添加，完成“地区分布”数据表的年份、月份计算列的添加。

步骤 5:参照“14.1 存贷款分析(每月)”的年份、月份控件的添加步骤，完成年份、月份控件的添加。

14.2.1 贷款指标地区分布

在本小节将分析贷款指标地区分布，通过饼图，分析管理者可更清晰地看到公司贷款指标地区分布分析。具体操作步骤如下：

步骤 1:单击“工具栏”上的“饼图”按钮，新建饼图。

步骤 2:单击饼图右上角的“属性”按钮，打开“属性”对话框。选择“常规”菜单中“标题”为“贷款指标地区分布”，勾选“显示标题栏”。

步骤 3:选择“数据”菜单中“数据表”为“综合汇总”，单击“使用表达式限制数据”后的“编辑”按钮，设置“表达式(E)”为“[年份] = ${年份} and [月份] = ${月份}”。

步骤 4:选择“颜色”菜单中“列”为“指标”，设置“颜色模式”为“类别”。

步骤 5:选择“大小”菜单中“扇区大小依据”为“当期值”，设置聚合函数为“Sum(求和)”，右击“饼图大小”选择“删除”，设置值为“无”。

步骤 6:选择“标签”菜单，勾选“扇区百分比”。设置“显示标签”为“全部”。

步骤 7:选择“格栅”菜单中“面板”的“拆分依据”为“地市”，勾选“手动布局”，设置“最大行数”为“1”,“最大列数”为“10”。

步骤 8:设置完成，单击“关闭”按钮。如图 14-6 所示。

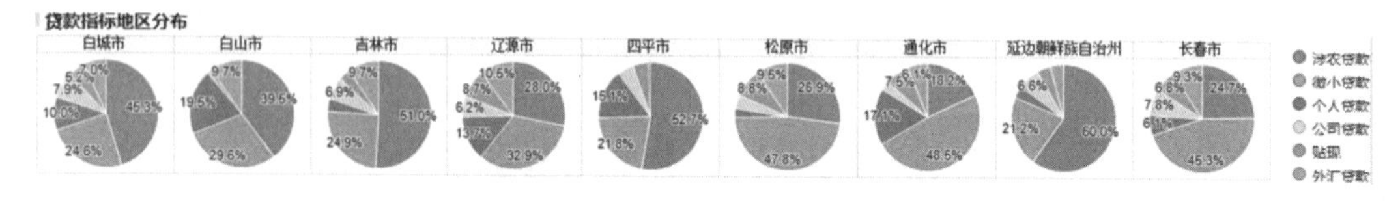

图 14-6 贷款指标地区分布分析

14.2.2 各地区贷款指标分析

在本小节将分析各贷款指标，通过图形表分析展示，管理者可更清晰地查看公司各贷款指标分析数据。具体操作步骤如下：

步骤 1:单击“工具栏”上的“图形表”按钮，新建图形表。

步骤 2:在图形表右上角单击“属性”按钮，打开“属性”对话框。选择“常规”菜单中“标题”为“各地区贷款指标分析(单位：万元)”，勾选“显示标题栏”。

步骤 3:选择“数据”菜单中“数据表”为“地区分布”，单击“使用表达式限制数据”后的“编辑”按钮，设置“表达式(E)”为“[年份] = ${年份} and [月份] = ${月份}”。

步骤 4:选择“轴”菜单中“行”为“指标”，将“列”中原有数据全部删除。单击“添加”选择“计算的值”。打开“计算的值 设置”对话框。

步骤 5:选择“常规”菜单中“名称”为“本期余额”,勾选“在表头中显示名称”。

步骤 6:选择“数据”菜单中“使用图像表中的数据限制”。

步骤 7:选择“值”菜单中“使用以下项计算值”为“本期余额”,设置聚合函数为“Sum(求和)”。

步骤 8:选择“格式化”菜单中“值”的“类别”为“编号”,设置“小数位”为“2”。单击“关闭”按钮。

步骤 9:在“属性”对话框中单击“添加”选择“计算的值”,打开“计算的值 设置”对话框,选择“常规”菜单中“名称”为“月初余额”,勾选“在表头中显示名称”。

步骤 10:选择“数据”菜单中“使用图像表中的数据限制”。

步骤 11:选择“值”菜单中“使用以下项计算值”为“月初余额”,设置聚合函数为“Sum(求和)”。

步骤 12:选择“格式化”菜单中“值”的“类别”为“编号”,设置“小数位”为“2”。单击“关闭”按钮。

步骤 13:在“属性”对话框中单击“添加”选择“计算的值”,在打开的对话框中选择“常规”菜单中“名称”为“比月初”,勾选“在表头中显示名称”。

步骤 14:选择“数据”菜单中“使用图像表中的数据限制”。

步骤 15:选择“值”菜单,右击“使用以下项计算值”选择“自定义表达式”,设置“表达式(E)”为“(Sum([本期余额])－Sum([月初余额])) / Sum([月初余额])”,设置“显示名称”为“比月初”。

步骤 16:选择“格式化”菜单中“值”的“类别”为“百分比”,设置“小数位”为“2”。单击“关闭”按钮。

步骤 17:在“属性”对话框中单击“添加”选择“图标”,在打开的对话框中选择“常规”菜单中“名称”为“标识”,勾选“在表头中显示名称”。

步骤 18:选择“数据”菜单中“使用图像表中的数据限制”。

步骤 19:选择“图标”菜单,右击“使用以下项计算值”选择“自定义表达式”,设置“表达式(E)”为“(Sum([本期余额])－Sum([月初余额])) / Sum([月初余额])”。

步骤 20:选择“图标”菜单,单击“添加规则”按钮,添加“规则类型”为“小于”、“值”为“0.00”和“规则类型”为“大于”、“值”为“0.00”的两个规则。单击“关闭”按钮。

步骤 21:在“属性”对话框中单击“添加”选择“计算的值”,在打开的对话框中选择“常规”菜单中“名称”为“年初金额”,勾选“在表头中显示名称”。

步骤 22:选择“数据”菜单,在“数据限制”中勾选“使用图像表中的数据限制”。

步骤 23:选择“值”菜单中“使用以下项计算值”为“年初余额”,设置聚合函数为“Sum(求和)”。

步骤 24:选择“格式化”菜单中“值”的“类别”为“编号”,设置“小数位”为“2”。单击“关闭”按钮。

步骤 25:在“属性”对话框中单击“添加”选择“计算的值”,在打开的对话框中选择“常规”菜单中“名称”为“比年初”,勾选“在表头中显示名称”。

步骤 26:选择“数据”菜单中“使用图像表中的数据限制”。

步骤 27:选择“值”菜单,右击“使用以下项计算值”选择“自定义表达式”,设置“表达式(E)”为“(Sum([本期余额])－Sum([年初余额])) / Sum([年初余额])”。

步骤 28:选择“格式化”菜单中“值”的“类别”为“百分比”,设置“小数位”为“2”。单击“关闭”按钮。

步骤 29:在“属性”对话框中单击“添加”选择“图标”,在打开的对话框中选择“常规”菜单中“名称”为“标识”,勾选“在表头中显示名称”。

步骤 30:选择“数据”菜单中“使用图像表中的数据限制”。

步骤 31:选择“值”菜单,单击“使用以下项计算值”选择“自定义表达式”,设置“表达式(E)”为“(Sum([本期余额])－Sum([年初余额])) / Sum([年初余额])”。

步骤 32:选择“图标”菜单,单击“添加规则”按钮,添加“规则类型”为“小于”、“值”为“0.00”和“规则类型”为“大于”、“值”为“0.00”的两个规则。

步骤 33:设置完成,单击“关闭”按钮。如图 14-7 所示。

各地区贷款指标分析 (单位: 万元)

指标	本期余额	月初余额	比月初	标识	年初金额▲	比年初	标识
涉农贷款	106040.52	89280.66	18.77%	↑	92066.29	15.18%	↑
微小贷款	111345.18	116286.21	-4.25%	↓	98696.12	12.82%	↑
公司贷款	95694.61	88823.17	7.74%	↑	98782.23	-3.13%	↓
贴现	96339.94	121077.87	-20.43%	↓	99706.36	-3.38%	↓
外汇贷款	115635.6	103401.16	11.83%	↑	116508.61	-0.75%	↓
个人贷款	92132.3	81545.2	12.98%	↑	141940.88	-35.09%	↓

图 14-7 各贷款指标分析

14.2.3 贷款地区分布图

在本小节将分析贷款地区分布,通过地图展示可让管理者更清晰地看到公司贷款地区分布情况。具体操作步骤如下:

步骤 1:单击“工具栏”上的“地图”按钮,新建地图。

步骤 2:单击地图右上角的“属性”按钮,打开“属性”对话框,选择“常规”菜单中“标题”为“贷款地区分布图”,勾选“显示标题栏”。

步骤 3:选择“图层”菜单,删除原有图层。单击“添加”>“功能层”>“地区分布”,打开“功能层 设置”对话框。

步骤 4:选择“地理编码”菜单中“要素依据”为“地市”,单击“地理编码层级”后的“添加”,选择“jilin_xianjie”。

步骤 5:选择“颜色”菜单中“列”为“地市”,设置“颜色模式”为“类别”。

步骤 6:选择“标签”菜单中“标记者”为“地市”,设置聚合函数为“First(第一个)”。单击“关闭”按钮。

步骤 7:选择“图层”菜单,单击“添加”>“功能层”>“jilin_xianjie”。打开“功能层 设置”

对话框。

步骤 8:选择“地理编码”菜单中“要素依据”为“NAME”,单击“地理编码层级”后的“添加”选择“jinlin_xianjie”。

步骤 9:选择“颜色”菜单中“列”为“NAME”,设置“颜色模式”为“类别”。

步骤 10:选择“标签”菜单中“标记者”为“NAME”,设置聚合函数为“First(第一个)”;“显示标签”选择“无”,单击“关闭”按钮。

步骤 11:设置完成,单击“关闭”按钮。

14.3 客户分类统计

本章将通过年龄分段、婚姻状况、学历等数据对银行客户的性质进行分析,有助于银行对来银行办理业务的人员进行分类推荐各类业务。

为更好地展现不同年份、月份的客户分类统计情况,在做分析前,需先完成数据表导入和计算列的添加等的操作,具体操作步骤如下:

步骤 1:导入数据表。单击“工具栏”上的“添加数据表”按钮,打开“添加数据表”对话框,导入“客户分类”“综合报表”数据表。

步骤 2:参照“14.2 贷款业务地区分布”中“年份、月份”计算列的添加,完成“客户分类”数据表中“年份、月份”计算列的添加。

步骤 3:参照“14.1 存贷款分析(每月)”的年份、月份控件的添加步骤,完成“客户分类”数据表中年份、月份控件的添加。

14.3.1 银行客户按性别分析

在本小节将对不同银行客户按照性别进行分析,通过条形图展示银行客户情况。具体操作步骤如下:

步骤 1:单击“工具栏”上的“条形图”按钮,新建条形图。

步骤 2:在新建的条形图右上角单击“属性”按钮,打开“属性”对话框。选择“常规”菜单中“标题”为“银行客户按性别分析”,勾选显示标题栏。

步骤 3:选择“数据”菜单中“数据表”为“客户分类”,单击“使用表达式限制数据”后的“编辑”按钮,设置“表达式(E)”为“[年份]= ${年份}”。

步骤 4:选择“类别轴”菜单中“列”为“性别”。

步骤 5:选择“值轴”菜单中“列”为“行计数”,勾选“显示网格线”。

步骤 6:选择“格式化”菜单中“值轴:(行计数)”的“类别”为“编号”,设置“小数位”为“自动”。勾选“使用千分位分隔符”。

步骤 7:选择“颜色”菜单中“列”为“性别”,设置“颜色模式”为“类别”。

步骤 8:选择“标签”菜单中“显示标签”为“全部”,设置“标签方向”为“水平”,勾选“完整条形图”,单击“关闭”按钮。整体效果如图 14-8 所示。

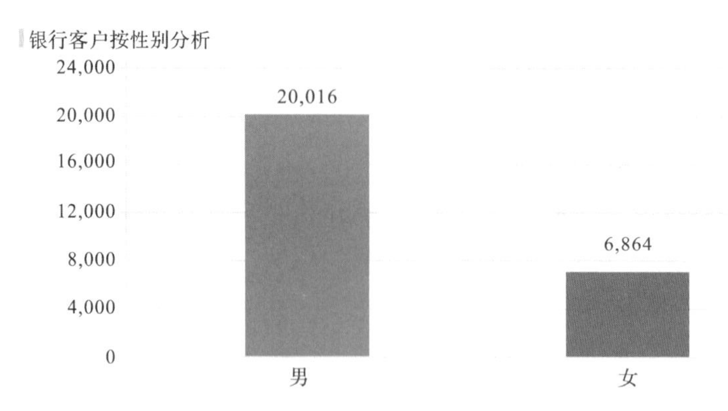

图 14-8 银行客户按性别分析

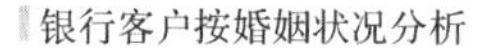

14.3.2 银行客户按婚姻状况分析

在本小节将对不同银行客户按照婚姻状况进行分析，通过条形图展示银行客户情况分析。具体操作步骤如下：

步骤 1：单击“工具栏”上的“条形图”按钮，新建条形图。

步骤 2：在新建的条形图右上角单击“属性”按钮，打开“属性”对话框。选择“常规”菜单中“标题”为“银行客户按婚姻状况分析”，勾选显示标题栏。

步骤 3：选择“数据”菜单中“数据表”为“客户分类”，单击“使用表达式限制数据”后的“编辑”按钮，设置“表达式(E)”为“[年份]= ${年份}”。

步骤 4：选择“外观”菜单中“方向”为“水平栏”，设置“布局”为“堆叠条形图”。

步骤 5：选择“类别轴”菜单中“列”为“婚姻状况”。

步骤 6：选择“值轴”菜单中的“列”为“行计数”，勾选“显示网格线”；勾选“显示标签”并“水平”显示；勾选“最大标签数”并设置为“100”。

步骤 7：选择“格式化”菜单中“值轴”的“类别”为“编号”，设置“小数位”为“自动”，勾选“使用千分位分隔符”。

步骤 8：选择“颜色”菜单中“列”为“婚姻状况”，“颜色模式”为“类别”。

步骤 9：选择“标签”菜单中“显示标签”为“全部”，设置“标签类型”为“完整条形图”，单击“关闭”按钮。整体效果如图 14-9 所示。

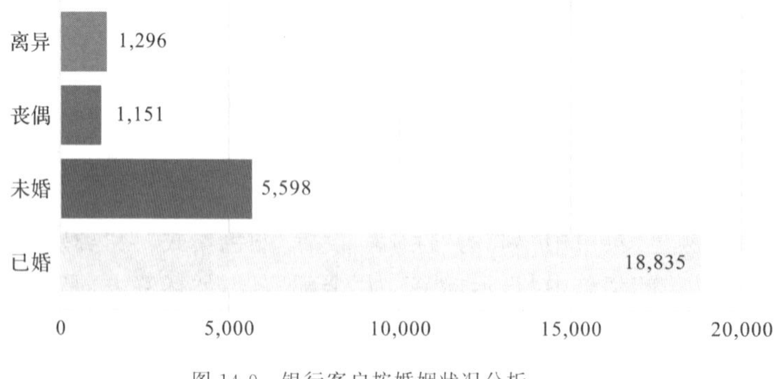

图 14-9 银行客户按婚姻状况分析

14.3.3 银行客户按年龄分段分析

在本小节将对不同银行客户按照年龄分段进行分析，通过饼图展示银行客户的具体情况。具体操作步骤如下：

步骤1：单击“工具栏”上的“饼图”按钮，新建饼图。

步骤2：在新建的饼图右上角单击“属性”按钮，打开“属性”对话框，选择“常规”菜单中“标题”为“银行客户按年龄分段分析”，勾选“显示标题栏”。

步骤3：选择“数据”菜单中“数据表”为“客户分类”，单击“使用表达式限制数据”后的“编辑”按钮，设置“表达式(E)”为“[年份]= ${年份}”。

步骤4：选择“颜色”菜单中“列”为“年龄”，设置“颜色模式”为“类别”。

步骤5：选择“大小”菜单中“扇区大小依据”为“年份”，设置聚合函数为“Sum(求和)”，右击“饼图大小依据”选择删除，设置值为“无”。

步骤6：选择“标签”菜单，勾选“扇区百分比”和“扇区类别”。

步骤7：设置完成，单击“关闭”按钮，效果如图14-10所示。

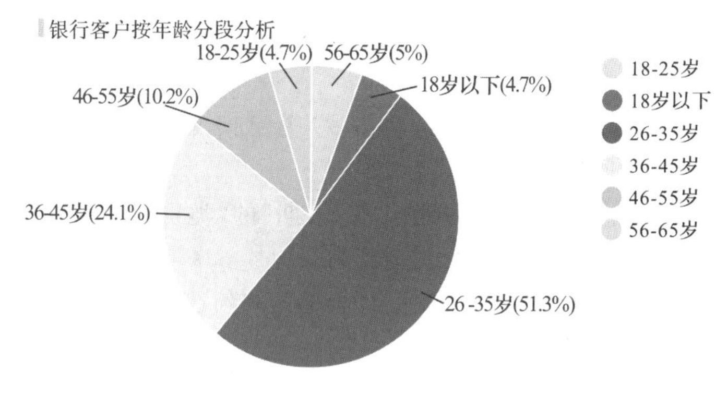

图14-10 银行客户按年龄分段分析

14.4 信用卡分析

本节将对银行信用卡持卡趋势、各类卡的占比、持卡人的特点进行分析。通过分析信用卡持卡趋势和占比分析，了解在银行信用卡中哪些卡最受欢迎，可在银行推出新的卡种基础上对不同人群进行不同的卡种营销及管理。

为更好地展现不同年份、月份的信用卡分析情况，在做分析前，需先完成数据表导入和文本区域添加的操作，具体操作步骤如下：

步骤1：导入数据表。单击“工具栏”上的“添加数据表”按钮，打开“添加数据表”对话框，导入“管理驾驶舱”“信用卡-Sheet1”“信用卡-Sheet2”数据表。

步骤2：参照“14.1 存贷款分析(每月)”的年份、月份控件的添加步骤，完成“管理驾驶舱”数据表中年份、月份控件的添加。

14.4.1 信用卡持卡增速分析

本小节将对不同月份同期与本期的信用卡持卡增速进行分析，通过组合图展示信用卡持卡情况分析。具体操作步骤如下：

步骤 1：单击“工具栏”上的“组合图”按钮，新建组合图。

步骤 2：在新建的组合图右上角单击“属性”按钮，打开“属性”对话框。选择“常规”菜单中“标题”为“信用卡持卡增速分析”，勾选“显示标题栏”。

步骤 3：选择“数据”菜单中“数据表”为“信用卡-Sheet1”。

步骤 4：选择“外观”菜单中“布局”为“并排条形图”，勾选“显示线条标记”。

步骤 5：选择“X 轴”菜单，右击“列”选择“自定义表达式”，设置“表达式(E)”为“<[月]>”，单击“确定”按钮。

步骤 6：选择“Y 轴”菜单，右击“列”选择“自定义表达式”，设置“表达式(E)”为“Sum(If([年]=(2016−1),[期末数])) as [同期], Sum(If([年]=2016,[期末数])) as [本期], (Sum(If([年]=2016,[期末数]))−Sum(If([年]=(2016−1),[期末数]))) / Sum(If([年]=(2016−1),[期末数])) as [同比]”，选择“多刻度”和“对于每一种颜色”，并勾选“显示网格线”。单击“确定”按钮。

步骤 7：选择“系列”菜单中“系列的分类方式”为“列名称”，设置“系列”中“同期”与“本期”的“类型”为“条形”，“同比”的“类型”为“线条”。

步骤 8：选择“格式化”菜单中“Y：同期”“Y：本期”的“类别”为“编号”，设置“小数位”为“0”；选择“Y：同比”为“百分比”，设置“小数位”为“2”。

步骤 9：选择“标签”菜单中“显示标签”为“全部”，并勾选“显示线条标记标签”。

步骤 10：整体效果如图 14-11 所示。

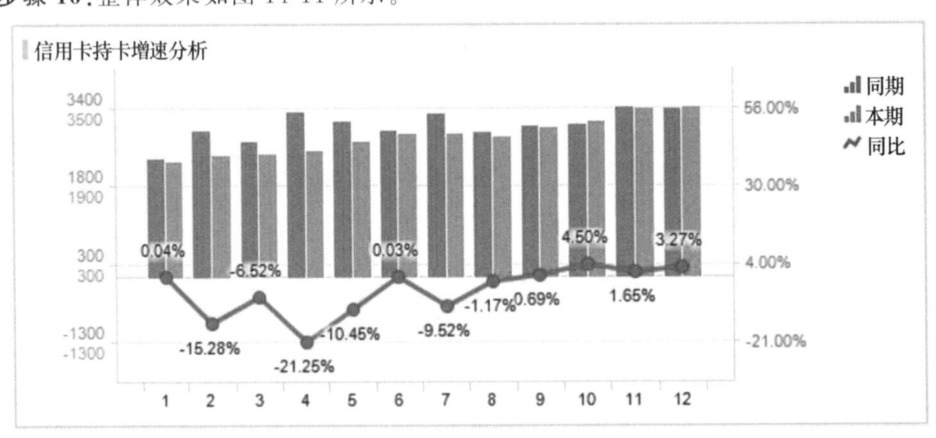

图 14-11 信用卡持卡增速分析

14.4.2 按信用卡等级占比分析

在本小节将对不同信用卡的等级进行分析，通过饼图展示信用卡等级占比情况。具体操作步骤如下：

步骤 1:单击“工具栏”上的“饼图”按钮,新建饼图。

步骤 2:在新建的饼图右上角单击“属性”按钮,打开“属性”对话框,选择“常规”菜单中“标题”为“按信用卡等级占比”,勾选“显示标题栏”。

步骤 3:选择“数据”菜单中“数据表”为“信用卡-Sheet1”,单击“使用表达式限制数据”后的“编辑”按钮,设置“表达式(E)”为“[年]= ${年份} and [月]= ${月份}”。

步骤 4:选择“颜色”菜单中的“列”为“项目名称”,设置“颜色模式”为“类别”。

步骤 5:选择“大小”菜单中“扇区大小依据”为“期末数”,设置聚合函数为“Sum(求和)”。右击“饼图大小依据”选择删除,设置值为“无”。

步骤 6:选择“显示/隐藏项目”菜单,单击“添加”,打开“编辑规则”对话框,选择“列”为“类别”,设置聚合函数为“First(第一个)”;“规则类型”为“等于”,“值”为“卡等级”,单击“确定”按钮。

步骤 7:设置完成,单击“关闭”按钮。如图 14-12 所示。

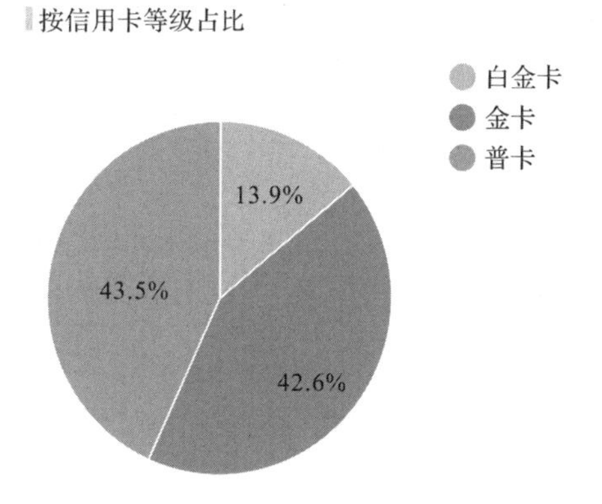

图 14-12 按信用卡等级占比分析

14.4.3 按年龄和学历分析信用卡持有数

在本小节将对不同信用卡按照年龄和学历进行分析,通过散点图展示信用卡持有数情况。具体操作步骤如下:

步骤 1:单击“工具栏”上的“三维散点图”按钮,新建三维散点图。

步骤 2:在新建的三维散点图右上角单击“属性”按钮,打开“属性”对话框,选择“常规”菜单中“标题”为“按年龄和学历分析信用卡持有数”,勾选“显示标题栏”。

步骤 3:选择“数据”菜单中“数据表”为“信用卡-Sheet2”,单击“使用表达式限制数据”后的“编辑”按钮,设置“表达式(E)”为“[年]= ${年份} and [月]= ${月份}”,单击“确定”按钮。

步骤 4:选择“X 轴”菜单,右击“列”选择“自定义表达式”,设置“表达式(E)”为“Sum([期末数]) AS [持有数量]”。

步骤 5:选择“Y 轴”菜单中“列”为“项目名称”,设置“显示名称”为“年龄段”,勾选“显示网格线”,单击“确定”按钮。

步骤 6:选择“Z 轴”菜单中“列”为“学历”,勾选“显示网格线”。

步骤 7:选择“格式化”菜单中“X:持有数量”的“类别”为“编号”,设置“小数位”为“0”。

步骤 8:选择“颜色”菜单中“列”为“学历”,设置“颜色模式”为“类别”。

步骤 9:选择“大小”菜单中“大小排序方式”为“期末数”,设置聚合函数为“Sum(求和)”。

步骤 10:选择“形状”菜单,设置形状为“固定”,选择“圆形”。

步骤 11:选择“标记方式”菜单中“针对每项显示一个标志”为“期末数”。

步骤 12:选择“显示/隐藏项目”菜单,单击“添加”按钮。打开“编辑规则”对话框,添加规则。如图 14-13 所示。

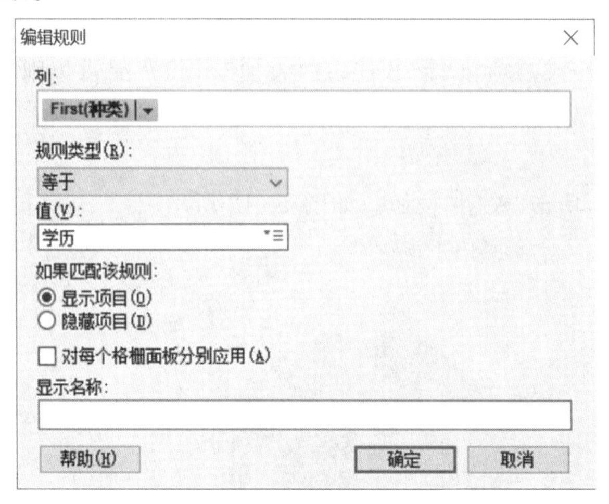

图 14-13　设置规则属性

步骤 13:设置完成,单击“关闭”按钮。如图 14-14 所示。

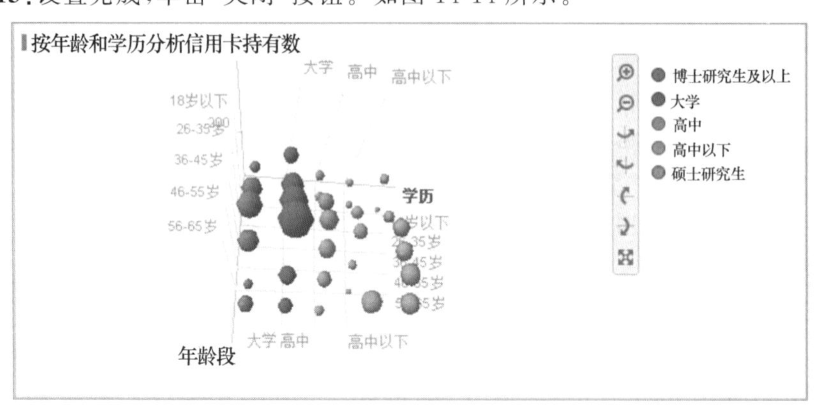

图 14-14　按年龄和学历分析信用卡持有数

14.5 本章小结

本章介绍了贷款行业典型的数据可视化案例,从中可以深刻感受到数据可视化的魅力和重要作用。数据可视化在大数据分析中具有非常重要的作用,尤其从用户角度而言,它是提升用户数据分析效率的有效手段。每种图形都可以帮助我们实现不同类型的数据可视化分析,可以根据具体应用场合来选择适合的工具。

14.6 习 题

1. 分析各地区贷款指标。如图 14-15 所示。

各地区贷款指标分析（单位：万元）

地市	本期余额	月初余额	比月初	标识	年初金额	比年初	标识
八道江区	62352.64	56392.5	10.57%	↑	44524.9	40.04%	↑
吉林市	54113.75	46920.75	15.33%	↑	61638.41	-12.21%	↓
辽源市	77460.47	87785.25	-11.76%	↓	65368.95	18.50%	↑
宁江区	79245.22	78034.25	1.55%	↑	85918.85	-7.77%	↓
四平市	61675.67	79269.09	-22.19%	↓	67955.46	-9.24%	↓
洮北区	77748.38	75922.55	2.40%	↑	86083.31	-9.68%	↓
通化市	77009.31	65740.5	17.14%	↑	50956.82	51.13%	↑
延吉市	54054.46	57104.97	-5.34%	↓	92009.05	-41.25%	↓
长春市	73528.25	53244.41	38.10%	↑	93244.74	-21.14%	↓

图 14-15　实践(1)

2. 按学历分析银行客户。如图 14-16 所示。

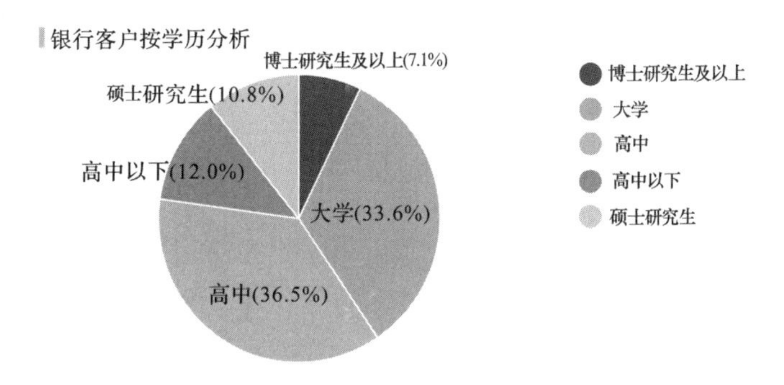

图 14-16　实践(2)

3. 按信用卡产品构成分析。如图 14-17 所示。

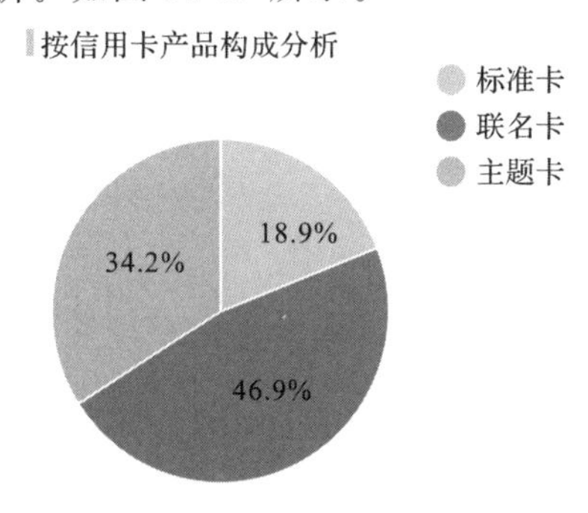

图 14-17　实践(3)

4. 通过存贷款时余额和日均余额，了解银行每日的资金流向，分析存贷款前十大客户，了解重点客户的资金状况。从存款日均余额和贷款日均余额几方面进行分析，如图 14-18 所示。

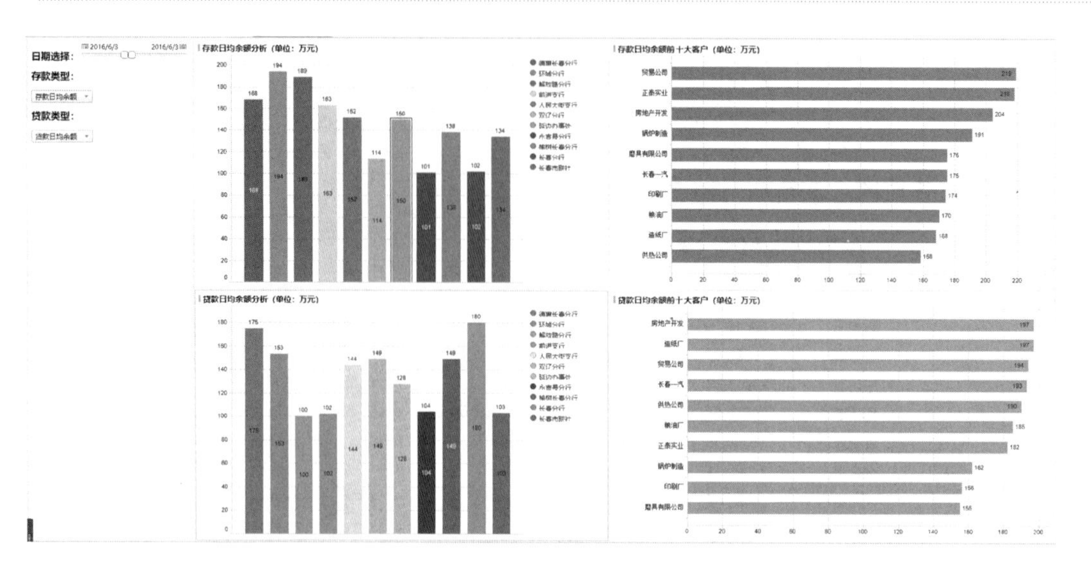
日期选择:
2016/6/3
2016/6/3
存款类型:
存款日均余额
贷款类型:
贷款日均余额
存款日均余额分析（单位：万元）
存款日均余额前十大客户（单位：万元）
贸易公司
正泰实业
房地产开发
锅炉制造
磨具有限公司
长春一汽
印刷厂
粮油厂
造纸厂
供热公司
贷款日均余额分析（单位：万元）
贷款日均余额前十大客户（单位：万元）
房地产开发
造纸厂
贸易公司
长春一汽
供热公司
粮油厂
正泰实业
锅炉制造
印刷厂
磨具有限公司

图 14-18　实践(4)

参考文献

[1] 林子雨.《大数据导论》[M]. 北京:人民邮电出版社,2020.

[2] 姜枫,许桂秋.《大数据可视化技术》[M]. 北京:人民邮电出版社,2019.

[3] 黑马程序员.《大数据项目实战》[M]. 北京:清华大学出版社,2020.

[4] 肖政宏,李俊杰,谢志明.《大数据技术与应用:微课视频版》[M]. 北京:清华大学出版社,2020.

[5] 黑马程序员.《数据分析思维与可视化》[M]. 北京:清华大学出版社,2019.

[6] 樊银亭,夏敏捷.《数据可视化原理及应用》[M]. 北京:清华大学出版社,2019.

[7] 黑马程序员.《Hadoop 大数据技术原理与应用》[M]. 北京:清华大学出版社,2019.

[8] 黑马程序员.《Python 数据分析与应用:从数据获取到可视化》[M]. 北京:中国铁道出版社,2019.

[9] 周苏,王文.《大数据可视化》[M]. 北京:清华大学出版社,2016.

[10] 王国胤,刘群,于洪,曾宪华.《大数据挖掘及应用》[M]. 北京:清华大学出版社,2017.

[11] 王佳东,王文信.《商业智能工具应用与数据可视化》[M]. 北京:电子工业出版社,2020.

[12] 白玥.《数据分析与大数据实践》[M]. 上海:华东师范大学出版社,2020.

[13] 潘强,张良均.《Power BI 数据分析与可视化》[M]. 北京:人民邮电出版社,2020.

[14] 王国平.《Tableau 数据分析与可视化》[M]. 北京:人民邮电出版社,2020.

[15] 陈毅恒 ,梁沛霖.《R 软件操作入门》[M]. 北京:中国统计出版社,2006.

[16] 王国平.《Tableau 数据分析与可视化》[M]. 北京:人民邮电出版社,2021.

[17] 周志华. 机器学习[M]. 北京:清华大学出版社,2016.

[18] 李雄飞,董元方,李军. 数据挖掘与知识发现[M]. 北京:高等教育出版社,2010.

[19] 赵卫东,董亮. 机器学习[M]. 北京:人民邮电出版社,2018.

附录

智速云大数据分析平台函数

智速云大数据分析平台函数丰富，包括 Over 分析函数、日期函数、统计函数、字符串函数，下面介绍每类函数的用法。

一、Over 分析函数

Over 分析函数又名开窗函数，用于计算基于组的某种聚合值，对于每组返回多行。Over 分析函数可用于对某时间段进行数据划分。

Over 分析函数的语法：<method>(<method arguments>) over (<over methods>)

所有 Over 分析函数可与点标记一起使用，也可以用作普通函数调用。

1. Parent()

该函数是指使用当前节点的父子集执行计算。如果该节点没有父子集，则所有行都将用作子集。例如，Over (Parent([Axis. X]))

2. Previous()

该函数是指将使用与当前节点位于同一级别的上一个节点，来比较当前节点与上一个节点的结果。如果没有上一个节点，即如果当前节点是当前级别的第一个节点，则结果子集将不包含任何行。例如，Over (Previous([Axis. X]))

3. Next()

该函数是指将比较当前节点与层级中同一级别的下一个节点。如果没有下一个节点，即如果当前节点是当前级别的最后一个节点，则结果子集将不包含任何行。例如，Over (Next([Axis. X]))

4. Intersect()

该函数是指将从不同层级中的节点返回相交的行。例如,Intersect(Parent([Axis. X])

5. All()

该函数是指所有方法将使用已引用层级中的所有节点。它在当前节点与多个层级相交的情况下很有用。例如,Over (All([Axis. X]))

6. AllPrevious()

该函数是指将使用所有节点,即从级别开头的节点到当前节点(包含)。使用 AllPrevious 函数查看去年到今年的累计总数。例如,Sum([销售金额]) Over (AllPrevious([Axis. X]))

7. AllNext()

该函数是指将使用所有节点,即从当前节点(包含)到级别结尾的节点。例如,Sum([销售金额]) Over (AllNext([Axis. X]))

8. ParallelPeriod()

该函数是指将使用上一个平行节点,该节点带有与当前节点位于同一级别的相同的值(定义为带有相同的值索引)。例如,Sum([销售金额])－Sum([销售金额]) Over (ParallelPeriod([Axis. X]))

9. LastPeriods()

该函数是指将包含当前节点和 $n-1$ 前面的节点(如每个节点值索引所定义)。例如,Sum([销售金额]) Over (LastPeriods(3,[Axis. X])) / 3

二、日期函数

时间日期函数是处理日期型或日期时间型数据的函数。

1. DateTimeNow():获取当前系统时间

2. DateAdd(Arg1, Arg2, (Arg3)):添加时间间隔

3. DateDiff(Arg1, Arg2, (Arg3)):计算时间或日期差值

4. DatePart(Arg1, Arg2):返回指定的日期、时间或日期时间部分

5. DayOfYear(Arg1):返回年中第几日

6. DayOfMonth(Arg1):返回月中第几日

7. YearAndWeek(Arg1):返回年和周

8. Year(Arg1):返回年

9. Week(Arg1):返回周

10. Second(Arg1):返回秒

11. Quarter(Arg1):返回季度

12. TotalSeconds:为时间跨度返回秒数

13. Days(Arg1)

该函数的作用是将为时间跨度返回天数,该值为 －10675199 到 10675199 之间的整数。该函数与 TotalDays(Arg1)函数功能相近,TotalDays(Arg1)函数以小数的形式返回天

数。

14. Hours(Arg1)

该函数的作用是指将为时间跨度返回小时数,该值为 0 到 23 之间的整数。该函数与 TotalHours(Arg1)函数功能相近,TotalHours(Arg1)函数以小数的形式返回小时数。

15. Minutes(Arg1)

该函数的作用是指将为时间跨度返回分钟数,该值为 0 到 59 之间的整数。该函数与 TotalMinutes(Arg1)函数功能相近,TotalMinutes(Arg1)函数以小数的形式返回分钟数。

16. Seconds(Arg1)

该函数的作用是指将为时间跨度返回秒数,该值为 0 到 59 之间的整数。该函数与 TotalSeconds()函数功能相近,TotalSeconds()函数以小数的形式返回秒数。

17. Milliseconds(Arg1)

该函数的作用是指将为时间跨度返回毫秒数,该值为 0.0 到 999.0 之间的实数值。该函数与 TotalMilliseconds(Arg1)函数功能相近,TotalMilliseconds(Arg1)函数以小数的形式返回毫秒数。

三、统计函数

统计数据表函数,用于对数据区域进行统计分析。

1. MeanDeviation([Column])

该函数用于计算平均差值。例如,MeanDeviation([销售数量])

2. MeanAbsoluteDeviation([Column])

该函数表示绝对中位差值,如果指定了一个参数,则结果为所有行的绝对中位差值。如果指定了多个参数,则结果为每个行的绝对中位差值。

3. P10([Column]) as [P10], P90([Column]) as [P90]

P10:是指某个值,在该值处 10% 的数据值等于或小于该值。

P90:是指某个值,在该值处 90% 的数据值等于或小于该值。

4. Range([Column])

该函数作用为显示列中最大值和最小值之间的间距。

5. Avg(Arg1,…)

该函数作用为返回参数的平均值(算术平均值),参数和结果是实数类型。如果指定了一个参数,则结果为所有行的平均值。如果指定了多个参数,则结果为每个行的平均值。Null 参数被忽略并且不能平均 。

6. Sum(Arg1,…)

该函数的作用为计算值的和,如果指定了一个参数,则结果为整个列的和。如果指定了多个参数,则结果为每个行的和。

7. Count(Arg1)

该函数的作用为计算参数列中的非空值数,在未指定参数时,计算总行数。

8. UniqueCount(Arg1)

该函数作用为计算参数列中唯一非空值的数量。

9. Median(Arg1)

该函数用于计算参数的中位数,如果指定了一个参数,则结果为所有行的中值。如果指定了多个参数,则结果为每个行的中值。某一分布的中位数是指,对此分布进行排序后出现在列表中间的值。如果值的数目为偶数,中位数就是两个中间值的平均值。

10. Min(Arg1)

该函数用于计算参数的最小值,如果指定了一个参数,则结果为整个列的最小值。如果指定了多个参数,则结果为每个行的最小值。参数和结果是实数类型。Null 参数被忽略。

11. Max(Arg1)

该函数用于计算参数的最大值,如果指定了一个参数,则结果为整个列的最大值。如果指定了多个参数,则结果为每个行的最大值。参数和结果是实数类型。Null 参数被忽略。

四、字符串函数

字符串函数也叫字符串处理函数,指的是编程语言中用来进行字符串处理的函数。

1. Left(Arg1, Arg2)

该函数返回字符串 Arg1 的第一个 Arg2 字符。Arg1 和结果为字符串类型。Arg2 为实数类型,但只使用整数部分。如果 Arg2 大于 Arg1 的长度,则返回整个字符串。如果 Arg2 为负数,则返回错误。

2. Find(Arg1, Arg2)

该函数返回字符串 Arg1 在 Arg2 第一次出现位置以 1 为底的索引。如果未找到,则返回 0。该搜索区分大小写。参数为字符串类型,结果为整数类型。如果 Arg1 是空字符串,则返回 0。

3. Right(Arg1, Arg2)

该函数返回字符串 Arg1 的最后一个 Arg2 字符。Arg1 和结果为字符串类型。Arg2 为实数类型,但只使用整数部分。如果 Arg2 大于 Arg1 的长度,则返回整个字符串。如果 Arg2 为负数,则返回错误。

4. Concatenate(Arg1, Arg2,…)

该函数用于将所有参数连接(附加)成一个字符串。如果指定了一个参数,则结果为所有行的连接。如果指定了多个参数,则连接每个行。参数可以为任意类型,但将被转换为字符串。结果为字符串类型。Null 参数被忽略。

5. Repeat(Arg1,Arg2)

该函数用于返回重复某字符串指定次数。

6. Lower(Arg1)

该函数用于返回转换成小写的 Arg1,Arg1 和结果为字符串类型。

7. Upper(Arg1)

该函数用于返回转换成大写的 Arg1。Arg1 和结果为字符串类型。

8. Len(Arg1)

该函数用于返回 Arg1 的长度。Arg1 为字符串类型,结果为整数类型。

9. Substitute(Arg1,Arg2,Arg3)

该函数用于使用 Arg3 替换 Arg1 中的 Arg2。该搜索区分大小写。

10. Tirm(Arg1)

该函数用于删除字符串的开头和结尾的空白字符。

11. UniqueConcatenate(Arg1)

该函数用于连接转换为字符串的唯一值。这些值根据比较运算符进行排序。